普通高等教育数学基础课程“十二五”规划教材

高等数学

（理工类） 上册

（第 2 版）

同济大学数学系 刘浩荣 郭景德 编著

同济大学出版社
TONGJI UNIVERSITY PRESS

内容提要

本书是在2011年6月第1版的基础上修订而成.它是按照教育部于2009年制定的"工科类本科数学基础课程教学基本要求"而编写,分上、下两册,共12章.此为上册,内容包括函数、极限与连续,导数与微分,中值定理与导数的应用,不定积分,定积分及其应用,常微分方程等6章.书中每节后配有适量的习题,每章之末均配有复习题.为方便读者查阅参考,在所附习题或复习题之后,都附有答案或提示.

本书条理清晰,论述确切;由浅入深,循序渐进;重点突出,难点分散;例题较多,典型性强;深广度恰当,便于教和学.本书可作为普通高等院校(特别是"二本"及"三本"院校)或成人高校工科类本科或专升本专业的"高等数学"课程的教材,也可供工程技术人员或参加国家自学考试及学历文凭考试的读者作为自学用书或参考书.

图书在版编目(CIP)数据

高等数学:理工类.上册/刘浩荣,郭景德编著.
--2版.--上海:同济大学出版社,2014.11(2017.7重印)
ISBN 978-7-5608-5658-2

Ⅰ.①高… Ⅱ.①刘… ②郭… Ⅲ.①高等数学—高等学校—教材 Ⅳ.①O13

中国版本图书馆CIP数据核字(2014)第244201号

普通高等教育数学基础课程"十二五"规划教材
高等数学(理工类)上册(第2版)
同济大学数学系 刘浩荣 郭景德 编著
责任编辑 陈佳蔚 **责任校对** 徐春莲 **封面设计** 潘向蓁

出版发行 同济大学出版社 www.tongjipress.com.cn
(地址:上海市四平路1239号 邮编:200092 电话:021-65985622)
经 销 全国各地新华书店
印 刷 上海同济印刷厂有限公司
开 本 787 mm×960 mm 1/16
印 张 21.5
印 数 9 301—11 400
字 数 430 000
版 次 2014年11月第2版 2017年7月第4次印刷
书 号 ISBN 978-7-5608-5658-2

定 价 39.00元

前　　言

本书是在2011年6月第1版的基础上修订而成.这次改版,没有改变原书的内容体系及章节目次,只是着重于修改现已发现的不当或错误之处,以提高本书的质量,更加方便于教学使用.

这次修订,主要涉及以下几个方面:

(1) 从内容上,删去了某些可讲或可不讲的内容.例如,在介绍函数极限的局部保号性定理后,删去了有关该定理的"注意"部分;对于变上限定积分所确定的函数的性质定理也作了修改,以降低这些内容的深度和难度.

(2) 对某些内容叙述或文字表述不够确切或有不当之处,也作了适当的修改.

(3) 更换或增补了少量的例题或习题,使本书的内容体系更符合知识的系统性与科学性.此外,对个别结合实际应用的例题,如火车行驶的速度等数据也作了变更,与时俱进,使其更加贴近生活实际.

(4) 对原书中所附习题及复习题,再次逐题复核,对原题目叙述不够确切或错误的答案等都作了修改.

由于这次改版工作时间较为匆促,加上编者水平有限,错误或不当之处仍在所难免,恳请广大读者和同行老师们批评指正!

编　者

2014年10月于同济

第1版前言

随着我国高等教育的迅速发展，为适应部分普通高等院校理工科专业（“二本”、“三本”）的教学需要，我们应同济大学出版社之约，按照教育部最新制定的“工科类本科数学基础课程教学基本要求”（以下简称“教学基本要求”），编写了这套《高等数学》（理工类）教材. 本教材分上、下两册，共12章. 上册为6章，内容包括函数、极限与连续，导数与微分，中值定理与导数的应用，不定积分，定积分及其应用，常微分方程等；下册为6章，内容包括向量代数与空间解析几何，多元函数微分法及其应用，重积分，曲线积分与曲面积分，常数项级数与幂级数，傅里叶级数等.

编写本套教材的基本思路是：精简冗余内容，压缩叙述篇幅；降低教学难度，突出应用特色. 为使教材具有科学性、知识性、可读性和实用性，我们着重采用了以下一些做法：

(1) 内容“少而精”，取材更加紧扣“教学基本要求”. 对于某些超出“教学基本要求”，而属于教学中可讲或可不讲的内容，即使编入也均以*号标记或用小号字排版，以供不同专业选用或参考.

(2) 在着重讲清数学知识概念和有关理论方法的同时，适当淡化某些定理的证明或公式推导的严密性. 例如，根据“教学基本要求”，我们对三个微分中值定理的严格证明均予省略，只叙述定理的条件和结论，并借助于几何图形较为直观地解释其几何意义. 此外，对于某些较为繁复的计算或公式推导，能删去的就删去，不能删去的便略去其计算或推导的过程.

(3) 相对传统的教材，本教材对章节体系安排作了一些新的尝试. 例如，由于略去了“函数”中与中学知识较多重复的内容，从而压缩了篇幅，把“函数”和“极限与连续”合并为一章. 类似地，把“中值定理”与“导数的应用”合并为一章，把“定积分”与“定积分的应用”也合并为一章. 又如，为使内容安排得紧凑些，我们把“无穷小和无穷大”与“无穷小的比较”也合并为一节. 考虑到学习“常微分方程”与求不定积分的联系较为紧密，同时也为后续课程及早应用数学工具提供方便，我们把传统教材下册中的“常微分方程”一章移到了本教材上册之末.

(4) 在对教材中各章、节内容的组织安排上，考虑到应具有科学性和可读性，除了书写的文字应通顺流畅外，还尽量注意做到：由浅入深，循序渐进；重点突出，难点分散. 即使是每节中所选配的例题安排，也均遵循“由简单到复杂，由具体到抽象”的原则. 当引入某种新的数学概念时，尽量按照“实践—认识—实践”的认识规律，先由实际引例出发，抽象出数学概念，从而上升到理论阶段（包括有关性质和计算方法等),再回到实践中去应用.为体现教材的科学性,我们特别注意防止前后内容的脱节,即使遇到个别地方要提前用到后面的知识内容时,也都以“注释”加以交代说明.例如,因“常微分方程”提前放到上册中,当用到欧拉公式时,只能以“注释”说明,而将它放在下册有关幂级数中加以介绍.

(5) 为使教材富有知识性与实用性,我们在某些章节中选用了一些较有实际意义的例题.特别是在“常微分方程”中,我们特地选编了有关“冷却问题”,涉及“第二宇宙速度”及产生“共振现象”等知识内容的例题,虽然都以 * 号标记,但可供读者参阅,以扩大知识面、提高在日常生活和工程技术中应用数学知识的能力.

(6) 在精简冗余内容、压缩叙述篇幅的同时,对于数学在几何及物理力学或工程技术中的应用并未减弱,只是为降低难度而选用了一些好学易懂的例题,以充分体现理工类教材应具有理论联系实际、重视实际应用的特色.

(7) 按照“学练结合,学以致用”的原则,本教材在各节之后均配置了适量的习题作业,在每章之末也都选配了复习题,且为方便读者查阅参考,在每次习题或复习题之后,均附有答案或提示.

本书由北京航空航天大学李心灿教授主审.他虽年事已高,工作繁忙,但仍在百忙中详细审读了本书,并提出了许多宝贵建议及具体的修改意见,我们深受感动,谨此表示诚挚而衷心的感谢!

我们在编写这套教材时,主要参考了同济大学数学系刘浩荣、郭景德等编著、由同济大学出版社已经出版的《高等数学》(第 4 版),同时也参考了同济大学数学系编、由高等教育出版社出版的《高等数学》(第 6 版)以及由教育部高等教育司组编、北京航空航天大学李心灿教授主编、高等教育出版社出版的《高等数学》等教材.此外,这套教材的编写和出版,得到了同济大学出版社曹建副总编辑的大力鼎助.在此,我们也一并表示衷心的感谢!

本教材条理清晰,论述确切;由浅入深,循序渐进;重点突出,难点分散;例题较多,典型性强;深度、广度恰当,便于教和学.它可作为普通高校(特别是“二本”及“三本”院校)或成人高校工科类本科或专升本专业的“高等数学”课程的教材,也可供工程技术人员或参加国家自学考试及学历文凭考试的读者作为自学用书或参考书.

由于编者水平有限,难免有不当或错误之处,敬请广大读者和同行批评指正.

编　者

2011 年 6 月于同济大学

目　录

第 1 章　函数、极限与连续

函数是高等数学研究的主要对象.极限理论在高等数学中占有重要的地位,它是建立许多数学概念的必不可少的工具.本章首先讨论函数,然后重点介绍极限的概念及其运算方法,并讨论函数的连续性.

1.1　预 备 知 识

1.1.1　实数的绝对值

一个实数 a 的**绝对值**定义为

$$|a|=\begin{cases}-a, & \text{当 } a<0 \text{ 时},\\ a, & \text{当 } a\geqslant 0 \text{ 时}.\end{cases}$$

它在几何上表示数轴上的点 a 到原点 O 的距离.由算术根的意义可知

$$|a|=\sqrt{a^2}.$$

常用的绝对值性质主要有:

(1) $-|a|\leqslant a\leqslant |a|$;

(2) 设 k 是实数,且 $k>0$,则 $|a|\leqslant k$ 等价于 $-k\leqslant a\leqslant k$, $|a|>k$ 等价于 $a<-k$ 或 $a>k$;

(3) $|a+b|\leqslant |a|+|b|$;

(4) $||a|-|b||\leqslant |a-b|$;

(5) $|ab|=|a||b|$;

(6) $\left|\dfrac{a}{b}\right|=\dfrac{|a|}{|b|}$ $(b\neq 0)$.

下面仅证明性质(3),其余证明从略.

证明　由性质(1)知,

$$-|a|\leqslant a\leqslant |a|,\quad -|b|\leqslant b\leqslant |b|,$$

两式相加,得

$$-(|a|+|b|)\leqslant a+b\leqslant |a|+|b|,$$

再由性质(2),即得

$$|a+b| \leqslant |a|+|b|.$$

1.1.2 集合

研究事物时，常要按事物的某些性质进行归类，由此产生了集合的概念. 一个**集合**(简称**集**)是指具有某种共同性质的事物的全体. 集合中，每个单一的事物叫做集合的**元素**. 例如，某工厂生产的所有正品组成一个集合，其中，每个正品是集合的元素；小于 2 的所有实数组成一个集合，其中，每个实数是集合的元素. 集合常用大写字母 A, B, C, N 等表示. 集合的元素常用小写字母 a, b, c, e 等表示. 给定一个集合 M，若 a 是 M 的元素，则记作 $a \in M$，读作 a 属于 M；若 a 不是 M 的元素，则记作 $a \notin M$(或 $a \overline{\in} M$)，读作 a 不属于 M.

集合的构成常用**花括号记法**表示. 一般有两种表示方法：一种是**列举法**，就是把集合中所有的元素都一一列举出来，写在花括号"{ }"内. 例如，全体自然数集可以表示成

$$\mathbf{N}=\{1, 2, 3, 4, \cdots\}.$$

另一种方法是**描述法**，就是在花括号内，左边写出集合的一个代表元素，右边写出集合的元素所具有的性质，中间用竖线"|"分开. 例如，满足不等式 $-3<x<1$ 的一切实数 x 所构成的实数集，可以表示成

$$A=\{x \mid -3<x<1\}.$$

若集合 A 的元素都是集合 B 的元素，即若 $e \in A$，必有 $e \in B$，则称 A 是 B 的**子集**，记作

$$A \subset B \quad 或 \quad B \supset A,$$

读作 A 含于 B 或 B 包含 A.

若 A 是 B 的子集，而 B 又是 A 的子集，则称集合 A 与集合 B **相等**，记作

$$A=B.$$

设集合 A 是集合 U 的子集，属于 U 而不属于 A 的所有元素构成的集合称为 A 在 U 内的**余集**，记作 $\overline{A}_U$，即

$$\overline{A}_U=\{e \mid e \in U, 且\ e \notin A, A \subset U\}.$$

例如，集合 $A=\{1, 2\}$ 是集合 $U=\{1, 2, 4, 6\}$ 的子集. 集合 A 在 U 内的余集为 $\overline{A}_U=\{4, 6\}$.

下面介绍有关集合的运算.

把两个集合 A 和 B 的元素合在一起构成一个新的集合(A 与 B 中若有两个元素相同，在新集合中只算一个元素)，此集合称为 A 和 B 的**并集**，记作 $A \cup B$，即

$$A \cup B=\{e \mid e \in A 或 e \in B\}. \tag{1.1}$$

从两个集合 A 和 B 中，取出所有相同的元素构成一个新的集合，此集合称为 A 和 B 的**交集**，记作 $A \cap B$，即

$$A \cap B = \{e \mid e \in A \text{ 且 } e \in B\}. \tag{1.2}$$

例 设 $A = \{x \mid 1 \leqslant x \leqslant 5\}$，$B = \{x \mid 2 < x \leqslant 6\}$，求 $A \cup B$ 及 $A \cap B$.

解 根据定义有

$$A \cup B = \{x \mid 1 \leqslant x \leqslant 6\}, \quad A \cap B = \{x \mid 2 < x \leqslant 5\}.$$

为了讨论方便，我们引入空集的概念. 不含有任何元素的集合称为**空集**，记作 $\varnothing$. 例如，集合 A 和它在 U 内的余集 $\overline{A}_U$ 的交集不含有任何元素，所以它是空集，即 $A \cap \overline{A}_U = \varnothing$. 再如，不存在同时满足不等式 $x < 2$ 及 $x > 3$ 的实数，因此，集合 $\{x \mid x < 2 \text{ 且 } x > 3\} = \varnothing$. 应注意，空集不能写成 $\varnothing = \{0\}$. 这是因为集合 $\{0\}$ 中含有一个元素"0"，所以它不是空集.

本书主要用到的集合是**实数集**，即由一些实数构成的集合. 全体实数构成的集合记作 **R**. 全体自然数构成的集合记作 **N**. 本书还要用到元素是点(直线、平面、空间上的点)的集合，简称为**点集**.

1.1.3 区间和邻域

1. 区间

区间是一类常用的集合. 设 a 和 b 都是实数，且 $a < b$，则称实数集 $\{x \mid a < x < b\}$ 为**开区间**，记作 (a, b)，即

$$(a, b) = \{x \mid a < x < b\}.$$

类似地，闭区间和半开闭区间的定义和记号如下：

闭区间 $[a, b] = \{x \mid a \leqslant x \leqslant b\}$.

半开闭区间 $[a, b) = \{x \mid a \leqslant x < b\}$ 或 $(a, b] = \{x \mid a < x \leqslant b\}$.

以上这些区间都称为**有限区间**，a 和 b 称为**区间的端点**，数 $b-a$ 称为**区间的长度**. 在数轴上，这些区间都可以用长度为有限的线段来表示，如图 1-1 所示(图中，实心点表示区间包括该端点，空心点表示区间不包括该端点).

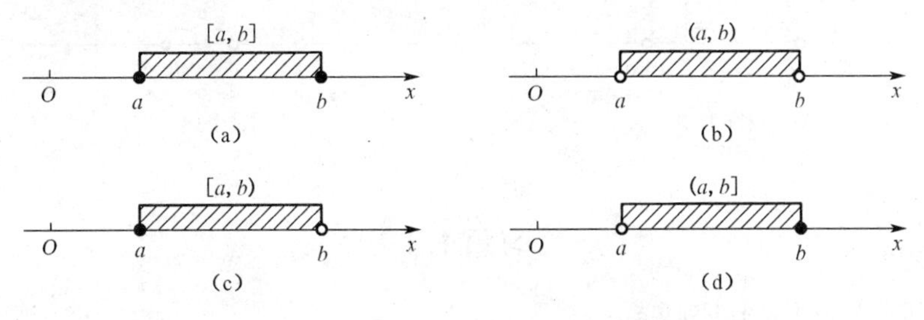

图 1-1

还有一类区间称为**无限或无穷区间**,它们的定义和记号如下所列:

$$[a, +\infty) = \{x \mid x \geqslant a\}, \quad (a, +\infty) = \{x \mid x > a\},$$
$$(-\infty, b] = \{x \mid x \leqslant b\}, \quad (-\infty, b) = \{x \mid x < b\}.$$

其中,记号$+\infty$读作"正无穷大";记号$-\infty$读作"负无穷大".

无限区间$(-\infty, +\infty)$在数轴上对应于整个数轴,而其他无限区间在数轴上对应的部分都是只可向一端无限延伸的直线. 例如,$[a, +\infty)$和$(-\infty, b)$在数轴上的几何表示如图 1-2 所示.

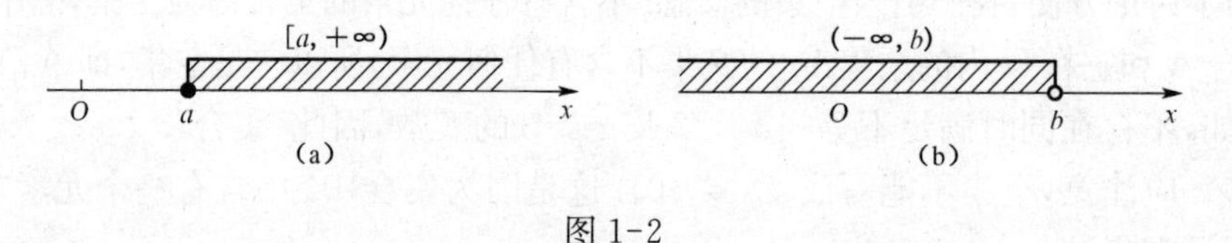

图 1-2

今后在不需要区分上述各种情况时,就用"区间 I"代表各种类型的区间.

2. 邻域

从绝对值的性质(2)可以看到,满足不等式$|x| < k$ (k为实数,$k > 0$)的一切实数x所构成的集合是开区间

$$(-k, k) = \{x \mid -k < x < k\}.$$

在数轴上,该区间关于原点O对称,所以我们又称它为**对称区间**. 原点O称为**区间的中心**,正数k称为**区间的半径**.

类似于上面的讨论可知,集合$\{x \,\big|\, |x-a| < \delta\}$是一个以$a$为中心、以$\delta$为半径的开区间:$(a-\delta, a+\delta)$,此区间又称为点$a$的**$\boldsymbol{\delta}$-邻域**(图 1-3),记作$U(a, \delta)$.

如果把邻域的中心a除去,即集合

$$\{x \,\big|\, 0 < |x-a| < \delta\}$$

称为点a的**去心$\boldsymbol{\delta}$-邻域**(图 1-4),记作$U(\hat{a}, \delta)$或$\mathring{U}(a, \delta)$. 注意,这里的不等式$0 < |x-a|$表明了$x \neq a$.

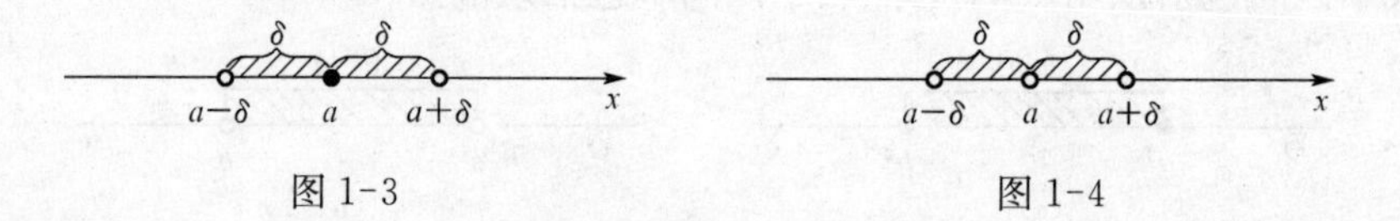

图 1-3　　　　图 1-4

习题 1.1

1. 用花括号记法表示下列集合.

(1) 所有正偶数的集合;　　　　(2) 平面上满足不等式$x^2 + y^2 \leqslant 4$的点集.

2. 设 $A=\{2, 3, 5, 7\}$，$B=\{0, 3, 7, 9\}$，求 $A\cup B$ 和 $A\cap B$.

3. 区间 $[-3, 3]$ 与集合 $(-\infty, -1)\cup[5, +\infty)$ 的交集是怎样一个集合？

4. 证明不等式：$|a-b|\leqslant|a-c|+|c-b|$.

5. 分别用邻域及集合的记号表示点 -2 的 δ- 邻域及去心 δ- 邻域 $\left(\delta=\dfrac{1}{2}\right)$.

答　案

1. (1) $\{2, 4, 6, 8, \cdots\}$；(2) $\{(x, y)\mid x^2+y^2\leqslant 4\}$.

2. $A\cup B=\{0, 2, 3, 5, 7, 9\}$；$A\cap B=\{3, 7\}$.

3. $\{x\mid -3\leqslant x<-1\}$.

5. $U\left(-2, \dfrac{1}{2}\right)=\left\{x\,\middle|\,|x+2|<\dfrac{1}{2}\right\}$；$U\left(-\hat{2}, \dfrac{1}{2}\right)=\left\{x\,\middle|\,0<|x+2|<\dfrac{1}{2}\right\}$.

1.2　函　　数

1.2.1　函数的概念

宇宙间一切事物都在不断地变化，变化是绝对的，不变是相对的. 在观察事物的过程中，有些量在变化，这种变化的量称为**变量**；也有一些量不发生变化，这种相对不变的量称为**常量**.

在同一观察的过程中，往往会出现几个变量，它们的变化不是孤立的，而是存在着一种依赖关系. 现在，让我们考察两个具体例子(例子中都是两个变量的情形，多于两个变量的情形以后在第 8 章中再讲).

例 1　考察自由落体问题. 根据著名的伽利略公式，有

$$s=\frac{1}{2}gt^2.$$

这里，t 表示物体下落的时间，s 表示下落的距离，g 是重力加速度. 这个公式指出了在物体自由降落的过程中距离 s 和时间 t 的一种相互依赖关系. 假定物体着地的时刻为 T，那么，当 t 取 $[0, T]$ 中的某一数值时，通过上式，s 的数值也就唯一地确定下来.

例 2　设 n 边形的内角和为 Φ_n，根据中学的几何知识，不难得到

$$\Phi_n=(n-2)\times 180°.$$

如果在观察的过程中内角和 Φ_n 及边数 n 是变化的，那么，这个公式指出了两个变量 Φ_n 与 n 的一种相互依赖关系. 当边数 n 在数集 $\{n\mid n\geqslant 3, n\in\mathbf{N}\}$ 中取定某一数值时，通过上式，Φ_n 的数值也就唯一地确定下来.

上面两个例子虽然来自不同的问题，但是它们有一些共同的特征. 首先，它们都

说明了两个变量之间有一种相互依赖的关系，这种关系给出了一种对应法则；其次，两个变量中，当有一个变量在一定的范围内取定某一数值时，按照这种法则，另一个变量必有唯一确定的数值与之对应. 由这些特征，抽象到数学上，就得到函数的概念.

定义 1 设 D 是某一实数集，若当变量 x 在 D 中每取一个数值时，另一变量 y 按照一定的法则 f 总有唯一确定的数值与它对应，①则称 y 是 x 的**函数**，记作

$$y = f(x). \tag{1.3}$$

这时，x 称为**自变量**，实数集 D 称为函数的**定义域**，函数 y 又称为**因变量**.

学习函数的定义时，应了解确定一个函数只有两个要素：定义域和对应法则，与自变量、因变量选用什么字母表示无关. 只有当两个函数的定义域和对应法则都分别相同时，才称这两个函数是相同的.

按照函数的定义，当自变量 x 在定义域 D 内取定一个数值 x_0 时，函数 y 必有唯一确定的数值与之对应，此数值称为函数 $y = f(x)$ 在 x_0 处的**函数值**，记作

$$f(x_0) \quad \text{或} \quad y\Big|_{x=x_0}. \tag{1.4}$$

当自变量 x 遍取定义域 D 内的各个数值时，对应的函数值的全体所构成的实数集

$$W = \{y \mid y = f(x),\ x \in D\} \tag{1.5}$$

称为函数 $y=f(x)$ 的**值域**. 把 xOy 平面上的点集

$$S = \{(x,\ y) \Big| y = f(x),\ x \in D\}$$

称为函数 $y=f(x)$ 的**图像**.

如果给定一个实数 x_1，y 对应有函数值（按定义，x_1 必在定义域内），就称函数 $y=f(x)$ 在 x_1 处是**有定义的**. 如果函数 $y = f(x)$ 对于某一实数集 A 中的每个数均有定义，则称函数 $y = f(x)$ **在实数集 A 上有定义**. 这时，必有 $A \subset D$，这里，D 是函数的定义域.

在实际问题中，函数的定义域是根据问题的实际意义确定的. 例如，例 1 中的距离 s 是时间 t 的函数，时间 t 不能为负数，且不能大于落地的时间 T，所以，函数 s 的定义域是 $D = [0,\ T]$；例 2 中的多边形的内角和 Φ_n 是边数 n 的函数，n 只能取大于 2 的自然数，所以，函数 Φ_n 的定义域是 $D = \{n \mid n \geqslant 3,\ n \in \mathbf{N}\}$.

在数学中，常要抽象地研究由算式表示的函数. 这时，函数的定义域规定为：使算式有意义的（例如，分式的分母不能等于零，开偶次方根时，被开方数要不小于零，对数的真数要大于零，等等）那些自变量值的全体所构成的实数集.

例 3 求函数的定义域（用集合或区间表示）.

---

① 此处定义的函数又称为**单值函数**. 如果对于定义域中的某个数值 x，变量 y 按照一定的法则有两个或两个以上的数值与它对应，那么，这样的函数 y 称为**多值函数**. 本教材主要讨论单值函数.

(1) $y=\sqrt{2x-1}+\dfrac{1}{3x-2}$；　　(2) $y=\lg(x+1)+\arcsin\dfrac{x-1}{3}$.

解　(1) 要使函数 y 有定义，x 必须使得右边的两个算式都有意义，故 x 应满足不等式组

$$\begin{cases}2x-1\geqslant 0,\\3x-2\neq 0,\end{cases}\quad 即\quad \begin{cases}x\geqslant \dfrac{1}{2},\\ x\neq \dfrac{2}{3}.\end{cases}$$

于是，所求函数的定义域可用集合或区间分别表示为

$$D=\left\{x\,\middle|\,x\geqslant \frac{1}{2}\text{ 且 }x\neq \frac{2}{3}\right\}\quad 或\quad D=\left[\frac{1}{2},\ \frac{2}{3}\right)\cup\left(\frac{2}{3},\ +\infty\right).$$

(2) 因为要使函数 y 有定义，必须使得 $\lg(x+1)$ 与 $\arcsin\dfrac{x-1}{3}$ 都有意义，所以，x 必须满足不等式组

$$\begin{cases}x+1>0,\\ \left|\dfrac{x-1}{3}\right|\leqslant 1,\end{cases}\quad 即\quad \begin{cases}x>-1,\\ -1\leqslant \dfrac{x-1}{3}\leqslant 1.\end{cases}$$

解此不等式组，得 $-1<x\leqslant 4$. 故所求函数的定义域可分别用集合或区间表示为

$$D=\{x\,|-1<x\leqslant 4\}\quad 或\quad D=(-1,\ 4].$$

例 4　判别下列各组函数是否相同？为什么？

(1) $f(x)=2\lg x$ 与 $g(x)=\lg x^2$；　(2) $\varphi(x)=\sqrt{x^2}$ 与 $\psi(x)=x$.

解　(1) 因为 $f(x)=2\lg x$ 的定义域是 $(0,\ +\infty)$，而 $g(x)=\lg x^2$ 的定义域是 $(-\infty,\ 0)\cup(0,\ +\infty)$，二者不相同，所以 $f(x)$ 与 $g(x)$ 不是相同的函数.

(2) 虽然 $\varphi(x)=\sqrt{x^2}$ 与 $\psi(x)=x$ 的定义域都是 $(-\infty,\ +\infty)$，但是，对于函数 $y=\varphi(x)=\sqrt{x^2}=|x|$，当 $x\in(-\infty,\ +\infty)$ 时均有 $y\geqslant 0$；而对于 $y=\psi(x)=x$，当 $x<0$ 时 $y<0$，即 $\varphi(x)$ 与 $\psi(x)$ 的对应法则不相同. 所以，它们也不是相同的函数.

例 5　求函数 $f(x)=\sin x+2\cos^2 x$ 在 $x=\dfrac{\pi}{2}$ 处的函数值.

解　将 $x=\dfrac{\pi}{2}$ 代入函数式中，便得所求的函数值：

$$f\left(\frac{\pi}{2}\right)=(\sin x+2\cos^2 x)\Big|_{x=\frac{\pi}{2}}=\sin\frac{\pi}{2}+2\cos^2\frac{\pi}{2}=1.$$

例 6　已知函数

$$y=|x|=\begin{cases}-x, & 当\ x<0\ 时,\\ x, & 当\ x\geqslant 0\ 时.\end{cases}$$

(1) 求定义域;(2) 求 $y\Big|_{x=-3}$, $y\Big|_{x=2}$;(3) 画出函数 $y=|x|$ 的图像.

解 (1) $y=|x|$ 的定义域是 $(-\infty, +\infty)$;

(2) 因为 $-3\in(-\infty, 0)$,所以 $y\Big|_{x=-3}=-x\Big|_{x=-3}=3$.

同理 $y\Big|_{x=2}=x\Big|_{x=2}=2$.

(3) 函数 $y=|x|$ 的图像如图 1-5 所示.

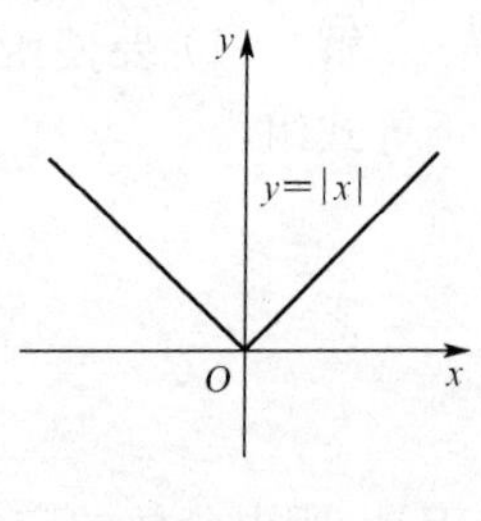

图 1-5

例 7 已知函数

$$f(x)=\begin{cases}x, & \text{当} -2<x<0 \text{时},\\ 5, & \text{当} 0\leqslant x<1 \text{时},\\ x^2+4, & \text{当} 1\leqslant x \text{时}.\end{cases}$$

(1) 求 $f(x)$ 的定义域;(2) 求 $f(-1)$, $f(0)$, $f\left(\frac{1}{2}\right)$, $f(1)$, $f(2)$;(3) 在 $x=-3$ 处,函数是否有定义,为什么? (4) 画出函数 $f(x)$ 的图像.

解 (1) $f(x)$ 的定义域是 $\{x\mid -2<x<+\infty\}$.

(2) 因为 $x=-1$ 在区间 $(-2, 0)$ 内,而函数值是由式子 $f(x)=x$ 确定,所以

$$f(-1)=x\Big|_{x=-1}=-1,$$

因为 $x=0$ 在区间 $[0, 1)$ 上,此时,函数值是由式子 $f(x)=5$ 确定,所以

$$f(0)=5.$$

同理
$$f\left(\frac{1}{2}\right)=5.$$

因为 $x=1$ 及 $x=2$ 均在区间 $[1, +\infty)$ 上,此时,函数值由式子 $f(x)=x^2+4$ 确定,所以

$$f(1)=(x^2+4)\Big|_{x=1}=5,\quad f(2)=(x^2+4)\Big|_{x=2}=8.$$

(3) 因为 $x=-3\notin\{x\mid -2<x<+\infty\}$,故函数 $f(x)$ 在 $x=-3$ 处没有定义.

(4) 函数 $f(x)$ 的图像如图 1-6 所示.

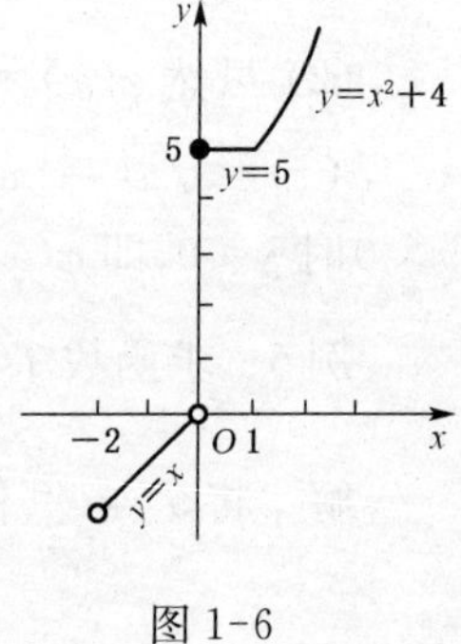

图 1-6

例 7 中的函数叫做**分段函数**,自变量 x 取值区间的分界点 $x=0$, $x=1$ 叫做**分段点**. 一般地,如果在自变量的取值范围内,须用两个以上(含两个)的数学式子表示函数,这种函数称为**分段函数**.

1.2.2 函数的几种特性

本目主要讨论函数的一些特性——有界性、奇偶性、单调性和周期性.

1. 函数的有界性

定义 2 设函数 $f(x)$在某一实数集 A 上有定义，若存在正数 M，对于一切 $x \in A$，都有不等式

$$|f(x)| \leqslant M \tag{1.6}$$

成立，则称函数 $f(x)$在 A 上**有界**，或称在 A 上 $f(x)$是**有界函数**；若不存在这样的正数 M，则称函数 $f(x)$在 A 上**无界**，或称在 A 上 $f(x)$是**无界函数**.

例如，函数 $y = \arcsin x$ 在区间$[-1, 1]$上是有界的，因为当 $x \in [-1, 1]$时，都有 $|\arcsin x| \leqslant \frac{\pi}{2}$；函数 $y = x - 1$ 在区间$[0, +\infty)$ 上是无界的，因为当x 无限增大时，函数值 y 也在无限增大，所以不存在正数 M，使得 $|y| \leqslant M$ $(x \in [0, +\infty))$. 而该函数在区间$[-3, 1)$ 上是有界的，因为只要取 $M = 4$，则当 $x \in [-3, 1)$ 时，总有 $|y| \leqslant M$ 成立.

2. 函数的奇偶性

定义 3 设函数 $f(x)$的定义域是实数集 D. 若对于任意的 $x \in D$，都有$-x \in D$，且满足

$$f(-x) = f(x), \tag{1.7}$$

则称函数 $f(x)$是**偶函数**. 若对于任意的 $x \in D$，都有 $-x \in D$，且满足

$$f(-x) = -f(x), \tag{1.8}$$

则称函数 $f(x)$是**奇函数**.

偶函数的图像关于 y 轴对称. 这是因为当 $f(x)$是偶函数，即 $f(-x) = f(x)$（其中 $x, -x \in D$）时，$f(x)$ 的图像上的任意两点 $A(x, f(x))$ 和 $B(-x, f(-x))$ 是关于 y 轴对称的（图 1-7）.

奇函数的图像关于坐标原点对称. 这是因为当 $f(x)$是奇函数，即 $f(-x) = -f(x)$ $(x, -x \in D)$ 时，$f(x)$ 的图像上任意两点 $A(x, f(x))$ 和 $C(-x, f(-x))$ 是关于坐标原点对称的（图 1-8）.

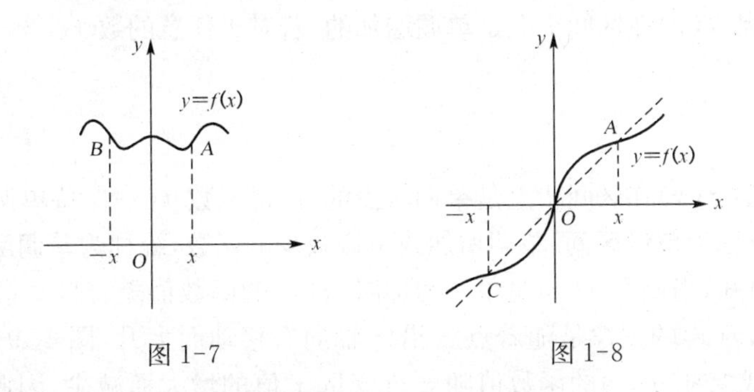

图 1-7　　　　图 1-8

例 8 指出下列函数中哪些是奇函数？哪些是偶函数？哪些既不是奇函数，也

不是偶函数?

(1) $y=x+\sin x$; (2) $y=x^2\cos\frac{1}{x}$;

(3) $y=x^2-\sin x$; (4) $y=\sqrt{x}$.

解 (1) 函数 $y=x+\sin x$ 的定义域是$(-\infty,+\infty)$,因为对于任意的 $x\in(-\infty,+\infty)$,都有 $-x\in(-\infty,+\infty)$,且有

$$f(-x)=-x+\sin(-x)=-x-\sin x=-(x+\sin x)=-f(x),$$

所以,函数 $y=x+\sin x$ 是奇函数.

(2) 函数 $y=x^2\cos\frac{1}{x}$ 的定义域是 $D=(-\infty,0)\cup(0,+\infty)$,因为对于任意的 $x\in D$,都有 $-x\in D$,且有

$$f(-x)=(-x)^2\cos\frac{1}{-x}=x^2\cos\frac{1}{x}=f(x),$$

所以,函数 $y=x^2\cos\frac{1}{x}$ 是偶函数.

(3) 函数 $y=x^2-\sin x$ 的定义域是$(-\infty,+\infty)$.对于任意的 $x\in(-\infty,+\infty)$,虽然有 $-x\in(-\infty,+\infty)$,但是,

$$f(-x)=(-x)^2-\sin(-x)=x^2+\sin x\neq f(x),\quad 且\ f(-x)\neq-f(x),$$

所以,函数 $y=x^2-\sin x$ 既不是偶函数,也不是奇函数.

(4) 函数 $y=\sqrt{x}$ 的定义域是$[0,+\infty)$.因为当 $x\in(0,+\infty)$ 时,$-x\notin(0,+\infty)$,所以,$y=\sqrt{x}$ 既不是奇函数,也不是偶函数.

3. 函数的单调性

定义 4 设函数 $f(x)$ 在某个区间 I 上有定义.若对于任意的数 $x_1,x_2\in I$,当 $x_1<x_2$ 时,恒有

$$f(x_1)<f(x_2) \tag{1.9}$$

成立,则称函数 $f(x)$ 在区间 I 上是**单调增加的**;若对于任意的数 $x_1,x_2\in I$,当 $x_1<x_2$ 时,恒有

$$f(x_1)>f(x_2) \tag{1.10}$$

成立,则称函数 $f(x)$ 在区间 I 上是**单调减少的**.使得函数 $f(x)$ 保持单调增加或单调减少的区间统称为**单调区间**.单调增加或单调减少的函数,统称为**单调函数**.

由定义可知,当函数 $f(x)$ 是单调增加时,$f(x)$ 的函数值随着自变量 x 值的增大而增大,因此,$f(x)$ 的图像是随着点 x 沿 x 轴向右移动而上升(图 1-9(a)).当函数 $f(x)$ 是单调减少时,$f(x)$ 的函数值随着自变量 x 值的增大而减少,因此,$f(x)$ 的图像是随着点 x 沿 x 轴向右移动而下降(图 1-9(b)).

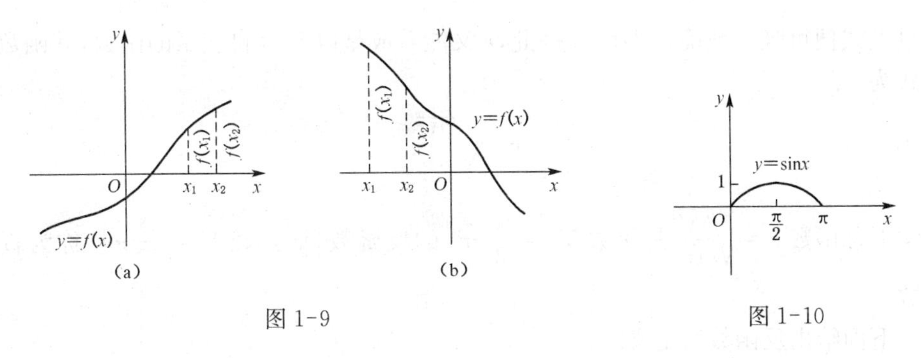

图 1-9　　　　图 1-10

例如，从图 1-10 可看到，函数 $y=\sin x$ 在区间$\left[0, \frac{\pi}{2}\right]$上是单调增加的，在区间$\left[\frac{\pi}{2}, \pi\right]$上是单调减少的，在区间$[0, \pi]$ 上不是单调函数.

4. **函数的周期性**

定义 5　设函数 $f(x)$的定义域为实数集 D，若存在一个正数 l，使得对于任意的 $x \in D$，均有$(x \pm l) \in D$，且有

$$f(x+l)=f(x) \tag{1.11}$$

成立，则称函数 $f(x)$是**周期函数**，l 称为 $f(x)$的**周期**. 显然，若 l 是周期函数 $f(x)$的周期，则对于任意正整数 k，kl 也是 $f(x)$的周期. 习惯上，我们所说的周期 l 是指满足等式(1.11)的最小正数，即为**最小正周期**.

周期函数的图像的特点是，如果将函数在一个周期内的图像，向左或向右移动周期的正整数倍距离，那么，它将与其他部分的图像重合. 因此，我们只要画出函数在一个周期内的图像，并向两端无限平移，就能得到周期函数的全部图像.

例如，函数 $y=\sin x$ 和 $y=\cos x$ 都是周期为 2π 的周期函数；函数 $y=\tan x$ 和 $y=\cot x$ 都是周期为 π 的周期函数.

对于周期函数，有以下的**结论**：若 $f(x)$是周期为 l 的周期函数，则函数 $f(ax+b)$ (a, b 是常数，且 $a>0$) 是以$\frac{l}{a}$ 为周期的周期函数(证明从略).

例如，$y=\cos 3x$ 是周期为$\frac{2}{3}\pi$ 的周期函数；$y=3\tan(4x+1)$ 是周期为$\frac{\pi}{4}$ 的周期函数.

1.2.3　反函数与复合函数

1. **反函数**

函数 $y=f(x)$ 反映了两个变量 x, y之间的依赖关系，当自变量 x 取定一个值之后，因变量 y 的值也随之唯一确定. 但是，这种因果关系不是绝对的. 例如，当取球的半径 r 为自变量时，球的体积 $V=\frac{4}{3}\pi r^3$ 是 r 的函数. 反过来，如果先取定球的体积 V，

通过上式便可唯一地确定半径 r. 因此, r 又能看成是以 V 为自变量的函数,其函数关系式为

$$r=\sqrt[3]{\frac{3V}{4\pi}}.$$

数学上称函数 $r=\sqrt[3]{\frac{3V}{4\pi}}$ 是函数 $V=\frac{4}{3}\pi r^3$ 的反函数,而函数 $V=\frac{4}{3}\pi r^3$ 称为直接函数.

下面给出反函数的定义.

定义 6 设函数 $y=f(x)$ 的定义域是实数集 D,值域是实数集 W. 若对于任意 $y\in W$,通过关系式 $y=f(x)$,都有唯一确定的 $x\in D$ 与之对应,则称这样确定的函数 $x=\varphi(y)$ 为函数 $y=f(x)$ 的**反函数**,原来的函数 $y=f(x)$ 称为**直接函数**.

由于一个函数与自变量及因变量用什么字母表示无关,为了研究方便,对于反函数 $x=\varphi(y)$,习惯上仍用 x 作为自变量, y 作为因变量,写成 $y=\varphi(x)$ ①.

由反函数的定义知:反函数 $y=\varphi(x)$ 的定义域就是直接函数 $y=f(x)$ 的值域,而反函数的值域就是直接函数的定义域;函数 $y=f(x)$ 与 $y=\varphi(x)$ 是互为反函数.

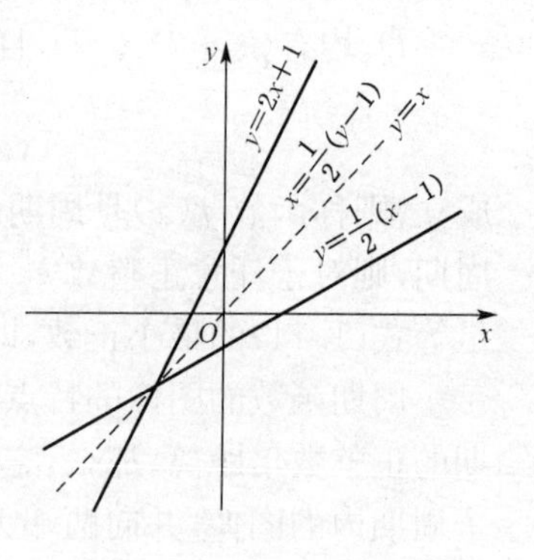

图 1-11

例 9 求函数 $y=2x+1$ 的反函数,并在同一直角坐标系中画出直接函数和反函数的图像.

解 由 $y=2x+1$ 解出 x,得 $x=\frac{1}{2}(y-1)$. 它们的图像是同一条直线(图 1-11).

如果把 y 改为 x, x 改为 y,即得所求反函数为

$$y=\frac{1}{2}(x-1),\quad x\in(-\infty,+\infty).$$

在同一直角坐标平面内,直接函数 $y=2x+1$ 与其反函数 $y=\frac{1}{2}(x-1)$ 的图像就不是同一条直线,而是关于直线 $y=x$ 对称的两条不同的直线(图 1-11). 这个性质具有一般性.

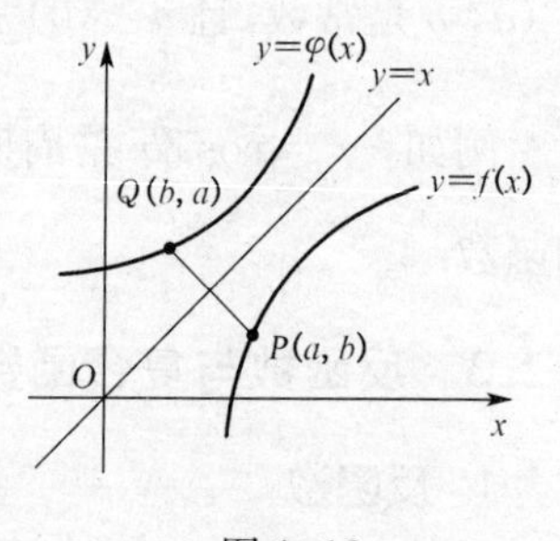

图 1-12

定理 1 在同一个平面直角坐标系中,函数 $y=f(x)$ 的图像与它的反函数 $y=\varphi(x)$ 的图像(图 1-12)关于直线 $y=x$ 对称.(证明从略.)

不是所有的函数都存在反函数. 例如,函数 $y=x^2$

---

① $y=f(x)$ 的反函数也可记作 $y=f^{-1}(x)$.

$(-\infty<x<+\infty)$，对任意给定的 $y\in[0,+\infty)$，有两个 $x=\pm\sqrt{y}$ 与之对应，所以它没有反函数.

在什么条件下保证反函数一定存在呢？下面叙述有关反函数的存在定理.（证明从略.）

定理 2(反函数存在定理) 若函数 $f(x)$ 在某个区间上是单调函数，则它的反函数存在，且也是单调函数.

2. 复合函数

先看一个例子，设 $y=\sqrt{u}$ 及 $u=1-x$，将第一式中的 u 换成 $1-x$，得 $y=\sqrt{1-x}$，函数 $y=\sqrt{1-x}$ 可以说成是由函数 $y=\sqrt{u}$ 及 $u=1-x$ 复合而成的复合函数.

一般地，如果给定两个函数 $y=f(u)$ 和 $u=\varphi(x)$，且当 x 在 $u=\varphi(x)$ 的定义域内取值时，$u=\varphi(x)$ 的值域的全部或部分地包含在 $y=f(u)$ 的定义域内（这时 $u=\varphi(x)$ 的函数值的全部或部分使 $y=f(u)$ 有定义），从而通过 u 的联系，y 也是 x 的函数，则称这个函数是由函数 $y=f(u)$ 及 $u=\varphi(x)$ 复合而成的**复合函数**，记作

$$y=f[\varphi(x)]. \tag{1.12}$$

其中，u 称为**中间变量**.

例如，$y=\sin u$ 和 $u=\sqrt{x}$ 复合以后，构成复合函数 $y=\sin\sqrt{x}$，它的定义域为 $0\leqslant x<+\infty$.

必须注意，不是任何两个函数都可以构成复合函数的. 例如，函数 $y=\lg u$ 和 $u=-\sqrt{x}$ 就不能构成复合函数（由对数的定义可知，函数 $\lg(-\sqrt{x})$ 是没有意义的）. 这是因为函数 $u=-\sqrt{x}$ 的值域 $-\infty<u\leqslant 0$ 不在函数 $y=\lg u$ 的定义域 $0<u<+\infty$ 内，所以，对于函数 $u=-\sqrt{x}$ 的定义域中的任一数值 x，所对应的函数值 u 都使函数 $y=\lg u$ 无定义.

构成复合函数的函数也可多于两个. 例如，由函数 $y=\lg u$, $u=\sin v$, $v=x^2$ 复合以后构成复合函数 $y=\lg(\sin x^2)$；由函数 $y=\sin u$, $u=\sqrt[4]{v}$, $v=1+w^3$, $w=\tan x$ 复合以后就构成复合函数 $y=\sin\sqrt[4]{1+\tan^3 x}$. 这里的 u, v, w 都称为中间变量.

从上面的讨论看到，几个函数在一定的条件下可以构成复合函数. 反过来，一个较为复杂的函数也可以通过适当地引入中间变量分解为若干个简单函数（即由一些基本初等函数，[①]或由基本初等函数与常数经四则运算所得的函数），把它看作是由这些简单函数复合而成的.

例如，函数 $y=\sqrt{1+\ln^2 x}$ 可以看作是由函数 $y=\sqrt{u}$, $u=1+v^2$ 及 $v=\ln x$ 复

---

① 参看 1.2.4 目.

合而成的复合函数. 其中, $y=\sqrt{u}$ 和 $v=\ln x$ 都是基本初等函数, $u=1+v^2$ 是幂函数 v^2 和常数 1 的和.

又如, 函数 $y=\left(\arcsin\frac{x}{2}\right)^2$ 可以看作是由 $y=u^2$, $u=\arcsin v$, $v=\frac{x}{2}$ 复合而成的复合函数. 其中, $y=u^2$ 和 $u=\arcsin v$ 都是基本初等函数, $v=\frac{x}{2}$ 是常数 $\frac{1}{2}$ 与幂函数 x 的乘积.

最后, 我们举两个有关利用函数及复合函数概念解题的例子.

例 10 设函数 $f(x)$ 的定义域是开区间 $(0, 1)$, 求函数 $f(\lg x)$ 的定义域.

解 设 $u=\lg x$, 则函数 $f(\lg x)$ 可看作是由函数 $f(u)$ 和 $u=\lg x$ 复合而成的复合函数. 由于 $f(u)$ 与 $f(x)$ 仅是自变量所选用的字母不同, 所以它们是同一个函数. 于是, 由已知条件知

$$0<u<1, \quad 即 \quad 0<\lg x<1.$$

解此不等式, 得

$$1<x<10.$$

因此, 函数 $f(\lg x)$ 的定义域是开区间 $(1, 10)$.

例 11 设 $f(x)=\sqrt{1+x^2}$, 求: (1) $f[f(x)]$; (2) $f\{f[f(x)]\}$.

解 (1) 设 $u=\sqrt{1+x^2}$, 则函数 $f[f(x)]$ 可看作是由函数 $f(u)$ 和 $u=f(x)=\sqrt{1+x^2}$ 复合而成的复合函数. 而 $f(u)$ 和 $f(x)$ 是同一个函数, 于是有

$$f(u)=\sqrt{1+u^2}.$$

将 $u=f(x)=\sqrt{1+x^2}$ 代入, 即得

$$f[f(x)]=\sqrt{1+(\sqrt{1+x^2})^2}=\sqrt{2+x^2}.$$

(2) 函数 $f\{f[f(x)]\}$ 可看作是由函数 $f\{f(u)\}$ 和 $u=f(x)=\sqrt{1+x^2}$ 复合而成的复合函数. 由于

$$f\{f(u)\}=\sqrt{2+u^2},$$

所以

$$f\{f[f(x)]\}=\sqrt{2+(\sqrt{1+x^2})^2}=\sqrt{3+x^2}.$$

1.2.4 基本初等函数与初等函数

1. 基本初等函数

基本初等函数包括幂函数、指数函数、对数函数、三角函数和反三角函数.

(1) **幂函数** $y=x^{\mu}$ (μ 为实数, $\mu\neq 0$). 图 1-13 仅列出几个重要的幂函数的图形.

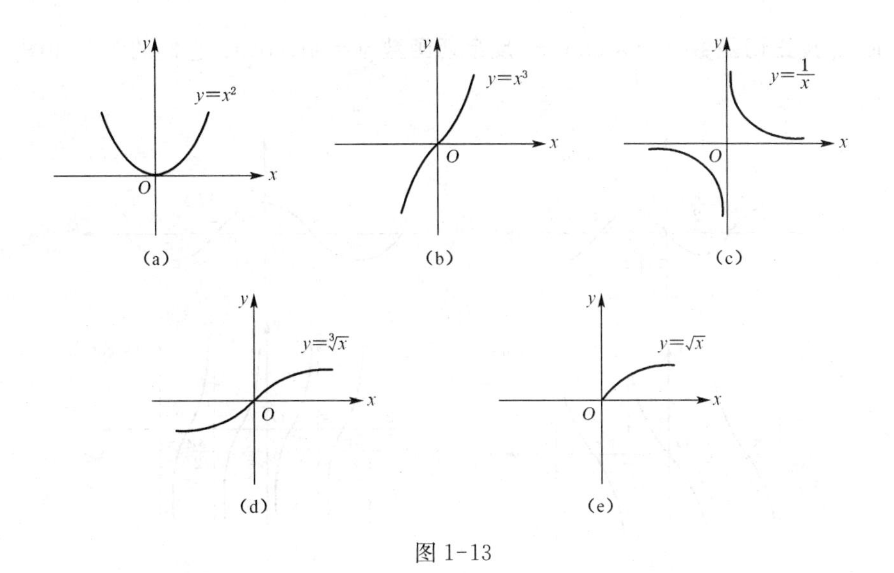

图 1-13

(2) **指数函数** $y=a^x$($a>0$, $a\neq 1$,且 a 为常数). 指数函数的图形如图 1-14(a) 所示.

(3) **对数函数** $y=\log_a x$ ($a>0$, $a\neq 1$,且 a 为常数). 它是 $y=a^x$ 的反函数. 特别地,当 $a=\mathrm{e}=2.718\,281\cdots$ 时,称为自然对数函数,记作 $y=\ln x$,它是 $y=\mathrm{e}^x$ 的反函数;当 $a=10$ 时,称为常用对数函数,记作 $y=\lg x$. 对数函数的图形如图 1-14(b) 所示.

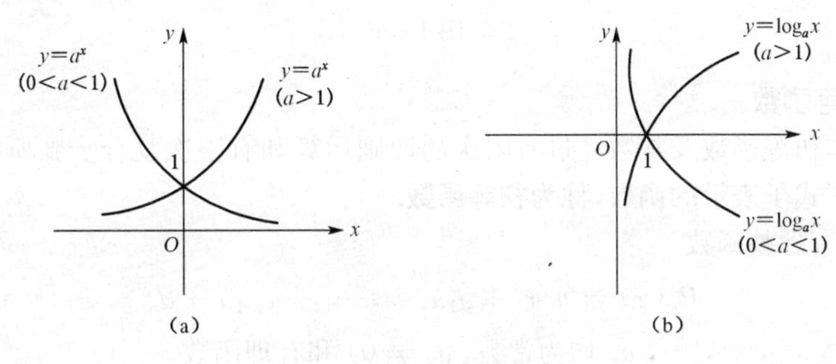

图 1-14

(4) **三角函数**

正弦函数 $y=\sin x$, **余弦函数** $y=\cos x$,

正切函数 $y=\tan x$, **余切函数** $y=\cot x$,

正割函数 $y=\sec x=\dfrac{1}{\cos x}$, **余割函数** $y=\csc x=\dfrac{1}{\sin x}$.

前 4 个函数的图形如图 1-15 所示.

(5) **反三角函数** 反三角函数包括**反正弦函数** $y=\arcsin x$、**反余弦函数** $y=$

arccos x、**反正切函数** $y=\arctan x$、**反余切函数** $y=\operatorname{arccot} x$. 它们的图形如图 1-16 所示.

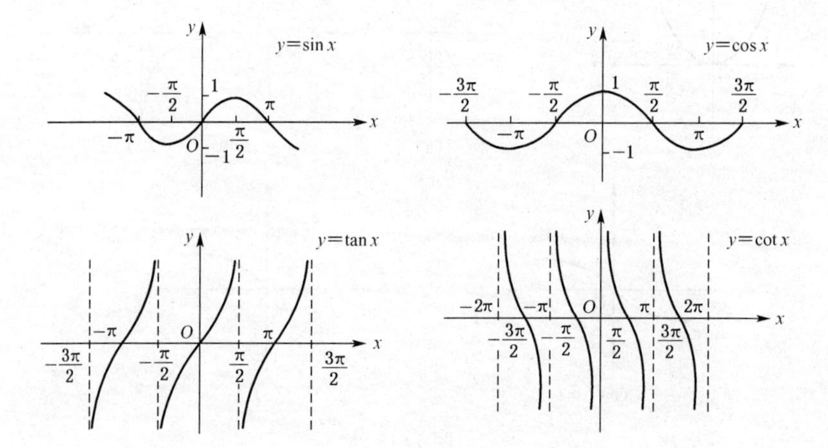

图 1-15

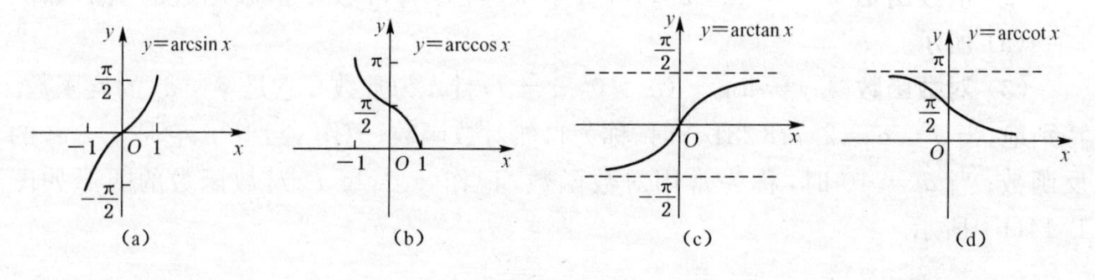

图 1-16

2. **初等函数**

由基本初等函数及常数经过有限次的四则运算和有限次复合步骤所构成,且可用一个数学式子表示的函数,称为**初等函数**.

例如,有理整函数

$$P_n(x)=a_0x^n+a_1x^{n-1}+\cdots+a_{n-1}x+a_n$$

(n 是正整数,a_0, a_1, $\cdots$, a_n 均为常数, $a_0\neq 0$) 和有理函数

$$\frac{P_n(x)}{Q_m(x)}=\frac{a_0x^n+a_1x^{n-1}+\cdots+a_{n-1}x+a_n}{b_0x^m+b_1x^{m-1}+\cdots+b_{m-1}x+b_m}$$

($P_n(x)$, $Q_m(x)$ 都是有理整函数,且 $Q_m(x)\neq 0$) 都是初等函数. 再如,函数 $y=\arcsin \mathrm{e}^{x^2}$, $y=\dfrac{x+\sin x}{\cos^2 x}$, $y=x+\sqrt{\ln(1+\cos x)}$ 也都是初等函数.

注意 非初等函数是存在的. 如分段函数

$$y=f(x)=\begin{cases}\mathrm{e}^{\sin x}, & x<0,\\ x+1, & x\geqslant 0\end{cases}$$

就是非初等函数，因为它在定义域内不能用一个数学式子表示.

1.2.5 建立函数关系式举例

用数学工具解决实际问题时，建立变量之间的函数关系极为重要. 下面将通过例题说明如何去建立函数关系.

例 12 从一块半径为 R 的圆铁片上挖去一个扇形(图 1-17(a))，将留下的部分做成一个圆锥形漏斗(图 1-17(b)). 试建立此漏斗的容积 V 与留下的扇形的中心角 φ(弧度单位)之间的函数关系.

解 如图 1-17(b)所示. 设圆锥的底半径为 r、高为 h，则容积为 $V=\frac{1}{3}\pi r^2 h$，其中，r，h 满足下列关系式：

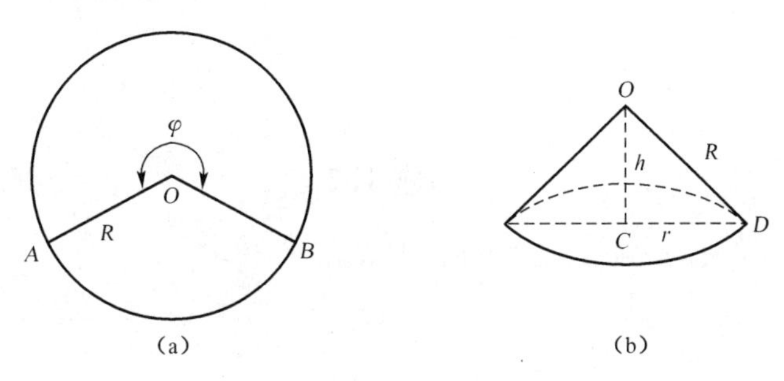

图 1-17

$$2\pi r = R\varphi \quad 及 \quad r^2+h^2=R^2.$$

即得 $\quad r=\frac{R\varphi}{2\pi}, \quad h=\sqrt{R^2-r^2}=\sqrt{R^2-\left(\frac{R\varphi}{2\pi}\right)^2}=\frac{R}{2\pi}\sqrt{4\pi^2-\varphi^2}.$

于是，所求圆锥体的容积为

$$V=\frac{1}{3}\pi\left(\frac{R\varphi}{2\pi}\right)^2\cdot\frac{R}{2\pi}\sqrt{4\pi^2-\varphi^2}=\frac{R^3}{24\pi^2}\varphi^2\sqrt{4\pi^2-\varphi^2} \quad (0<\varphi<2\pi).$$

这就是所求圆锥形漏斗的容积 V 与所用圆扇形铁片的中心角 φ 之间的函数关系，它的定义域是 $(0,\ 2\pi)$.

例 13 脉冲发生器产生一个三角波，其波形如图1-18所示. 写出电压 U(V)与时间 t(μs)的函数关系式.

解 由图 1-18 可看到，U 随 t 变化的规律在前一段时间 $[0,\ 10]$ 和后一段时间 $[10,\ 20]$ 是不同的，所以，这里要分两段时间进行讨论.

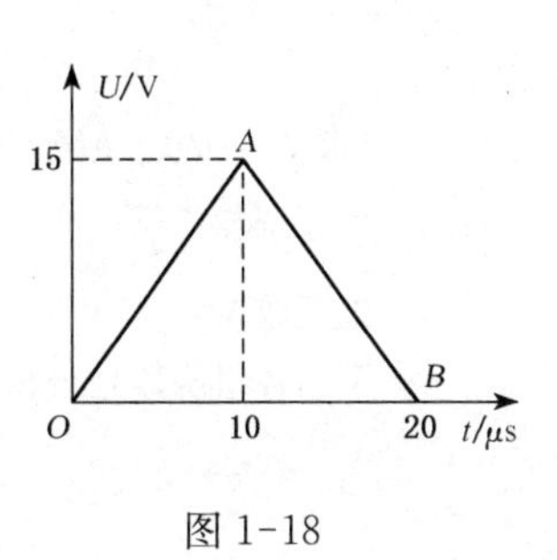

图 1-18

当 $0\leqslant t\leqslant 10$ 时，函数的图形是连接原点 $O(0,\ 0)$ 和点 $A(10,\ 15)$ 的直线段. 由平面解析几何中的两点式方程，可得直线 AB 的方程为

$$\frac{U-0}{t-0}=\frac{15-0}{10-0}, \quad 即 \quad U=\frac{3}{2}t.$$

当 $10<t\leqslant 20$ 时，函数的图形是连接点 $A(10, 15)$ 和点 $B(20, 0)$ 的直线段，同理可得

$$\frac{U-0}{t-20}=\frac{15-0}{10-20}, \quad 即 \quad U=\frac{3}{2}(20-t).$$

由上面的讨论综合可得，所求函数关系式为

$$U=\begin{cases}\frac{3}{2}t, & 0\leqslant t\leqslant 10,\\ \frac{3}{2}(20-t), & 10<t\leqslant 20.\end{cases}$$

此函数的定义域是$[0, 20]$.

习题 1.2

1. 求函数的定义域并分别用集合或区间记号表示.

(1) $y=\sqrt{2x+1}+\frac{1}{\sqrt{1-x}}$；　　(2) $y=\sqrt[3]{x}+\frac{x}{x^2-2x-3}$；

(3) $y=\arcsin\frac{x-3}{2}-\lg(4-x)$；　　(4) $y=\sqrt{3-x}+\arctan\frac{1}{x}$；

(5) $y=\lg\frac{x}{x-2}+\sqrt{9-x^2}$；　　(6) $y=\frac{\sqrt{4-x^2}}{\lg(x+1)}$.

2. 设 $f(x)=\sqrt{4+x^2}$，求函数值

$$f(0),\ f(1),\ f(-1),\ f\left(\frac{1}{a}\right),\ f(x_0),\ f(x_0+h).$$

3. 设函数

$$f(x)=\begin{cases}x+1, & -1\leqslant x\leqslant\frac{\pi}{2},\\ \sin x, & \frac{\pi}{2}<x\leqslant 2\pi,\end{cases}$$

(1) 求 $f(x)$的定义域，并指出它的分段点；(2) 求 $f(0)$，$f\left(\frac{\pi}{2}\right)$，$f\left(\frac{3\pi}{2}\right)$，$f(2\pi)$；(3) 画出它的图像.

4. 把函数 $y=1+|x+1|$ 表示成分段函数，并指出它的分段点.

5. 下列各组函数是否相同？为什么？

(1) $y=\frac{|x|}{x}$ 和 $y=1$；　　(2) $y=\sqrt[3]{x^3}$ 和 $y=x$；

(3) $y=\sqrt{x^2}$ 和 $y=(\sqrt{x})^2$；　　(4) $y=\sin\arcsin x$ 和 $y=\arcsin\sin x$.

6. 若 $f(t)=2t^2+\frac{2}{t^2}+\frac{5}{t}+5t$,证明 $f(t)=f\left(\frac{1}{t}\right)$.

7. 下列函数在其定义域内是否有界？为什么？

(1) $y=2\cos(4x+1)+1$；　　(2) $y=\frac{1}{\sqrt{x}}+1$；

(3) $y=(-1)^n\sin\frac{x}{n}$ (n 为正整数)；　　(4) $y=x\cos x$.

8. 下列各函数中,哪些是奇函数？哪些是偶函数？哪些既不是奇函数、又不是偶函数？

(1) $y=\sin^2 x+5$；　　(2) $y=\tan x\cos 5x$；

(3) $y=x(x-1)$；　　(4) $y=x-2x^3$；

(5) $y=\frac{2^x-2^{-x}}{2^x+2^{-x}}$；　　(6) $y=f(x)+f(-x)$.

9. 函数 $y=x^2+2$ 在其定义域内是不是单调函数?若不是,指出它的单调区间.

10. 下列各函数中,哪些是周期函数？对于周期函数,指出其周期.

(1) $y=2\cos\left(3x+\frac{\pi}{6}\right)+1$；　　(2) $y=\sin^2 x$；

(3) $y=x\sin x$；　　(4) $y=2+\tan \pi x$.

11. 设 $f(x)$是周期为 2 的周期函数,它在一个周期区间内的函数表达式为

$$f(x)=\begin{cases}-1, & -1\leqslant x<0,\\ x^2, & 0\leqslant x<1,\end{cases}$$

画出它在$(-\infty, +\infty)$内的图形(至少画出三个周期内的图形).

12. 设 $f(x)$和 $g(x)$是定义在$(-l, l)$上的偶函数,证明 $f(x)\pm g(x)$ 和 $f(x)\cdot g(x)$ 都是偶函数.

13. 求下列函数的反函数,并指出它们的定义域和值域.

(1) $y=2^x+1$；　　(2) $y=\ln(x+\sqrt{1+x^2})$；　　(3) $y=-\sqrt{x+1}$.

14. 下列各组函数能否构成复合函数？如能,则写出复合函数并指出它的定义域;如不能,试说明理由.

(1) $y=\sqrt{u}$, $u=3x-1$；　　(2) $y=\ln u$, $u=1-x^2$；

(3) $y=1-u^2$, $u=\frac{x-2}{2x+1}$；　　(4) $y=\ln u$, $u=\sin x-2$.

15. 将下列函数分解成由几个简单的函数复合而成的复合函数.

(1) $y=\sin^2(2x+1)$；　　(2) $y=\sqrt{\cot\frac{x}{4}}$；

(3) $y=2^{\tan\frac{x}{3}}$；　　(4) $y=\left(\frac{1-\sin 3x}{1+\sin 3x}\right)^2$；

(5) $y=[f(x)]^2$；　　(6) $y=f(x^2)$.

16. 设 $f(x)$的定义域是$[0, 1]$,求下列复合函数的定义域.

(1) $f(x-a)$ $(a>0)$；　　(2) $f(\ln x)$；

(3) $f(x^2-1)$；　　(4) $f\left(x-\frac{1}{4}\right)+f\left(x+\frac{1}{4}\right)$.

17. 设 $f(x)=3x^2+4x$, $\varphi(x)=\lg(1+x)$,求 $f[\varphi(x)]$, $\varphi[f(x)]$, $\varphi[\varphi(x)]$, 并求它们的定

义域.

18. 下列函数中哪些是初等函数？哪些不是初等函数？

(1) $y=e^{x-\frac{1}{x}}$；　　(2) $y=\begin{cases}2-x, & x<0,\\ x-2, & x\geqslant 0;\end{cases}$

(3) $y=\arctan\sqrt{\dfrac{1-\sin x}{1+\sin x}}+\sqrt{x-1}$；

(4) $y=D(x)=\begin{cases}1, & \text{当 } x \text{ 是有理数},\\ 0, & \text{当 } x \text{ 是无理数}\end{cases}$(狄利克雷函数).

19. 一个正圆锥体内接于半径为 R 的球(即圆锥的顶点及底面圆周均在球面上),求圆锥的体积 V 与底面半径 r 之间的函数关系式.

20. 某水渠的横断面是等腰梯形,如图 1-19 所示.已知底宽 2 m,边坡 1∶1(即倾斜角为 45°),最大深度为 10 m,AD 表示水面.求过水断面的面积 S 与水深 h 的函数关系式.

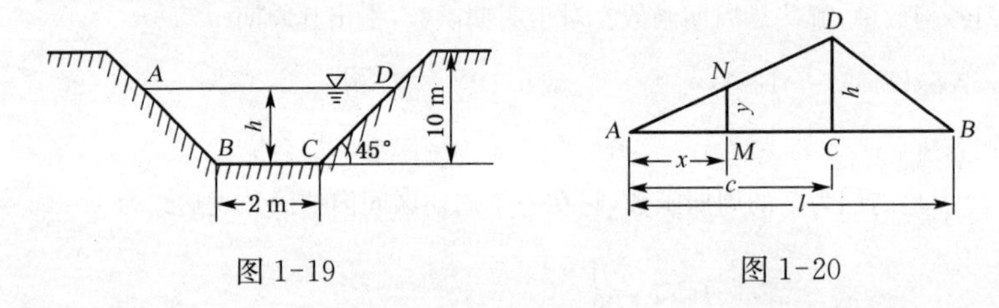

图 1-19　　图 1-20

21. 火车站收取行李费的规定如下:当行李不超过 50 kg 时,按基本运费计算,如从上海到某地收 0.15 元/kg.当超过 50 kg 时,超重部分按 0.25 元/kg 收费.试求运费 y(元)与行李质量 x(kg)之间的函数关系式,并画出这函数的图形.

22. 设有一跨度为 $AB=l$ 的三角形屋架如图 1-20 所示.已知 $AC=c$,在 C 点处屋架的高度为 h,并记 $AM=x$ 表示点 M 的位置.求横梁 AB 上任一点 M 处的屋架高度 y 与该点位置 x 之间的函数关系.

答　案

1. (1) $\left\{x\,\middle|\,-\frac{1}{2}\leqslant x<1\right\}$或$\left[-\frac{1}{2},1\right)$；

(2) $\{x\mid x\neq 3$ 且 $x\neq -1\}$ 或 $(-\infty,-1)\cup(-1,3)\cup(3,+\infty)$；

(3) $\{x\mid 1\leqslant x<4\}$ 或 $[1,4)$；　(4) $\{x\mid -\infty<x\leqslant 3$ 且 $x\neq 0\}$ 或 $(-\infty,0)\cup(0,3]$；

(5) $\{x\mid -3\leqslant x<0$ 或 $2<x\leqslant 3\}$ 或 $[-3,0)\cup(2,3]$；

(6) $\{x\mid -1<x\leqslant 2$,且 $x\neq 0)$ 或 $(-1,0)\cup(0,2]$.

2. $f(0)=2$, $f(1)=f(-1)=\sqrt{5}$, $f\left(\dfrac{1}{a}\right)=\dfrac{\sqrt{4a^2+1}}{|a|}$, $f(x_0)=\sqrt{4+x_0^2}$, $f(x_0+h)=\sqrt{1+(x_0+h)^2}$.

3. (1) $D=[-1,2\pi]$,分段点 $x=\dfrac{\pi}{2}$；(2) $f(0)=1$, $f\left(\dfrac{\pi}{2}\right)=\dfrac{\pi}{2}+1$, $f\left(\dfrac{3\pi}{2}\right)=-1$, $f(2\pi)=0$. (3) 略.

4. $y=\begin{cases}-x, & x<-1,\\ x+2, & x\geqslant -1,\end{cases}$ 分段点 $x=-1$.

5. (1) 不同；(2) 相同；(3) 不同；(4) 不同.　　6. 略.

7. (1) 有界；(2) 无界；(3) 有界；(4) 无界.

8. (1) 偶函数；(2) 奇函数；(3) 既不是奇函数，又不是偶函数；(4) 奇函数；(5) 奇函数；(6) 偶函数.

9. 不是单调函数，它在区间 $(-\infty, 0]$ 上单调减少，在区间 $[0, +\infty)$ 上单调增加.

10. (1) 是，周期为 $\frac{2}{3}\pi$；(2) 是，周期为 π；(3) 不是周期函数；(4) 是，周期为 1.

11. 略.　12. 证略.

13. (1) $y=\log_2(x-1)$, $D=(1, +\infty)$, $W=(-\infty, +\infty)$；(2) $y=\frac{1}{2}(e^x-e^{-x})$, $D=(-\infty, +\infty)$, $W=(-\infty, +\infty)$；(3) $y=x^2-1$, $D=(-\infty, 0]$, $W=[-1, +\infty)$.

14. (1) 能，$y=\sqrt{3x-1}$, $D=\left[\frac{1}{3}, +\infty\right)$；(2) 能，$y=\ln(1-x^2)$, $D=(-1, 1)$；(3) 能，$y=1-\left(\frac{x-2}{2x+1}\right)^2$, $D=\left(-\infty, -\frac{1}{2}\right)\cup\left(-\frac{1}{2}, +\infty\right)$；(4) 不能，因为 $u=\sin x-2$ 的值域 $[-3, -1]$ 不在 $y=\ln u$ 的定义域内.

15. (1) $y=u^2$, $u=\sin v$, $v=2x+1$；(2) $y=\sqrt{u}$, $u=\cot v$, $v=\frac{x}{4}$；(3) $y=2^u$, $u=\tan v$, $v=\frac{x}{3}$；(4) $y=u^2$, $u=\frac{1-v}{1+v}$, $v=\sin w$, $w=3x$；(5) $y=u^2$, $u=f(x)$；(6) $y=f(u)$, $u=x^2$.

16. (1) $[a, a+1]$；(2) $[1, e]$；(3) $[-\sqrt{2}, -1]\cup[1, \sqrt{2}]$；(4) $\left[\frac{1}{4}, \frac{3}{4}\right]$.

17. (1) $f[\varphi(x)]=3\lg^2(1+x)+4\lg(1+x)$, $D=(-1, +\infty)$；

(2) $\varphi[f(x)]=\lg(3x^2+4x+1)$, $D=(-\infty, -1)\cup\left(-\frac{1}{3}, +\infty\right)$；

(3) $\varphi[\varphi(x)]=\lg[1+\lg(1+x)]$, $D=\left(-\frac{9}{10}, +\infty\right)$.

18. (1)，(3)是初等函数；(2)，(4)不是初等函数.

19. $V=\frac{1}{3}\pi r^2(R+\sqrt{R^2-r^2})$, $0<r\leqslant R$.

20. $S=h(h+2)$, $0<h\leqslant 10$.

21. $y=\begin{cases}0.15x, & 0<x\leqslant 50,\\ 0.15\times 50+0.25(x-50), & x>50,\end{cases}$ 即 $y=\begin{cases}0.15x, & 0<x\leqslant 50,\\ 0.25x-5, & x>50.\end{cases}$（图形略.）

22. $y=\begin{cases}\frac{h}{c}x, & 0\leqslant x\leqslant c,\\ \frac{h}{l-c}(l-x), & c<x\leqslant l.\end{cases}$

1.3　数列的极限

极限的方法来源于实际. 在我国魏晋时代（公元 3 世纪），著名的数学家刘徽曾用“割圆术”成功地推算出单位圆的面积. 他先依次求出单位圆的内接正 6 边形、正 12

边形、正24边形、……、正3 072边形等一系列边数成倍增加的正多边形(图1-21)的面积 A_1, A_2, A_3, …, A_n, …. 最后指出:"割之弥(越)细,所失弥少. 割之又割,以至于不可割,则与圆合体,而无所失矣."这句话的含义是,内接正多边形的边数越多(相应地,边数 n 越大),正多边形的面积 A_n 就越接近于单位圆的面积,当正多边形的边数无限增多(相应地,n 无限增大)时,正多边形的面积 A_n 也就无限地接近于一个确定的数值 A,这个数值 A 就是单位圆的面积.

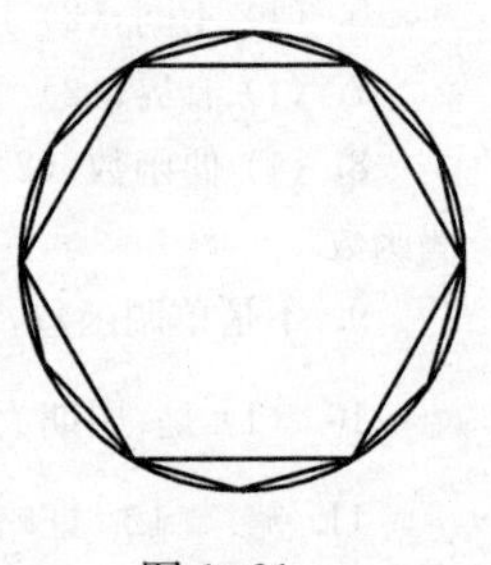
图1-21

"割圆术"实际上是对一列有次序的数(即数列)A_1, A_2, …, A_n, …当 n 无限增大时取极限. 这就是一个数列极限的问题.

为了进一步讨论一般数列的极限,下面先复习中学已学过的数列的概念及其性质.

1.3.1 数列的概念及其性质

1. 数列的概念

定义1 按照一定的法则,依次排列的一列无穷多个数

$$x_1, x_2, \cdots, x_n, \cdots \tag{1.13}$$

称为**数列**,其中每一个数称为数列的**项**,第 n 项 x_n 称为数列的**一般项**(或**通项**),下标 $n(n=1, 2, \cdots)$ 称为数列的**项数**. 数列(1.13)也常简记为 $\{x_n\}$ 或 $x_n(n=1, 2, \cdots)$. 例如

$$1, \frac{1}{2}, \frac{1}{3}, \cdots, \frac{1}{n}, \cdots;$$

$$1, \frac{5}{2}, \frac{5}{3}, \frac{9}{4}, \frac{9}{5}, \cdots, \frac{2n+(-1)^n}{n}, \cdots;$$

$$-2, 4, -6, 8, \cdots, (-1)^n 2n, \cdots;$$

$$1, -1, 1, -1, \cdots, (-1)^{n-1}, \cdots$$

等都是数列. 它们的一般项分别为

$$x_n = \frac{1}{n}, \quad x_n = \frac{2n+(-1)^n}{n}, \quad x_n = (-1)^n 2n, \quad x_n = (-1)^{n-1}.$$

当数列的项数 n 在自然数集 $\mathbf{N}=\{1, 2, \cdots\}$ 中任取一个数值时,数列的项 x_n 也被唯一地确定,因此,x_n 也可看作是下标 n 的函数(也称为**整标函数**):

$$x_n = f(n) \quad (n = 1, 2, \cdots).$$

显然,当此函数的自变量 n 依次取1, 2, …, n, …时,对应的函数值排列成一列有次序的数就是数列 $\{x_n\}$.

2. 数列的性质

类似于 1.2 节中关于函数特性的讨论，可得数列的下列性质.

(1) 有界性

若存在某一个正数 M，使得数列 $\{x_n\}$ 中的每一项 x_n 的绝对值都不大于 M，即对于一切 n，都有

$$|x_n| \leqslant M,$$

则称数列 $\{x_n\}$ 是**有界**的；否则，若不存在这样的正数 M，则称数列 $\{x_n\}$ 是**无界**的.

例如，数列 $\left\{\frac{1}{n}\right\}$，$\{(-1)^{n-1}\}$，$\left\{\frac{2n+(-1)^n}{n}\right\}$ 都是有界的，而数列 $\{(-1)^n 2n\}$ 是无界的.

(2) 单调性

若数列 $\{x_n\}$ 满足条件：

$$x_1 \leqslant x_2 \leqslant x_3 \leqslant \cdots \leqslant x_n \leqslant x_{n+1} \leqslant \cdots,$$

则称数列 $\{x_n\}$ 是**单调增加**的；若满足条件：

$$x_1 \geqslant x_2 \geqslant x_3 \geqslant \cdots \geqslant x_n \geqslant x_{n+1} \geqslant \cdots,$$

则称数列 $\{x_n\}$ 是**单调减少**的.

例如，数列 $\left\{\frac{n}{n+1}\right\}$ 是单调增加的，而数列 $\left\{\frac{1}{n}\right\}$ 是单调减少的.

单调增加或单调减少的数列，统称为**单调数列**①.

1.3.2 数列的极限

现在来讨论当项数 n 无限增大时数列 $\{x_n\}$ 变化的趋势. 先观察上一目中所列举的 4 个数列.

数列 $\left\{\frac{1}{n}\right\}$，当 n 无限增大时，它的一般项 $x_n=\frac{1}{n}$ 无限接近于零；

数列 $\left\{\frac{2n+(-1)^n}{n}\right\}$，当 n 无限增大时，它的一般项 $x_n=\frac{2n+(-1)^n}{n}=2+\frac{(-1)^n}{n}$ 无限接近于 2；

数列 $\{(-1)^n 2n\}$，当 n 无限增大时，它的一般项 $x_n=(-1)^n 2n$ 的绝对值 $|x_n|=2n$ 也无限增大，因此，一般项 $x_n=(-1)^n 2n$ 不接近于任何确定的常数；

数列 $\{(-1)^{n-1}\}$，当 n 无限增大时，它的一般项 $x_n=(-1)^{n-1}$ 有时等于 1，有时等

---

① 上述定义的是广义的单调数列. 就是说，在条件中也可包括等号成立的情形. 今后称单调数列都是指这种广义单调数列.

于-1,因此,一般项 x_n 不接近于任何确定的常数.

通过对上面 4 个例子的观察可看出,数列的一般项 x_n 的变化趋势只有两种情况:无限接近于某个确定的常数;不接近于某个确定的常数.由此,得出数列极限的初步定义如下:

定义 2 若当数列$\{x_n\}$的项数 n 无限增大时,它的一般项 x_n 无限接近于某个确定的常数 a,则称数列$\{x_n\}$**收敛于 a**,或称数列$\{x_n\}$**有极限 a**,记作

$$\lim_{n\to\infty} x_n = a \quad 或 \quad x_n \to a\ (当\ n\to\infty\ 时)$$

(读作当 n 趋向无穷大时,x_n 趋向于 a).

若当数列$\{x_n\}$的项数 n 无限增大时,它的一般项 x_n 不接近于某个确定的常数,则称数列$\{x_n\}$**发散**,或称数列$\{x_n\}$**没有极限**,有时简记为

$$\lim_{n\to\infty} x_n = \infty\ (|\,x_n\,|\ 无限增大的情形) \quad 或 \quad \lim_{n\to\infty} x_n\ 不存在.$$

对于 $\lim\limits_{n\to\infty} x_n = \infty$,习惯上叫做**极限是无穷大**.但是,这仍属于数列没有极限的情形.

上述极限的定义比较粗糙,它没有反映 x_n 接近 a 的程度及与 n 之间的关系,从而不能满足数学理论推导的需要,因此,必须更严密、精确地去定义数列的极限.

先从几何上解释数列$\{x_n\}$有极限 a 的含义.因为数列$\{x_n\}$中的每一项与数轴上的点是一一对应的,所以,数列$\{x_n\}$可以看成是数轴上一个有序的、无穷多个点 x_n($n=1, 2, 3, \cdots$)的集合.点 x_n 与 a 接近的程度可以用它们之间的距离$|x_n-a|$来度量.x_n 无限接近于 a,意味着距离$|x_n-a|$越来越小,且可以任意地小.换句话说,不论预先给定怎样小的正数 ε,总有数列中的点 x_n(后面将看到这样的点有无穷多个)与 a 的距离小于 ε,即有不等式

$$|\,x_n - a\,| < \varepsilon$$

成立.此不等式与给定的正数 ε 及项数 n 有关,当 ε 变化时,n 也随之而变,因此,该不等式反映了点 x_n 接近 a 的程度及与 n 之间的关系.

为了具体说明 n 与 ε 的关系,下面来考察数列 $\left\{\dfrac{2n+(-1)^n}{n}\right\}$.由前面的讨论及定义 2 可知,该数列的极限是 2.因此,当 n 无限增大时,点 x_n 与 2 的距离

$$|\,x_n - 2\,| = \left|\frac{2n+(-1)^n}{n} - 2\right| = \left|\frac{(-1)^n}{n}\right| = \frac{1}{n}$$

无限接近于零.如果给定 $\varepsilon = \dfrac{1}{100}$,则由不等式$\dfrac{1}{n} < \dfrac{1}{100}$知,只要 $n > 100$,即从第 101 项起,以后所有的点 x_n:$x_{101}, x_{102}, \cdots, x_n, \cdots$ 与 2 的距离均小于$\dfrac{1}{100}$,即有$|\,x_n - 2\,| < \dfrac{1}{100}$.如果给定 $\varepsilon = \dfrac{1}{100\,000}$,则由不等式$\dfrac{1}{n} < \dfrac{1}{100\,000}$知,只要 $n > 100\,000$,即从第

100 001 项起，以后所有的点 x_n：$x_{100\,001}$，$x_{100\,002}$，…，x_n，… 与 2 的距离均小于 $\frac{1}{100\,000}$，即有 $|x_n-2|<\frac{1}{100\,000}$. 一般地，如果任意给定一个正数 ε，由不等式 $\frac{1}{n}<\varepsilon$，可解得 $n>\frac{1}{\varepsilon}$，然后取定一个大于（或等于）$\frac{1}{\varepsilon}$ 的正整数 N，则当 $n>N$ 时，即从第 $N+1$ 项起，以后所有的点：x_{N+1}，x_{N+2}，…，x_n，… 与 2 的距离均小于 ε，即有 $|x_n-2|<\varepsilon$.

由上面的讨论推知，如果数列 $\{x_n\}$ 的极限是 a，则对于任意给定的正数 ε（不论它怎样小），我们总能找到一个正整数 N，使得一切下标大于 N（即 $n>N$）的点 x_n 与点 a 的距离均小于 ε，即有 $|x_n-a|<\varepsilon$（图 1-22）.

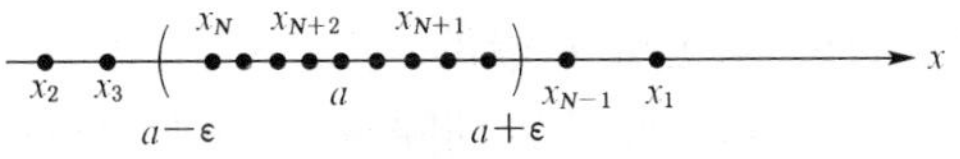

图 1-22

因此，数列极限的严格定义可叙述如下：

定义 3 设有数列 $\{x_n\}$ 及常数 a. 如果对于任意给定的正数 ε（不论它多么小），总存在正整数 N，使得对于下标满足 $n>N$ 的一切 x_n，不等式

$$|x_n-a|<\varepsilon$$

都成立，则称常数 a 是数列 $\{x_n\}$ 的**极限**，或称数列 $\{x_n\}$ **收敛于** a，记作

$$\lim_{n\to\infty}x_n=a \quad 或 \quad x_n\to a\ (当\ n\to\infty\ 时).$$

此定义比较抽象，读者在学习时应深刻理解"对于任意给定的正数 ε"这句话. 这句话有两层含义：ε 是任意的，又是可以给定的. 首先，ε 是任意的. 只有这样，才能通过不等式 $|x_n-a|<\varepsilon$ 表达出随着 n 的无限增大，点 x_n 与 a 的距离（即 $|x_n-a|$）可以任意地小；其次，ε 是可以给定的. 一旦 ε 给定，就能找到与 ε 有关的正整数 N（显然，N 不是唯一的）.

用定义 3 可以证明（证略），如果数列 $\{x_n\}$ 收敛，那么极限是唯一的.

例 证明 $\lim\limits_{n\to\infty}\frac{3n+2}{n}=3$.

证明 因为

$$\left|\frac{3n+2}{n}-3\right|=\frac{2}{n},$$

所以，对于任意给定的正数 ε，要使

$$\left|\frac{3n+2}{n}-3\right|=\frac{2}{n}<\varepsilon,$$

只要 $\frac{2}{n}<\varepsilon$，即 $n>\frac{2}{\varepsilon}$. 故只要取正整数 $N\geqslant\frac{2}{\varepsilon}$，则当 $n>N$ 时，就有

$$\left|\frac{3n+2}{n}-3\right|<\varepsilon$$

成立. 因此

$$\lim_{n\to\infty}\frac{3n+2}{n}=3.$$

1.3.3 数列的收敛性与有界性的关系

定理 1 如果数列$\{x_n\}$收敛于 a,则数列$\{x_n\}$一定有界.

此定理证明从略.

定理的逆定理是不成立的,也就是说,数列$\{x_n\}$有界并不能保证它一定收敛. 例如,数列$\{(-1)^{n-1}\}$是有界的,但它是发散的.

在什么条件下,有界的数列是收敛数列呢?下面的定理回答了这个问题.

定理 2(数列极限存在的单调有界准则) 如果数列$\{x_n\}$是单调、有界的数列,则数列$\{x_n\}$的极限必存在,即$\{x_n\}$一定收敛.

此定理的证明已超出本书的范围,证明从略,我们仅从几何上说明.

数列$\{x_n\}$的有界性表明,数列的点 $x_n(n=1, 2, 3, \cdots)$ 无一例外地均落在区间$[-M, M]$上. 如果数列还是单调增加的,即有

$$x_1\leqslant x_2\leqslant x_3\leqslant\cdots\leqslant x_n\leqslant\cdots,$$

那么,随着下标 n 的增大,点 x_n 也在 x 轴上逐渐向右移动,但它们绝不会跑到点 M 的右边. 因此,当 n 无限增大时,点 x_n 必然从左边无限靠近某一个点 a(a 可能是 M,也可能在 M 的左边)(图 1-23),也就是说,数列$\{x_n\}$有极限 a.

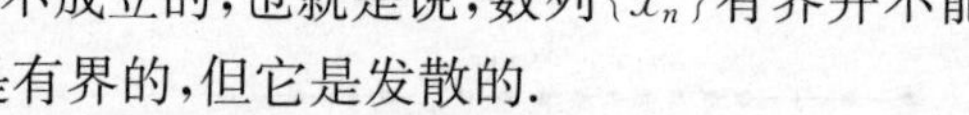

图 1-23

同样,如果数列$\{x_n\}$不仅是有界的,而且还是单调减少的,那么,当 n 无限增大时,点 x_n 将无限向左移动,但不会跑到点$-M$ 的左边,所以,它们将无限靠近某一点 a',因此,数列$\{x_n\}$有极限 a'.

最后,我们来观察数列$\left\{\left(1+\frac{1}{n}\right)^n\right\}$. 表 1-1 列出数列一些项的值.

表 1-1

n	1	2	4	5	…	10	20	100	1 000	10 000	…
x_n	2	2.25	2.441	2.488	…	2.593	2.653	2.705	2.717	2.718	…

由表 1-1 可见,当 n 增大时,对应项的值也在增大,且不会超过 3. 所以数列$\left\{\left(1+\frac{1}{n}\right)^n\right\}$是单调、有界数列,根据定理 2 知,数列$\left\{\left(1+\frac{1}{n}\right)^n\right\}$的极限存在.

习惯上,我们把数列$\left\{\left(1+\frac{1}{n}\right)^n\right\}$的极限记为 e,即

$$\lim_{n\to\infty}\left(1+\frac{1}{n}\right)^n=\mathrm{e}, \tag{1.14}$$

(数 e 是个无理数,e=2.718 281 828 459 045….)

公式(1.14)是一个重要的极限,利用它可以解决一些求极限的问题.在 1.6 节中我们将看到公式对自变量是连续变化的情形也成立.

习题 1.3

1. 通过观察,求数列的极限.

(1) $\left\{\frac{3^n}{4^n}\right\}$; (2) $\left\{1-\left(-\frac{2}{3}\right)^n\right\}$; (3) $\left\{\frac{n+(-1)^n}{2n}\right\}$;

(4) $\left\{\frac{3n-1}{3n+2}\right\}$; (5) $\left(1+\frac{1}{n}\right)^{n+1}$; (6) $(-1)^n n$.

2. 设数列$\{x_n\}$的一般项为$x_n=0.\underbrace{999\cdots9}_{n个}$,问:

(1) $\lim\limits_{n\to\infty}x_n=?$

(2) 当$\varepsilon=0.002$时,求出正整数N,使当$n>N$时,x_n与其极限的差的绝对值小于ε.

3. 利用"ε-N"语言,叙述数列极限的定义.

(1) $\lim\limits_{n\to\infty}x_n=b$; (2) $\lim\limits_{n\to\infty}y_n=-3$.

*4. 利用数列极限的定义证明.

(1) $\lim\limits_{n\to\infty}\frac{n^2+(-1)^n}{n^2}=1$; (2) $\lim\limits_{n\to\infty}\frac{\sin\frac{n\pi}{2}}{2^n}=0$.

5. 设有数列$x_1=\sqrt{5}$, $x_2=\sqrt{5+\sqrt{5}}$, …, $x_n=\sqrt{5+x_{n-1}}$, …,利用极限存在的单调有界准则,证明数列$\{x_n\}$的极限存在.

答 案

1. (1) 0; (2) 1; (3) $\frac{1}{2}$; (4) 1; (5) e; (6) ∞(不存在).

2. (1) $x_n=1-\frac{1}{10^n}$, $\lim\limits_{n\to\infty}x_n=1$; (2) $N\geqslant\lg500$.

3. (1) 任给$\varepsilon>0$,存在正整数N,当$n>N$时,总有不等式$|x_n-b|<\varepsilon$成立;

(2) 任给$\varepsilon>0$,存在正整数N,当$n>N$时,总有不等式$|y_n-(-3)|<\varepsilon$成立.

*4. (1) 略;(2) 提示:$\left|\sin\frac{n\pi}{2}\right|\leqslant1$.

5. 略.

1.4 函数的极限

上一节,讨论了数列的极限. 从函数的观点看,数列的一般项 x_n 是下标变量 n 的函数: $x_n = f(n)$,它有极限 a. 也可以这样叙述:如果在自变量 n 无限增大(即 $n \to \infty$)的过程中,相应的函数值 $f(n)$ 也无限接近于某个确定的常数 a(即 $x_n \to a$),则称当 $n \to \infty$ 时,函数 $x_n = f(n)$ 有极限 a. 这种定义数列极限的思想方法也适合于一般的函数 $f(x)$. 由于一般的函数 $f(x)$ 的自变量 x 变化的方式较多,随着自变量 x 变化过程的不同,函数 $f(x)$ 的极限的定义就有不同的形式. 因此,我们需要分类去定义函数 $f(x)$ 的极限.

1.4.1 自变量趋向于无穷时函数的极限

把数列 x_n 的极限推广到函数 $f(x)$ 的情形. 考虑当自变量的绝对值 $|x|$ 无限增大(用 $x \to \infty$ 表示,读作 x 趋向于无穷大)时的这一变化过程中函数 $f(x)$ 的极限. 为此,我们规定:对于满足不等式 $|x| > M$ $(M > 0)$ 的一切 x, $f(x)$ 有定义.

根据极限的一般概念,直观地说,如果当 $x \to \infty$ 时,相应的函数值 $f(x)$ 无限接近于某个确定的常数 A,则称当 $x \to \infty$ 时,函数 $f(x)$ **有极限 A**.

仿照数列极限的严格定义(1.3 节定义 3),可以将此直观定义改用不等式的语言叙述如下:

定义 1 设函数 $f(x)$ 在 $|x| > M$ $(M > 0)$ 内有定义,A 是某个确定的常数. 如果对于任意给定的正数 ε(不论它多么小),总存在正数 $X(X > M)$,当 $|x| > X$ 时,恒有不等式

$$|f(x) - A| < \varepsilon$$

成立,则称当 $x \to \infty$ 时,函数 $f(x)$ **有极限 A**,记作

$$\lim_{x \to \infty} f(x) = A \quad 或 \quad f(x) \to A \quad (当\ x \to \infty\ 时).$$

这类极限的几何解释如下:在直角坐标系中,如果点 x 沿 x 轴的正、负两个方向无限移动,那么,函数 $f(x)$ 的图像将无限靠近直线 $y = A$(此时,直线 $y = A$ 称为曲线 $y = f(x)$ 的**水平渐近线**). 现在,任意给定一个正数 ε,在平面上作出两条直线 $y = A + \varepsilon$ 和 $y = A - \varepsilon$. 由图 1-24 可以看到,一定能在正半 x 轴上找到一点 X,使得函数 $f(x)$ 相应于两个区间:$(-\infty, -X)$ 及 $(X, +\infty)$ 内的图像完全落在直线 $y = A + \varepsilon$ 和 $y = A - \varepsilon$ 之间. 由图 1-24 还能看到,X 是与 ε 密切相关的. 一般地说,当 ε 越小,X 会越大,但它不是唯一的.

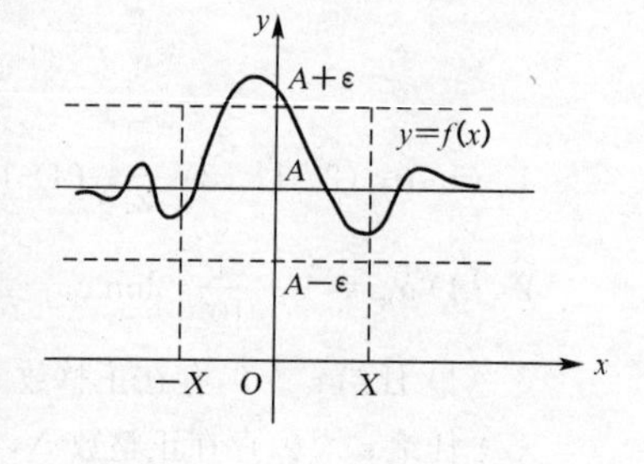

图 1-24

例 1 证明 $\lim\limits_{x\to\infty} C = C$（$C$ 为常数）.

证明 因为 $|f(x)-A| = |C-C| = 0$，

故对于任意给定的正数 ε，可取 X 为任何正数，则当 $|x| > X$ 时，恒有不等式

$$|f(x)-A| = |C-C| = 0 < \varepsilon$$

成立. 所以

$$\boxed{\lim_{x\to\infty} C = C.} \tag{1.15}$$

例 2 证明 $\lim\limits_{x\to\infty} \frac{1}{x} = 0$.

证明 因为

$$\left|\frac{1}{x}-0\right| = \frac{1}{|x|},$$

所以，对任意给定的正数 ε，要使 $\left|\frac{1}{x}-0\right| < \varepsilon$，则只要

$$\frac{1}{|x|} < \varepsilon, \quad 即 \quad |x| > \frac{1}{\varepsilon}.$$

若取正数 $X \geqslant \frac{1}{\varepsilon}$，则当 $|x| > X$ 时，恒有不等式

$$\left|\frac{1}{x}-0\right| < \varepsilon$$

成立. 因此

$$\boxed{\lim_{x\to\infty} \frac{1}{x} = 0.} \tag{1.16}$$

下面介绍两个单边极限. 如果当 $x > 0$ 且 x 无限增大（用 $x \to +\infty$ 表示，读作 x 趋于正无穷大）时，$f(x) \to A$，则称当 $x \to +\infty$ 时，$f(x)$ **有极限 A**，记作

$$\lim_{x\to+\infty} f(x) = A \quad 或 \quad f(x) \to A \quad (当\ x \to +\infty\ 时).$$

如果当 $x < 0$ 且 $|x|$ 无限增大（用 $x \to -\infty$ 表示，读作 x 趋于负无穷大）时，$f(x) \to A$，则称当 $x \to -\infty$ 时，$f(x)$ **有极限 A**，记作

$$\lim_{x\to-\infty} f(x) = A \quad 或 \quad f(x) \to A \quad (当\ x \to -\infty\ 时).$$

只要把定义 1 中的 $|x| > X$ 改成 $x > X$，或改成 $x < -X$，其余部分逐句照抄，就可得到上面两个单边极限的严格定义.

当 $x \to \infty$ 时，$f(x)$ 有极限 A 与两个单边极限的关系，有下面的定理：

定理 1　$\lim\limits_{x\to\infty}f(x)=A$ 的充分必要条件是：两个单边极限 $\lim\limits_{x\to+\infty}f(x)$ 及 $\lim\limits_{x\to-\infty}f(x)$ 均存在，且

$$\lim_{x\to+\infty}f(x)=\lim_{x\to-\infty}f(x)=A.$$

（证明从略.）

1.4.2　自变量趋向于有限值时函数的极限

1. $x\to x_0$ 时 $f(x)$ 的极限

先看一个例子. 设有函数 $f(x)=\dfrac{x^2-1}{x-1}$，现考察当自变量 x 无限趋近于 1 时相应的函数值 $f(x)$ 变化的情形.

函数 $f(x)=\dfrac{x^2-1}{x-1}$ 的定义域是 $x\neq1$ 的一切实数. 当 $x\neq1$ 时，$f(x)=\dfrac{x^2-1}{x-1}=x+1$，因此，函数 $f(x)$ 的图像是除去点 (1, 2) 的直线（图 1-25）. 由图 1-25 可看到，当 x 从 1 的左、右两侧沿 x 轴无限靠近 1 时，点 $(x, f(x))$ 就沿直线 $y=x+1$ 无限靠近点 (1, 2). 相应地，$f(x)$ 就沿 y 轴无限趋近于 2. 这时，也称当自变量 x 趋近于 1 时，函数 $f(x)=\dfrac{x^2-1}{x-1}$ 有极限 2.

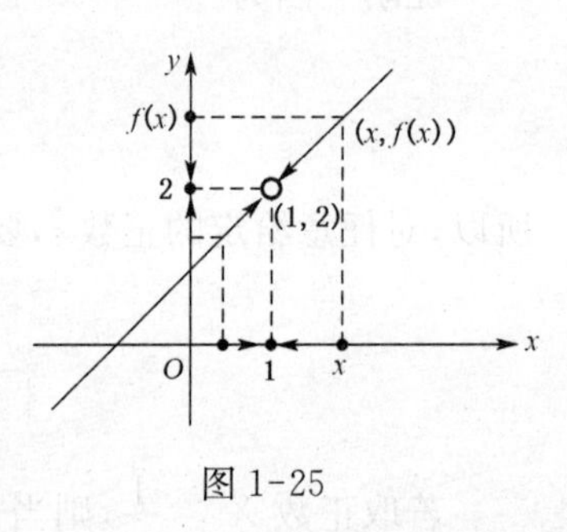

图 1-25

一般地，设 x_0 是一定值，函数 $f(x)$ 在 x_0 的某个邻域（由上面的例子看到 x_0 可除外）内有定义. 如果当自变量 x 无限趋近于 x_0（记作 $x\to x_0$）时，相应的函数值 $f(x)$ 无限趋近于某个确定的常数 A（记作 $f(x)\to A$），则称当 $x\to x_0$ 时，函数 $f(x)$ 有极限 A（或称 A 是 $f(x)$ 当 $x\to x_0$ 时的极限）.

如 1.3 节所讨论的那样，$f(x)\to A$ 可用不等式 $|f(x)-A|<\varepsilon$ 来表示；$x\to x_0$ $(x\neq x_0)$ 可用不等式 $0<|x-x_0|<\delta$（δ 是与 ε 有关的正常数）来表示. 因此，当 $x\to x_0$ 时，$f(x)$ 有极限 A 的定义就能用不等式的语言叙述如下：

定义 2　设函数 $f(x)$ 在 x_0 的邻域（x_0 可除外）内有定义，A 是某个确定的常数. 如果对于任意给定的正数 ε（不论它多么小），总存在正数 δ，当 $0<|x-x_0|<\delta$ 时，恒有不等式

$$|f(x)-A|<\varepsilon$$

成立，则称当 $x\to x_0$ 时，$f(x)$ **有极限 A**，记作

$$\lim_{x\to x_0}f(x)=A \quad 或 \quad f(x)\to A \quad（当\ x\to x_0\ 时）.$$

下面从几何上来解释当 $x\to x_0$ 时 $f(x)\to A$ 的含义. 设 ε 是任意给定的一个正数，在平面上作两条直线 $y=A+\varepsilon$ 和 $y=A-\varepsilon$. 由图 1-26 可以看到，我们总能找到

点 x_0 的一个 δ-邻域$(x_0-\delta,\ x_0+\delta)$，使得相应于这个邻域内的一切 x(x_0 可除外)，对应于函数 $f(x)$ 的图像上的点$(x,\ f(x))$都将落在直线 $y=A-\varepsilon$ 和 $y=A+\varepsilon$ 之间(即图 1-26 中有阴影线的部分).

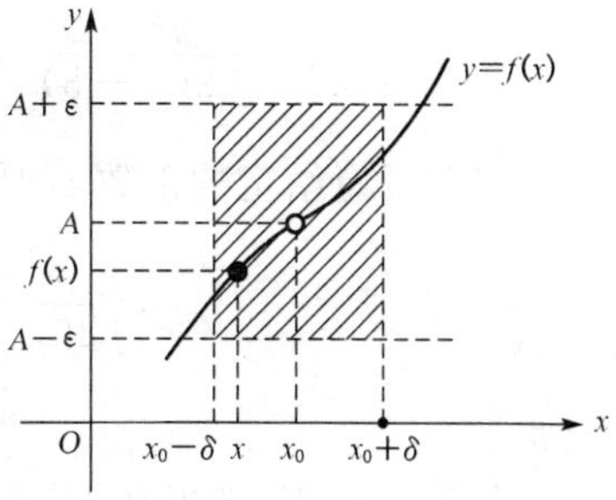

图 1-26

例 3 证明 $\lim\limits_{x\to x_0}(ax+c)=ax_0+c$($a$, c 均为常数).

证明 当 $a\neq 0$ 时，因为

$$|(ax+c)-(ax_0+c)|=|a||x-x_0|,$$

所以，对于任意给定的正数 ε，要使

$$|(ax+c)-(ax_0+c)|=|a||x-x_0|<\varepsilon,$$

只要

$$|a||x-x_0|<\varepsilon,\quad 即\quad |x-x_0|<\frac{\varepsilon}{|a|}.$$

若取 $\delta=\dfrac{\varepsilon}{|a|}$，则当 $0<|x-x_0|<\delta$ 时，恒有不等式

$$|(ax+c)-(ax_0+c)|<\varepsilon$$

成立，所以

$$\boxed{\lim_{x\to x_0}(ax+c)=ax_0+c.} \tag{1.17}$$

特别地，当 $a=1$, $c=0$ 时，由公式(1.17)可得

$$\boxed{\lim_{x\to x_0}x=x_0.} \tag{1.18}$$

当 $a=0$ 时，可用类似于例 1 的证法，证得

$$\boxed{\lim_{x\to x_0}c=c.} \tag{1.19}$$

类似地，利用函数极限的定义 2，可以证得(证明从略)：

$$\boxed{\lim_{x\to x_0}\sqrt{x}=\sqrt{x_0}\quad (x_0>0).} \tag{1.20}$$

例 4 证明 $\lim\limits_{x\to 3}\dfrac{x^2-9}{2(x-3)}=3$；若给定 $\varepsilon=0.000\,1$，问 δ 应取多少？

证明 这里，$f(x)=\dfrac{x^2-9}{2(x-3)}$ 在 $x=3$ 处无定义，但对函数的极限是否存在并无影响. 事实上. 当 $x\neq 3$ 时，有

$$\left|\frac{x^2-9}{2(x-3)}-3\right|=\left|\frac{x+3}{2}-3\right|=\frac{1}{2}\mid x-3\mid.$$

对于任意给定的正数 ε，要使

$$\left|\frac{x^2-9}{2(x-3)}-3\right|=\frac{1}{2}\mid x-3\mid<\varepsilon,$$

只要

$$\mid x-3\mid<2\varepsilon.$$

若取 $\delta=2\varepsilon$，则当 $0<\mid x-3\mid<\delta$ 时，恒有不等式

$$\left|\frac{x^2-9}{2(x-3)}-3\right|<\varepsilon$$

成立，所以

$$\lim_{x\to 3}\frac{x^2-9}{2(x-3)}=3.$$

若给定 $\varepsilon=0.0001$，则可取 $\delta=0.0002$.

2. 左、右极限与极限存在的充分必要条件

前面已给出当 $x\to x_0$ 时，$f(x)\to A$ 的定义. $x\to x_0$ 意味着点 x 可以从点 x_0 的左、右两侧无限趋近于 x_0. 如果只考虑点 x 从 x_0 的左侧无限趋近于 x_0（记作 $x\to x_0^-$），或只考虑点 x 从 x_0 的右侧无限趋近于 x_0（记作 $x\to x_0^+$），这类极限问题就分别称作 $f(x)$ 在 x_0 的左、右极限问题.

若当 $x<x_0$，$x\to x_0$ 时，$f(x)\to A$，A 是确定的常数，则称当 $x\to x_0^-$ 时，$f(x)$ 有**左极限** A，记作

$$\lim_{x\to x_0^-}f(x)=A \quad 或 \quad f(x_0^-)=A.$$

若当 $x>x_0$，$x\to x_0$ 时，$f(x)\to A$，A 是确定的常数，则称当 $x\to x_0^+$ 时，有**右极限** A，记作

$$\lim_{x\to x_0^+}f(x)=A \quad 或 \quad f(x_0^+)=A.$$

在定义 2 中，把不等式 $0<\mid x-x_0\mid<\delta$ 改成 $x_0-\delta<x<x_0$ 或 $x_0<x<x_0+\delta$ 便可得到左、右极限的严格定义. 左、右极限又统称为**单侧极限**.

关于函数 $f(x)$ 的极限与它的左、右极限之间的关系，有如下定理（证明从略）.

定理 2（极限存在的充分必要条件） $\lim\limits_{x\to x_0}f(x)$ 存在的充分必要条件是 $f(x_0^-)$ 及 $f(x_0^+)$ 都存在，且

$$f(x_0^-)=f(x_0^+).$$

例 5 设函数 $f(x)=|x|=\begin{cases}-x, & x<0,\\ x, & x\geqslant 0,\end{cases}$ 试讨论 $\lim\limits_{x\to 0}f(x)$ 是否存在？

解 $f(x)$ 在 $x=0$ 处的左、右极限分别为

$$f(0^-)=\lim_{x\to 0^-}f(x)=\lim_{x\to 0^-}(-x)=0,$$
$$f(0^+)=\lim_{x\to 0^+}f(x)=\lim_{x\to 0^+}x=0,$$

因为 $f(0^-)=f(0^+)$，所以由定理 2 知，$\lim\limits_{x\to 0}f(x)$存在，且$\lim\limits_{x\to 0}f(x)=0$，即

$$\boxed{\lim_{x\to 0}|x|=0.} \tag{1.21}$$

例 6 设

$$f(x)=\begin{cases}x+2, & x<0,\\ x-1, & x\geqslant 0,\end{cases}$$

试讨论 $\lim\limits_{x\to 0}f(x)$ 是否存在?

解 由公式(1.17)可得，$f(x)$ 在 $x=0$ 处的左、右极限分别为

$$f(0^-)=\lim_{x\to 0^-}f(x)=\lim_{x\to 0^-}(x+2)=2,\quad f(0^+)=\lim_{x\to 0^+}f(x)=\lim_{x\to 0^+}(x-1)=-1,$$

因为 $f(0^-)\neq f(0^+)$，所以，由定理 2 知，$\lim\limits_{x\to 0}f(x)$ 不存在.

1.4.3 函数极限的性质定理

函数极限有下列性质定理(证明从略).

定理 3(极限的唯一性) 若 $\lim\limits_{x\to x_0}f(x)$(或$\lim\limits_{x\to\infty}f(x)$)存在，则其极限是唯一的.

定理 4(函数有极限与函数的局部有界性的关系) 如果当 $x\to x_0$(或 $x\to\infty$)时，函数 $f(x)$ 有极限，则在点 x_0 的某个去心邻域(或 $|x|>X$，X 为某个充分大的正数)内，$f(x)$ 有界.

定理 5(函数与其极限的局部保号性) 如果 $\lim\limits_{x\to x_0}f(x)=A$，且$A>0$(或$A<0$)，则存在点 x_0 的某个去心邻域，使得对于该邻域内的一切 x，恒有 $f(x)>0$(或$f(x)<0$).

推论 设 $\lim\limits_{x\to x_0}f(x)=A$，且 $f(x)\geqslant 0$(或 $f(x)\leqslant 0$)，则 $A\geqslant 0$(或 $A\leqslant 0$).

注意 把 $x\to x_0$ 换成 $x\to\infty$，相应地把"x_0 的某个去心邻域"改为"$|x|>X$(X 为充分大的正数)"，定理 5 及其推论也成立.

习题 1.4

1. 设

$$f(x)=\begin{cases}x+2, & x<1,\\ 2x-1, & x\geqslant 1,\end{cases}$$

求 $\lim\limits_{x\to1^-}f(x)$，$\lim\limits_{x\to1^+}f(x)$，问$\lim\limits_{x\to1}f(x)$ 是否存在?

2. 设 $f(x)=\dfrac{|x|}{x}$，求 $\lim\limits_{x\to0^-}f(x)$ 及 $\lim\limits_{x\to0^+}f(x)$，问$\lim\limits_{x\to0}f(x)$ 是否存在?并画出函数 $y=f(x)$ 的图形.

3. 设

$$f(x)=\begin{cases}x+1, & x<3,\\ 0, & x=3,\\ 2x-2, & x>3.\end{cases}$$

问$\lim\limits_{x\to3}f(x)$是否存在？为什么？若存在，求出此极限.

*4. 利用函数极限的定义证明 $\lim\limits_{x\to2}(2x+1)=5$.若给定 $\varepsilon=0.0001$，问 δ 应取多少时，才能使 $|(2x+1)-5|<0.0001$?

*5. 利用极限定义证明：若 $\lim\limits_{x\to x_0}f(x)=A$，则 $\lim\limits_{x\to x_0}|f(x)|=|A|$.

答　案

1. $f(1^-)=3$，$f(1^+)=1$，$\lim\limits_{x\to1}f(x)$ 不存在.

2. $f(0^-)=-1$，$f(0^+)=1$，$\lim\limits_{x\to0}f(x)$ 不存在. 图形从略.

3. 因 $f(3^-)=f(3^+)=4$，故$\lim\limits_{x\to3}f(x)$ 存在，且$\lim\limits_{x\to3}f(x)=4$.

*4. 证略. 应取 $\delta=\dfrac{\varepsilon}{2}=\dfrac{0.0001}{2}=0.00005$.

*5. 提示：利用不等式：$||a|-|b||\leqslant|a-b|$（见 1.1 节第一目）.

1.5　极限的运算法则

本节仅讨论当 $x\to x_0$ 时函数极限的运算法则，但这些法则对于自变量的其他变化过程(包括数列)也是正确的.

1.5.1　极限的四则运算法则

定理 1(四则运算法则)　设 $\lim\limits_{x\to x_0}f(x)=A$，$\lim\limits_{x\to x_0}g(x)=B$，$A$ 和 B 为有限常数，则

(1) $\lim\limits_{x\to x_0}[f(x)\pm g(x)]=\lim\limits_{x\to x_0}f(x)\pm\lim\limits_{x\to x_0}g(x)=A\pm B$;

(2) $\lim\limits_{x\to x_0}[f(x)\cdot g(x)]=\lim\limits_{x\to x_0}f(x)\cdot\lim\limits_{x\to x_0}g(x)=AB$;

(3) $\lim\limits_{x\to x_0}\dfrac{f(x)}{g(x)}=\dfrac{\lim\limits_{x\to x_0}f(x)}{\lim\limits_{x\to x_0}g(x)}=\dfrac{A}{B}\ (B\neq0)$.

下面仅证明法则(1).

证明 因为 $\lim\limits_{x \to x_0} f(x) = A$，$\lim\limits_{x \to x_0} g(x) = B$，所以对于任意给定的正数 ε，存在正数 δ_1，δ_2，使得满足 $0 < |x - x_0| < \delta_1$ 的一切 x 都有 $|f(x) - A| < \dfrac{\varepsilon}{2}$；满足 $0 < |x - x_0| < \delta_2$ 的一切 x，都有 $|g(x) - B| < \dfrac{\varepsilon}{2}$，令 $\delta = \min\{\delta_1, \delta_2\}$（即 δ_1 和 δ_2 中较小者），则当 $0 < |x - x_0| < \delta$ 时，不等式

$$|f(x) - A| < \frac{\varepsilon}{2}, \quad |g(x) - B| < \frac{\varepsilon}{2}$$

同时成立. 由绝对值性质及上述不等式，得

$$\begin{aligned}|f(x) \pm g(x) - (A \pm B)| &= |(f(x) - A) \pm (g(x) - B)| \\ &\leqslant |f(x) - A| + |g(x) - B| < \frac{\varepsilon}{2} + \frac{\varepsilon}{2} = \varepsilon,\end{aligned}$$

所以

$$\lim_{x \to x_0}[f(x) \pm g(x)] = A \pm B.$$

法则(2)和法则(3)的证法都与上述证法类似，从略.

定理 1 的结论(1)及(2)可以推广到有限个函数的和(差)及乘积的情形.

注意 使用极限的四则运算法则时，应注意它们的条件，即当每个函数的极限都存在时，才可使用和、差、积的极限法则；当分子、分母的极限都存在且分母的极限不为零时，才可使用商的极限法则.

由法则(2)可以得到以下几个推论(证明从略).

推论 1 设 $\lim\limits_{x \to x_0} f(x)$ 存在，C 为有限常数，则

$$\lim_{x \to x_0} Cf(x) = C \lim_{x \to x_0} f(x).$$

推论 1 说明，常数可以提到极限号外面.

推论 2 设 $\lim\limits_{x \to x_0} f(x) = A$，其中，$A$ 为有限常数，则

$$\lim_{x \to x_0}[f(x)]^n = [\lim_{x \to x_0} f(x)]^n = A^n,$$

这里，n 是正整数，且与自变量 x 无关.

推论 2 说明，正整数次幂的运算及极限的运算，在极限存在的前提下，可以交换运算次序.

例 1 设有理函数为

$$\frac{P(x)}{Q(x)} = \frac{a_0 x^n + a_1 x^{n-1} + \cdots + a_{n-1} x + a_n}{b_0 x^m + b_1 x^{m-1} + \cdots + b_{m-1} x + b_m} \quad (a_0 \neq 0, \ b_0 \neq 0),$$

且 $Q(x_0) \neq 0$，求 $\lim\limits_{x \to x_0} \dfrac{P(x)}{Q(x)}$.

解 由式(1.18)及式(1.19),有

$$\lim_{x\to x_0} x = x_0, \quad \lim_{x\to x_0} C = C\ (C\text{为常数}).$$

于是,利用本节定理1的法则(1)及两个推论,可得

$$\begin{aligned}\lim_{x\to x_0} P(x) &= \lim_{x\to x_0}(a_0x^n + a_1x^{n-1} + \cdots + a_{n-1}x + a_n)\\ &= a_0\lim_{x\to x_0}x^n + a_1\lim_{x\to x_0}x^{n-1} + \cdots + a_{n-1}\lim_{x\to x_0}x + \lim_{x\to x_0}a_n\\ &= a_0x_0^n + a_1x_0^{n-1} + \cdots + a_{n-1}x_0 + a_n = P(x_0).\end{aligned}$$

同理 $$\lim_{x\to x_0} Q(x) = Q(x_0).$$

又已知 $Q(x_0)\neq 0$,因此,根据本节定理1的法则(3),有

$$\boxed{\lim_{x\to x_0}\frac{P(x)}{Q(x)} = \frac{P(x_0)}{Q(x_0)} \quad (Q(x_0)\neq 0).} \tag{1.22}$$

利用公式(1.22),可以较易地计算一些有理函数的极限.

例2 求 $\lim\limits_{x\to 2}\dfrac{x^3+x^2-1}{x+4}$.

解 因为分母 $Q(2)=2+4=6\neq 0$,所以,根据公式(1.22),有

$$\lim_{x\to 2}\frac{x^3+x^2-1}{x+4} = \frac{2^3+2^2-1}{2+4} = \frac{11}{6}.$$

当 $Q(x_0)=0$ 时,不能用本节定理1的法则(3)去求极限 $\lim\limits_{x\to x_0}\dfrac{P(x)}{Q(x)}$,即公式(1.22)不成立.但是,如果不仅 $Q(x_0)=0$,而且还有 $P(x_0)=0$,则 $\lim\limits_{x\to x_0}\dfrac{P(x)}{Q(x)}$ 是否存在不能完全肯定,需作具体分析.

例3 求 $\lim\limits_{x\to -1}\dfrac{x^2-1}{x+1}$.

解 因为函数 $\dfrac{x^2-1}{x+1}$ 的分子、分母的极限均为零,即 $\lim\limits_{x\to -1}(x^2-1)=(-1)^2-1=0$,$\lim\limits_{x\to -1}(x+1)=-1+1=0$,故不能用公式(1.22).

由于 $x\to -1$,但 $x\neq -1$,所以,在求极限前,可以约去分子、分母的公因式 $x+1$.因此

$$\lim_{x\to -1}\frac{x^2-1}{x+1} = \lim_{x\to -1}(x-1) = -1-1 = -2.$$

例4 求 $\lim\limits_{x\to 1}\left(\dfrac{1}{1-x} - \dfrac{3}{1-x^3}\right)$.

解 $\lim\limits_{x\to1}\left(\dfrac{1}{1-x}-\dfrac{3}{1-x^3}\right)=\lim\limits_{x\to1}\dfrac{1+x+x^2-3}{1-x^3}=\lim\limits_{x\to1}\dfrac{(x+2)(x-1)}{(1-x)(1+x+x^2)}$

$$=\lim_{x\to1}\frac{-(x+2)}{1+x+x^2}=\frac{-(1+2)}{1+1+1}=-1.$$

注意 本例中因为$\lim\limits_{x\to1}\dfrac{1}{1-x}$和$\lim\limits_{x\to1}\dfrac{3}{1-x^3}$均不存在，故不可用法则(1)中两个函数差的极限法则.

例 5 求下列各极限.

(1) $\lim\limits_{x\to\infty}\dfrac{2x^2+2x+1}{-x^2-1}$；　(2) $\lim\limits_{x\to\infty}\dfrac{x-1}{x^3+2x+2}$；　(3) $\lim\limits_{x\to\infty}\dfrac{3x^4+x-2}{x^2+1}$.

解 (1) 因为$x\to\infty$时，分子和分母的极限均不存在，故不能用极限的四则运算法则. 将分子、分母同除以x的最高次幂x^2，再利用本节定理1及推论，于是有

$$\lim_{x\to\infty}\frac{2x^2+2x+1}{-x^2-1}=\lim_{x\to\infty}\frac{2+\dfrac{2}{x}+\dfrac{1}{x^2}}{-1-\dfrac{1}{x^2}}=\frac{\lim\limits_{x\to\infty}2+2\lim\limits_{x\to\infty}\dfrac{1}{x}+\lim\limits_{x\to\infty}\dfrac{1}{x^2}}{\lim\limits_{x\to\infty}(-1)-\lim\limits_{x\to\infty}\dfrac{1}{x^2}}$$

$$=\frac{2+0+0}{-1-0}=-2.$$

(在1.4节中，已得知$\lim\limits_{x\to\infty}\dfrac{1}{x}=0$，再根据本节定理1的推论，就能得到$\lim\limits_{x\to\infty}\dfrac{1}{x^n}=0$，其中，$n$为正整数.)

(2) 在分子、分母中，分别除以x的最高次幂x^3，于是有

$$\lim_{x\to\infty}\frac{x-1}{x^3+2x+2}=\lim_{x\to\infty}\frac{\dfrac{1}{x^2}-\dfrac{1}{x^3}}{1+\dfrac{2}{x^2}+\dfrac{2}{x^3}}=\frac{0-0}{1+0+0}=0.$$

(3) 先求$\dfrac{3x^4+x-2}{x^2+1}$的倒数$\dfrac{x^2+1}{3x^4+x-2}$的极限，类似于前两题的做法，在分子、分母中同除以x的最高次幂x^4，于是有

$$\lim_{x\to\infty}\frac{x^2+1}{3x^4+x-2}=\lim_{x\to\infty}\frac{\dfrac{1}{x^2}-\dfrac{1}{x^4}}{3+\dfrac{1}{x^3}-\dfrac{2}{x^4}}=\frac{0+0}{3+0+0}=0,$$

所以，当$x\to\infty$时，$\left|\dfrac{3x^4+x-2}{x^2+1}\right|$无限增大，即有

$$\lim_{x\to\infty}\frac{3x^4+x-2}{x^2+1}=\infty.$$

注 一般地,当 $x \to x_0$(或 $x \to \infty$)时,$|f(x)|$ 无限增大,记作 $\lim\limits_{\substack{x \to x_0 \\ (\text{或} x \to \infty)}} f(x) = \infty$,此时 $f(x)$ 的极限不存在.

例 5 的结论可以推广到一般的有理函数的情形,就有结论:

$$\lim_{x \to \infty} \frac{a_0 x^n + a_1 x^{n-1} + \cdots + a_{n-1} x + a_n}{b_0 x^m + b_1 x^{m-1} + \cdots + b_{m-1} x + b_m} = \begin{cases} 0, & \text{当 } m > n \text{ 时}, \\ \dfrac{a_0}{b_0}, & \text{当 } m = n \text{ 时}, \\ \infty, & \text{当 } m < n \text{ 时}. \end{cases} \tag{1.23}$$

例 6 求 $\lim\limits_{n \to \infty} \dfrac{(n+1)(n+2)(n+3)}{n(n-2)(n+4)}$.

解 分子、分母同除以 n 的最高次幂 n^3,则

$$\lim_{n \to \infty} \frac{(n+1)(n+2)(n+3)}{n(n-2)(n+4)} = \lim_{n \to \infty} \frac{\left(1+\dfrac{1}{n}\right)\left(1+\dfrac{2}{n}\right)\left(1+\dfrac{3}{n}\right)}{\left(1-\dfrac{2}{n}\right)\left(1+\dfrac{4}{n}\right)}$$

$$= \frac{\lim\limits_{n \to \infty}\left(1+\dfrac{1}{n}\right)\lim\limits_{n \to \infty}\left(1+\dfrac{2}{n}\right)\lim\limits_{n \to \infty}\left(1+\dfrac{3}{n}\right)}{\lim\limits_{n \to \infty}\left(1-\dfrac{2}{n}\right)\lim\limits_{n \to \infty}\left(1+\dfrac{4}{n}\right)}$$

$$= \frac{1 \times 1 \times 1}{1 \times 1} = 1.$$

最后,必须强调,极限的四则运算法则只对有限项的和(差)或有限项的乘积有效.如果在自变量的变化过程中,和(差)或乘积的项数相应地无限增多(习惯上,称为无限项求和(差)或求乘积),则不能用本节定理 1 的有关法则.

例 7 求 $\lim\limits_{n \to \infty} \dfrac{1+2+\cdots+n}{n^2}$.

解 当 $n \to \infty$ 时,分子中的和式 $1+2+\cdots+n$ 的项数也在无限增多,因此,不能用本节定理 1 中的法则.由于

$$1+2+\cdots+n = \frac{n(1+n)}{2}.$$

上式的右边只有两项,且当 $n \to \infty$ 时,项数不变(仍只有两项).因此

$$\lim_{n \to \infty} \frac{1+2+\cdots+n}{n^2} = \lim_{n \to \infty} \frac{\dfrac{n(1+n)}{2}}{n^2} = \frac{1}{2} \lim_{n \to \infty}\left(1+\frac{1}{n}\right) = \frac{1}{2}(1+0) = \frac{1}{2}.$$

1.5.2 复合函数的极限

定理 2 设函数 $f[g(x)]$ 在 x_0 的邻域(x_0 可以除外)内有定义.如果 $\lim\limits_{x \to x_0} g(x) =$

b, $\lim\limits_{u \to b} f(u)=A$,这里,$u=g(x)$, b及A都是有限常数,且在x_0的邻域(x_0可以除外)内,恒有$g(x) \neq b$,则

$$\lim_{x \to x_0} f[g(x)]=\lim_{u \to b} f(u)=A. \tag{1.24}$$

(证明从略.)

定理2也为在求极限的过程中作适当的变量代换提供了理论依据,即只要满足定理条件,便可通过变量代换$u=g(x)$来求极限.对$x \to \infty$及数列的情形,均有类似的结论.

在式(1.22)中,如果$\lim\limits_{u \to b} f(u)=A=f(b)$①,则有

$$\lim_{x \to x_0} f[g(x)]=\lim_{u \to b} f(u)=f(b)=f[\lim_{x \to x_0} g(x)],$$

此式说明,函数记号与极限记号可以交换次序.我们将此结论叙述成下面的定理.

定理3 设函数$y=f[g(x)]$是由函数$y=f(u)$及$u=g(x)$复合而成,如果$\lim\limits_{x \to x_0} u=\lim\limits_{x \to x_0} g(x)=b$, $\lim\limits_{u \to b} f(u)=f(b)$,这里,$b$是有限常数,则

$$\lim_{x \to x_0} f[g(x)]=f[\lim_{x \to x_0} g(x)]. \tag{1.25}$$

定理3的证明也从略.

例8 求$\lim\limits_{x \to 0} \dfrac{\sqrt{x+1}-1}{x}$.

解 分子、分母的极限都是零,不能用商的极限法则.在分子、分母中同乘以分子的共轭根式,于是有

$$\begin{aligned}\lim_{x \to 0} \frac{\sqrt{x+1}-1}{x}&=\lim_{x \to 0} \frac{(\sqrt{x+1}-1)(\sqrt{x+1}+1)}{x(\sqrt{x+1}+1)}=\lim_{x \to 0} \frac{x+1-1}{x(\sqrt{x+1}+1)}\\&=\lim_{x \to 0} \frac{x}{x(\sqrt{x+1}+1)}=\lim_{x \to 0} \frac{1}{\sqrt{x+1}+1}=\frac{1}{1+1}=\frac{1}{2}.\end{aligned}$$

注 因为$\sqrt{x+1}$可看作是由$y=\sqrt{u}$, $u=x+1$复合而成.由公式(1.17)可得$\lim\limits_{x \to 0} u=\lim\limits_{x \to 0}(x+1)=0+1=1$,再由公式(1.20)可得$\lim\limits_{u \to 1} \sqrt{u}=\sqrt{1}=1$.所以,可利用定理3得到,$\lim\limits_{x \to 0} \sqrt{x+1}=\sqrt{\lim\limits_{x \to 0}(x+1)}=\sqrt{1}=1$.

1.5.3 极限的不等式定理

定理4 如果在x_0的某一邻域内恒有$\varphi(x) \geqslant \psi(x)$,且$\lim\limits_{x \to x_0} \varphi(x)=a$,

---

① 此条件就是“函数$f(u)$在$u=b$处连续”(详见1.8节).

$\lim\limits_{x\to x_0}\psi(x)=b$，其中，$a$，$b$ 是有限常数，则 $a\geqslant b$.

证明 令 $f(x)=\varphi(x)-\psi(x)$，则由假设可知，在 x_0 的某一邻域内恒有 $f(x)=\varphi(x)-\psi(x)\geqslant 0$. 再由本节定理 1 的法则(1)得

$$\lim_{x\to x_0}f(x)=\lim_{x\to x_0}\varphi(x)-\lim_{x\to x_0}\psi(x)=a-b,$$

所以，根据 1.4 节定理 5 的推论知，$a-b\geqslant 0$，即 $a\geqslant b$.

注 若把“x_0 的某一邻域”改为“$|x|>X$(X 为充分大的正数)”，把“$x\to x_0$”改为“$x\to\infty$”，则此定理也成立.

习题 1.5

1. 下列极限的运算是否正确？为什么？如果不正确，写出正确的结果和做法.

(1) $\lim\limits_{x\to 0}x\cos\dfrac{1}{x}=\lim\limits_{x\to 0}x\lim\limits_{x\to 0}\cos\dfrac{1}{x}=0$；

(2) $\lim\limits_{x\to+\infty}(\sqrt{x+1}-\sqrt{x})=\lim\limits_{x\to+\infty}\sqrt{x+1}-\lim\limits_{x\to+\infty}\sqrt{x}=0$；

(3) $\lim\limits_{x\to\infty}\dfrac{x^2-1}{x^2+1}=\dfrac{\lim\limits_{x\to\infty}(x^2-1)}{\lim\limits_{x\to\infty}(x^2+1)}=\infty$；

(4) $\lim\limits_{n\to\infty}\left[\dfrac{1}{(n+1)^2}+\dfrac{2}{(n+1)^2}+\cdots+\dfrac{n}{(n+1)^2}\right]$

$=\lim\limits_{n\to\infty}\dfrac{1}{(n+1)^2}+\lim\limits_{n\to\infty}\dfrac{2}{(n+1)^2}+\cdots+\lim\limits_{n\to\infty}\dfrac{n}{(n+1)^2}=0+0+\cdots+0=0.$

2. 求下列极限.

(1) $\lim\limits_{x\to 3}\dfrac{x-3}{x^2+1}$；　　(2) $\lim\limits_{x\to -1}\dfrac{x^2+2x+5}{x^2+1}$.

3. 求下列极限.

(1) $\lim\limits_{x\to 2}\dfrac{x^2-x-2}{x^2-4}$；　　(2) $\lim\limits_{x\to 3}\dfrac{2x-6}{\sqrt{x+6}-3}$；

(3) $\lim\limits_{x\to 0}\dfrac{1-\sqrt{1-x^3}}{x^3}$；　　(4) $\lim\limits_{x\to 2}\left(\dfrac{1}{x-2}-\dfrac{4}{x^2-4}\right)$.

4. 求下列极限.

(1) $\lim\limits_{x\to\infty}\dfrac{3x^2-2x+1}{-2x^2+4x}$；　　(2) $\lim\limits_{x\to\infty}\left(1+\dfrac{1}{x}\right)\left(2-\dfrac{1}{x^2}\right)$；

(3) $\lim\limits_{x\to\infty}(\sqrt{x^2+2}-x)$；　　(4) $\lim\limits_{n\to\infty}\dfrac{(n+1)(n+2)}{(2n+1)(n-1)}$；

(5) $\lim\limits_{n\to\infty}\left(\dfrac{1+2+\cdots+n}{n}-\dfrac{n}{2}\right)$；　　(6) $\lim\limits_{n\to\infty}\left[1+\dfrac{2}{3}+\left(\dfrac{2}{3}\right)^2+\cdots+\left(\dfrac{2}{3}\right)^n\right]$.

5. 设 $f(x)=\begin{cases}\sqrt{2x+1}+1, & x>0,\\ 0, & x=0,\\ \dfrac{2}{\sqrt{1+x}}, & x<0,\end{cases}$ 求 $\lim\limits_{x\to 0}f(x)$.

答　案

1. (1) 不正确,因为 $\lim\limits_{x\to 0}\cos\frac{1}{x}$ 不存在,不可用乘积的极限运算法则,应当用无穷小的运算性质(见 1.7 节),其结果为零;

(2) 不正确,因为 $\lim\limits_{x\to+\infty}\sqrt{x+1}$ 和 $\lim\limits_{x\to+\infty}\sqrt{x}$ 均不存在,不可用差的极限运算法则,应当先有理化后,再求极限,其结果为零;

(3) 不正确,因为 $\lim\limits_{x\to\infty}(x^2-1)$ 和 $\lim\limits_{x\to\infty}(x^2+1)$ 均不存在,不可用商的极限运算法则,应当对分子、分母同除以 x 的最高次幂 x^2 后再求极限,其结果为 1;

(4) 不正确,因为当 $n\to\infty$ 时,和的项数也在无限增加,不可用和的极限运算法则,应当先利用公式:$1+2+\cdots+n=\frac{n(n+1)}{2}$,化为有限项和后,再求极限,其结果为 $\frac{1}{2}$.

2. (1) 0; (2) 2.　　3. (1) $\frac{3}{4}$; (2) 12; (3) $\frac{1}{2}$; (4) $\frac{1}{4}$.

4. (1) $-\frac{3}{2}$; (2) 2; (3) 0; (4) $\frac{1}{2}$; (5) $\frac{1}{2}$; (6) 3. $\left(\text{提示}:1+q+q^2+\cdots+q^n=\frac{1-q^{n+1}}{1-q}.\right)$

5. 2.

1.6　极限存在的夹逼准则、两个重要极限

1.6.1　极限存在的夹逼准则

定理 1(函数极限存在的夹逼准则)　如果

(1) 对于点 x_0 的某一邻域(x_0 可以除外)内的一切 x(或对于绝对值大于某一正数的一切 x),恒有不等式

$$g(x)\leqslant f(x)\leqslant h(x)$$

成立;

(2) $\lim\limits_{\substack{x\to x_0\\(\text{或}x\to\infty)}} g(x)=A$, $\lim\limits_{\substack{x\to x_0\\(\text{或}x\to\infty)}} h(x)=A$,

则当 $x\to x_0$(或 $x\to\infty$) 时,$f(x)$ 的极限存在且等于 A,即

$$\lim_{\substack{x\to x_0\\(\text{或}x\to\infty)}} f(x)=A.$$

证明　因为 $\lim\limits_{x\to x_0}g(x)=A$, $\lim\limits_{x\to x_0}h(x)=A$,故对于任意给定的正数 ε,总存在正数 δ_1,当 $0<|x-x_0|<\delta_1$ 时,恒有不等式

$$|g(x)-A|<\varepsilon$$

成立;总存在正数 δ_2,当 $0<|x-x_0|<\delta_2$ 时,恒有不等式

$$|h(x)-A|<\varepsilon$$

成立.

若取 $\delta=\min\{\delta_1, \delta_2\}$，则当 $0<|x-x_0|<\delta$ 时，不等式 $|g(x)-A|<\varepsilon$ 和 $|h(x)-A|<\varepsilon$ 同时成立. 把不等式的绝对值符号去掉，即有

$$A-\varepsilon<g(x)<A+\varepsilon \quad 及 \quad A-\varepsilon<h(x)<A+\varepsilon.$$

由于在 x_0 的去心邻域内，恒有

$$g(x)\leqslant f(x)\leqslant h(x),$$

于是，当 $0<|x-x_0|<\delta$ 时，有

$$A-\varepsilon<g(x)\leqslant f(x)\leqslant h(x)<A+\varepsilon,$$

从而
$$|f(x)-A|<\varepsilon,$$

所以
$$\lim_{x\to x_0}f(x)=A.$$

类似地，可证明 $x\to\infty$ 的情形.

定理 1 的结论对于自变量的其他变化过程如 $x\to+\infty$ 或 $x\to-\infty$ 也成立，证明方法也类似. 对于数列，也有相应的定理，为了使用，我们叙述如下.

定理 2(数列极限存在的夹逼准则) 如果数列 $\{x_n\}$，$\{y_n\}$，$\{z_n\}$ 满足下列条件：

(1) 从某一项开始，恒有不等式 $y_n\leqslant x_n\leqslant z_n$ 成立；

(2) $\lim\limits_{n\to\infty}y_n=a$，$\lim\limits_{n\to\infty}z_n=a$，

则数列 $\{x_n\}$ 的极限存在且等于 a，即 $\lim\limits_{n\to\infty}x_n=a$.

此定理的证明与本节定理 1 的证法类似，证明从略.

本节定理 1 和定理 2，有时也统称为**极限存在的夹逼定理**.

例 1 证明极限

$$\lim_{n\to\infty}\left(\frac{1}{n^2+1^2}+\frac{1}{n^2+2^2}+\cdots+\frac{1}{n^2+n^2}\right)$$

存在，并求极限.

证明 因为对任意的正整数 n，都有

$$\frac{1}{n^2+n^2}\leqslant\frac{1}{n^2+k^2}\leqslant\frac{1}{n^2+1}\quad(k=1, 2, \cdots, n),$$

故
$$\underbrace{\frac{1}{n^2+n^2}+\cdots+\frac{1}{n^2+n^2}}_{n项}\leqslant\underbrace{\frac{1}{n^2+1^2}+\frac{1}{n^2+2^2}+\cdots+\frac{1}{n^2+n^2}}_{n项}$$

$$\leqslant\underbrace{\frac{1}{n^2+1}+\cdots+\frac{1}{n^2+1}}_{n项},$$

于是有 $$\frac{1}{2n} \leqslant \frac{1}{n^2+1^2}+\frac{1}{n^2+2^2}+\cdots+\frac{1}{n^2+n^2} \leqslant \frac{n}{n^2+1}.$$

因为 $$\lim_{n\to\infty}\frac{1}{2n}=\frac{1}{2}\lim_{n\to\infty}\frac{1}{n}=0.$$

又 $$\lim_{n\to\infty}\frac{n}{n^2+1}=\lim_{n\to\infty}\frac{\frac{1}{n}}{1+\frac{1}{n^2}}=\frac{0}{1+0}=0,$$

因此,由本节定理 2 知,极限

$$\lim_{n\to\infty}\left(\frac{1}{n^2+1^2}+\frac{1}{n^2+2^2}+\cdots+\frac{1}{n^2+n^2}\right)$$

存在,且 $$\lim_{n\to\infty}\left(\frac{1}{n^2+1^2}+\frac{1}{n^2+2^2}+\cdots+\frac{1}{n^2+n^2}\right)=0.$$

1.6.2 两个重要极限

1. $\lim\limits_{x\to0}\dfrac{\sin x}{x}=1$.

证明 先设 $x>0$,由于 $x\to0^+$,故又可设 $0<x<\frac{\pi}{2}$. 作单位圆 O,设点 A 和 C 在圆周上,且 $\angle AOC=x$(弧度). 过点 A 和 C 作半径 OC 的垂线,交 OC 及 OA 的延长线于 B 和 D(图 1-27). 于是有 $\sin x=\dfrac{AB}{AO}=AB$, $\tan x=\dfrac{DC}{OC}=DC$, $x=\overset{\frown}{AC}$. 由图 1-27 可以看到$\triangle AOC$ 的面积<扇形 AOC 的面积<$\triangle DOC$ 的面积,而它们的面积分别为

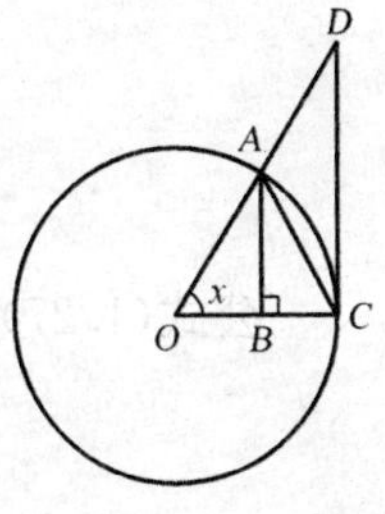

图 1-27

$$S_{\triangle AOC}=\frac{1}{2}AB\cdot OC=\frac{1}{2}AB=\frac{1}{2}\sin x,$$

$$S_{扇形AOC}=\frac{1}{2}x,$$

$$S_{\triangle DOC}=\frac{1}{2}DC\cdot OC=\frac{1}{2}\tan x,$$

于是有 $$\frac{1}{2}\sin x<\frac{1}{2}x<\frac{1}{2}\tan x,$$

即有 $$\sin x<x<\tan x.$$

不等式两边同除以 $\sin x$(因 $0<x<\frac{\pi}{2}$ 时,$\sin x>0$,故同除以 $\sin x$ 后不等号的方向不会改变),得

$$1 < \frac{x}{\sin x} < \frac{1}{\cos x},$$

所以
$$\cos x < \frac{\sin x}{x} < 1. \tag{1.26}$$

由于 $\frac{\sin(-x)}{-x} = \frac{-\sin x}{-x} = \frac{\sin x}{x}$, $\cos(-x) = \cos x$,故上面的不等式对满足 $-\frac{\pi}{2} < x < 0$ 的一切 x 也成立. 因此,当 $0 < |x| < \frac{\pi}{2}$ 时,均有不等式(1.26)成立.

下面只要证明 $\lim\limits_{x\to 0}\cos x = 1$,就能利用本节定理 1 证明$\lim\limits_{x\to 0}\frac{\sin x}{x} = 1$.

因为在 $x = 0$ 的邻域内,有

$$0 \leqslant 1 - \cos x = 2\sin^2\frac{x}{2} \leqslant 2\left(\frac{x}{2}\right)^2 = \frac{x^2}{2},$$

而 $\lim\limits_{x\to 0} 0 = 0$, $\lim\limits_{x\to 0}\frac{x^2}{2} = 0$,所以由本节定理 1 知,$\lim\limits_{x\to 0}(1-\cos x) = 0$, 因此

$$\lim_{x\to 0}\cos x = \lim_{x\to 0}[1-(1-\cos x)] = 1 - \lim_{x\to 0}(1-\cos x) = 1 - 0 = 1.$$

由 $\lim\limits_{x\to 0} 1 = 1$, $\lim\limits_{x\to 0}\cos x = 1$ 及 $\cos x < \frac{\sin x}{x} < 1$, 利用本节定理 1,最后就证得

$$\boxed{\lim_{x\to 0}\frac{\sin x}{x} = 1.} \tag{1.27}$$

公式(1.27)也可变化成其他形式. 例如,利用商的极限运算法则,就有

$$\lim_{x\to 0}\frac{x}{\sin x} = 1. \tag{1.27'}$$

在上面的证明过程中,同时可以得到以下结果:

(1) $\lim\limits_{x\to 0}\cos x = 1.$ (1.28)

(2) $|\sin x| \leqslant |x| \left(当 |x| < \frac{\pi}{2} 时\right).$ (1.29)

当 $|x| \geqslant \frac{\pi}{2}$ 时,由于 $|\sin x| \leqslant 1 < \frac{\pi}{2} \leqslant |x|$,所以,此不等式(1.29) 对于满足 $|x| \geqslant \frac{\pi}{2}$ 的任意实数 x 也都成立.

(3) 由式(1.29)可得$-|x| \leqslant \sin x \leqslant |x|$,而由公式(1.21)知$\lim\limits_{x\to 0}|x| = 0$. 于是利

用夹逼定理 1,可得

$$\boxed{\lim_{x\to 0}\sin x = 0.} \tag{1.30}$$

例 2 求 $\lim\limits_{x\to\infty} x\sin\dfrac{1}{x}$.

解 令 $\dfrac{1}{x}=t$,则 $x=\dfrac{1}{t}$,当 $x\to\infty$ 时,$t\to 0$. 于是

$$\lim_{x\to\infty} x\sin\frac{1}{x}=\lim_{t\to\infty}\frac{\sin t}{t}=1.$$

例 3 求 $\lim\limits_{x\to 0}\dfrac{\tan x}{x}$.

解 $\lim\limits_{x\to 0}\dfrac{\tan x}{x}=\lim\limits_{x\to 0}\dfrac{\sin x}{x}\dfrac{1}{\cos x}=\lim\limits_{x\to 0}\dfrac{\sin x}{x}\lim\limits_{x\to 0}\dfrac{1}{\cos x}=1\times 1=1.$

例 4 求 $\lim\limits_{x\to\infty} 2x\sin\dfrac{1}{3x}$.

解 因为 $2x\sin\dfrac{1}{3x}=\dfrac{2}{3}\cdot\dfrac{\sin\frac{1}{3x}}{\frac{1}{3x}}$,令 $t=\dfrac{1}{3x}$,则当 $x\to\infty$ 时,$t\to 0$, 所以

$$\lim_{x\to\infty} 2x\sin\frac{1}{3x}=\lim_{x\to\infty}\frac{2}{3}\cdot\frac{\sin\frac{1}{3x}}{\frac{1}{3x}}=\lim_{t\to 0}\frac{2}{3}\cdot\frac{\sin t}{t}$$

$$=\frac{2}{3}\lim_{t\to 0}\frac{\sin t}{t}=\frac{2}{3}\times 1=\frac{2}{3}.$$

2. $\lim\limits_{x\to\infty}\left(1+\dfrac{1}{x}\right)^x=\mathrm{e}$ 或 $\lim\limits_{x\to 0}(1+x)^{\frac{1}{x}}=\mathrm{e}$.

***证明** 首先证明 $\lim\limits_{x\to+\infty}\left(1+\dfrac{1}{x}\right)^x=\mathrm{e}$.

因为 $x>0$,故不论 x 取什么数值,它总是介于两个正整数之间. 设 $n\leqslant x<n+1$ $(n=1,2,3,\cdots)$,则 $\dfrac{1}{n}\geqslant\dfrac{1}{x}>\dfrac{1}{n+1}$, 于是有

$$\left(1+\frac{1}{n+1}\right)^n<\left(1+\frac{1}{x}\right)^x\leqslant\left(1+\frac{1}{n}\right)^{n+1}.$$

因为

$$\lim_{n\to\infty}\left(1+\frac{1}{n}\right)^{n+1}=\lim_{n\to\infty}\left[\left(1+\frac{1}{n}\right)^n\cdot\left(1+\frac{1}{n}\right)\right]$$

$$=\lim_{n\to\infty}\left(1+\frac{1}{n}\right)^n\cdot\lim_{n\to\infty}\left(1+\frac{1}{n}\right)=\mathrm{e}\cdot 1=\mathrm{e}$$

$\left(\lim\limits_{n\to\infty}\left(1+\dfrac{1}{n}\right)^n=\mathrm{e}\right.$的说明见1.3节$\Big)$,而

$$\lim_{n\to\infty}\left(1+\frac{1}{n+1}\right)^n=\lim_{n\to\infty}\frac{\left(1+\frac{1}{n+1}\right)^{n+1}}{1+\frac{1}{n+1}}=\frac{\lim\limits_{n\to\infty}\left(1+\frac{1}{n+1}\right)^{n+1}}{\lim\limits_{n\to\infty}\left(1+\frac{1}{n+1}\right)}=\frac{\mathrm{e}}{1}=\mathrm{e},$$

所以,根据本节的定理2,有

$$\lim_{x\to+\infty}\left(1+\frac{1}{x}\right)^x=\mathrm{e}.$$

令 $x=-(t+1)$ 还可以证明(从略) $\lim\limits_{x\to-\infty}\left(1+\dfrac{1}{x}\right)^x=\mathrm{e}$.

因此,根据极限存在的充要条件(1.4.1节定理1)有

$$\boxed{\lim_{x\to\infty}\left(1+\frac{1}{x}\right)^x=\mathrm{e}.}\tag{1.31}$$

作变量代换 $y=\dfrac{1}{x}$,则 $x=\dfrac{1}{y}$,当 $x\to0$ 时,$y\to\infty$,于是,根据式(1.31)又有

$$\lim_{x\to0}(1+x)^{\frac{1}{x}}=\lim_{y\to\infty}\left(1+\frac{1}{y}\right)^y=\mathrm{e},$$

因此

$$\boxed{\lim_{x\to0}(1+x)^{\frac{1}{x}}=\mathrm{e}.}\tag{1.31'}$$

例5 求 $\lim\limits_{x\to\infty}\left(\dfrac{x-2}{x}\right)^x$.

解 将函数 $\left(\dfrac{x-2}{x}\right)^x$ 作如下变形:

$$\left(\frac{x-2}{x}\right)^x=\left(1+\frac{-2}{x}\right)^{-\frac{x}{2}\cdot(-2)}=\left[\left(1+\frac{1}{-\frac{x}{2}}\right)^{-\frac{x}{2}}\right]^{-2}=\frac{1}{\left[\left(1+\frac{1}{-\frac{x}{2}}\right)^{-\frac{x}{2}}\right]^2}.$$

对分母上的函数来说,可以看成是由

$$f(u)=u^2,\quad u=\left(1+\frac{1}{-\frac{x}{2}}\right)^{-\frac{x}{2}}$$

复合而成.因为

$$\lim_{x\to\infty} u = \lim_{x\to\infty}\left(1+\frac{1}{-\frac{x}{2}}\right)^{-\frac{x}{2}} \xlongequal{\text{令 } t=-\frac{x}{2}} \lim_{t\to\infty}\left(1+\frac{1}{t}\right)^{t}=\mathrm{e},$$

$$\lim_{u\to \mathrm{e}} f(u)=\lim_{u\to \mathrm{e}} u^2=\mathrm{e}^2,$$

所以,根据 1.5 节中有关复合函数极限的定理 2,有

$$\lim_{x\to\infty}\left[\left(1+\frac{1}{-\frac{x}{2}}\right)^{-\frac{x}{2}}\right]^2=\mathrm{e}^2.$$

因此,$\lim\limits_{x\to\infty}\left(\frac{x-2}{x}\right)^x=\lim\limits_{x\to\infty}\frac{1}{\left[\left(1+\frac{1}{-\frac{x}{2}}\right)^{-\frac{x}{2}}\right]^2}=\frac{1}{\lim\limits_{x\to\infty}\left[\left(1+\frac{1}{-\frac{x}{2}}\right)^{-\frac{x}{2}}\right]^2}=\frac{1}{\mathrm{e}^2}.$

例 6 求 $\lim\limits_{x\to 0}\left(\frac{1+2x}{1-2x}\right)^{\frac{1}{x}}$.

解 $\lim\limits_{x\to 0}\left(\frac{1+2x}{1-2x}\right)^{\frac{1}{x}}=\lim\limits_{x\to 0}\frac{(1+2x)^{\frac{1}{x}}}{(1-2x)^{\frac{1}{x}}}=\lim\limits_{x\to 0}\frac{[(1+2x)^{\frac{1}{2x}}]^2}{[(1-2x)^{\frac{1}{-2x}}]^{-2}}$

$$=\frac{\lim\limits_{x\to 0}[(1+2x)^{\frac{1}{2x}}]^2}{\lim\limits_{x\to 0}[(1-2x)^{\frac{1}{-2x}}]^{-2}}=\frac{\mathrm{e}^2}{\mathrm{e}^{-2}}=\mathrm{e}^4.$$

例 7 求 $\lim\limits_{x\to 0}(1+\sin x)^{\csc x}$.

解 由式(1.30)知,$\lim\limits_{x\to 0}\sin x=0$. 令 $t=\sin x$,则当 $x\to 0$ 时,$t\to 0$. 于是

$$\lim_{x\to 0}(1+\sin x)^{\csc x}=\lim_{x\to 0}(1+\sin x)^{\frac{1}{\sin x}}=\lim_{t\to 0}(1+t)^{\frac{1}{t}}=\mathrm{e}.$$

习题 1.6

1. 求下列极限.

(1) $\lim\limits_{x\to 0}\frac{1-\cos x}{x^2}$;　(2) $\lim\limits_{x\to\infty}\frac{\sin\frac{1}{3x}}{\sin\frac{1}{5x}}$;　(3) $\lim\limits_{x\to\infty}x\sin\frac{2}{x}$;

(4) $\lim\limits_{x\to 0}x\cot x$;　(5) $\lim\limits_{n\to\infty}\frac{2^{n-1}}{x}\sin\frac{x}{2^n}$ $(x\neq 0)$;　(6) $\lim\limits_{x\to 0}\frac{1-\cos 2x}{x\sin 2x}$.

2. 计算下列极限.

(1) $\lim\limits_{x\to\infty}\left(\frac{1+x}{x}\right)^{2x}$；　(2) $\lim\limits_{x\to\infty}\left(\frac{2x+5}{2x+1}\right)^{x}$；　(3) $\lim\limits_{x\to 0}(1-2x)^{\frac{1}{x}}$；

(4) $\lim\limits_{x\to 0}(1+3x)^{\frac{2}{x}}$；　(5) $\lim\limits_{x\to 0}(1+\tan x)^{3\cot x}$；　(6) $\lim\limits_{n\to\infty}\left(\frac{n}{1+n}\right)^{n}$.

3. 利用夹逼定理证明：

$$\lim_{n\to\infty}\left(\frac{1}{\sqrt{n^2+1}}+\frac{1}{\sqrt{n^2+2}}+\cdots+\frac{1}{\sqrt{n^2+n}}\right)=1.$$

答　案

1. (1) $\frac{1}{2}$；(2) $\frac{5}{3}$；(3) 2；(4) 1；(5) $\frac{1}{2}$；(6) 1.

2. (1) e^2；(2) e^2；(3) e^{-2}；(4) e^6；(5) e^3；(6) e^{-1}.

3. 证略.

1.7　无穷小、无穷大及无穷小的比较

1.7.1　无穷小

定义 1　如果 $\lim\limits_{\substack{x\to x_0\\(x\to\infty)}} f(x)=0$,那么称当 $x\to x_0$(或 $x\to\infty$)时,函数 $f(x)$ 为**无穷小**.

例如,因为 $\lim\limits_{x\to 1}(x-1)=0$,所以,当 $x\to 1$ 时,函数 $x-1$ 为无穷小;因为 $\lim\limits_{n\to\infty}\frac{1}{n}=0$,所以,当 $n\to\infty$ 时,函数 $\frac{1}{n}$ 为无穷小. 因为 $\lim\limits_{x\to 2}x^2=4$,所以,当 $x\to 2$ 时,函数 x^2 不是无穷小.

应注意,无穷小不是一个数,而是极限为零的一个函数,唯一例外的是零函数 $f(x)\equiv 0$,它在自变量的任何变化过程中,均为无穷小.

关于无穷小有如下运算性质(证明从略).

定理 1　在自变量变化的同一过程中,有限个无穷小之和差仍是无穷小.

定理 2　有界函数与无穷小的乘积是无穷小.

定理 2 有两个推论.

推论 1　常数与无穷小的乘积是无穷小.

推论 2　在自变量变化的同一过程中,有限个无穷小的乘积是无穷小.

由于,当 $\lim\limits_{\substack{x\to x_0\\(x\to\infty)}} f(x)=A$ 时, $\lim\limits_{\substack{x\to x_0\\(x\to\infty)}}[f(x)-A]=0$,所以 $\alpha=f(x)-A$ 是无穷小,即 $f(x)=A+\alpha$. 反之,若 $f(x)=A+\alpha$ (α 为无穷小),则有 $\lim\limits_{\substack{x\to x_0\\(x\to\infty)}} f(x)=\lim\limits_{\substack{x\to x_0\\(x\to\infty)}} A+\lim\limits_{\substack{x\to x_0\\(x\to\infty)}}\alpha=A$. 于是有下面的定理.

定理 3 $\lim\limits_{\substack{x\to x_0\\(x\to\infty)}} f(x) = A$（$A$ 为有限常数）的充分必要条件是：$f(x) = A + \alpha$，这里，当 $x \to x_0$（或 $x \to \infty$）时，α 为无穷小.

例 1 求极限 $\lim\limits_{x\to 0} x\cos\dfrac{1}{x}$.

解 因为 $\lim\limits_{x\to 0} x = 0$，故当 $x \to 0$ 时，x 为无穷小；又因为 $\left|\cos\dfrac{1}{x}\right| \leqslant 1$，故 $\cos\dfrac{1}{x}$ 是有界函数. 根据本目的定理 2 知，当 $x \to 0$ 时，$x\cos\dfrac{1}{x}$ 为无穷小，所以

$$\lim_{x\to 0} x\cos\frac{1}{x} = 0.$$

1.7.2 无穷大

定义 2 如果 $\lim\limits_{\substack{x\to x_0\\(x\to\infty)}} f(x) = \infty$（即 $f(x) \to \infty$，表示 $|f(x)|$ 无限增大），那么称当 $x \to x_0$（或 $x \to \infty$）时，$f(x)$ 为**无穷大**.

例如，因为当 $x \to 0$ 时，$\left|\dfrac{1}{x}\right|$ 无限增大，所以，当 $x \to 0$ 时，$\dfrac{1}{x}$ 是无穷大. 这时，也可记作 $\lim\limits_{x\to 0}\dfrac{1}{x} = \infty$. 必须指出：无穷小的运算性质，对无穷大不一定成立. 例如，当 $x \to \infty$ 时，x 和 $x+1$ 均为无穷大，但是它们的差 $f(x) = (x+1) - x = 1$ 却不是无穷大.

无穷大与无穷小有如下关系（证明从略）.

定理 4 在自变量 x 的同一变化过程中，若 $f(x)$ 为无穷大，则 $\dfrac{1}{f(x)}$ 为无穷小；若 $f(x)$ 为无穷小，且 $f(x) \neq 0$，则 $\dfrac{1}{f(x)}$ 为无穷大.

当 $x \to x_0$ 时，$f(x)$ 为无穷大的几何意义是：当点 x 从点 x_0 的左、右两侧无限趋近点 x_0 时，函数的图像将无限地接近直线 $x = x_0$. 此时称 $x = x_0$ 是曲线 $y = f(x)$ 的**垂直渐近线**（或**铅直渐近线**）.

例如，由图 1-28 可看到 $\lim\limits_{x\to 3}\dfrac{4}{x-3} = \infty$，所以 $x = 3$ 是曲线 $y = \dfrac{4}{x-3}$ 的垂直渐近线.

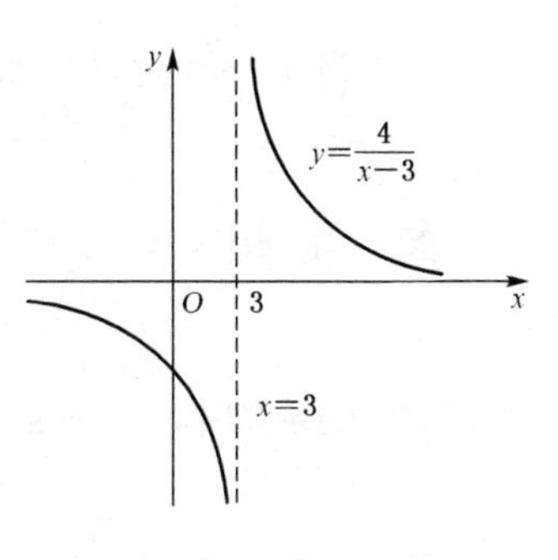

图 1-28

1.7.3 无穷小的比较

在 1.7.1 目的讨论中已指出：在同一自变量的变化过程中，两个无穷小的和、差、

积均为无穷小. 但是,没有涉及两个无穷小的商. 这是由于两个无穷小的商的极限有各种可能. 例如:

(1) $\lim\limits_{x\to 0}\dfrac{\sin x}{x}=1$;　　(2) $\lim\limits_{x\to\infty}\dfrac{\sin\dfrac{1}{x}}{\dfrac{1}{3x}}=3$;

(3) $\lim\limits_{x\to 0}\dfrac{x^2}{\sin x}=\lim\limits_{x\to 0}x\dfrac{x}{\sin x}=0$;　　(4) $\lim\limits_{x\to 0}\dfrac{\sin x}{x^2}=\infty$,

等等. 其原因是,分子、分母的两个无穷小趋近于零的"速度"可能不同. 上面的(1)和(2)两个例子,极限分别是不等于零的有限数 1 和 3,说明分子和分母趋近于零的"速度"相仿;第(3)个例子,极限是零,说明分子趋于零的"速度"比分母快;第(4)个例子,极限是无穷大,说明分子趋于零的"速度"比分母慢. 由此产生了无穷小比较的概念.

本目仅讨论 $x\to x_0$ 的情形,对于自变量的其他变化过程(如 $x\to\infty$, $n\to\infty$ 等),也有相同的概念.

1. 无穷小比较的概念

定义 3　设当 $x\to x_0$ 时,α, β 均为无穷小,

(1) 如果 $\lim\limits_{x\to x_0}\dfrac{\beta}{\alpha}=0$,则称 β 是比 α **高阶的无穷小**,记作 $\beta=o(\alpha)$;

(2) 如果 $\lim\limits_{x\to x_0}\dfrac{\beta}{\alpha}=\infty$,则称 β 是比 α **低阶的无穷小**;

(3) 如果 $\lim\limits_{x\to x_0}\dfrac{\beta}{\alpha}=c\neq 0$,则称 β 与 α 是**同阶无穷小**;特别是,如果 $\lim\limits_{x\to x_0}\dfrac{\beta}{\alpha}=1$,则称 β 与 α 是**等价无穷小**,记作 $\alpha\sim\beta$.

例 2　比较下列各题中的两个无穷小的阶.

(1) 当 $x\to 0$ 时,$1-\cos x$ 和 $\dfrac{x^2}{2}$;　　(2) 当 $x\to 0$ 时,$1-\cos x$ 和 x^2;

(3) 当 $x\to 0$ 时,$1-\cos x$ 和 x^3;　　(4) 当 $x\to\infty$ 时,$\dfrac{1}{x^2+1}$ 和 $\dfrac{1}{x}$.

解　(1) 因为

$$\lim_{x\to 0}\frac{1-\cos x}{\dfrac{x^2}{2}}=\lim_{x\to 0}\frac{2\sin^2\dfrac{x}{2}}{\dfrac{x^2}{2}}=\lim_{x\to 0}\left(\frac{\sin\dfrac{x}{2}}{\dfrac{x}{2}}\right)^2=1^2=1.$$

所以,当 $x\to 0$ 时,$1-\cos x$ 与 $\dfrac{x^2}{2}$ 是等价无穷小,即当 $x\to 0$ 时,$1-\cos x\sim\dfrac{x^2}{2}$.

(2) 因为

$$\lim_{x\to 0}\frac{1-\cos x}{x^2}=\lim_{x\to 0}\frac{2\sin^2\dfrac{x}{2}}{x^2}=\lim_{x\to 0}\frac{1}{2}\left(\frac{\sin\dfrac{x}{2}}{\dfrac{x}{2}}\right)^2=\frac{1}{2},$$

所以,当 $x\to 0$ 时,$1-\cos x$ 与 x^2 是同阶无穷小.

(3) 因为 $\lim\limits_{x\to 0}\dfrac{x^3}{1-\cos x}=\lim\limits_{x\to 0}\dfrac{x^3}{2\sin^2\dfrac{x}{2}}=\lim\limits_{x\to 0}2x\left(\dfrac{\dfrac{x}{2}}{\sin\dfrac{x}{2}}\right)^2$

$$=\lim_{x\to 0}2x\cdot\lim_{x\to 0}\left(\frac{\frac{x}{2}}{\sin\frac{x}{2}}\right)^2=0\times 1^2=0,$$

故当 $x\to 0$ 时，$\dfrac{x^3}{1-\cos x}$ 为无穷小，从而当 $x\to 0$ 时，$\dfrac{1-\cos x}{x^3}$ 为无穷大，所以

$$\lim_{x\to 0}\frac{1-\cos x}{x^3}=\infty,$$

因此，当 $x\to 0$ 时，$1-\cos x$ 是比 x^3 低阶的无穷小.

(4) 因为 $\lim\limits_{x\to\infty}\dfrac{\dfrac{1}{x^2+1}}{\dfrac{1}{x}}=\lim\limits_{x\to\infty}\dfrac{x}{x^2+1}=0,$

所以，当 $x\to\infty$ 时，$\dfrac{1}{x^2+1}$ 是比 $\dfrac{1}{x}$ 高阶的无穷小.

2. 等价无穷小的性质及其应用

定理5(等价无穷小代换定理) 如果当 $x\to x_0$ 时，$\alpha\sim\alpha'$，$\beta\sim\beta'$，且 $\lim\limits_{x\to x_0}\dfrac{\beta'}{\alpha}$ 存在，则

$$\lim_{x\to x_0}\frac{\beta}{\alpha}=\lim_{x\to x_0}\frac{\beta'}{\alpha}. \tag{1.32}$$

证明 因为当 $x\to x_0$ 时，$\alpha\sim\alpha'$，$\beta\sim\beta'$，所以

$$\lim_{x\to x_0}\frac{\beta}{\beta'}=1,\quad \lim_{x\to x_0}\frac{\alpha'}{\alpha}=1,$$

因此 $\lim\limits_{x\to x_0}\dfrac{\beta}{\alpha}=\lim\limits_{x\to x_0}\left(\dfrac{\beta}{\beta'}\cdot\dfrac{\beta'}{\alpha}\cdot\dfrac{\alpha'}{\alpha}\right)=\lim\limits_{x\to x_0}\dfrac{\beta}{\beta'}\cdot\lim\limits_{x\to x_0}\dfrac{\beta'}{\alpha}\cdot\lim\limits_{x\to x_0}\dfrac{\alpha'}{\alpha}=\lim\limits_{x\to x_0}\dfrac{\beta'}{\alpha}.$

等价无穷小代换定理表明：求两个无穷小商的极限时，分子、分母可分别用它们的等价无穷小代替. 这是简化极限运算的一种方法.

下面列出几个常用的等价无穷小：

(1) $\sin x\sim x$（当 $x\to 0$ 时）； (2) $1-\cos x\sim\dfrac{x^2}{2}$（当 $x\to 0$ 时）；

(3) $\tan x\sim x$（当 $x\to 0$ 时）； (4) $\ln(1+x)\sim x$（当 $x\to 0$ 时）；

(5) $e^x-1\sim x$（当 $x\to 0$ 时）； (6) $\sqrt{1+x}-1\sim\dfrac{x}{2}$（当 $x\to 0$ 时）；

(7) $\arcsin x\sim x$（当 $x\to 0$ 时）； (8) $\arctan x\sim x$（当 $x\to 0$ 时）.

例 3 求 $\lim\limits_{x\to 0}\dfrac{\tan 3x}{\sin 2x}$.

解 因为当 $x\to 0$ 时，$\tan 3x\sim 3x$，$\sin 2x\sim 2x$，所以

$$\lim_{x\to 0}\frac{\tan 3x}{\sin 2x}=\lim_{x\to 0}\frac{3x}{2x}=\frac{3}{2}.$$

例 4 下面的做法是否正确？为什么？

当 $x\to 0$ 时，$\sin x\sim x$，$\tan x\sim x$，所以

$$\lim_{x\to 0}\frac{\tan x-\sin x}{\sin^3 x}=\lim_{x\to 0}\frac{x-x}{x^3}=\lim_{x\to 0}0=0.$$

解 不正确. 因为这种做法实际上是在分子中用 $x-x=0$ 代换了 $\tan x-\sin x$，而

$$\lim_{x\to 0}\frac{x-x}{\tan x-\sin x}=\lim_{x\to 0}0=0,$$

所以，当 $x\to 0$ 时，$x-x=0$ 是比 $\tan x-\sin x$ 高阶的无穷小，它们不是等价无穷小，因此不能在极限运算中作代换.

正确的做法如下：

$$\lim_{x\to 0}\frac{\tan x-\sin x}{\sin^3 x}=\lim_{x\to 0}\frac{\dfrac{\sin x}{\cos x}-\sin x}{\sin^3 x}=\lim_{x\to 0}\frac{\sin x(1-\cos x)}{\cos x\sin^3 x}$$

$$=\lim_{x\to 0}\frac{1-\cos x}{\cos x\sin^2 x}=\lim_{x\to 0}\frac{\dfrac{x^2}{2}}{\cos x\cdot x^2}$$

$$=\frac{1}{2}\lim_{x\to 0}\frac{1}{\cos x}=\frac{1}{2}.$$

例 4 说明：只有当分子或分母为函数的连乘积时，各个乘积因式才可以分别用它们的等价无穷小代换. 而对于和或差中的函数，一般不能分别用等价无穷小代换. 读者在应用等价无穷小代换定理时，应特别注意这个问题.

习题 1.7

1. 判断下列函数在自变量变化的过程中，是否为无穷小？是否为无穷大？

(1) $\sin\dfrac{1}{x}$（当 $x\to\infty$ 时）； (2) $\sqrt{1+x}-\sqrt{1-x}$（当 $x\to 0$ 时）；

(3) $\dfrac{(-1)^n}{2^n}$（当 $n\to\infty$ 时）； (4) $\dfrac{x+1}{x}$（当 $x\to\infty$ 时）；

(5) $\dfrac{1}{x-1}$（当 $x\to 1$ 时）； (6) $\dfrac{x^2-9}{x+3}$（当 $x\to 3$ 时）.

2. 利用无限小的运算性质求极限（要说明理由）.

(1) $\lim\limits_{x\to 0^+}(\sqrt{x}+x)$； (2) $\lim\limits_{x\to 0}x\sin\dfrac{1}{x}$；

(3) $\lim\limits_{x\to\infty}\frac{\cos x}{x}$；(4) $\lim\limits_{x\to\infty}\frac{1}{x}\arctan x$.

3. 比较下列各对无穷小的阶.

(1) 当 $x\to 0$ 时，$\tan^2 x$ 和 x；(2) 当 $x\to 0$ 时，$\sin\sqrt{x}$ 和 x；

(3) 当 $x\to 1$ 时，$\frac{x-1}{x}$ 和 x^2-1；(4) 当 $x\to 4$ 时，$\frac{1}{4}(x-4)$ 和 $\sqrt{x}-2$.

4. 证明：当 $x\to 0$ 时，下列各对无穷小是等价无穷小.

(1) $\arcsin x$ 与 x；(2) $\arctan x$ 与 x；(3) $\sqrt{1+x}-1$ 与 $\frac{x}{2}$.

5. 利用等价无穷小的性质，求下列极限.

(1) $\lim\limits_{x\to 0}\frac{\tan 3x}{\sin 5x}$；(2) $\lim\limits_{x\to 0}\frac{\sin(x^n)}{(\sin x)^m}$；

(3) $\lim\limits_{x\to 0}\frac{\tan^2 4x}{2(1-\cos x)}$；(4) $\lim\limits_{x\to 0}\frac{(\arcsin x)^2}{\sqrt{1+x^2}-1}$.

6. 求曲线 $y=\frac{x}{x-4}$ 的垂直渐近线.

答　案

1. (1) 是无穷小；(2) 是无穷小；(3) 是无穷小；(4) 都不是；(5) 是无穷大；(6) 是无穷小.

2. (1) 当 $x\to 0^+$ 时，$x\to 0$，$\sqrt{x}\to 0$(均为无穷小)，两个无穷小的和仍是无穷小，故得 $\lim\limits_{x\to 0^+}(x+\sqrt{x})=0$；(2) 略；(3) 略；(4) 0，因为当 $x\to\infty$ 时，$\frac{1}{x}\to 0$. 而 $|\arctan x|<\frac{\pi}{2}$，利用有界函数与无穷小的乘积为无穷小，故得 $\lim\limits_{x\to\infty}\frac{1}{x}\arctan x=0$.

3. (1) $\tan^2 x$ 比 x 高阶；(2) $\sin\sqrt{x}$ 比 x 低价；(3) 同阶；(4) 等价.　4. 证略.

5. (1) $\frac{3}{5}$；(2) $n>m$ 时，极限为 0；$n=m$ 时，极限为 1；$n<m$ 时，极限为 ∞；(3) 16；(4) 2.

6. $x=4$.

1.8　函数的连续性与间断点

1.8.1　函数的连续性

在自然界和日常生活中，有许多现象都是随着时间而连续变化的，如气温的变化、河水的流动、生物的生长等. 这些现象反映在函数的图形上，就是连续而无间隙的情形. 这也就是我们要讨论的函数连续性问题.

定义 1　设函数 $f(x)$ 在点 x_0 的某一邻域(包括 x_0)内有定义，且当 $x\to x_0$ 时，$f(x)$ 的极限存在，并有

$$\lim_{x\to x_0}f(x)=f(x_0),$$

则称函数 $f(x)$ 在点 x_0 处是**连续**的.

根据极限的定义,定义 1 也可用 ε-δ 语言叙述如下:

定义 2 设函数 $f(x)$ 在点 x_0 的某一邻域(包括 x_0)内有定义,如果对于任意给定的正数 ε,总存在正数 δ,当 $|x-x_0|<\delta$ 时,恒有不等式

$$|f(x)-f(x_0)|<\varepsilon$$

成立,则称函数 $f(x)$ 在点 x_0 处是**连续**的.

定义 1 还能表述成另一种形式. 在叙述之前,我们先介绍自变量 x 的增量(改变量)及函数 $f(x)$ 的增量(改变量)的概念.

设 x_0 是自变量变化区间内一个给定的值,x 是另一个值,差式

$$\Delta x = x - x_0 \tag{1.33}$$

称为自变量 x 在 x_0 处的**增量(改变量)**,x 和 x_0 所对应的函数值的差

$$\Delta y = f(x) - f(x_0) \tag{1.34}$$

称为函数 $f(x)$ 在 x_0 处对应的**增量(改变量)**.

从式(1.33)知,$x = x_0 + \Delta x$,于是,式(1.34)又可写成

$$\Delta y = f(x_0+\Delta x) - f(x_0). \tag{1.34'}$$

注意 Δx 和 Δy 只是增量的记号,它们可以为正,也可以为零,也可以为负.

如果函数 $f(x)$ 在点 x_0 处连续,即

$$\lim_{x\to x_0} f(x) = f(x_0).$$

只要将 $x = x_0+\Delta x$ 代替上式中的 x,将 $f(x_0)$ 移到等式的左边,并放入极限记号内($f(x_0)$ 是常数,这样做是允许的),且注意到,$x = x_0+\Delta x \to x_0$ 等价于 $\Delta x\to 0$,于是有

$$\lim_{\Delta x\to 0}[f(x_0+\Delta x) - f(x_0)] = 0,$$

即有

$$\lim_{\Delta x\to 0}\Delta y = 0.$$

反之,如果当 $\Delta x\to 0$ 时,$\Delta y\to 0$,则有 $f(x) = f(x_0+\Delta x)\to f(x_0)$,又 $\Delta x\to 0$ 等价于 $x\to x_0$,所以,$\lim\limits_{x\to x_0} f(x) = f(x_0)$,即函数 $f(x)$ 在点 x_0 处连续.

综合上面的分析,就得到函数 $f(x)$ 在点 x_0 处连续的另一个与本节定义 1 等价的定义.

定义 3 设函数 $f(x)$ 在点 x_0 的某一个邻域(包括 x_0)内有定义,如果当自变量 x 在 x_0 处的增量 $\Delta x = x - x_0\to 0$ 时,相应的函数的增量 $\Delta y = f(x_0+\Delta x) - f(x_0)\to 0$,即

$$\lim_{\Delta x\to 0}\Delta y = \lim_{\Delta x\to 0}[f(x_0+\Delta x) - f(x_0)] = 0,$$

则称函数 $f(x)$ 在点 x_0 处连续.

下面给出函数 $f(x)$ 在开区间内连续的定义.

定义 4 如果函数 $f(x)$ 在某个开区间内的每一点都连续，则称函数 $f(x)$ 在该**开区间内连续**，或称函数 $f(x)$ 是该**开区间内的连续函数**.

例 1 证明函数 $f(x)=\cos x$ 在点 $x_0=0$ 处是连续的.

证明 因为 $f(0)=\cos 0=1$，而

$$\lim_{x\to 0}f(x)=\lim_{x\to 0}\cos x=1,\quad \text{（参看 1.6 节公式(1.28)）}$$

所以有

$$\lim_{x\to 0}f(x)=f(0).$$

根据本节定义 1 可知，函数 $f(x)=\cos x$ 在点 $x_0=0$ 处是连续的.

类似地，由公式(1.30)知 $\lim\limits_{x\to 0}\sin x=0$，而 $\sin 0=0$，故函数 $f(x)=\sin x$ 在 $x=0$ 处也是连续的.

例 2 证明有理函数

$$\frac{P(x)}{Q(x)}=\frac{a_0x^n+a_1x^{n-1}+\cdots+a_{n-1}x+a_n}{b_0x^m+b_1x^{m-1}+\cdots+b_{m-1}x+b_m}$$

$(a_0,\ a_1,\ \cdots,\ a_n;\ b_0,\ b_1,\ \cdots,\ b_m$ 均是常数，$a_0\neq 0,\ b_0\neq 0)$ 在其定义域内连续.

证明 有理函数 $\dfrac{P(x)}{Q(x)}$ 的定义域是使分母 $Q(x)\neq 0$ 的全体实数构成的集合. 设 x_0 是其定义域内任意一点，则 $Q(x_0)\neq 0$. 根据 1.5 节中的公式(1.20)，有

$$\lim_{x\to x_0}\frac{P(x)}{Q(x)}=\frac{P(x_0)}{Q(x_0)}\quad (Q(x_0)\neq 0),$$

故函数 $\dfrac{P(x)}{Q(x)}$ 在点 x_0 处连续，而 x_0 是其定义域内任意一点，所以，有理函数 $\dfrac{P(x)}{Q(x)}$ 在其定义域内连续.

作为特例，易知有理整函数 $a_0x^n+a_1x^{n-1}+\cdots+a_{n-1}x+a_n$，在其定义域区间 $(-\infty,\ +\infty)$ 内是连续的.

1.8.2 左、右连续及连续的充要条件

由左、右极限的概念，我们可建立左、右连续的概念.

定义 5 如果函数 $f(x)$ 在点 x_0 的左极限存在，且等于函数值 $f(x_0)$，即

$$f(x_0^-)=\lim_{x\to x_0^-}f(x)=f(x_0),$$

则称函数 $f(x)$ 在点 x_0 处**左连续**；如果函数 $f(x)$ 在点 x_0 处的右极限存在，且等于函数值 $f(x_0)$，即

$$f(x_0^+)=\lim_{x\to x_0^+}f(x)=f(x_0),$$

则称函数 $f(x)$ 在点 x_0 处**右连续**.

根据本节定义 1、定义 5 以及极限存在的充要条件，容易证明（证明从略）下面的

定理：

定理 函数 $f(x)$在点 x_0 处连续的充要条件是：$f(x)$在点 x_0 处左、右连续，即

$$f(x_0^-) = f(x_0^+) = f(x_0). \tag{1.35}$$

注意 公式(1.35)有两个等号，第一个等号表明 $\lim\limits_{x \to x_0} f(x)$ 存在，第二个等号表明 $f(x)$ 的极限等于函数值 $f(x_0)$.

下面，我们来给出函数 $f(x)$在闭区间$[a, b]$上连续的定义.

定义 6 如果函数 $f(x)$在开区间(a, b)内连续，且在左端点 a 处右连续，在右端点 b 处左连续，则称函数 $f(x)$**在闭区间$[a, b]$上连续**，或称 $f(x)$是**闭区间$[a, b]$上的连续函数**.

例 3 确定常数 a，使函数

$$f(x) = \begin{cases} \dfrac{\sin 3x}{x}, & x < 0, \\ a + x^2, & x \geqslant 0 \end{cases}$$

在点 $x = 0$ 处连续.

解 $f(x)$在 $x=0$ 处的左、右极限分别为

$$f(0^-) = \lim_{x \to 0^-} \frac{\sin 3x}{x} = 3, \quad f(0^+) = \lim_{x \to 0^+} (a + x^2) = a,$$

而 $f(0) = (a + x^2)\Big|_{x=0} = a$.

要使 $f(x)$在 $x=0$ 处连续，必须

$$f(0^-) = f(0^+) = f(0),$$

所以 $a=3$. 从而可得出当 $a=3$ 时，函数 $f(x)$在 $x=0$ 处连续.

1.8.3 函数的间断点及其分类

如果函数 $f(x)$在点 x_0 处不连续，我们就称 x_0 是 $f(x)$的**不连续点**，或称 x_0 是 $f(x)$的**间断点**.

根据连续的定义不难知道，函数 $f(x)$在点 x_0 处不连续的原因，不外乎以下三种情况中至少有一种情况出现：

(1) 函数 $f(x)$在 x_0 处没有定义；

(2) 极限$\lim\limits_{x \to x_0} f(x)$不存在；

(3) $\lim\limits_{x \to x_0} f(x) = A$ (A 是有限常数)，且 $A \neq f(x_0)$.

为了研究方便，通常把间断点分为两大类：

(1) 如果点 x_0 是 $f(x)$的间断点，且 $f(x)$在点 x_0 处的左、右极限 $f(x_0^-)$及 $f(x_0^+)$都存在，则称点 x_0 是 $f(x)$的**第一类间断点**.

(2) $f(x)$的非第一类间断点 x_0，统称为 $f(x)$的**第二类间断点**.

例 4 讨论下列函数在指定点处的连续性,若是间断点,指出其类型:

(1) $y=\dfrac{x^2-1}{x+1}$, $x=-1$;　　(2) $f(x)=\begin{cases}x^2, & x<0,\\ 1, & x=0,\\ 2x, & x>0,\end{cases}$ $x=0$;

(3) $f(x)=\begin{cases}x-1, & x<1,\\ x+1, & x\geqslant 1,\end{cases}$ $x=1$.

解 (1) 函数 $y=\dfrac{x^2-1}{x+1}$ 在 $x=-1$ 处没有定义,故点 $x=-1$ 是间断点. 因为

$$\lim_{x\to -1}f(x)=\lim_{x\to -1}\frac{x^2-1}{x+1}=\lim_{x\to -1}(x-1)=-2,$$

于是,根据极限存在的充要条件知, $f(-1^-)$ 和 $f(-1^+)$ 都存在,所以,点 $x=-1$ 是函数的第一类间断点.

又, $f(-1^-)=f(-1^+)$,故如果补充函数的定义,令 $f(-1)=-2$,则该函数在点 $x=-1$ 处是连续的. 因此又称点 $x=-1$ 是函数 $y=\dfrac{x^2-1}{x+1}$ 的**可去间断点**(图 1-29).

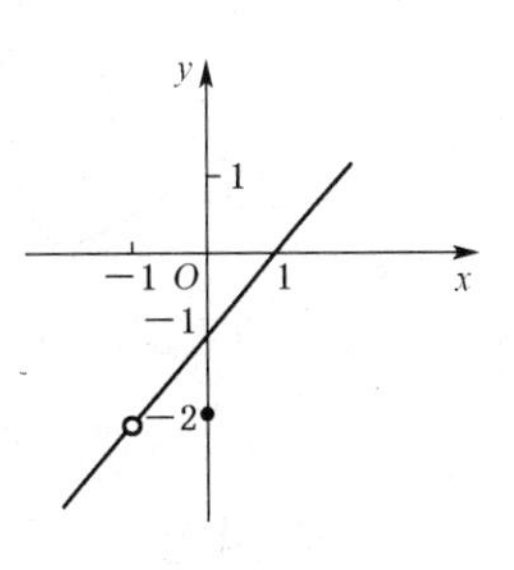

图 1-29

(2) 因为

$$f(0^-)=\lim_{x\to 0^-}x^2=0,$$
$$f(0^+)=\lim_{x\to 0^+}2x=0,$$
$$f(0)=1,$$

故 $f(x)$ 在点 $x=0$ 处的极限存在,即 $\lim\limits_{x\to 0}f(x)=0$,但不等于 $f(0)$,所以,点 $x=0$ 是 $f(x)$ 的第一类间断点.

如果改变函数 $f(x)$ 在 $x=0$ 处的定义:令 $f(0)=0$,则函数 $f(x)$ 在点 $x=0$ 处是连续的. 因此,也称点 $x=0$ 为函数 $f(x)$ 的**可去间断点**(图 1-30).

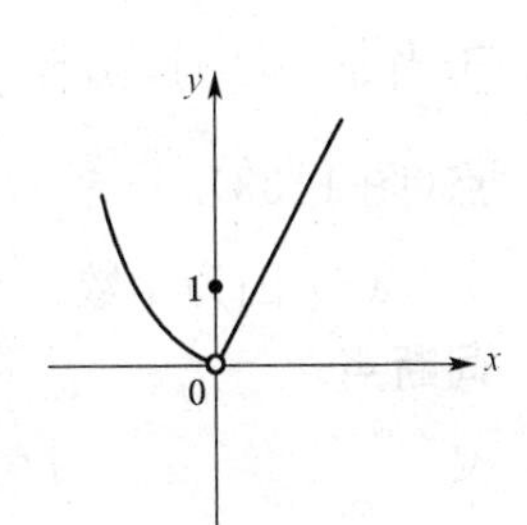

图 1-30

(3) 因为

$$f(1^-)=\lim_{x\to 1^-}(x-1)=0,$$
$$f(1^+)=\lim_{x\to 1^+}(x+1)=2,$$

故 $f(1^-)$ 和 $f(1^+)$ 都存在,但 $f(1^-)\neq f(1^+)$,所以,点 $x=1$ 是 $f(x)$ 的第一类间断点.

由于 $f(1^-)\neq f(1^+)$,即 $\lim\limits_{x\to 1}f(x)$ 不存在,所以我们不能补充或改变函数 $f(x)$ 在点 $x=1$ 处的定义,使得 $f(x)$ 在点 $x=1$ 处连续. 函数 $f(x)$ 的图像在点 $x=1$ 处产生跳跃(图 1-31). 因此,点 $x=1$ 又称为 $f(x)$ 的**跳跃间断点**.

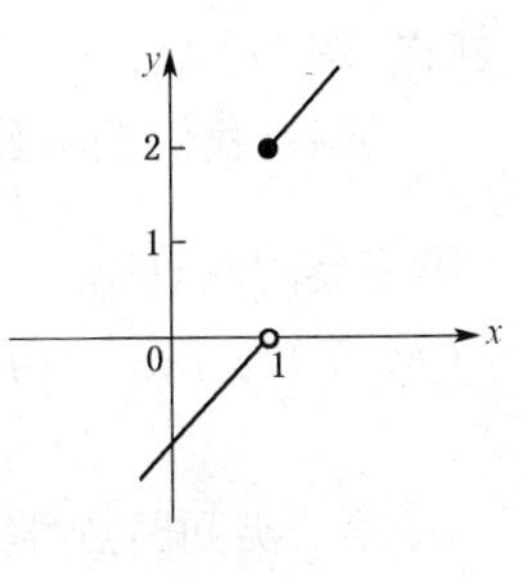

图 1-31

例 5 讨论下列函数在指定点处的连续性,若是间断点,

指出其类型.

(1) $y=\sin\dfrac{1}{x}$, $x=0$; (2) $y=\dfrac{1}{x-2}$, $x=2$; (3) $y=2^{\frac{1}{x}}$, $x=0$.

解 (1) 函数 $y=\sin\dfrac{1}{x}$ 在点 $x=0$ 处没定义,故 $x=0$ 是间断点. 当 $x\to 0^{+}$ 时,函数$y=\sin\dfrac{1}{x}$ 的值在 -1 与 1 之间变动无限多次,故 $f(0^{+})=\lim\limits_{x\to 0^{+}}\sin\dfrac{1}{x}$ 不存在. 所以 $x=0$ 是函数 $y=\sin\dfrac{1}{x}$ 的第二类间断点,它又称为**振荡间断点**(图 1-32).

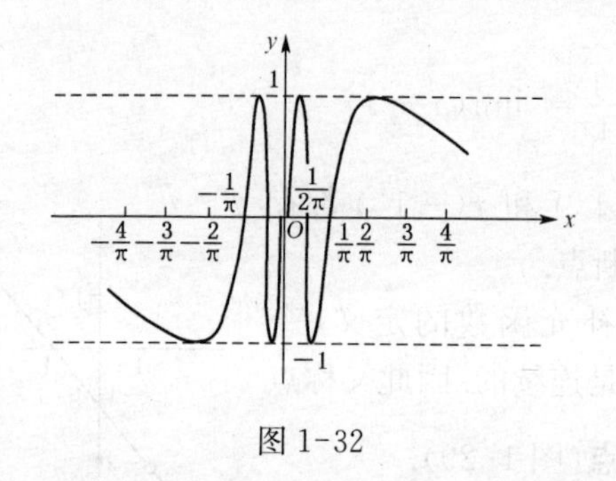

图 1-32

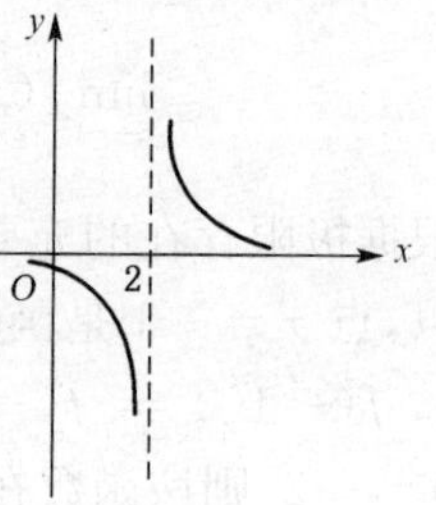

图 1-33

(2) 因为

$$\lim_{x\to 2}\frac{1}{x-2}=\infty,$$

故 $f(2^{+})$ 不存在,$f(2^{-})$ 也不存在,所以,$x=2$ 是函数 $y=\dfrac{1}{x-2}$ 的第二类间断点. 由于当 $x\to 2$ 时,函数 $y=\dfrac{1}{x-2}$ 的极限是无穷大,因此,点 $x=2$ 又称为**无穷间断点**(图 1-33).

(3) 因为函数 $y=2^{\frac{1}{x}}$ 在 $x=0$ 没有定义,故点 $x=0$ 是**间断点**.

又
$$f(0^{+})=\lim_{x\to 0^{+}}2^{\frac{1}{x}}=\infty,$$

即 $f(0^{+})$ 不存在,所以,点 $x=0$ 是函数 $y=2^{\frac{1}{x}}$ 的**第二类间断点**(图 1-34).

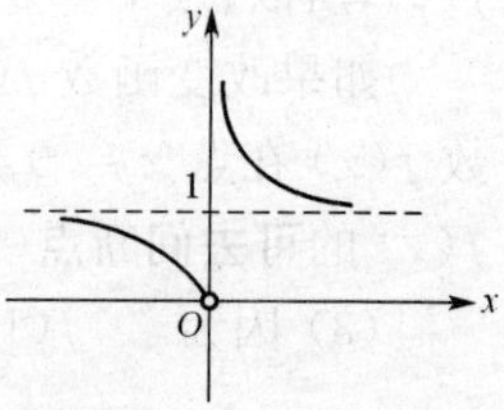

图 1-34

最后,我们把函数 $f(x)$ 的间断点 x_0 的类型简要地归纳如下:

第一类间断点 x_0 ($f(x_0^{-})$ 与 $f(x_0^{+})$ 均存在)
- 跳跃间断点 x_0 ($f(x_0^{-})\neq f(x_0^{+})$),即 $\lim\limits_{x\to x_0}f(x)$ 不存在;
- 可去间断点 x_0 ($f(x_0^{-})=f(x_0^{+})$),即 $\lim\limits_{x\to x_0}f(x)$ 存在.

第二类间断点(除第一类以外的间断点),常见的第二类间断点有两类:

$$\begin{cases}\text{振荡间断点;} \\ \text{无穷间断点 } x_0 (\lim\limits_{x \to x_0} f(x) = \infty).\end{cases}$$

习题 1.8

1. 讨论下列函数在指定点处的连续性,若是间断点,需说明间断点的类型,若是可去间断点,则补充或改变函数的定义使它连续.

(1) $y = \dfrac{x^2 - 1}{x^2 - 3x + 2}$, $x = 1$ 及 $x = 2$;　　(2) $y = \dfrac{\sin x}{|x|}$, $x = 0$;

(3) $y = \sec x$, $x = k\pi + \dfrac{\pi}{2}$ $(k = 0, \pm 1, \pm 2, \cdots)$;　　(4) $y = \cos\dfrac{1}{x}$, $x = 0$;

(5) $f(x) = \begin{cases}\dfrac{1}{x}, & x < 0, \\ x, & x \geqslant 0,\end{cases}$ $x = 0$;　　(6) $f(x) = \begin{cases}2x^2, & 0 < x < 1, \\ 2, & x = 1, \\ 1, & 1 < x \leqslant 2.\end{cases}$

2. 确定常数 a 和 k,使函数

$$f(x) = \begin{cases}\dfrac{\sin kx}{x}, & x < 0, \\ a, & x = 0, \\ (1 - x)^{\frac{1}{x}}, & x > 0\end{cases}$$

在点 $x = 0$ 处连续.

3. 讨论函数 $f(x) = \lim\limits_{n \to \infty} \dfrac{x(1 - x^{2n})}{1 + x^{2n}}$ 的连续性,若有间断点,判别其类型.

答　案

1. (1) $x = 1$ 是第一类(可去)间断点;补充定义令 $f(1) = -2$,则 $x = 1$ 为连续点. $x = 2$ 是第二类间断点(无穷间断点);(2) $x = 0$ 是第一类间断点(跳跃间断点);(3) $x = k\pi + \dfrac{\pi}{2}$ $(k = 0, \pm 1, \pm 2, \cdots)$ 是第二类间断点(无穷间断点).(提示:利用 $y = \cos x$ 的图像可知 $\lim\limits_{x \to \frac{\pi}{2}} \cos x = 0$.);(4) $x = 0$ 是第二类间断点(振荡间断点);(5) $x = 0$ 是第二类间断点;(6) $x = 1$ 是第一类间断点(跳跃间断点).

2. $a = k = \dfrac{1}{\mathrm{e}}$.

3. $f(x) = \begin{cases}x, & |x| < 1, \\ 0, & |x| = 1, \\ -x, & |x| > 1,\end{cases}$ $x = 1$ 和 $x = -1$ 为第一类间断点.

1.9 连续函数的运算及初等函数的连续性

1.9.1 连续函数的四则运算

定理 1 设函数 $f(x)$和 $g(x)$都在点 x_0 处连续,则 $f(x) \pm g(x)$, $f(x) \cdot g(x)$, $\frac{f(x)}{g(x)}$ $(g(x_0) \neq 0)$ 均在点 x_0 处连续.

定理 1 的证明是简单的,只要利用极限的四则运算法则及函数在点 x_0 处连续的定义即可.下面仅证明和(差)的情况,类似地可以证明积和商的情况.

证明 因为 $f(x)$和 $g(x)$在点 x_0 处连续,故有

$$\lim_{x \to x_0} f(x) = f(x_0) \quad 及 \quad \lim_{x \to x_0} g(x) = g(x_0),$$

于是有 $\lim_{x \to x_0}[f(x) \pm g(x)] = \lim_{x \to x_0} f(x) \pm \lim_{x \to x_0} g(x) = f(x_0) \pm g(x_0)$,

因此, $f(x) \pm g(x)$ 在点 x_0 处连续.

定理 1 可以推广到有限多个函数的和(差)及乘积的情形.此外,由定理 1 还可得到以下两个推论:

推论 1 如果函数 $f(x)$在点 x_0 处连续,C 为常数,则函数 $Cf(x)$在点 x_0 处也连续.

推论 2 如果函数 $f(x)$在点 x_0 处连续,则$[f(x)]^n$(n 为正整数)在点 x_0 处也连续.

1.9.2 反函数与复合函数的连续性

定理 2 如果函数 $y = f(x)$ 在某区间上单调增加(减少) 且连续,则它的反函数 $x = \varphi(y)$ 在对应区间上单调增加(减少) 且连续.

定理 2 的证明已超出本书的范围,证明从略.

例如,从函数 $y = \sin x$ 的图像(图 1-15) 可以看到,它在闭区间$\left[-\frac{\pi}{2}, \frac{\pi}{2}\right]$上是单调增加且连续的,故它的反函数 $y = \arcsin x$ 在对应区间$[-1, 1]$上也是单调增加且连续的(图 1-16).

定理 3 如果函数 $y = f(u)$ 及 $u = g(x)$ 构成复合函数 $y = f[g(x)]$,函数 $u = g(x)$ 在点 x_0 处连续,函数 $y = f(u)$ 在对应的点 $u_0 = g(x_0)$ 处连续,则复合函数 $y = f[g(x)]$ 在点 x_0 处连续,即

$$\lim_{x \to x_0} f[g(x)] = f[g(x_0)]. \tag{1.36}$$

证明 因为函数 $u=g(x)$ 在点 x_0 处连续，$y=f(u)$ 在点 $u_0=g(x_0)$ 处连续，故

$$\lim_{x\to x_0} g(x)=g(x_0)=u_0 \quad 及 \quad \lim_{u\to u_0} f(u)=f(u_0).$$

根据1.5节中的定理3(复合函数的极限)，于是有

$$\lim_{x\to x_0} f[g(x)]=f[\lim_{x\to x_0} g(x)]=f[g(x_0)].$$

因此，函数 $f[g(x)]$在点 x_0 处连续.

式(1.36)说明，只要函数 $f[g(x)]$在点 x_0 处连续，则函数值 $f[g(x_0)]$就是当 $x\to x_0$时函数 $f[g(x)]$的极限. 此结论可以推广到有限多个函数复合的情况.

1.9.3 初等函数的连续性

基本初等函数有：幂函数 $y=x^{\mu}$($\mu\neq 0$, μ 为实数)，指数函数 $y=a^x$($a>0$, $a\neq 1$)，对数函数 $y=\log_a x$ ($a>0$, $a\neq 1$)，三角函数及反三角函数. 可以证明它们在各自的定义域内是连续的.

初等函数是由基本初等函数及常数经过有限次四则运算和有限次复合步骤构成的. 因此，**一切初等函数在其定义区间**(是指包含在定义域内的区间)**内是连续函数**. 从而初等函数的连续区间就是它的定义区间.

例1 求函数 $f(x)=\dfrac{1}{\sqrt[3]{x-1}}$ 的连续区间及间断点，并指出间断点的类型.

解 $f(x)=\dfrac{1}{\sqrt[3]{x-1}}$是初等函数. 因为$f(x)$的定义域是$(-\infty, 1)\cup(1, +\infty)$，所以，根据初等函数在其定义区间内是连续的结论，可知 $f(x)$ 的连续区间就是它的定义区间$(-\infty, 1)$及$(1, +\infty)$.

因为 $f(x)$ 在 $x=1$ 处是没有定义的，所以，$x=1$ 是 $f(x)$ 的间断点. 又因为

$$\lim_{x\to 1}\frac{1}{\sqrt[3]{x-1}}=\infty,$$

因此，$x=1$ 是函数 $f(x)=\dfrac{1}{\sqrt[3]{x-1}}$ 的第二类间断点(无穷间断点).

利用初等函数在其定义区间内是连续的结论，根据函数在一点处连续的定义可知，求初等函数 $f(x)$在其定义区间内某点 x_0 处的极限，就等于计算该点处的函数值，即有

$$\lim_{x\to x_0} f(x)=f(x_0). \tag{1.37}$$

例2 求 $\lim\limits_{x\to\frac{\pi}{2}}\ln\sin x$.

解 因为点 $x_0=\frac{\pi}{2}$ 是初等函数 $f(x)=\ln\sin x$ 的一个定义区间 $(0,\pi)$ 内的点，所以

$$\lim_{x\to\frac{\pi}{2}}\ln\sin x=\ln\sin\frac{\pi}{2}=\ln 1=0.$$

例 3 求函数 $f(x)=\frac{1}{\sqrt[3]{x^2-3x+2}}$ 的连续区间,并求 $\lim\limits_{x\to 3}f(x)$.

解 因为所给函数是初等函数,它的定义域是 $(-\infty,1)\cup(1,2)\cup(2,+\infty)$，所以,它的连续区间就是定义区间: $(-\infty,1)\cup(1,2)\cup(2,+\infty)$.

又因为点 $x_0=3$ 是该函数的一个定义区间 $(2,+\infty)$ 内的点,所以,由式(1.37)可知

$$\lim_{x\to 3}f(x)=f(3)=\left.\frac{1}{\sqrt[3]{x^2-3x+2}}\right|_{x=3}=\frac{1}{\sqrt[3]{2}}.$$

习题 1.9

1. 求函数 $f(x)=\frac{x^3+3x^2-x-3}{x^2+x-6}$ 的连续区间,并指出间断点的类型.

2. 求下列极限.

(1) $\lim\limits_{x\to 1}\frac{\ln(1+x)+x^2}{e^x+1}$； (2) $\lim\limits_{x\to\frac{\pi}{9}}\ln(2\cos 3x)^2$；

(3) $\lim\limits_{x\to 0}\frac{\sqrt{x+1}-1}{2\sin 3x}$； (4) $\lim\limits_{x\to\infty}x[\ln(x+1)-\ln x]$；

(5) $\lim\limits_{x\to 0}\frac{\sin(\sin x)}{\arctan 4x}$； (6) $\lim\limits_{x\to 0}\frac{x^3-x^2}{\ln(1+x^2)}$.

3. 求下列极限.

(1) $\lim\limits_{x\to+\infty}(\sqrt{x^2+x}-\sqrt{x^2-x})$； (2) $\lim\limits_{x\to 1}\frac{\sqrt{x+1}-\sqrt{3-x}}{x-1}$；

(3) $\lim\limits_{x\to+\infty}\left(\frac{3+x}{x}\right)^{2x+1}$； (4) $\lim\limits_{x\to 0}(1+3\sin^2 x)^{\csc^2 x}$.

4. 找出函数 $y=\frac{e^{2x}-1}{x}$ 的间断点,并指出间断点的类型.

答 案

1. 连续区间 $(-\infty,-3)\cup(-3,2)\cup(2,+\infty)$，$x=-3$ 是第一类(可去)间断点；$x=2$ 是第二类(无穷)间断点.

2. (1) $\frac{\ln 2+1}{e+1}$；(2) 0；(3) $\frac{1}{12}$；(4) 1；(5) $\frac{1}{4}$ (提示:当 $x\to 0$ 时, $\sin(\sin x)\sim\sin x\sim x$)；

(6) -1(提示:当 $x \to 0$ 时,$\ln(1+x^2) \sim x^2$).

3. (1) 1;(2) $\frac{1}{\sqrt{2}}$;(3) e^6;(4) e^3.

4. $x=0$ 是第一类(可去)间断点.

1.10 闭区间上连续函数的性质

本节将叙述在闭区间上的连续函数所具有的一些性质.这些性质的证明已超出本书的范围,因此,证明均从略.

1.10.1 最大值和最小值定理

定理1(最大值和最小值定理) 如果函数 $f(x)$ 在闭区间$[a, b]$上连续,则存在 $\xi_1, \xi_2 \in [a, b]$,使得对于一切 $x \in [a, b]$,有

$$f(\xi_2) \leqslant f(x) \leqslant f(\xi_1).$$

这里,$f(\xi_1)$ 和 $f(\xi_2)$ 分别称为 $f(x)$ 在闭区间$[a, b]$上的最大值和最小值,一般记作 $\max\limits_{a \leqslant x \leqslant b} f(x)$ 和 $\min\limits_{a \leqslant x \leqslant b} f(x)$,如图 1-35(a) 所示.

注意,点 ξ_1, ξ_2 也可能多于一个(图 1-35(b)).

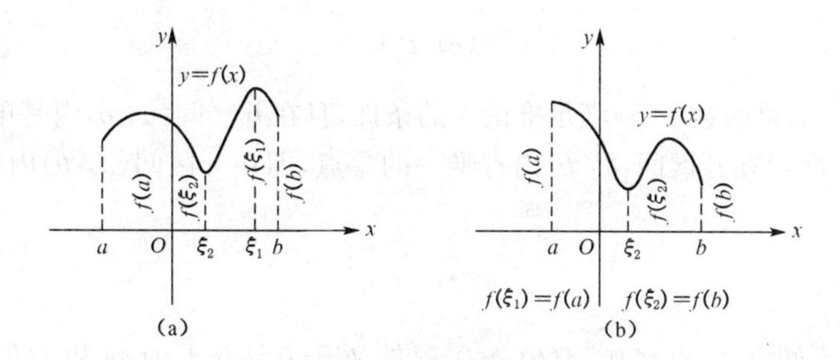

图 1-35

例1 函数 $y=\sin x$ 在闭区间$[0, \pi]$上是连续的,它在 $x=\frac{\pi}{2}$ 处取得最大值 $f\left(\frac{\pi}{2}\right)=1$,而在区间的端点 $x=0$ 和 $x=\pi$ 处取得最小值 $f(0)=f(\pi)=0$.

例1说明,函数的最大值和最小值可能在区间端点处取得.

注意 如果函数 $f(x)$不是在闭区间$[a, b]$上连续,而是在开区间内连接,则本节定理1的结论不一定成立;如果函数 $f(x)$在闭区间$[a, b]$上有间断点,则本节定理1的结论也不一定成立.

推论 如果函数 $f(x)$在闭区间$[a, b]$上连续,则 $f(x)$在$[a, b]$上有界.

证明 因 $f(x)$在$[a,\ b]$上有最小值 m 和最大值 M,故可取 $\overline{M}=\max\{|m|,|M|\}$(即 $|m|$ 和 $|M|$ 中较大者),则在$[a,\ b]$上恒有 $|f(x)|\leqslant\overline{M}$,即 $f(x)$ 在$[a,\ b]$上有界.

1.10.2 介值定理

定理 2(介值定理) 如果函数 $f(x)$在闭区间$[a,\ b]$上连续,且 $f(a)\neq f(b)$,则不论 C 是介于 $f(a)$ 和 $f(b)$ 之间的怎样的一个数,在开区间$(a,\ b)$ 内至少有一点 ξ,使得

$$f(\xi)=C\quad(a<\xi<b).$$

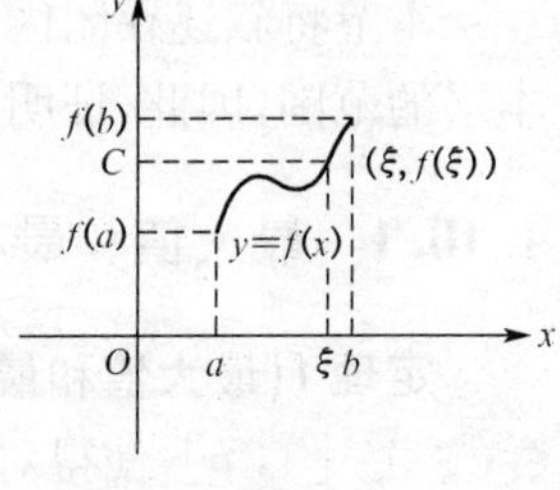

图 1-36

定理 2 的几何意义是,若在 y 轴上以 $f(a)$和 $f(b)$为端点的区间内的任意一点 C,作平行于 x 轴的直线 $y=C$,则直线 $y=C$ 必然与连续曲线 $y=f(x)$ 至少相交于一点$(\xi,f(\xi))$(图 1-36).

定理 2 也有几个重要的推论,现叙述如下:

推论 1(零点定理) 如果函数 $f(x)$在闭区间$[a,\ b]$上连续,且 $f(a)$和 $f(b)$异号,即 $f(a)\cdot f(b)<0$,则 $f(x)$ 在开区间$(a,\ b)$ 内至少有一个零点,即在开区间$(a,\ b)$ 内至少存在一点 ξ,使得

$$f(\xi)=0.$$

推论 2 如果函数 $f(x)$满足推论 1 的条件,且在开区间$(a,\ b)$内是单调增加(或减少)的,则 $f(x)$在开区间$(a,\ b)$内有唯一的零点,即在开区间$(a,\ b)$内存在唯一的一点 ξ,使得

$$f(\xi)=0.$$

证明 不妨设 $f(a)<0,\ f(b)>0$,显然,$C=0$是介于 $f(a)$ 和 $f(b)$ 之间. 因为 $f(x)$ 在闭区间$[a,\ b]$ 上连续,且 $f(a)\neq f(b)$,于是,由介值定理知,对于介于 $f(a)$ 与 $f(b)$ 之间的数 $C=0$,至少存在一点 $\xi\in(a,\ b)$,使得

$$f(\xi)=0.$$

这就证明了推论 1.

如果 $f(x)$在开区间$(a,\ b)$内还是单调增加(或减少)的,则不可能存在另一点 ξ_1,使得 $f(\xi_1)=0$. 否则,与 $f(x)$ 在$(a,\ b)$ 内的单调性矛盾,因此,ξ是唯一的. 这就证明了推论 2.

推论 1 和推论 2 的几何解释如图 1-37 及图 1-38 所示.

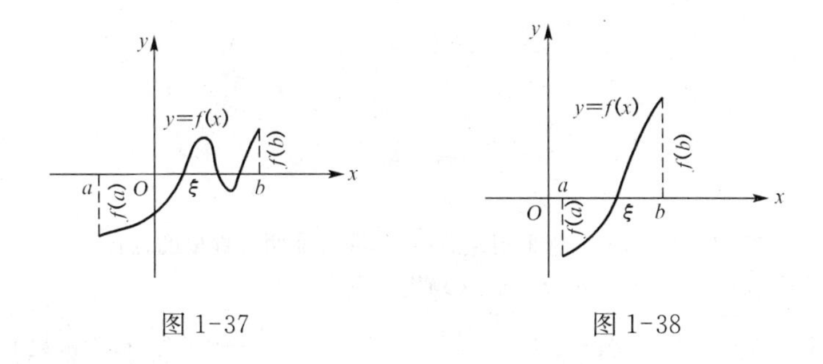

图 1-37　　　　图 1-38

注意　函数 $f(x)$ 的零点也就是方程 $f(x)=0$ 的实根. 因此,若 $f(x)$ 在闭区间 $[a, b]$ 上满足推论 1 的条件,则表明在区间 (a, b) 内方程 $f(x)=0$ 至少有一个实根存在;若又满足推论 2 中"单调增加(或减少)"的条件,则在开区间 (a, b) 内,方程 $f(x)=0$ 只有唯一的实根.

推论 3　在闭区间上连续的函数必取得介于最大值 M 与最小值 m 之间的任何值.

证明　设 $m=f(x_1)$, $M=f(x_2)$,而 $m \neq M$,在闭区间 $[x_1, x_2]$(或 $[x_2, x_1]$)上应用介值定理,即可得到推论 3.

例 2　证明方程 $x^3+x-1=0$ 在开区间 $(0, 1)$ 内有唯一的实根.

证明　设 $f(x)=x^3+x-1$,显然,$f(x)$ 在闭区间 $[0, 1]$ 上连续,且 $f(0)=-1<0$, $f(1)=1>0$.

设 x_1 与 x_2 是区间 $(0, 1)$ 内任意两点,且 $x_1<x_2$. 因为 $x_2>x_1>0$,故

$$
\begin{aligned}
f(x_2)-f(x_1) &= x_2^3+x_2-1-(x_1^3+x_1-1) \\
&= (x_2^3-x_1^3)+(x_2-x_1)>0,
\end{aligned}
$$

所以,$f(x)$ 在区间 $(0, 1)$ 内是单调增加的.

因此,根据介值定理的推论 2 知,存在唯一的 $\xi \in (0, 1)$,使得

$$
f(\xi)=\xi^3+\xi-1=0,
$$

此式说明,方程 $x^3+x-1=0$ 在开区间 $(0, 1)$ 内有唯一的实根 $x=\xi$.

习题 1.10

1. 证明方程 $x^4-x^3-1=0$ 在区间 $(0, 2)$ 内至少有一个实根.

2. 证明方程 $x \cdot 2^x=1$ 在开区间 $(0, 1)$ 内存在实根.

3. 设 $f(x)$, $g(x)$ 是闭区间 $[a, b]$ 上的两个连续函数,而 $f(a)>g(a)$, $f(b)<g(b)$,证明在 (a, b) 内至少存在一点 ξ,使得 $f(\xi)=g(\xi)$.

4. 设 $f(x)$ 在 $[a, b]$ 上连续,且 $a<x_1<\cdots<x_n<b$,则在 $[a, b]$ 上必有点 ξ,使得

$$f(\xi)=\frac{f(x_1)+f(x_2)+\cdots+f(x_n)}{n}.$$

答 案

1. 证略.

2. 提示:对函数 $f(x)=x\cdot 2^x-1$ 用零点定理,即可证明方程根的存在.

3. 提示:设 $F(x)=f(x)-g(x)$,对 $F(x)$用零点定理.

4. 提示:对 $f(x)$用介值定理$\left(令 C=\frac{f(x_1)+f(x_2)+\cdots+f(x_n)}{n},C 为常数\right)$.

复习题 1

(A)

1. 求函数 $y=\frac{\lg(|x|+x)}{\sqrt{1-x^2}}$ 的定义域.

2. 设 $f(x)=x+3$, $f[g(x)]=\sqrt{\frac{5x+1}{x}}$,求 $g(x)$.

3. 求下列极限.

(1) $\lim\limits_{x\to 0}\frac{(x+1)\ln(1+3x^2)}{1-\cos 2x}$;　　(2) $\lim\limits_{x\to 0}\frac{\sqrt{1+\tan x}-\sqrt{1-\tan x}}{\sin 2x}$;

(3) $\lim\limits_{x\to\infty}(\sqrt{x^2+x}-x)$;　　(4) $\lim\limits_{x\to\infty}\left(\frac{2x+3}{2x+1}\right)^{x+10}$;

(5) $\lim\limits_{x\to 0}(1+|x|)^{\frac{1}{x}}$;　　(6) $\lim\limits_{x\to\frac{\pi}{2}}\left(\frac{1}{1+\cot x}\right)^{\tan x}$.

4. 证明:当 $x\to 0$ 时,$e^x-1\sim x$,并利用此结果求极限$\lim\limits_{x\to 0}\frac{\sqrt{1+\sin x}-1}{e^{2x}-1}$.

5. 讨论函数 $f(x)=\begin{cases} e^{\frac{1}{x}}+1, & x<0, \\ 1, & x=0, \\ 2+x\sin\frac{1}{x}, & x>0 \end{cases}$ 在 $x=0$ 处的连续性,若不连续,指出间断点的类型.

6. 设 $f(x)=\begin{cases} \frac{2}{x}, & x\geqslant 1, \\ a\cos\pi x, & x<1, \end{cases}$ 问常数 a 为何值时,$f(x)$在$(-\infty, +\infty)$内连续.

7. 设函数 $f(x)$在$[a, b]$上连续,$f(a)>a$, $f(b)<b$,求证:在开区间(a, b)内方程 $f(x)=x$ 至少有一个实根.

8. 利用夹逼准则证明:$\lim\limits_{n\to\infty}n\left(\frac{1}{n^2+\pi}+\frac{1}{n^2+2\pi}+\cdots+\frac{1}{n^2+n\pi}\right)=1$.

(B)

1. 选择题

(1) 下列极限运算中,正确的是 (　　).

(A) $\lim\limits_{n\to\infty}\dfrac{(n+1)(n+2)(n+3)}{n^3}=\dfrac{\lim\limits_{x\to\infty}(n+1)\cdot\lim\limits_{x\to\infty}(n+2)\cdot\lim\limits_{x\to\infty}(n+3)}{\lim\limits_{x\to\infty}n^3}=\infty$

(B) $\lim\limits_{x\to+\infty}(\sqrt{x^2+4}-\sqrt{x^2+1})=\lim\limits_{x\to+\infty}\sqrt{x^2+4}-\lim\limits_{x\to\infty}\sqrt{x^2+1}=\infty-\infty=0$

(C) 因为 $x\to 0$ 时,$\sin x\sim x$,故 $\sin 2x\sim 2x$,所以,$\lim\limits_{x\to 0}\dfrac{\sin 2x-2\sin x}{x^3}=\lim\limits_{x\to 0}\dfrac{2x-2x}{x^3}=\lim\limits_{x\to 0}0=0$

(D) $\lim\limits_{x\to+\infty}\dfrac{e^x-e^{-x}}{e^x+e^{-x}}=\lim\limits_{x\to+\infty}\dfrac{1-e^{-2x}}{1+e^{-2x}}=1$

(2) 下列极限中,结果正确的是 (　　).

(A) $\lim\limits_{x\to\infty}\dfrac{\sin x}{x}=1$　　(B) $\lim\limits_{x\to\infty}(1+x)^{\frac{1}{x}}=e$

(C) $\lim\limits_{x\to 0}\dfrac{\sin\frac{1}{x}}{\frac{1}{x}}=1$　　(D) $\lim\limits_{x\to\infty}x\sin\dfrac{1}{x}=1$

(3) 当 $x\to 0$ 时,e^x-1 与 $2x$ 相比较是 (　　).

(A) 等价无穷小　　(B) 高阶无穷小

(C) 低阶无穷小　　(D) 同阶无穷小

(4) 若 $f(x)$在 x_0 的邻域内有定义,且 $f(x_0^-)=f(x_0^+)$,则 (　　).

(A) $f(x)$ 在 x_0 处有极限,但不连续

(B) $f(x)$ 在 x_0 处有极限,但不一定连续

(C) $f(x)$ 在 x_0 处有极限,且连续

(D) $f(x)$ 在 x_0 处极限不存在,且不连续

2. 填空题

(1) $f\left(\dfrac{1}{x}\right)=x\left(\dfrac{x}{1+x}\right)^2$,则 $f(x)=$ ________.

(2) $\lim\limits_{x\to\infty}\left(1-\dfrac{m}{x}\right)^{nx}=$ ________.

(3) 设 $f(x)=\begin{cases}2\cos\left(\dfrac{\pi}{2}x\right)+3, & x<1,\\ b, & x=1,\\ ax^3+1, & x\geqslant 1\end{cases}$ 在 $x=1$ 处连续,则应选 $a=$ ________, $b=$ ________.

(4) 设 $f(x)=\dfrac{\ln(1-x)}{|x|(x+2)}$,则 $x=0$ 是 $f(x)$ 的第________类中的________间断点;$x=-2$ 是 $f(x)$ 的第________类中的________间断点.

答 案

(A)

1. $(0, 1)$. 2. $g(x)=\sqrt{\frac{5x+1}{x}}-3$.

3. (1) $\frac{3}{2}$; (2) $\frac{1}{2}$; (3) $\frac{1}{2}$; (4) e; (5) $f(0^-)=\frac{1}{e}$, $f(0^+)=e$,所以极限不存在;(6) $\frac{1}{e}$.

4. 证明提示:令 $t=e^x-1$,极限为$\frac{1}{4}$.

5. $f(0^-)=1$, $f(0^+)=2$, $x=0$ 是第一类中的跳跃间断点.

6. $a=-2$.

7. 提示:设 $F(x)=f(x)-x$ 用零点定理.

8. 证略.

(B)

1. (1) D; (2) D; (3) D; (4) B.

2. (1) $f(x)=\frac{1}{x}\left(\frac{1}{1+x}\right)^2$; (2) e^{-mn}; (3) $a=2$, $b=3$; (4) $x=0$ 是第一类中的跳跃间断点;$x=-2$ 是第二类中的无穷间断点.

第 2 章　导数与微分

在高等数学中，导数和微分是一元函数微分学的重要内容. 在这一章里，首先从质点沿直线运动的速度等变化率问题引出导数的概念，然后介绍函数的求导法则及其计算方法，最后由函数增量的近似计算问题，引出函数的微分概念，并简单介绍函数的微分法则及微分的应用.

2.1　导数的概念

我们知道，函数的增量描述了函数的变化，它反映了函数随着自变量的变化而变化所产生的改变量. 但在许多实际问题中，还需要进一步讨论函数相对于自变量的变化而变化的快慢程度，这类问题通常叫做**变化率问题**.

2.1.1　变化率问题举例

1. 变速直线运动的瞬时速度

设一质点按某规律作变速直线运动，若在质点运动的直线上，引入原点、方向和单位长度使其成为数轴，则在质点运动过程中，对于每一个时刻 t，质点的相应位置可以用数轴上的一个坐标 s 来表示，即 s 与 t 之间存在函数关系 $s = s(t)$，这个函数叫做该质点在上述运动过程中的**位置函数**. 下面讨论质点在任一时刻的速度，即**瞬时速度**.

由物理学知道，当质点作匀速直线运动时，它在任何时刻的速度，可用公式

$$速度 = \frac{经过的路程}{所用的时间}$$

来计算. 对于变速直线运动，上式只能反映质点在某段时间内的平均速度，无法精确地得出在运动过程中任一时刻的速度. 为求得质点在时刻 t_0 的速度，可以从时刻 t_0 到 $t_0 + \Delta t$ 这段时间内的平均速度着手.

设质点在 t_0 时刻的位置为 $s(t_0)$，当时间 t 在 t_0 时刻取得增量 Δt 达到 $t_0 + \Delta t$ 时刻时，位置函数 $s(t)$ 相应地有增量 $\Delta s = s(t_0 + \Delta t) - s(t_0)$（图 2-1）. 于是比值

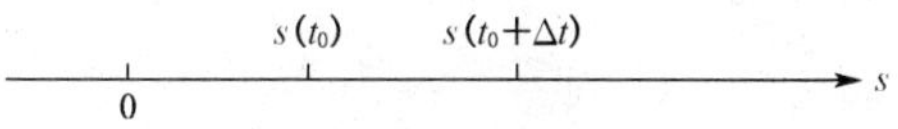

图 2-1

$$\frac{\Delta s}{\Delta t}=\frac{s(t_0+\Delta t)-s(t_0)}{\Delta t} \tag{2.1}$$

表示质点在 t_0 到 $t_0+\Delta t$ 这段时间内的平均速度，记作$\overline{v}$，即

$$\overline{v}=\frac{\Delta s}{\Delta t}.$$

由于变速运动的速度通常是连续变化的，在一段很短的时间 Δt 内，速度变化不大，可以近似地看作是匀速运动. 因此，当$|\Delta t|$很小时，上述平均速度$\overline{v}$可以作为质点在 t_0 时刻的瞬时速度的近似值.

显然，时间间隔$|\Delta t|$越小，$\overline{v}$就越接近于质点在 t_0 时刻的瞬时速度. 因此，当$\Delta t \to 0$时，若式(2.1)的极限存在，则称该极限值为质点在 t_0 时刻的瞬时速度，即

$$v(t_0)=\lim_{\Delta t\to 0}\overline{v}=\lim_{\Delta t\to 0}\frac{s(t_0+\Delta t)-s(t_0)}{\Delta t}.$$

2. **曲线的切线的斜率**

设点 M_0，M 是曲线C 上两点，线段 M_0M 叫做曲线C 的割线. 如果当点 M 沿曲线C 无限趋近于点 M_0 时，割线 M_0M 所在的直线 l 围绕点 M_0 是连续转动的，那么，l 的极限位置M_0T 就称为曲线C 在点 M_0 处的**切线**(图 2-2).

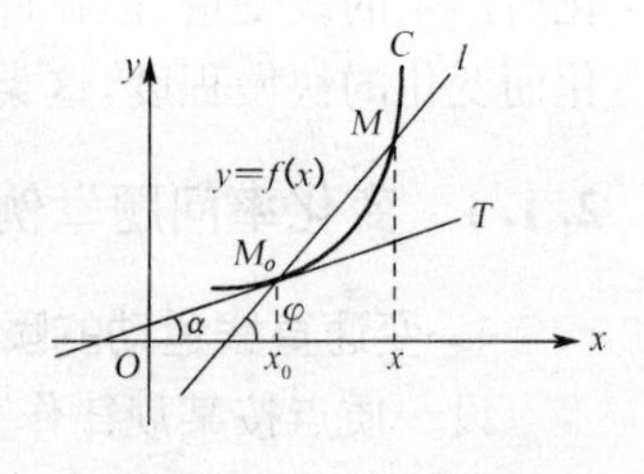

图 2-2

由图 2-2 可看到，当点 M 沿曲线C 无限趋近于点M_0 时，l 的倾角 φ 也无限趋近于 M_0T 的倾角 α，由此可定义曲线 C 在点 M_0 处的**切线的斜率** k_{T} 为

$$k_{\mathrm{T}}=\lim_{M\to M_0}k_l,$$

其中，k_l 是直线 l 的斜率.

现假设曲线 C 的方程为 $y=f(x)$，点 M_0，M 的坐标为$M_0(x_0, f(x_0))$，$M(x, f(x))$，由直线斜率的公式，得

$$k_l=\frac{f(x)-f(x_0)}{x-x_0}.$$

注意到 $M\to M_0$ 时，有 $x\to x_0$，于是

$$k_{\mathrm{T}}=\lim_{x\to x_0}\frac{f(x)-f(x_0)}{x-x_0}. \tag{2.2}$$

2.1.2 函数的导数

1. **导数的定义**

上述两个问题虽然具体内容不同，但所得到的数学模式却是相同的，它们都可归

结为计算函数的增量与自变量的增量之比当自变量的增量趋于零时的极限. 在自然科学和工程技术等领域内,还有其他许多实际问题具有这样的数学模式. 我们通过数学的抽象,撇开这些量的具体意义,抓住它们在数量关系上的共性,就可引入函数的导数的定义.

定义 设函数 $y=f(x)$ 在点 x_0 的某一邻域内有定义,当自变量 x 在 x_0 处取得增量 Δx(点 $x_0+\Delta x$ 仍在该邻域内)时,相应的函数 y 取得增量 $\Delta y=f(x_0+\Delta x)-f(x_0)$. 如果极限

$$\lim_{\Delta x\to 0}\frac{\Delta y}{\Delta x}=\lim_{\Delta x\to 0}\frac{f(x_0+\Delta x)-f(x_0)}{\Delta x}$$

存在,则称该极限为**函数 $y=f(x)$ 在点 x_0 处的导数**,记作 $f'(x_0)$,即

$$f'(x_0)=\lim_{\Delta x\to 0}\frac{\Delta y}{\Delta x}=\lim_{\Delta x\to 0}\frac{f(x_0+\Delta x)-f(x_0)}{\Delta x}. \tag{2.3}$$

也可记作 $y'|_{x=x_0}$, $\left.\frac{\mathrm{d}y}{\mathrm{d}x}\right|_{x=x_0}$ 或 $\left.\frac{\mathrm{d}}{\mathrm{d}x}f(x)\right|_{x=x_0}$.

函数 $f(x)$在点 x_0 处的导数存在,亦称函数 $f(x)$在点 x_0 处**可导**,否则就称函数 $f(x)$在点 x_0 处**不可导**. 如果增量之比$\frac{\Delta y}{\Delta x}$(当 $\Delta x\to 0$ 时)的极限为无穷大,导数是不存在的,但为叙述方便,也称函数在点 x_0 处的导数为无穷大.

显然,上述函数增量与自变量增量之比$\frac{\Delta y}{\Delta x}$,就是函数在区间$[x_0, x_0+\Delta x]$①上的平均变化率,而导数 $y'\big|_{x=x_0}$ 是函数在点 x_0 处的变化率,它反映了函数随自变量的变化而变化的快慢程度.

在式(2.3)中,如果令 $x=x_0+\Delta x$,则 $\Delta x=x-x_0$,当 $\Delta x\to 0$ 时,有 $x\to x_0$. 这时,式(2.3)就可写成

$$f'(x_0)=\lim_{x\to x_0}\frac{f(x)-f(x_0)}{x-x_0}, \tag{2.4}$$

这是导数定义的另一种形式.

如果函数 $y=f(x)$ 在区间(a, b) 内每一点处都具有导数,即在区间(a, b)内每一点都可导,那么,就称函数 $y=f(x)$ 在区间(a, b)内可导. 这时,对于区间(a, b)内每一个给定的 x,函数都有一个确定的导数值与之对应,这样就构成了一个新的函数,该函数称为原来函数 $y=f(x)$ 的**导函数**,记作

$$y',\ f'(x),\ \frac{\mathrm{d}y}{\mathrm{d}x}\quad \text{或}\quad \frac{\mathrm{d}}{\mathrm{d}x}f(x),$$

---

① 为叙述简便起见,这里假设自变量增量 $\Delta x>0$.

即有

$$f'(x)=\lim_{\Delta x\to 0}\frac{f(x+\Delta x)-f(x)}{\Delta x}. \tag{2.5}$$

显然,函数 $y=f(x)$ 在点 x_0 处的导数 $f'(x_0)$就是导函数 $f'(x)$在点 x_0 处的函数值,即

$$f'(x_0)=f'(x)\Big|_{x=x_0}.$$

通常,在不致于发生混淆的情况下,导函数 $f'(x)$也简称为**导数**.

根据导数定义,就可以把 2.2.1 节中所讨论的两个实际问题简述如下:

(1) 变速直线运动的瞬时速度 $v(t)$是位置函数 $s(t)$对时间 t 的导数,即

$$v(t)=\frac{\mathrm{d}s}{\mathrm{d}t}.$$

(2) 曲线 $y=f(x)$ 在点 $M_0(x_0, f(x_0))$ 处的切线的斜率为

$$k_{\mathrm{T}}=f'(x_0).$$

根据定义求 $y=f(x)$ 的导数,可分为以下三步:

(1) 求增量:$\Delta y=f(x+\Delta x)-f(x)$;

(2) 算比值:$\dfrac{\Delta y}{\Delta x}=\dfrac{f(x+\Delta x)-f(x)}{\Delta x}$;

(3) 取极限:$y'=\lim\limits_{\Delta x\to 0}\dfrac{\Delta y}{\Delta x}$.

例 1 求函数 $y=f(x)=C$(C 为常数) 的导数.

解 (1) 求增量:$\Delta y=f(x+\Delta x)-f(x)=C-C=0$.

(2) 算比值:$\dfrac{\Delta y}{\Delta x}=0$.

(3) 取极限:$y'=\lim\limits_{\Delta x\to 0}\dfrac{\Delta y}{\Delta x}=\lim\limits_{\Delta x\to 0}0=0$,

即得

$$\boxed{(C)'=0.} \tag{2.6}$$

这就是说,**常数的导数为零**.

例 2 求函数 $y=x^n$(n 为正整数) 的导数.

解 (1) 求增量. 利用二项式定理展开,可得

$$\begin{aligned}\Delta y&=(x+\Delta x)^n-x^n\\&=x^n+nx^{n-1}\Delta x+\frac{n(n-1)}{2!}x^{n-2}(\Delta x)^2+\cdots+(\Delta x)^n-x^n\\&=nx^{n-1}\Delta x+\frac{n(n-1)}{2!}x^{n-2}(\Delta x)^2+\cdots+(\Delta x)^n.\end{aligned}$$

(2) 算比值

$$\frac{\Delta y}{\Delta x}=nx^{n-1}+\frac{n(n-1)}{2!}x^{n-2}\Delta x+\cdots+(\Delta x)^{n-1}.$$

(3) 取极限

$$y'=\lim_{\Delta x\to 0}\frac{\Delta y}{\Delta x}=\lim_{\Delta x\to 0}\left[nx^{n-1}+\frac{n(n-1)}{2!}x^{n-2}(\Delta x)+\cdots+(\Delta x)^{n-1}\right]=nx^{n-1},$$

即得

$$\boxed{(x^n)'=nx^{n-1}.}\tag{2.7}$$

一般地,对于幂函数 $y=x^{\mu}$(μ 为实数,且 $\mu\neq 0$),有

$$\boxed{(x^{\mu})'=\mu x^{\mu-1}.}\tag{2.8}$$

这就是**幂函数的导数公式**,这公式的证明将在 2.4 节中给出. 利用公式(2.8)可以很方便地求出幂函数的导数. 例如:

$$(\sqrt{x})'=(x^{\frac{1}{2}})'=\frac{1}{2}x^{-\frac{1}{2}}=\frac{1}{2\sqrt{x}};\quad \left(\frac{1}{x}\right)'=(x^{-1})'=-\frac{1}{x^2}.$$

例 3 求函数 $y=\sin x$ 的导数.

解 (1) 求增量

$$\Delta y=f(x+\Delta x)-f(x)=\sin(x+\Delta x)-\sin x,$$

利用三角学中的和差化积公式,可把 Δy 改写为

$$\Delta y=2\cos\frac{x+\Delta x+x}{2}\sin\frac{x+\Delta x-x}{2}=2\cos\left(x+\frac{\Delta x}{2}\right)\sin\frac{\Delta x}{2}.$$

(2) 算比值

$$\frac{\Delta y}{\Delta x}=\frac{2\cos\left(x+\frac{\Delta x}{2}\right)\sin\frac{\Delta x}{2}}{\Delta x}=\cos\left(x+\frac{\Delta x}{2}\right)\frac{\sin\frac{\Delta x}{2}}{\frac{\Delta x}{2}}.$$

(3) 取极限 $$y'=\lim_{\Delta x\to 0}\frac{\Delta y}{\Delta x}=\lim_{\Delta x\to 0}\cos\left(x+\frac{\Delta x}{2}\right)\frac{\sin\frac{\Delta x}{2}}{\frac{\Delta x}{2}},$$

其中, $$\lim_{\Delta x\to 0}\cos\left(x+\frac{\Delta x}{2}\right)=\cos x.$$

根据 1.6 节中的重要极限,有

$$\lim_{\Delta x\to 0}\frac{\sin\frac{\Delta x}{2}}{\frac{\Delta x}{2}}\left(令\frac{\Delta x}{2}=t,当 \Delta x\to 0 时,t\to 0\right)=\lim_{t\to 0}\frac{\sin t}{t}=1.$$

从而 $$y'=\lim_{\Delta x\to 0}\frac{\Delta y}{\Delta x}=\lim_{\Delta x\to 0}\cos\left(x+\frac{\Delta x}{2}\right)\frac{\sin\frac{\Delta x}{2}}{\frac{\Delta x}{2}}=\cos x\cdot 1=\cos x,$$

即得

$$\boxed{(\sin x)'=\cos x.} \tag{2.9}$$

用类似的方法,可求得余弦函数 $y=\cos x$ 的导数为

$$\boxed{(\cos x)'=-\sin x.} \tag{2.10}$$

例 4 求函数 $y=\log_a x\ (a>0,\ a\neq 1)$ 的导数.

解 因为 $\Delta y=\log_a(x+\Delta x)-\log_a x=\log_a\frac{x+\Delta x}{x}=\log_a\left(1+\frac{\Delta x}{x}\right)$,
所以

$$\lim_{\Delta x\to 0}\frac{\Delta y}{\Delta x}=\lim_{\Delta x\to 0}\frac{\log_a\left(1+\frac{\Delta x}{x}\right)}{\Delta x}=\lim_{\Delta x\to 0}\frac{1}{x}\log_a\left(1+\frac{\Delta x}{x}\right)^{\frac{x}{\Delta x}}$$

$$=\frac{1}{x}\log_a \mathrm{e}=\frac{1}{x\ln a}.$$

于是有

$$\boxed{(\log_a x)'=\frac{1}{x\ln a}.} \tag{2.11}$$

特别地,当 $a=\mathrm{e}$ 时,有

$$\boxed{(\ln x)'=\frac{1}{x}.} \tag{2.12}$$

2. 单侧导数

函数 $y=f(x)$ 在点 x_0 处的导数的定义是一个极限(公式(2.3)),由左、右极限的概念,现引入左、右导数的定义. 左极限 $\lim\limits_{\Delta x\to 0^-}\frac{\Delta y}{\Delta x}$ 和右极限 $\lim\limits_{\Delta x\to 0^+}\frac{\Delta y}{\Delta x}$ 分别称为 $y=f(x)$ 在点 x_0 处的**左导数**和**右导数**,分别记作 $f'_-(x_0)$ 和 $f'_+(x_0)$,即

$$f'_-(x_0)=\lim_{\Delta x\to 0^-}\frac{f(x_0+\Delta x)-f(x_0)}{\Delta x},\quad f'_+(x_0)=\lim_{\Delta x\to 0^+}\frac{f(x_0+\Delta x)-f(x_0)}{\Delta x}. \tag{2.13}$$

左导数和右导数统称为**单侧导数**.

根据极限存在的充分必要条件易得，函数 $y=f(x)$ 在点 x_0 处可导的充分必要条件是，它在点 x_0 处的左导数和右导数都存在且相等.

例如，函数 $f(x)=|x|$ 在 $x=0$ 处的左导数 $f'_-(0)=-1$，右导数，$f'_+(0)=1$，而 $f'_-(0)\neq f'_+(0)$，所以 $f(x)=|x|$ 在 $x=0$ 处不可导.

2.1.3 导数的几何意义

由 2.1.1 节及 2.1.2 节知，$f'(x_0)$在几何上表示曲线 $y=f(x)$ 在点 $M_0(x_0, f(x_0))$ 处的切线的斜率，即 $k_T=f'(x_0)$. 如果 $f'(x_0)=\infty$，那么切线垂直于 x 轴.

根据导数的几何意义，利用平面解析几何中直线的点斜式方程，可得出**曲线 $y=f(x)$在点 $M(x_0, y_0)$处的切线方程为**

$$\boxed{y-y_0=f'(x_0)(x-x_0).} \tag{2.14}$$

过切点 $M(x_0, y_0)$且与切线垂直的直线，称为曲线 $y=f(x)$ 在点 $M(x_0, y_0)$ 处的**法线**. 由于法线的斜率与切线的斜率互为负倒数，所以，当 $f'(x_0)\neq 0$ 时，可得**曲线 $y=f(x)$在点 $M(x_0, y_0)$处的法线方程为**

$$\boxed{y-y_0=-\frac{1}{f'(x_0)}(x-x_0)\quad (f'(x_0)\neq 0).} \tag{2.15}$$

例 5 求抛物线 $y=x^2$ 在点(2, 4)处的切线的斜率，并写出切线方程和法线方程.

解 根据导数的几何意义，所求切线的斜率为

$$k_1=y'\Big|_{x=2}=(x^2)'\Big|_{x=2}=2x\Big|_{x=2}=4,$$

相应的法线斜率为 $k_2=-\dfrac{1}{4}$. 从而所求的切线方程为

$$y-4=4(x-2),\quad 即\quad 4x-y-4=0.$$

所求的法线方程为

$$y-4=-\frac{1}{4}(x-2),\quad 即\quad x+4y-18=0.$$

例 6 在曲线 $y=x^{\frac{3}{2}}$ 上，求与直线 $y=3x-1$ 平行的切线方程.

解 已知直线 $y=3x-1$ 的斜率为 $k=3$，根据两直线平行的条件，所求切线的

斜率也等于 3.

根据导数的几何意义，曲线 $y=x^{\frac{3}{2}}$ 上任一点(x, y)处的切线斜率为

$$k=y'=(x^{\frac{3}{2}})'=\frac{3}{2}\sqrt{x},$$

所以，要使曲线的切线平行于已知直线，必须有 $\frac{3}{2}\sqrt{x}=3$，解得 $x=4$.

将 $x=4$ 代入所给的曲线方程 $y=x^{\frac{3}{2}}$，得 $y=8$. 从而得到曲线上一点 $M(4, 8)$. 于是，过曲线 $y=x^{\frac{3}{2}}$ 上点 $M(4, 8)$ 处的切线与直线 $y=3x-1$ 平行，其切线方程为

$$y-8=3(x-4), \quad 即 \quad y=3x-4.$$

2.1.4 函数的可导性与连续性的关系

定理 若函数 $y=f(x)$ 在点 x 处可导，则函数在该点处必连续.

证明 已知函数 $y=f(x)$ 在点 x 处可导，即

$$\lim_{\Delta x\to 0}\frac{\Delta y}{\Delta x}=f'(x)$$

存在，由具有极限的函数与无穷小的关系(见 1.7 节定理 3)，可知

$$\frac{\Delta y}{\Delta x}=f'(x)+\alpha,$$

其中，α 为当 $\Delta x\to 0$ 时的无穷小. 上式两边同乘以 Δx，得

$$\Delta y=f'(x)\Delta x+\alpha\Delta x.$$

由此可见，当 $\Delta x\to 0$ 时，必有 $\Delta y\to 0$. 这就表明函数 $y=f(x)$ 在点 x 处是连续的. 证毕.

该定理表明了**函数在某点连续是函数在该点可导的必要条件. 但不是充分条件，即函数在某点连续却不一定可导.**

例如，函数 $f(x)=|x|$ 在 $x=0$ 处是连续的，但是，前面已提到它在 $x=0$ 处是不可导的.

习题 2.1

1. 设有一物体作直线运动，位置 s 与时间 t 的关系是 $s=t^3$，求：(1) 物体在 1 s 到$(1+\Delta t)$s 这段时间内的平均速度；(2) 物体在 1 s 时的瞬时速度；(3) 物体在 t_0 s 时的瞬时速度(要求用求导公式计算).

2. 求函数的导数.

(1) $y = x^4$；　(2) $y = \sqrt[4]{x}$；　(3) $y = \dfrac{1}{\sqrt{x}}$；　(4) $y = \dfrac{1}{x^2}$；

(5) $\dfrac{1}{x^3}$；　(6) $y = x^7 \sqrt[5]{x}$；　(7) $y = \dfrac{\sqrt{x}}{\sqrt[3]{x}}$；　(8) $y = \dfrac{x^2 \sqrt{x}}{\sqrt[5]{x}}$.

3. 求曲线 $y = \ln x$ 在点 $M(\mathrm{e}, 1)$ 处的切线方程和法线方程.

4. 在抛物线 $y = x^2$ 上取横坐标为 $x_1 = 1$ 及 $x_2 = 3$ 两点，作过这两点的割线，问该抛物线上哪一点的切线平行于这条割线.

5. 求曲线 $y = \cos x$ 上点 $M\left(\dfrac{\pi}{6}, \dfrac{\sqrt{3}}{2}\right)$ 处的切线方程和法线方程.

6. 下列各题中均假定 $f'(x_0)$ 存在，按照导数的定义观察下列极限，指出 A 表示什么？

(1) $\lim\limits_{\Delta x \to 0} \dfrac{f(x_0 - \Delta x) - f(x_0)}{\Delta x} = A$；　(2) $\lim\limits_{x \to 0} \dfrac{f(x)}{x} = A$，其中 $f(0) = 0$，$f'(0)$ 存在；

(3) $\lim\limits_{\Delta x \to 0} \dfrac{f(x_0 + 3\Delta x) - f(x_0)}{\Delta x} = A$；　(4) $\lim\limits_{h \to 0} \dfrac{f(x_0 + h) - f(x_0 - h)}{h} = A$.

7. 说明 $y = |\sin x|$ 在 $x=0$ 处是否连续？是否可导？

8. 证明：双曲线 $xy = a^2$ 上任意一点处的切线与两坐标轴构成的三角形的面积都等于 $2a^2$.

答　案

1. (1) $3 + 3\Delta t + \Delta t^2$；(2) $s'(1) = 3$；(3) $s'(t_0) = 3t_0^2$.

2. (1) $4x^3$；　(2) $\dfrac{1}{4}x^{-\frac{3}{4}} = \dfrac{1}{4\sqrt[4]{x^3}}$；　(3) $\dfrac{-1}{2\sqrt{x^3}}$；　(4) $\dfrac{-2}{x^3}$；

(5) $\dfrac{-3}{x^4}$；　(6) $\dfrac{36}{5}x^{\frac{31}{5}}$；　(7) $\dfrac{1}{6\sqrt[6]{x^5}}$；　(8) $\dfrac{23}{10}x^{\frac{13}{10}}$.

3. 切线方程 $x - \mathrm{e}y = 0$；法线方程 $\mathrm{e}x + y = \mathrm{e}^2 + 1$.

4. $(2, 4)$.

5. 切线方程 $y - \dfrac{\sqrt{3}}{2} = -\dfrac{1}{2}\left(x - \dfrac{\pi}{6}\right)$；法线方程 $y - \dfrac{\sqrt{3}}{2} = 2\left(x - \dfrac{\pi}{6}\right)$.

6. (1) $A = -f'(x_0)$；　(2) $A = f'(0)$；　(3) $A = 3f'(x_0)$；　(4) $A = 2f'(x_0)$.

7. 在 $x = 0$ 处连续，但不可导. $\Bigl($提示：在 $\left(-\dfrac{\pi}{2}, \dfrac{\pi}{2}\right)$ 内将 $y = |\sin x|$ 表示为分段函数，再用导数存在的充要条件.$\Bigr)$

8. 证略.

2.2　函数的四则运算求导法则

前面根据导数的定义，计算了一些简单函数的导数. 但是，对于比较复杂的函数，根据定义求导数将是很困难的. 从本节起，将介绍一些求导的运算法则，借助于这些法则，就能比较方便地求出常见的函数——初等函数的导数.

2.2.1　函数的和、差求导法则

定理 1　若函数 $u(x)$ 和 $v(x)$ 在点 x 处可导，则函数 $u(x) \pm v(x)$ 在点 x 处也可

导,且

$$\boxed{[u(x) \pm v(x)]' = u'(x) \pm v'(x).} \tag{2.16}$$

证明 设 $y = u(x) + v(x)$,则

$$\Delta y = [u(x+\Delta x) + v(x+\Delta x)] - [u(x) + v(x)]$$
$$= [u(x+\Delta x) - u(x)] + [v(x+\Delta x) - v(x)] = \Delta u + \Delta v.$$
$$\frac{\Delta y}{\Delta x} = \frac{\Delta u}{\Delta x} + \frac{\Delta v}{\Delta x}.$$

已知 $u(x)$ 和 $v(x)$ 在点 x 处可导,即有

$$\lim_{\Delta x \to 0} \frac{\Delta u}{\Delta x} = u'(x) \quad 及 \quad \lim_{\Delta x \to 0} \frac{\Delta v}{\Delta x} = v'(x),$$

于是 $$\lim_{\Delta x \to 0} \frac{\Delta y}{\Delta x} = \lim_{\Delta x \to 0}\left(\frac{\Delta u}{\Delta x} + \frac{\Delta v}{\Delta x}\right) = \lim_{\Delta x \to 0} \frac{\Delta u}{\Delta x} + \lim_{\Delta x \to 0} \frac{\Delta v}{\Delta x} = u'(x) + v'(x).$$

从而有 $$[u(x) + v(x)]' = u'(x) + v'(x).$$

同理可证 $$[u(x) - v(x)]' = u'(x) - v'(x).$$

这就是说,**两个可导函数之和(差)的导数等于这两个函数的导数之和(差)**.

本定理可以推广到有限个可导函数相加、相减的情形.

例如,设 $u(x)$, $v(x)$, $w(x)$ 均可导,则有

$$[u(x) \pm v(x) \pm w(x)]' = u'(x) \pm v'(x) \pm w'(x).$$

例 1 已知 $y = \sqrt[3]{x} - \frac{1}{x} + \sin x - \ln 2$,求 y'.

解 $$y' = \left(\sqrt[3]{x} - \frac{1}{x} + \sin x - \ln 2\right)' = (\sqrt[3]{x})' - \left(\frac{1}{x}\right)' + (\sin x)' - (\ln 2)'$$
$$= (x^{\frac{1}{3}})' - (x^{-1})' + (\sin x)' - (\ln 2)' = \frac{1}{3}x^{-\frac{2}{3}} + x^{-2} + \cos x - 0$$
$$= \frac{1}{3\sqrt[3]{x^2}} + \frac{1}{x^2} + \cos x.$$

例 2 设 $y = 2x^2 - \frac{1}{2x} + \sin\frac{\pi}{4}$,求 y' 及 $y'\big|_{x=\frac{\pi}{2}}$.

解 $$y' = \left(2x^2 - \frac{1}{2x} + \sin\frac{\pi}{4}\right)' = (2x^2)' - \left(\frac{1}{2x}\right)' + \left(\sin\frac{\pi}{4}\right)'$$
$$= 2(x^2)' - \frac{1}{2}\left(\frac{1}{x}\right)' + 0 = 4x + \frac{1}{2x^2},$$

由此得

$$y'\big|_{x=\frac{\pi}{2}}=4\times\frac{\pi}{2}+\frac{1}{2\left(\frac{\pi}{2}\right)^2}=2\pi+\frac{2}{\pi^2}.$$

2.2.2 函数的积、商求导法则

定理 2 若函数 $u(x)$ 和 $v(x)$ 在点 x 处可导，则函数 $u(x)v(x)$，$\frac{u(x)}{v(x)}$ $(v(x)\neq 0)$ 在点 x 处也可导，且有

(1) $$[u(x)v(x)]'=u'(x)v(x)+u(x)v'(x). \tag{2.17}$$

(2) $$\left[\frac{u(x)}{v(x)}\right]'=\frac{u'(x)v(x)-u(x)v'(x)}{v^2(x)}\quad (v(x)\neq 0). \tag{2.18}$$

证明 (1) 设 $y=u(x)v(x)$，则

$$\begin{aligned}\Delta y&=u(x+\Delta x)v(x+\Delta x)-u(x)v(x)\\&=u(x+\Delta x)v(x+\Delta x)-u(x)v(x+\Delta x)+u(x)v(x+\Delta x)-u(x)v(x)\\&=[u(x+\Delta x)-u(x)]v(x+\Delta x)+u(x)[v(x+\Delta x)-v(x)]\\&=\Delta uv(x+\Delta x)+u(x)\Delta v.\end{aligned}$$

$$\frac{\Delta y}{\Delta x}=\frac{\Delta u}{\Delta x}v(x+\Delta x)+u(x)\frac{\Delta v}{\Delta x}.$$

已知函数 $u(x)$ 和 $v(x)$ 在点 x 处可导，即有

$$\lim_{\Delta x\to 0}\frac{\Delta u}{\Delta x}=u'(x),\quad \lim_{\Delta x\to 0}\frac{\Delta v}{\Delta x}=v'(x),$$

又因函数 $v(x)$ 在点 x 处可导必连续(见 2.1.4 节)，故

$$\lim_{\Delta x\to 0}v(x+\Delta x)=v(x).$$

于是
$$\begin{aligned}\lim_{\Delta x\to 0}\frac{\Delta y}{\Delta x}&=\lim_{\Delta x\to 0}\frac{\Delta u}{\Delta x}\lim_{\Delta x\to 0}v(x+\Delta x)+u(x)\lim_{\Delta x\to 0}\frac{\Delta v}{\Delta x}\\&=u'(x)v(x)+u(x)v'(x);\end{aligned}$$

从而有
$$[u(x)v(x)]'=u'(x)v(x)+u(x)v'(x).$$

这就是说，**两个可导函数乘积的导数等于第一个因子的导数与第二个因子的乘积，加上第一个因子与第二个因子的导数的乘积.**

特殊地，若 $v(x)=C$(C 为常数)，则

$$[Cu(x)]' = (C)'u(x) + Cu'(x) = Cu'(x).$$

这就是说,**求常数与一个可导函数的乘积的导数时,常数因子可移到导数记号的外面.**

本定理的结论(1)也可以推广到有限个可导函数之积的情形.

例如,设 $u(x)$, $v(x)$, $w(x)$均可导,则有

$$(uvw)' = [(uv)w]' = (uv)'w + (uv)w' = (u'v + uv')w + uvw',$$

即
$$(uvw)' = u'vw + uv'w + uvw'.$$

(2) 证明从略.

结论(2)表示:**当分母不为零时,两个可导函数之商的导数等于分子的导数与分母的乘积减去分母的导数与分子的乘积,再除以分母的平方.**

例 3 设 $f(x) = \sqrt{x}\cos x$,求 $f'(x)$.

解 $f'(x) = (\sqrt{x}\cos x)' = (\sqrt{x})'\cos x + \sqrt{x}(\cos x)' = \dfrac{1}{2\sqrt{x}}\cos x - \sqrt{x}\sin x.$

例 4 设 $f(x) = x^2(\ln x)\sin x$,求 $f'(x)$.

解
$$\begin{aligned} f'(x) &= [x^2(\ln x)\sin x]' \\ &= (x^2)'(\ln x)\sin x + x^2(\ln x)'\sin x + x^2(\ln x)(\sin x)' \\ &= 2x(\ln x)\sin x + x^2\frac{1}{x}\sin x + x^2(\ln x)\cos x \\ &= 2x(\ln x)\sin x + x\sin x + x^2(\ln x)\cos x. \end{aligned}$$

例 5 设 $y = \tan x$,求 y'.

解 由于 $\tan x = \dfrac{\sin x}{\cos x}$,应用公式(2.18),得

$$\begin{aligned} y' = (\tan x)' = \left(\frac{\sin x}{\cos x}\right)' &= \frac{(\sin x)'\cos x - \sin x(\cos x)'}{(\cos x)^2} \\ &= \frac{\cos^2 x + \sin^2 x}{\cos^2 x} = \frac{1}{\cos^2 x} = \sec^2 x. \end{aligned}$$

从而得到正切函数的导数公式:

$$\boxed{(\tan x)' = \sec^2 x.} \tag{2.19}$$

用同样方法可推出余切函数的导数公式:

$$\boxed{(\cot x)' = -\csc^2 x.} \tag{2.20}$$

例 6 设 $y = \sec x$,求 y'.

解 由于 $\sec x=\dfrac{1}{\cos x}$，应用公式(2.18)，得

$$y'=(\sec x)'=\left(\frac{1}{\cos x}\right)'=\frac{(1)'\cos x-1\cdot(\cos x)'}{\cos^2 x}=\frac{\sin x}{\cos^2 x}=\sec x\tan x.$$

从而得到正割函数的导数公式：

$$\boxed{(\sec x)'=\sec x\tan x.} \tag{2.21}$$

用同样方法可推出余割函数的导数公式：

$$\boxed{(\csc x)'=-\csc x\cot x.} \tag{2.22}$$

以上是函数的和、差、积、商的求导法则，有关求导运算，常需要把这些法则结合起来使用.

例 7 设 $f(x)=\dfrac{\tan x\sec x}{1+x}$，求 $f'(0)$.

解
$$\begin{aligned} f'(x)&=\frac{(\tan x\sec x)'(1+x)-\tan x\sec x(1+x)'}{(1+x)^2}\\ &=\frac{(\sec^2 x\sec x+\tan x\sec x\tan x)(1+x)-\tan x\sec x}{(1+x)^2}\\ &=\frac{\sec x[(\sec^2 x+\tan^2 x)(1+x)-\tan x]}{(1+x)^2},\end{aligned}$$

$$f'(0)=\left.\frac{\sec x[(\sec^2 x+\tan^2 x)(1+x)-\tan x]}{(1+x)^2}\right|_{x=0}=1.$$

习题 2.2

1. 求函数的导数.

(1) $y=2x^3-\dfrac{5}{x}+\sqrt{2}$；　　(2) $y=(x-1)(\sqrt{x}-2)$；

(3) $y=\left(\dfrac{1}{x}-1\right)(\sqrt{x}+1)$；　　(4) $y=\dfrac{x^2+\sqrt{x}+1}{x}$.

2. 曲线 $y=x+\ln x$ 上哪一点的切线与直线 $y=4x-1$ 平行?

3. 证明.

(1) $(\cot x)'=-\csc^2 x$；　　(2) $(\csc x)'=-\csc x\cot x$.

4. 求函数的导数.

(1) $y=\dfrac{\sin x}{1+\cos x}$；　　(2) $y=\dfrac{1-\ln x}{1+\ln x}$；

(3) $y=\dfrac{x\tan x}{1+x}$；　　(4) $y=\dfrac{2\csc x}{1+x^2}$；

(5) $y=\dfrac{\cos x}{\sqrt{x}}$；　　　　(6) $y=x\sin x\ln x$.

5. 设 $s(t)=\dfrac{1-\sqrt{t}}{1+\sqrt{t}}$，求 $s'(t)$，$s'(1)$.

6. 设 $s(t)=\dfrac{3}{5-t}+\dfrac{t^2}{5}$，求 $s'(0)$，$s'(2)$.

7. 求抛物线 $y=ax^2+bx+c$ 上具有水平切线的点.

8. 求曲线 $y=x-\dfrac{1}{x}$ 在它与 x 轴交点处的切线方程.

答　案

1. (1) $6x^2+\dfrac{5}{x^2}$；　(2) $\sqrt{x}-2+\dfrac{\sqrt{x}}{2}-\dfrac{1}{2\sqrt{x}}$；　(3) $-\dfrac{1}{x^2}(\sqrt{x}+1)+\left(\dfrac{1}{x}-1\right)\dfrac{1}{2\sqrt{x}}$；
(4) $1-\dfrac{1}{2\sqrt{x^3}}-\dfrac{1}{x^2}$.

2. $\left(\dfrac{1}{3},\ \dfrac{1}{3}-\ln 3\right)$.　3. 证略.

4. (1) $\dfrac{1}{1+\cos x}$；(2) $\dfrac{-2}{x(1+\ln x)^2}$；(3) $\dfrac{(\tan x+x\sec^2 x)(1+x)-x\tan x}{(1+x)^2}$；

(4) $\dfrac{-2\csc x\cot x(1+x^2)-4x\csc x}{(1+x^2)^2}$；(5) $-\dfrac{2x\sin x+\cos x}{2\sqrt{x^3}}$；(6) $\sin x\ln x+x\cos x\ln x+\sin x$.

5. $\dfrac{-1}{\sqrt{t}(1+\sqrt{t})^2}$；$-\dfrac{1}{4}$.　6. $\dfrac{3}{25}$，$\dfrac{17}{15}$.

7. $\left(-\dfrac{b}{2a},\ -\dfrac{b^2-4ac}{4a}\right)$.　8. 切线方程为 $2x-y-2=0$ 或 $2x-y+2=0$.

2.3　反函数的导数

前面已经得到了常数、幂函数、三角函数及对数函数的导数公式. 本节要推导指数函数和反三角函数的导数公式. 由于指数函数和反三角函数分别是对数函数和三角函数的反函数，所以先给出反函数的求导法则.

2.3.1　反函数的求导法则

我们知道，如果函数 $x=\varphi(y)$ 在某区间上单调连续，那么，它的反函数 $y=f(x)$ 在对应的区间上也是单调连续的. 现在来推导具有上述性质的反函数的导数与直接函数的导数之间的关系.

定理　设直接函数 $x=\varphi(y)$ 在某区间内单调连续，在该区间内任一点 y 处具有导数，且 $\varphi'(y)\neq 0$，则其反函数 $y=f(x)$ 在对应点 x 处也具有导数，且有

$$f'(x)=\frac{1}{\varphi'(y)} \quad (\varphi'(y)\neq 0) \quad 或 \quad \frac{\mathrm{d}y}{\mathrm{d}x}=\frac{1}{\frac{\mathrm{d}x}{\mathrm{d}y}} \quad \left(\frac{\mathrm{d}x}{\mathrm{d}y}\neq 0\right). \tag{2.23}$$

证明 因函数 $x=\varphi(y)$ 在给定的区间内单调连续,故它的反函数 $y=f(x)$ 在对应的区间内也是单调连续的.从而当 x 有增量 $\Delta x\neq 0$ 时,相应地 y 有增量 $\Delta y=f(x+\Delta x)-f(x)\neq 0$,故有

$$\frac{\Delta y}{\Delta x}=\frac{1}{\frac{\Delta x}{\Delta y}}.$$

由于 $y=f(x)$ 连续,故当 $\Delta x\to 0$ 时,也一定有 $\Delta y\to 0$.又由于 $x=\varphi(y)$ 在点 y 处可导,且 $\varphi'(y)\neq 0$,即 $\lim\limits_{\Delta y\to 0}\frac{\Delta x}{\Delta y}\neq 0$. 于是有

$$\lim_{\Delta x\to 0}\frac{\Delta y}{\Delta x}=\lim_{\Delta y\to 0}\frac{1}{\frac{\Delta x}{\Delta y}}=\frac{1}{\lim\limits_{\Delta y\to 0}\frac{\Delta x}{\Delta y}}=\frac{1}{\varphi'(y)},$$

即证得

$$f'(x)=\frac{1}{\varphi'(y)} \quad (\varphi'(y)\neq 0) \quad 或 \quad \frac{\mathrm{d}y}{\mathrm{d}x}=\frac{1}{\frac{\mathrm{d}x}{\mathrm{d}y}} \quad \left(\frac{\mathrm{d}x}{\mathrm{d}y}\neq 0\right).$$

这就是说,**反函数的导数等于直接函数的导数(不等于零)的倒数**.

下面应用公式(2.23)来推导指数函数与反三角函数的导数公式.

2.3.2 指数函数的导数

设对数函数 $x=\log_a y\ (a>0,\ a\neq 1)$ 是直接函数,则指数函数 $y=a^x$ 是它的反函数.通常,对数函数 $x=\log_a y$ 在区间 $0<y<+\infty$ 内单调可导,其导数为

$$\frac{\mathrm{d}x}{\mathrm{d}y}=(\log_a y)'=\frac{1}{y\ln a}.$$

根据公式(2.23),在对应区间 $-\infty<x<+\infty$(对数函数的值域)内,所求的指数函数 $y=a^x$ 的导数为

$$(a^x)'=\frac{1}{(\log_a y)'}=\frac{1}{\frac{1}{y\ln a}}=y\ln a,$$

将 $y=a^x$ 代入上式右端,得

$$\boxed{(a^x)' = a^x \ln a \quad (a > 0,\ a \neq 1).} \tag{2.24}$$

这就是以 a 为底的指数函数的导数公式. 当 $a = \mathrm{e}$ 时，公式(2.24)成为

$$\boxed{(\mathrm{e}^x)' = \mathrm{e}^x.} \tag{2.25}$$

这就是说，以 e 为底的指数函数的导数就是其自身.

例 1 设 $y = a^x x^a$，求 y'.

解 $y' = (a^x)' x^a + a^x (x^a)' = a^x \ln a \cdot x^a + a^x a x^{a-1} = a^x (x^a \ln a + a x^{a-1})$.

2.3.3 反三角函数的导数

1. 反正弦函数和反余弦函数的导数

设 $x = \sin y$ 为直接函数，则 $y = \arcsin x$ 是它的反函数. 因为函数 $x = \sin y$ 在区间 $-\frac{\pi}{2} < y < \frac{\pi}{2}$ 内单增可导，且其导数为

$$\frac{\mathrm{d}x}{\mathrm{d}y} = (\sin y)' = \cos y > 0 \qquad \left(-\frac{\pi}{2} < y < \frac{\pi}{2}\right).$$

根据公式(2.23)，在对应区间 $-1 < x < 1$ 内，有

$$\frac{\mathrm{d}y}{\mathrm{d}x} = (\arcsin x)' = \frac{1}{\frac{\mathrm{d}x}{\mathrm{d}y}} = \frac{1}{\cos y} = \frac{1}{\sqrt{1 - \sin^2 y}} = \frac{1}{\sqrt{1 - x^2}},$$

其中，$\cos y = \sqrt{1 - x^2}$ 根式前取正号是因为当 $-\frac{\pi}{2} < y < \frac{\pi}{2}$ 时，$\cos y > 0$.

从而得到反正弦函数的导数公式：

$$\boxed{(\arcsin x)' = \frac{1}{\sqrt{1 - x^2}}.} \tag{2.26}$$

用类似的方法可得反余弦函数的导数公式：

$$\boxed{(\arccos x)' = -\frac{1}{\sqrt{1 - x^2}}.} \tag{2.27}$$

2. 反正切函数和反余切函数的导数

设 $x = \tan y$ 为直接函数，则 $y = \arctan x$ 是它的反函数. 因为函数 $x = \tan y$ 在区间 $-\frac{\pi}{2} < y < \frac{\pi}{2}$ 内单增可导，且其导数为

$$\frac{dx}{dy}=(\tan y)'=\sec^2 y\neq 0\quad\left(-\frac{\pi}{2}<y<\frac{\pi}{2}\right);$$

根据公式(2.23),在对应的区间 $-\infty<x<+\infty$ 内,有

$$\frac{dy}{dx}=(\arctan x)'=\frac{1}{(\tan y)'}=\frac{1}{\sec^2 y}=\frac{1}{1+\tan^2 y}=\frac{1}{1+x^2},$$

从而得到反正切函数的导数公式:

$$\boxed{(\arctan x)'=\frac{1}{1+x^2}.}\tag{2.28}$$

用类似的方法可得反余切函数的导数公式:

$$\boxed{(\text{arccot}\, x)'=-\frac{1}{1+x^2}.}\tag{2.29}$$

例 2 设 $y=e^x\arctan x+2\arccos x$,求 y'.

解 $y'=(e^x\arctan x+2\arccos x)'=(e^x\arctan x)'+(2\arccos x)'$

$$=e^x\arctan x+e^x\frac{1}{1+x^2}+2\left(-\frac{1}{\sqrt{1-x^2}}\right)$$

$$=e^x\left(\arctan x+\frac{1}{1+x^2}\right)-\frac{2}{\sqrt{1-x^2}}.$$

习题 2.3

求下列函数的导数.

(1) $y=2^x+x^2$;

(2) $y=x^2a^x(a>0,\ a\neq 1)$;

(3) $y=e^x\arcsin x+\ln 3$;

(4) $y=(1+x^2)\text{arccot}\, x$;

(5) $y=\dfrac{\arctan x}{e^x}$;

(6) $y=\dfrac{\arcsin x}{\arccos x}$.

答 案

(1) $2^x\ln 2+2x$;

(2) $2xa^x+x^2a^x\ln a$;

(3) $e^x\arcsin x+\dfrac{e^x}{\sqrt{1-x^2}}$;

(4) $2x\text{arccot}\, x-1$;

(5) $\dfrac{1-(1+x^2)\arctan x}{e^x(1+x^2)}$;

(6) $\dfrac{\pi}{2\sqrt{1-x^2}(\arccos x)^2}$.

2.4 复合函数的求导法则

2.4.1 复合函数的求导法则

到目前为止,我们已经掌握了基本初等函数的导数公式及函数的四则运算的求导法则.但对于一般的初等函数的求导数,还需要解决复合函数的求导问题.

例如,要求函数 $y = \sin 2x$ 的导数,就不能用导数公式 $(\sin x)' = \cos x$ 来计算而得出 $(\sin 2x)' = \cos 2x$. 事实上,利用函数乘积的求导法则,得到

$$(\sin 2x)' = (2\sin x \cos x)' = 2(\sin x \cos x)' = 2[(\sin x)'\cos x + \sin x(\cos x)']$$
$$= 2[\cos^2 x - \sin^2 x] = 2\cos 2x \neq \cos 2x.$$

这里,我们应注意到,$y = \sin 2x$ 是由 $y = \sin u$, $u = 2x$ 复合而成的复合函数.下面就来推导复合函数的求导法则.

定理(链锁法则) 如果函数 $u = \varphi(x)$ 在点 x 处可导,$y = f(u)$ 在对应点 $u = \varphi(x)$ 处也可导,则复合函数 $y = f[\varphi(x)]$ 在点 x 处也可导,且

$$\boxed{\frac{\mathrm{d}y}{\mathrm{d}x} = \frac{\mathrm{d}y}{\mathrm{d}u} \cdot \frac{\mathrm{d}u}{\mathrm{d}x}.} \tag{2.30}$$

上式也可以写成

$$\boxed{y'_x = y'_u u'_x} \quad 或 \quad \boxed{y'(x) = f'(u)\varphi'(x).} \tag{2.30'}$$

式中的 y'_x 表示 y 对 x 的导数,y'_u 表示 y 对中间变量 u 的导数,而 u'_x 表示中间变量 u 对自变量 x 的导数.

证明 当自变量 x 有增量 Δx 时,相应地函数 u 有增量 Δu,从而函数 y 也有增量 Δy. 由于函数 $u=\varphi(x)$ 在点 x 处可导,且函数 $y = f(u)$ 在对应点 u 处可导,因此,极限 $\lim\limits_{\Delta x \to 0} \frac{\Delta u}{\Delta x} = \frac{\mathrm{d}u}{\mathrm{d}x}$ 和 $\lim\limits_{\Delta u \to 0} \frac{\Delta y}{\Delta u} = \frac{\mathrm{d}y}{\mathrm{d}u}$ 均存在. 因为,当 $\Delta u \neq 0$ 时,

$$\frac{\Delta y}{\Delta x} = \frac{\Delta y}{\Delta u} \cdot \frac{\Delta u}{\Delta x}. \tag{2.31}$$

由于 $u=\varphi(x)$ 可导必连续,故当 $\Delta x \to 0$ 时,必有 $\Delta u \to 0$. 从而当 $\Delta x \to 0$ 时,对式(2.31)两端求极限,可得

$$\lim_{\Delta x \to 0} \frac{\Delta y}{\Delta x} = \lim_{\Delta x \to 0} \frac{\Delta y}{\Delta u} \cdot \frac{\Delta u}{\Delta x} = \lim_{\Delta u \to 0} \frac{\Delta y}{\Delta u} \cdot \lim_{\Delta x \to 0} \frac{\Delta u}{\Delta x}$$
$$= \frac{\mathrm{d}y}{\mathrm{d}u} \cdot \frac{\mathrm{d}u}{\mathrm{d}x},$$

故复合函数 $y=f[\varphi(x)]$ 在点 x 处可导，且 $\frac{dy}{dx}=\frac{dy}{du}\cdot\frac{du}{dx}$.

当 $\Delta u=0$ 时，因为 $\Delta u=\varphi(x+\Delta x)-\varphi(x)=\varphi(x+\Delta x)-u$，所以有 $\varphi(x+\Delta x)=u+\Delta u$，故得

$$\Delta y=f[\varphi(x+\Delta x)]-f[\varphi(x)]=f(u+\Delta u)-f(u)=0.$$

于是有

$$\lim_{\Delta x\to 0}\frac{\Delta y}{\Delta x}=\lim_{\Delta x\to 0}\frac{0}{\Delta x}=0,$$

故复合函数 $y=f[\varphi(x)]$ 在点 x 处可导，且 $\frac{dy}{dx}=0$.

另一方面，因 $\frac{du}{dx}=\lim\limits_{\Delta x\to 0}\frac{\Delta u}{\Delta x}=\lim\limits_{\Delta x\to 0}\frac{0}{\Delta x}=0$，且 $\frac{dy}{du}$ 存在，从而也有 $\frac{dy}{du}\cdot\frac{du}{dx}=0$.

因此，当 $\Delta u=0$ 时，也有公式(2.30)成立. 证毕.

前面讲过函数 $y=\sin 2x$ 是由函数 $y=\sin u$, $u=2x$ 复合而成的复合函数，现应用公式(2.30)，可得

$$(\sin 2x)'=(\sin u)'_u(2x)'_x=\cos u\cdot 2=2\cos 2x.$$

利用复合函数的求导法则求导时，关键是把所给的复合函数分解成若干个简单函数(一般为基本初等函数或基本初等函数的四则运算)的复合，而这些简单函数的导数都已会求，然后再像“剥笋”那样，由外层到里层，层层求导后相乘.

例 1 设 $y=\sin\sqrt{x}$，求 $\frac{dy}{dx}$.

解 $y=\sin\sqrt{x}$ 是由 $y=\sin u$, $u=\sqrt{x}$ 复合而成的复合函数，利用复合函数的求导法则，得

$$\frac{dy}{dx}=\frac{dy}{du}\cdot\frac{du}{dx}=(\sin u)'_u(\sqrt{x})'_x=\cos u\,\frac{1}{2\sqrt{x}}=\frac{1}{2\sqrt{x}}\cos\sqrt{x}.$$

注意 用复合函数的求导法则得出的结果，必须把引进的中间变量回代成原来自变量的式子.

例 2 设 $y=\ln\tan x$，求 $\frac{dy}{dx}$.

解 $y=\ln\tan x$ 可分解成 $y=\ln u$ 和 $u=\tan x$，因此

$$\frac{dy}{dx}=\frac{dy}{du}\cdot\frac{du}{dx}=(\ln u)'_u(\tan x)'_x=\frac{1}{u}\sec^2 x=\cot x\sec^2 x.$$

例 3 设 $y=\sqrt{a^2-x^2}$，求 $\frac{dy}{dx}$.

解 $y=\sqrt{a^2-x^2}$ 分解成 $y=\sqrt{u}$ 和 $u=a^2-x^2$，因此

$$\frac{\mathrm{d}y}{\mathrm{d}x}=(\sqrt{u})'_u(a^2-x^2)'_x=\frac{1}{2\sqrt{u}}(-2x)=-\frac{x}{\sqrt{a^2-x^2}}.$$

应当注意，用复合函数求导的链锁法则时，函数应先对中间变量求导，然后乘以中间变量对自变量求导. 当对复合函数的分解比较熟练后，可以不必写出中间变量，而采用下面例题的运算方式，从外到里层层求导后相乘.

例 4 设 $y=\ln(1+x^2)$，求$\frac{\mathrm{d}y}{\mathrm{d}x}$.

解 $\frac{\mathrm{d}y}{\mathrm{d}x}=[\ln(1+x^2)]'=\frac{1}{1+x^2}(1+x^2)'=\frac{2x}{1+x^2}.$

在计算过程中，实际上是把 $1+x^2$ 看作为中间变量 u.

例 5 设 $y=\sqrt[3]{\sin x+\cos x}$，求$\frac{\mathrm{d}y}{\mathrm{d}x}$.

解
$$\begin{aligned}\frac{\mathrm{d}y}{\mathrm{d}x}&=(\sqrt[3]{\sin x+\cos x})'=\frac{1}{3}(\sin x+\cos x)^{-\frac{2}{3}}(\sin x+\cos x)'\\&=\frac{1}{3\sqrt[3]{(\sin x+\cos x)^2}}(\cos x-\sin x).\end{aligned}$$

在计算过程中，把 $\sin x+\cos x$ 视为中间变量 u.

复合函数的求导法则，可以推广到多个中间变量的情形. 下面给出两个中间变量情形的复合函数的求导公式.

设有复合函数 $y=f[\varphi(\psi(x))]$，其分解式为

$$y=f(u),\quad u=\varphi(v),\quad v=\psi(x).$$

假定上式右端所出现的函数的导数在相应点处都存在，则有

$$\frac{\mathrm{d}y}{\mathrm{d}x}=\frac{\mathrm{d}y}{\mathrm{d}u}\cdot\frac{\mathrm{d}u}{\mathrm{d}v}\cdot\frac{\mathrm{d}v}{\mathrm{d}x}.$$

上式也可写成

$$y'_x=y'_u u'_v v'_x \quad \text{或} \quad y'(x)=f'(u)\varphi'(v)\psi'(x).$$

例 6 设 $y=\sqrt{\sin\frac{1}{x}}$，求$\frac{\mathrm{d}y}{\mathrm{d}x}$.

解 $y=\sqrt{\sin\frac{1}{x}}$ 可以分解成 $y=\sqrt{u}$，$u=\sin v$，$v=\frac{1}{x}$，这里，u，v 是两个中间变量. 利用上述复合函数的求导法则，得

$$\frac{\mathrm{d}y}{\mathrm{d}x}=\frac{\mathrm{d}y}{\mathrm{d}u}\cdot\frac{\mathrm{d}u}{\mathrm{d}v}\cdot\frac{\mathrm{d}v}{\mathrm{d}x}=(\sqrt{u})'(\sin v)'\left(\frac{1}{x}\right)'=\frac{1}{2\sqrt{u}}\cos v\left(-\frac{1}{x^2}\right)=-\frac{\cos\frac{1}{x}}{2x^2\sqrt{\sin\frac{1}{x}}}.$$

若不写出中间变量，则也可直接求导如下：

$$\frac{\mathrm{d}y}{\mathrm{d}x}=\left(\sqrt{\sin\frac{1}{x}}\right)'=\frac{1}{2\sqrt{\sin\frac{1}{x}}}\left(\sin\frac{1}{x}\right)'=\frac{1}{2\sqrt{\sin\frac{1}{x}}}\cos\frac{1}{x}\cdot\left(\frac{1}{x}\right)'$$

$$=\frac{1}{2\sqrt{\sin\frac{1}{x}}}\cos\frac{1}{x}\cdot\left(-\frac{1}{x^2}\right)=-\frac{\cos\frac{1}{x}}{2x^2\sqrt{\sin\frac{1}{x}}}.$$

例 7 设 $y=\cos\sqrt{1+\ln x}$，求$\frac{\mathrm{d}y}{\mathrm{d}x}$.

解 $\frac{\mathrm{d}y}{\mathrm{d}x}=-\sin\sqrt{1+\ln x}(\sqrt{1+\ln x})'=-\sin\sqrt{1+\ln x}\cdot\frac{1}{2\sqrt{1+\ln x}}(1+\ln x)'$

$$=-\sin\sqrt{1+\ln x}\cdot\frac{1}{2\sqrt{1+\ln x}}\cdot\frac{1}{x}=-\frac{\sin\sqrt{1+\ln x}}{2x\sqrt{1+\ln x}}.$$

求导计算熟练后，还可省略演算步骤，直接写出层层求导的结果. 例如

$$(\cos\sqrt{1+\ln x})'=-\sin\sqrt{1+\ln x}\cdot\frac{1}{2\sqrt{1+\ln x}}\cdot\frac{1}{x}.$$

例 8 设 $y=2^{\sin\frac{1}{x}}$，求$\frac{\mathrm{d}y}{\mathrm{d}x}$.

解 $\frac{\mathrm{d}y}{\mathrm{d}x}=2^{\sin\frac{1}{x}}\ln 2\left(\sin\frac{1}{x}\right)'=2^{\sin\frac{1}{x}}\ln 2\cos\frac{1}{x}\left(\frac{1}{x}\right)'$

$$=-\frac{1}{x^2}2^{\sin\frac{1}{x}}\ln 2\cos\frac{1}{x}.$$

下面，我们利用复合函数的求导法则及指数函数的导数公式，就 $x>0$ 的情形来证明一般情形下的幂函数求导公式：

$$(x^\mu)'=\mu x^{\mu-1}\quad(\mu\text{ 为实数}).$$

因为 $x^\mu=\mathrm{e}^{\ln x^\mu}=\mathrm{e}^{\mu\ln x}$，所以

$$(x^\mu)'=(\mathrm{e}^{\mu\ln x})'=\mathrm{e}^{\mu\ln x}(\mu\ln x)'=\mathrm{e}^{\mu\ln x}\frac{\mu}{x}=x^\mu\cdot\frac{\mu}{x}=\mu x^{\mu-1}.$$

即证得当 $x>0$ 时，有

$$(x^\mu)'=\mu x^{\mu-1}\quad(\mu\text{ 为实数}).$$

2.4.2 基本求导公式与求导法则

熟记基本初等函数的导数公式，熟练掌握求导运算法则，对于求初等函数的导数

是非常重要的.为了便于查阅,现将前面所推导出的导数公式和求导法则归纳如下:

1. 基本求导公式

(1) $(C)'=0$(C为常数);　(2) $(x^{\mu})'=\mu x^{\mu-1}$(μ为实数,$\mu\neq 0$);

(3) $(\sin x)'=\cos x$;　(4) $(\cos x)'=-\sin x$;

(5) $(\tan x)'=\sec^2 x$;　(6) $(\cot x)'=-\csc^2 x$;

(7) $(\sec x)'=\sec x\tan x$;　(8) $(\csc x)'=-\csc x\cot x$;

(9) $(a^x)'=a^x\ln a\ (a>0,\ a\neq 1)$;　(10) $(\mathrm{e}^x)'=\mathrm{e}^x$;

(11) $(\log_a x)'=\dfrac{1}{x\ln a}\ (a>0,\ a\neq 1)$;　(12) $(\ln x)'=\dfrac{1}{x}$;

(13) $(\arcsin x)'=\dfrac{1}{\sqrt{1-x^2}}$;　(14) $(\arccos x)'=-\dfrac{1}{\sqrt{1-x^2}}$;

(15) $(\arctan x)'=\dfrac{1}{1+x^2}$;　(16) $(\operatorname{arccot} x)'=-\dfrac{1}{1+x^2}$.

2. 函数的四则运算的求导法则

设 $u=u(x)$ 及 $v=v(x)$ 均可导,则

(1) $(u\pm v)'=u'\pm v'$;　(2) $(Cu)'=Cu'$ (C为常数);

(3) $(uv)'=u'v+uv'$;　(4) $\left(\dfrac{u}{v}\right)'=\dfrac{u'v-uv'}{v^2}\ (v\neq 0)$.

3. 复合函数的求导法则

设 $y=f(u)$ 及 $u=\varphi(x)$ 均可导,则复合函数 $y=f[\varphi(x)]$ 的导数为

$$\frac{\mathrm{d}y}{\mathrm{d}x}=\frac{\mathrm{d}y}{\mathrm{d}u}\cdot\frac{\mathrm{d}u}{\mathrm{d}x}\quad 或\quad y'=f'(u)\varphi'(x).$$

最后,再举两个求初等函数的导数的例子.

例 9　设 $y=x\ln(x+\sqrt{1+x^2})$,求 y'.

解　$y'=\ln(x+\sqrt{1+x^2})+x[\ln(x+\sqrt{1+x^2})]'$

$$=\ln(x+\sqrt{1+x^2})+\frac{x}{x+\sqrt{1+x^2}}(x+\sqrt{1+x^2})'$$

$$=\ln(x+\sqrt{1+x^2})+\frac{x}{x+\sqrt{1+x^2}}\left(1+\frac{2x}{2\sqrt{1+x^2}}\right)$$

$$=\ln(x+\sqrt{1+x^2})+\frac{x}{\sqrt{1+x^2}}.$$

例 10　设 $y=\dfrac{\sin x}{1+\cos x}+\ln\sqrt[3]{\dfrac{1+\cos x}{\sin x}}$,求 y'.

解　$y'=\left(\dfrac{\sin x}{1+\cos x}\right)'+\dfrac{1}{3}[\ln(1+\cos x)-\ln\sin x]'$

$$= \frac{\cos x(1+\cos x)-\sin x(-\sin x)}{(1+\cos x)^2}+\frac{1}{3}\left(\frac{-\sin x}{1+\cos x}-\frac{\cos x}{\sin x}\right)$$

$$= \frac{\cos x+1}{(1+\cos x)^2}-\frac{1}{3}\frac{\sin^2 x+\cos x+\cos^2 x}{\sin x(1+\cos x)}$$

$$= \frac{1}{1+\cos x}-\frac{1}{3}\frac{1+\cos x}{\sin x(1+\cos x)}$$

$$= \frac{1}{1+\cos x}-\frac{1}{3}\csc x.$$

习题 2.4

1. 将函数分解成简单函数，并求$\frac{dy}{dx}$.

(1) $y=(2x+1)^3$； (2) $y=\sin x^2$； (3) $y=\cos(1-2x)$；

(4) $y=\tan^2 x$； (5) $y=\sqrt{1-x^3}$； (6) $y=\ln(1-x)$；

(7) $y=\arctan e^x$； (8) $y=\left(\arcsin\frac{x}{2}\right)^2$； (9) $y=2^{\frac{x}{1+x^2}}$；

(10) $y=\ln\cot x^3$.

2. 求函数的导数.

(1) $y=\tan(1-x)$； (2) $y=\sec^2 x$； (3) $y=\lg\left(1-\frac{1}{x}\right)$；

(4) $y=\frac{1}{\sqrt{1-x^2}}$； (5) $y=e^{\arccos\frac{1}{1+e^x}}$； (6) $y=e^{\frac{1}{x}}+x^{\frac{1}{e}}$；

(7) $y=\sin^2 x\cos 3x$； (8) $y=\sqrt{1-x^2}\arccos x$； (9) $y=\frac{\arctan\sqrt{x}}{x}$；

(10) $y=e^{-x}(\sin 2x+\cos 2x)$.

3. 求函数的导数.

(1) $y=\arctan\sqrt{\frac{1-x}{1+x}}$； (2) $y=\sin^n x\cos nx$； (3) $y=\frac{\sin^2 x}{\sin x^2}$；

(4) $y=\frac{\operatorname{arccot} x}{\sqrt{1+x^2}}$； (5) $y=x\csc^2 x+\cot x$； (6) $y=x\arctan\frac{1}{x}+\ln\sqrt{1+x^2}$；

(7) $y=x\arcsin\frac{x}{2}+\sqrt{4-x^2}$； (8) $y=e^x\sqrt{1-e^{2x}}+\arccos e^x$；

(9) $y=\ln\tan\frac{x}{2}-\cot x\ln(1+\sin x)-x$； (10) $y=\frac{1}{4}\ln\frac{1+x}{1-x}-\frac{1}{2}\arctan x$.

4. 设$f'(x)$存在，求下列函数的导数$\frac{dy}{dx}$.

(1) $y=f(x^2)$； (2) $y=\arctan[f(x)]$.

5. 质量为m_0的物质，在化学分解过程中，经过时间t以后，所剩的物质的质量m与时间t的关系如下：

$$m=m_0e^{-Kt}\quad (K\text{为常数},K>0),$$

试求物质的质量 m 对于时间 t 的变化率.

答　案

1. (1) $y=u^3$, $u=2x+1$, $y'=6(2x+1)^2$;　(2) $y=\sin u$, $u=x^2$, $y'=2x\cos x^2$;

(3) $y=\cos u$, $u=1-2x$, $y'=2\sin(1-2x)$;

(4) $y=u^2$, $u=\tan x$, $y'=2\tan x\sec^2 x$ 或 $y'=\dfrac{2\sin x}{\cos^3 x}$;

(5) $y=\sqrt{u}$, $u=1-x^3$, $y'=-\dfrac{3x^2}{2\sqrt{1-x^3}}$;　(6) $y=\ln u$, $u=1-x$, $y'=-\dfrac{1}{1-x}$;

(7) $y=\arctan u$, $u=e^x$, $y'=\dfrac{e^x}{1+e^{2x}}$;

(8) $y=u^2$, $u=\arcsin v$, $v=\dfrac{x}{2}$, $y'=\dfrac{2\arcsin\frac{x}{2}}{\sqrt{4-x^2}}$;

(9) $y=2^u$, $u=\dfrac{x}{1+x^2}$, $y'=2^{\frac{x}{1+x^2}}\ln 2\cdot\dfrac{1-x^2}{(1+x^2)^2}$;

(10) $y=\ln u$, $u=\cot v$, $v=x^3$, $y'=\dfrac{-6x^2}{\sin 2x^3}$.

2. (1) $-\sec^2(1-x)$;　(2) $2\sec^2 x\tan x$;

(3) $\dfrac{1}{(x^2-x)\ln 10}$;　(4) $\dfrac{x}{\sqrt{(1-x^2)^3}}$;

(5) $e^{\arccos\frac{1}{1+e^x}}\dfrac{1}{\sqrt{2e^x+e^{2x}}}\cdot\dfrac{e^x}{1+e^x}$;　(6) $-\dfrac{1}{x^2}e^{\frac{1}{x}}+\dfrac{1}{e}x^{\frac{1}{e}-1}$;

(7) $\sin 2x\cos 3x-3\sin^2 x\sin 3x$;　(8) $-\dfrac{x}{\sqrt{1-x^2}}\arccos x-1$;

(9) $\dfrac{1}{x^2}\left[\dfrac{\sqrt{x}}{2(1+x)}-\arctan\sqrt{x}\right]$;　(10) $e^{-x}(\cos 2x-3\sin 2x)$.

3. (1) $-\dfrac{1}{2(1+x)\sqrt{1-x^2}}$;　(2) $n\sin^{n-1}x\cos(n+1)x$;

(3) $\dfrac{2\sin x(\cos x\sin x^2-x\sin x\cos x^2)}{\sin^2 x^2}$;　(4) $-\dfrac{1+x\,\mathrm{arccot}\,x}{\sqrt{(1+x^2)^3}}$;

(5) $-2x\csc^2 x\cot x$;　(6) $\arctan\dfrac{1}{x}$;

(7) $\arcsin\dfrac{x}{2}$;　(8) $-\dfrac{2e^{3x}}{\sqrt{1-e^{2x}}}$;

(9) $\csc^2 x\ln(1+\sin x)$;　(10) $\dfrac{x^2}{1-x^4}$.

4. (1) $2xf'(x^2)$; (2) $\dfrac{f'(x)}{1+f^2(x)}$.

5. $\dfrac{dm}{dt}=-Km_0e^{-Kt}$.

2.5 高阶导数

我们已经知道,变速直线运动的速度 $v(t)$是位置函数 $s(t)$对时间 t 的导数,即

$$v=\frac{\mathrm{d}s}{\mathrm{d}t} \quad 或 \quad v=s'(t).$$

而加速度 a 又是速度函数 $v(t)$对时间 t 的导数,即

$$a=\frac{\mathrm{d}v}{\mathrm{d}t}=\frac{\mathrm{d}}{\mathrm{d}t}\left(\frac{\mathrm{d}s}{\mathrm{d}t}\right) \quad 或 \quad a=[s'(t)]'.$$

这种导数的导数 $\frac{\mathrm{d}}{\mathrm{d}t}\left(\frac{\mathrm{d}s}{\mathrm{d}t}\right)$或$[s'(t)]'$ 叫做 s 对 t 的二阶导数,记作$\frac{\mathrm{d}^2s}{\mathrm{d}t^2}$或 $s''(t)$. 所以,变速直线运动的加速度 a 就是位置函数 s 对时间 t 的二阶导数.

一般地,函数 $y=f(x)$ 的导数 $y'=f'(x)$ 仍然是 x 的函数. 如果函数 $f'(x)$ 的导数存在,那么称 $y'=f'(x)$ 的导数为函数 $y=f(x)$ 的**二阶导数**,记作 $f''(x)$, y'' 或 $\frac{\mathrm{d}^2y}{\mathrm{d}x^2}$, 即

$$f''(x)=[f'(x)]',\ y''=(y')' \quad 或 \quad \frac{\mathrm{d}^2y}{\mathrm{d}x^2}=\frac{\mathrm{d}}{\mathrm{d}x}\left(\frac{\mathrm{d}y}{\mathrm{d}x}\right).$$

根据导数的定义,函数 $y=f(x)$ 在点 x 处的二阶导数可定义为

$$f''(x)=\lim_{\Delta x\to 0}\frac{f'(x+\Delta x)-f'(x)}{\Delta x}.$$

相应地,把 $y=f(x)$ 的导数 $f'(x)$ 也叫做函数 $y=f(x)$ 的**一阶导数**.

类似地,如果函数 $y''=f''(x)$ 的导数存在,那么,这个导数称为原来函数 $y=f(x)$ 的**三阶导数**,记作 $y'''=f'''(x)$. 一般地,$(n-1)$ 阶导数 $y^{(n-1)}=f^{(n-1)}(x)$ 的导数存在,这个导数称为原来函数 $y=f(x)$ 的 n **阶导数**. 自二阶及二阶以上的导数分别记作

$$y'',\ y''',\ y^{(4)},\ \cdots,\ y^{(n)} \quad 或 \quad \frac{\mathrm{d}^2y}{\mathrm{d}x^2},\ \frac{\mathrm{d}^3y}{\mathrm{d}x^3},\ \frac{\mathrm{d}^4y}{\mathrm{d}x^4},\ \cdots,\ \frac{\mathrm{d}^ny}{\mathrm{d}x^n}.$$

函数 $f(x)$具有 n 阶导数,也称函数 $f(x)n$ 阶可导. 函数的二阶及二阶以上的导数统称为**高阶导数**. 事实上,求函数的高阶导数就是应用前面学过的方法,逐次地求出所需阶数的导数.

例 1 设 $s=A\sin(\omega t+\varphi)$,求$\frac{\mathrm{d}^2s}{\mathrm{d}t^2}$.

解 $\frac{\mathrm{d}s}{\mathrm{d}t}=A\omega\cos(\omega t+\varphi)$, $\frac{\mathrm{d}^2s}{\mathrm{d}t^2}=-A\omega^2\sin(\omega t+\varphi)$.

例 2 求指数函数 $y=\mathrm{e}^x$ 的 n 阶导数.

解　$y=\mathrm{e}^x$，$y'=\mathrm{e}^x$，$y''=\mathrm{e}^x$，$y'''=\mathrm{e}^x$，…，$y^{(n)}=\mathrm{e}^x$.

即

$$(\mathrm{e}^x)^{(n)}=\mathrm{e}^x \quad (n=1,2,3,\cdots).$$

例 3　求对数函数 $y=\ln(1+x)$ 的 n 阶导数.

解　$y=\ln(1+x)$，

$$y'=\frac{1}{1+x}=(1+x)^{-1},$$

$$y''=-\frac{1}{(1+x)^2}=(-1)(1+x)^{-2},$$

$$y'''=(-1)(-2)(1+x)^{-3}=(-1)^2 2!(1+x)^{-3},$$

$$y^{(4)}=(-1)^2(-3)2!(1+x)^{-4}=(-1)^3 3!(1+x)^{-4},$$

$$\vdots$$

$$y^{(n)}=(-1)^{n-1}\cdot 1\cdot 2\cdot 3\cdot\cdots\cdot(n-1)(1+x)^{-n}=(-1)^{n-1}(n-1)!(1+x)^{-n},$$

即

$$[\ln(1+x)]^{(n)}=(-1)^{n-1}\frac{(n-1)!}{(1+x)^n} \quad (n=1,2,3,\cdots).$$

我们规定 $0!=1$，所以，上述结果当 $n=1$ 时也成立.

注意　求函数的 n 阶导数的关键是找出各阶导数的规律，一般不要先对各阶导数的系数进行化简运算，以便找出系数的规律.

例 4　求正弦函数 $y=\sin x$ 的 n 阶导数.

解　$y=\sin x$，$y'=\cos x=\sin\left(x+\frac{\pi}{2}\right)$，

$$y''=\cos\left(x+\frac{\pi}{2}\right)=\sin\left[\left(x+\frac{\pi}{2}\right)+\frac{\pi}{2}\right]=\sin\left(x+2\times\frac{\pi}{2}\right),$$

$$y'''=\cos\left(x+2\times\frac{\pi}{2}\right)=\sin\left(x+3\times\frac{\pi}{2}\right),$$

$$\vdots$$

$$y^{(n)}=\sin\left(x+n\frac{\pi}{2}\right),$$

从而得到函数 $\sin x$ 的 n 阶导数公式：

$$(\sin x)^{(n)}=\sin\left(x+n\frac{\pi}{2}\right) \quad (n=1,2,3,\cdots).$$

用类似方法可得

$$(\cos x)^{(n)}=\cos\left(x+n\frac{\pi}{2}\right) \quad (n=1,2,3,\cdots).$$

例 5　求 n 次多项式 $y=a_0x^n+a_1x^{n-1}+\cdots+a_{n-1}x+a_n$ 的 n 阶导数.

解　$y' = a_0 \cdot nx^{n-1} + a_1 \cdot (n-1)x^{n-2} + \cdots + a_{n-1}$,

$y'' = a_0 \cdot n(n-1)x^{n-2} + a_1 \cdot (n-1)(n-2)x^{n-3} + \cdots + 2!a_{n-2}$,

$y''' = a_0 \cdot n(n-1)(n-2)x^{n-3} + a_1 \cdot (n-1)(n-2)(n-3)x^{n-4} + \cdots + 3!a_{n-3}$,

$\vdots$

一般地,可得

$$y^{(n)} = a_0 \cdot n(n-1)(n-2) \cdot \cdots \cdot (n-n+1)x^{n-n} = a_0 n! \quad (n = 1, 2, 3, \cdots).$$

习题 2.5

1. 求函数的二阶导数.

(1) $y = \dfrac{x^2+1}{(x+1)^2}$;

(2) $y = \sin ax + \cos bx$ (a, b 为常数);

(3) $y = xe^{x^2+1}$;

(4) $y = \dfrac{1}{\sqrt{1-x^2}}$;

(5) $y = e^{-x}\cos x$;

(6) $y = \ln(1-x^2)$;

(7) $y = \dfrac{\ln x}{x}$;

(8) $y = \cos^2 x \ln x$;

(9) $y = (4+x^2)\arctan\dfrac{x}{2}$;

(10) $y = \ln(x + \sqrt{1+x^2})$.

2. 设 $y = f(x^2)$,其中,函数 $f(u)$ 具有二阶导数,求 y''.

3. 设 $f(x) = e^{3x-2}$,求 $f''(1)$.

4. 验证函数 $y = \dfrac{x-3}{x-4}$ 满足关系式:$2y'^2 = (y-1)y''$.

5. 验证函数 $y = e^x \sin x$ 满足关系式:$y'' - 2y' + 2y = 0$.

6. 求函数 $y = e^{rx}$ (r 为常数) 的 n 阶导数.

答　案

1. (1) $\dfrac{4(2-x)}{(x+1)^4}$;　(2) $-(a^2\sin ax + b^2\cos bx)$;　(3) $(4x^3+6x)e^{x^2+1}$;

(4) $\dfrac{1+2x^2}{\sqrt{(1-x^2)^5}}$;　(5) $2\sin x e^{-x}$;　(6) $-\dfrac{2(1+x^2)}{(1-x^2)^2}$;

(7) $\dfrac{2\ln x - 3}{x^3}$;　(8) $-2\cos 2x \ln x - \dfrac{2\sin 2x}{x} - \dfrac{\cos^2 x}{x^2}$;

(9) $2\arctan\dfrac{x}{2} + \dfrac{4x}{4+x^2}$;　(10) $\dfrac{-x}{\sqrt{(1+x^2)^3}}$.

2. $2f'(x^2) + 4x^2 f''(x^2)$.　3. $9e$.

4. 证略.　5. 证略.

6. $r^n e^{rx}$ (n=1, 2, 3, …).

2.6 隐函数的导数 由参数方程所确定的函数的导数

2.6.1 隐函数的导数

以前我们所遇到的函数,大多数可用公式法表示成 $y=f(x)$ 的形式,这样的函数称为**显函数**.

在通常的情况下,一个含有 x 与 y 的二元方程也可能确定 y 是 x 的函数,例如,在方程 $x^5+4xy^3-3y^5-2=0$ 中,当 x 在 $(-\infty,+\infty)$ 内任取一个值时,相应地就有一个满足此方程的 y 值与之对应,故这个方程确定了 y 是 x 的函数. 但应注意,并非每一个二元方程都一定能确定 y 是 x 的函数. 例如,方程 $x^2+y^2+1=0$ 就不能确定 y 是 x 的函数,因为当 x 取定一个值时,满足此方程的 y 值在实数范围内是不存在的.

一般说来,如果在 x, y 的二元方程中,当 x 取某区间内的任一值时,相应地总有满足该方程的一个 y 值与之对应,那么就说该方程确定了 y 是 x 的函数. 这样的函数称为**隐函数**.

把一个隐函数化成显函数,叫做隐函数的显化. 例如,从方程 $x^3+y^3-1=0$ 可以解出 $y=\sqrt[3]{1-x^3}$,又例如,方程 $x^5+4xy^3-3y^5-2=0$ 对于 x 的任一确定值,根据代数学的基本定理,y 至少有一个实根,所以,该方程确定了 x 的一个隐函数 y,但无法把 y 表成 x 的算式. 由此可见,隐函数的显化有时是困难的,甚至是不可能的.

在实际问题中,有时需要计算隐函数的导数,因此,我们希望有一种方法,不管隐函数能否显化,都能直接由方程算出它所确定的隐函数的导数. 下面我们通过具体例子来说明这种方法.

例 1 求由方程 $3x^2+xy-5y+1=0$ 所确定的隐函数 $y=y(x)$ 的导数 $\frac{\mathrm{d}y}{\mathrm{d}x}$.

解 把方程两边分别对 x 求导数,① 在方程的左边对 x 求导时,要注意 y 是 x 的函数,如第二项 xy,应按乘积的求导法则来求 xy 对 x 的导数. 这样,方程左边对 x 求导,得

$$\frac{\mathrm{d}}{\mathrm{d}x}(3x^2+xy-5y+1)=6x+y+x\frac{\mathrm{d}y}{\mathrm{d}x}-5\frac{\mathrm{d}y}{\mathrm{d}x},$$

方程右边对 x 求导,得

$$(0)'=0.$$

① 假设 x, y 的二元方程确定了一个隐函数 $y=y(x)$,把 $y=y(x)$ 代入该方程,便得到一个恒等式. 因此,这里说的方程两边对 x 求导,是指恒等式两边对 x 求导.

由于等式两边对 x 的导数相等，则有

$$6x+y+x\frac{\mathrm{d}y}{\mathrm{d}x}-5\frac{\mathrm{d}y}{\mathrm{d}x}=0,$$

从中解出$\frac{\mathrm{d}y}{\mathrm{d}x}$，得

$$\frac{\mathrm{d}y}{\mathrm{d}x}=\frac{6x+y}{5-x}.$$

在这个结果中，分式中的 y 是由方程 $3x^2+xy-5y+1=0$ 所确定的隐函数.

例 2 试求双曲线 $\frac{x^2}{a^2}-\frac{y^2}{b^2}=1$ 上点(x_0, y_0)处的切线方程.

解 由导数的几何意义知道，所求的切线斜率为

$$k=y'\Big|_{x=x_0}.$$

把双曲线方程的两边分别对 x 求导：

$$\frac{\mathrm{d}}{\mathrm{d}x}\left(\frac{x^2}{a^2}-\frac{y^2}{b^2}\right)=\frac{\mathrm{d}}{\mathrm{d}x}(1), \quad 即 \quad \frac{2x}{a^2}-\frac{2y}{b^2}\cdot\frac{\mathrm{d}y}{\mathrm{d}x}=0,$$

从而得

$$\frac{\mathrm{d}y}{\mathrm{d}x}=\frac{b^2x}{a^2y},$$

在上式右端代入 $x=x_0$，$y=y_0$，便得到双曲线在点(x_0, y_0)处的切线的斜率：

$$k=\frac{\mathrm{d}y}{\mathrm{d}x}\Big|_{x=x_0}=\frac{b^2x_0}{a^2y_0}.$$

于是，所求的切线方程为 $$y-y_0=\frac{b^2x_0}{a^2y_0}(x-x_0),$$

即 $$\frac{(y-y_0)y_0}{b^2}=\frac{(x-x_0)x_0}{a^2} \quad 或 \quad \frac{x_0x}{a^2}-\frac{y_0y}{b^2}=\frac{x_0^2}{a^2}-\frac{y_0^2}{b^2}.$$

因为点(x_0, y_0)在双曲线 $\frac{x^2}{a^2}-\frac{y^2}{b^2}=1$ 上，所以，$\frac{x_0^2}{a^2}-\frac{y_0^2}{b^2}=1$，从而所求的切线方程又可以写成

$$\frac{x_0x}{a^2}-\frac{y_0y}{b^2}=1.$$

例 3 求方程 $\mathrm{e}^y+xy=\mathrm{e}$ 所确定的隐函数 $y=y(x)$ 的二阶导数$\frac{\mathrm{d}^2y}{\mathrm{d}x^2}$.

解 在方程两边分别对 x 求导，得

$$\frac{\mathrm{d}}{\mathrm{d}x}(\mathrm{e}^y+xy)=\frac{\mathrm{d}}{\mathrm{d}x}(\mathrm{e}), \quad 即 \quad \mathrm{e}^y\frac{\mathrm{d}y}{\mathrm{d}x}+y+x\frac{\mathrm{d}y}{\mathrm{d}x}=0.$$

由此得到

$$\frac{\mathrm{d}y}{\mathrm{d}x}=-\frac{y}{x+\mathrm{e}^y}.$$

在上式两边分别对 x 求导，并应用商的求导法则及复合函数的求导法则，得

$$\frac{\mathrm{d}^2y}{\mathrm{d}x^2}=-\frac{\frac{\mathrm{d}y}{\mathrm{d}x}(x+\mathrm{e}^y)-y\left(1+\mathrm{e}^y\frac{\mathrm{d}y}{\mathrm{d}x}\right)}{(x+\mathrm{e}^y)^2},$$

然后将 $\frac{\mathrm{d}y}{\mathrm{d}x}=-\frac{y}{x+\mathrm{e}^y}$ 代入上式右端，得

$$\begin{aligned}\frac{\mathrm{d}^2y}{\mathrm{d}x^2}&=-\frac{-\frac{y}{x+\mathrm{e}^y}(x+\mathrm{e}^y)-y\left(1-\mathrm{e}^y\frac{y}{x+\mathrm{e}^y}\right)}{(x+\mathrm{e}^y)^2}\\&=\frac{2y-\frac{y^2\mathrm{e}^y}{x+\mathrm{e}^y}}{(x+\mathrm{e}^y)^2}=\frac{2xy+2y\mathrm{e}^y-y^2\mathrm{e}^y}{(x+\mathrm{e}^y)^3},\end{aligned}$$

即
$$\frac{\mathrm{d}^2y}{\mathrm{d}x^2}=\frac{2xy+2y\mathrm{e}^y-y^2\mathrm{e}^y}{(x+\mathrm{e}^y)^3}.$$

2.6.2 对数求导法

对函数先取自然对数(假设对数有意义)，通过对数运算法则化简后，再利用隐函数求导法则求出函数的导数，这种求导方法称为**对数求导法**. 它在某些情况下可使求导运算变得简便些. 下面通过具体例子来说明.

例 4 设 $y=x^{\sin x}$(其中，$x>0$)，求 y'.

解 首先注意到，函数 $y=x^{\sin x}$ 的底和指数均含有自变量 x，它既不是幂函数，也不是指数函数，我们称作为**幂指函数**. 为了求这函数的导数，先在方程两边取对数，得

$$\ln y=\sin x\ln x,$$

上式两边对 x 求导，注意到 y 是 x 的函数，得

$$\frac{1}{y}y'=\cos x\ln x+\frac{\sin x}{x},$$

解出 y'，得

$$y'=y\left(\cos x\ln x+\frac{\sin x}{x}\right)=x^{\sin x}\left(\cos x\ln x+\frac{\sin x}{x}\right).$$

幂指函数的一般形式为 $y=[u(x)]^{v(x)}$（其中，$u(x)>0$）. 若函数 $u(x)$ 和 $v(x)$ 都具有导数，则可利用对数求导法仿照例 4 来求导.

对数求导法对于由乘、除、开方构成的函数也是适用的，可简化求导运算.

例 5 设 $y=x\sqrt[3]{\frac{x-1}{(x-2)(x-3)^2}}$，求 y'.

解 先在两边取对数，得

$$\ln y=\ln x+\frac{1}{3}\ln(x-1)-\frac{1}{3}\ln(x-2)-\frac{2}{3}\ln(x-3),$$

然后将上式两边对 x 求导，得

$$\frac{1}{y}y'=\frac{1}{x}+\frac{1}{3(x-1)}-\frac{1}{3(x-2)}-\frac{2}{3(x-3)},$$

解出 y'，便得

$$\begin{aligned}y'&=y\left[\frac{1}{x}+\frac{1}{3(x-1)}-\frac{1}{3(x-2)}-\frac{2}{3(x-3)}\right]\\&=x\sqrt[3]{\frac{x-1}{(x-2)(x-3)^2}}\left[\frac{1}{x}+\frac{1}{3(x-1)}-\frac{1}{3(x-2)}-\frac{2}{3(x-3)}\right].\end{aligned}$$

2.6.3 由参数方程所确定的函数的导数

在研究物体的运动轨迹时，常会用到参数方程. 例如，某物体从空中某点处以速度 v_0 沿水平方向射出后，便开始作平抛运动. 它可看作是沿水平方向的匀速运动和铅直向下的自由落体运动的合成运动. 若取物体开始运动的起点为坐标原点，水平方向 x 轴向右为正，铅直方向 y 轴向下为正（图 2-3），则在不计空气阻力时，该物体运动的轨迹可表示为

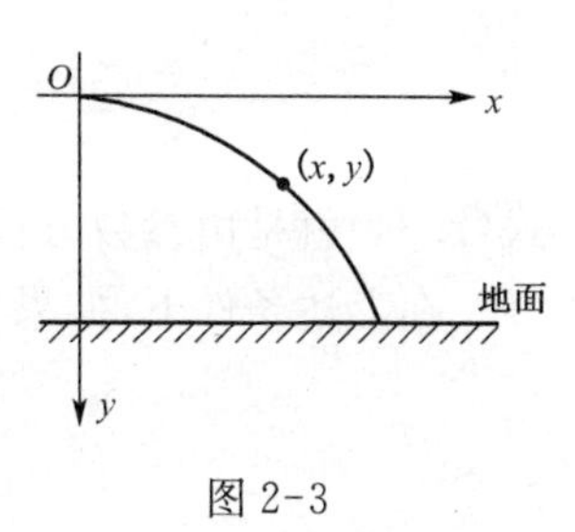

图 2-3

$$\begin{cases}x=v_0t,\\ y=\frac{1}{2}gt^2\end{cases}(0\leqslant t\leqslant T). \tag{2.32}$$

这是以 t 为参数的参数方程. 其中，g 是重力加速度，t 是时间，T 为物体落地所需的时间，x 和 y 是物体运行时所在位置的横坐标和纵坐标.

从式(2.32)可以看出，由于 x 和 y 都是 t 的函数，通过 t 的联系，从而 x 与 y 之间也存在有函数关系. 这种函数就是由参数方程(2.32)所确定的函数.

如果在式(2.32)中消去参数 t，可得

$$y=\frac{g}{2v_0^2}x^2.$$

从而直接表达了 y 与 x 之间的函数关系.

一般地，参数方程

$$\begin{cases}x=\varphi(t),\\ y=\psi(t)\end{cases}\tag{2.33}$$

可以确定 y 是 x 的函数，就称作为由参数方程所确定的函数.

在实际问题中，需要计算由参数方程所确定的函数的导数，并希望不消去参数 t 直接由参数方程来计算. 下面我们就来推导由参数方程所确定的函数的求导公式.

在式(2.33)中，如果 $x=\varphi(t)$ 与 $y=\psi(t)$ 都具有导数，且 $\varphi'(t)\neq 0$，$x=\varphi(t)$ 具有单调连续反函数 $t=\varphi^{-1}(x)$，则 y 是 x 复合函数，即

$$y=\psi(t),\ t=\varphi^{-1}(x)\quad 或\quad y=\psi[\varphi^{-1}(x)],$$

由复合函数的求导法则与反函数的求导公式，可得

$$\frac{\mathrm{d}y}{\mathrm{d}x}=\frac{\mathrm{d}y}{\mathrm{d}t}\cdot\frac{\mathrm{d}t}{\mathrm{d}x}=\frac{\mathrm{d}y}{\mathrm{d}t}\cdot\frac{1}{\frac{\mathrm{d}x}{\mathrm{d}t}}=\frac{\psi'(t)}{\varphi'(t)},$$

即

$$\boxed{\frac{\mathrm{d}y}{\mathrm{d}x}=\frac{\psi'(t)}{\varphi'(t)}.}\tag{2.34}$$

式(2.34)就是由参数方程(2.33)所确定的函数 y 对 x 的导数公式.

在上述条件下，如果 $x=\varphi(t)$，$y=\psi(t)$ 还具有二阶导数，则有

$$\begin{aligned}\frac{\mathrm{d}^2y}{\mathrm{d}x^2}&=\frac{\mathrm{d}}{\mathrm{d}x}\left(\frac{\mathrm{d}y}{\mathrm{d}x}\right)=\frac{\mathrm{d}}{\mathrm{d}x}\left(\frac{\psi'(t)}{\varphi'(t)}\right)\\&=\frac{\mathrm{d}}{\mathrm{d}t}\left(\frac{\psi'(t)}{\varphi'(t)}\right)\frac{\mathrm{d}t}{\mathrm{d}x}=\frac{\mathrm{d}}{\mathrm{d}t}\left(\frac{\psi'(t)}{\varphi'(t)}\right)\frac{1}{\frac{\mathrm{d}x}{\mathrm{d}t}}\\&=\frac{\psi''(t)\varphi'(t)-\psi'(t)\varphi''(t)}{\varphi'^2(t)}\cdot\frac{1}{\varphi'(t)},\end{aligned}$$

即

$$\frac{\mathrm{d}^2y}{\mathrm{d}x^2}=\frac{\psi''(t)\varphi'(t)-\psi'(t)\varphi''(t)}{\varphi'^3(t)}.\tag{2.35}$$

例 6 已知椭圆的参数方程为

$$\begin{cases} x = a\cos t, \\ y = b\sin t. \end{cases}$$

求椭圆在 $t = \frac{\pi}{4}$ 处所对应的点的切线的斜率.

解 当 $t = \frac{\pi}{4}$ 时,椭圆上的相应点 M_0 的坐标是

$$x_0 = a\cos\frac{\pi}{4} = \frac{a}{\sqrt{2}}, \quad y_0 = b\sin\frac{\pi}{4} = \frac{b}{\sqrt{2}}.$$

则曲线在点 M_0 处的切线斜率为

$$\left.\frac{\mathrm{d}y}{\mathrm{d}x}\right|_{t=\frac{\pi}{4}} = \left.\frac{(b\sin t)'}{(a\cos t)'}\right|_{t=\frac{\pi}{4}} = \left.\frac{b\cos t}{-a\sin t}\right|_{t=\frac{\pi}{4}} = -\frac{b}{a}.$$

例 7 计算由摆线(图 2-4)的参数方程

$$\begin{cases} x = a(t - \sin t), \\ y = a(1 - \cos t) \end{cases}$$

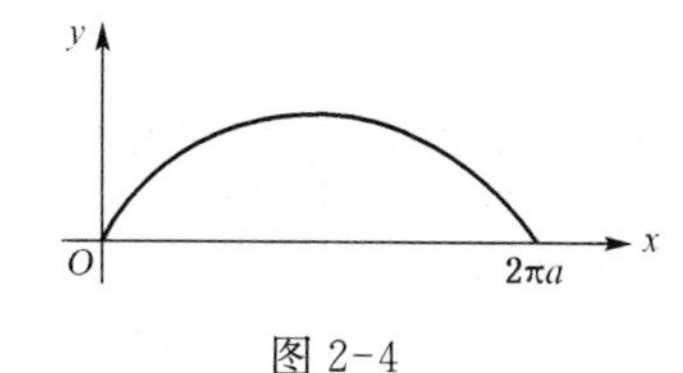

图 2-4

所确定的函数的二阶导数.

解 $$\frac{\mathrm{d}y}{\mathrm{d}x} = \frac{\frac{\mathrm{d}y}{\mathrm{d}t}}{\frac{\mathrm{d}x}{\mathrm{d}t}} = \frac{a\sin t}{a(1-\cos t)} = \frac{\sin t}{1-\cos t} \quad (t \neq 2k\pi,\ k \text{ 为整数}).$$

$$\begin{aligned} \frac{\mathrm{d}^2 y}{\mathrm{d}x^2} &= \frac{\mathrm{d}}{\mathrm{d}x}\left(\frac{\sin t}{1-\cos t}\right) = \frac{\mathrm{d}}{\mathrm{d}t}\left(\frac{\sin t}{1-\cos t}\right)\frac{\mathrm{d}t}{\mathrm{d}x} = \frac{\mathrm{d}}{\mathrm{d}t}\left(\frac{\sin t}{1-\cos t}\right)\Big/\frac{\mathrm{d}x}{\mathrm{d}t} \\ &= \frac{\cos t(1-\cos t) - \sin^2 t}{(1-\cos t)^2} \cdot \frac{1}{a(1-\cos t)} = \frac{\cos t - 1}{a(1-\cos t)^3} \\ &= -\frac{1}{a(1-\cos t)^2} \quad (t \neq 2k\pi,\ k \text{ 为整数}). \end{aligned}$$

注意 求由参数方程所确定的函数的二阶导数时,可使用公式(2.35),也可以仿照推导公式(2.35)的方法,在求得一阶导数的基础上利用复合函数及反函数的求导法则来计算,尽量不要死背公式.

2.6.4 相关变化率

设 $x = x(t)$, $y = y(t)$ 都是可导函数,如果 x 与 y 之间存在某种关系,对应变化率 $\frac{\mathrm{d}x}{\mathrm{d}t}$ 与 $\frac{\mathrm{d}y}{\mathrm{d}t}$ 间也存在一定的关系,那么这两个互相依赖的变化率称为**相关变化率**. 相关变化率的问题是研究这两个变化率之间的关系,从其中一个变化率求出另一个变

化率.

例 8 气体以 $20\pi\ \mathrm{cm}^3/\mathrm{s}$ 的速度匀速注入气球内. 求气球的半径 r 增大到 $10\ \mathrm{cm}$ 时, 气球半径 r 对时间 t 的变化率.

解 气球的体积为

$$V=\frac{4}{3}\pi r^3,$$

两边对时间 t 求导, 得

$$\frac{\mathrm{d}V}{\mathrm{d}t}=4\pi r^2\frac{\mathrm{d}r}{\mathrm{d}t},$$

于是有

$$\frac{\mathrm{d}r}{\mathrm{d}t}=\frac{1}{4\pi r^2}\frac{\mathrm{d}V}{\mathrm{d}t}.$$

又已知 $\frac{\mathrm{d}V}{\mathrm{d}t}=20\pi\ \mathrm{cm}^3/\mathrm{s}$, $r=10\ \mathrm{cm}$, 所以当 $r=10$ 时, 半径 r 对时间 t 的变化率为

$$\left.\frac{\mathrm{d}r}{\mathrm{d}t}\right|_{r=10}=\frac{1}{4\pi\times 10^2}\times 20\pi=0.05(\mathrm{cm/s}).$$

习题 2.6

1. 求由方程所确定的隐函数 y 的导数 $\frac{\mathrm{d}y}{\mathrm{d}x}$.

(1) $y^3-3y+2x=0$;　　(2) $\sin(xy)=x$;

(3) $y=\cos(x+y)$;　　(4) $x^3+y^3-3axy=0$.

2. 求椭圆 $\frac{x^2}{4}+\frac{y^2}{3}=1$ 上的点 $M\left(1,\frac{3}{2}\right)$ 处的切线方程和法线方程.

3. 求星形线 $x^{\frac{2}{3}}+y^{\frac{2}{3}}=a^{\frac{2}{3}}$ (图 2-5) 在点 $\left(\frac{\sqrt{2}}{4}a,\frac{\sqrt{2}}{4}a\right)$ 处的切线方程和法线方程.

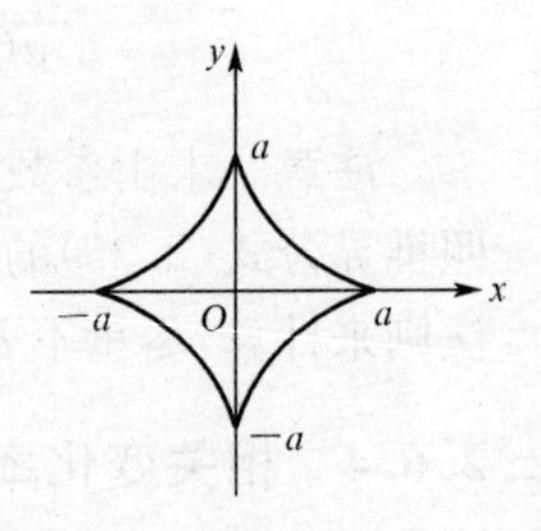

图 2-5

4. 求由方程所确定的隐函数 y 的二阶导数 $\frac{\mathrm{d}^2y}{\mathrm{d}x^2}$.

(1) $x^2-xy+y^2=1$;　　(2) $y=\sin(x+y)$;

(3) $y=1+xe^y$.

5. 利用对数求导法求函数的导数.

(1) $y=(\sin x)^{\cos x}$;　　(2) $y^x=x^y$;

(3) $y=\sqrt[3]{\frac{x(x-1)}{(x+2)(x+3)}}$;　　(4) $y=\sqrt[3]{\frac{x(x^2+1)}{(x-1)^2}}$.

6. 求由参数方程所确定的函数的一阶导数$\frac{\mathrm{d}y}{\mathrm{d}x}$和二阶导数$\frac{\mathrm{d}^2 y}{\mathrm{d}x^2}$.

(1) $\begin{cases} x = \dfrac{t^2}{2}, \\ y = 1 - t; \end{cases}$　　(2) $\begin{cases} x = 2t - t^2, \\ y = 3t - t^2; \end{cases}$

(3) $\begin{cases} x = a\cos^3 t, \\ y = b\sin^3 t; \end{cases}$　　(4) $\begin{cases} x = \ln(1+t^2), \\ y = t - \arctan t. \end{cases}$

7. 求曲线$\begin{cases} x = 2\mathrm{e}^t, \\ y = \mathrm{e}^{-t} \end{cases}$在对应于$t=0$的点处的切线方程和法线方程.

8. 求曲线$\begin{cases} x = \dfrac{3t}{1+t^2}, \\ y = \dfrac{3t^2}{1+t^2} \end{cases}$上的切线分别平行及垂直于$x$轴的点的坐标.

9. 落在平静水面上的石头，产生同心波纹，若最外一圈波半径的增大速率总是6 m/s，问2 s末扰动水面面积增大的速率为多少？

10. 把水注入深8 m、上顶直径为8 m的正圆锥形容器中，其速率为4 m³/min. 当水深为5 m时，其表面上升的速率为多少？

答　案

1. (1) $\dfrac{2}{3(1-y^2)}$；(2) $\dfrac{1}{x\cos(xy)} - \dfrac{y}{x}$；(3) $-\dfrac{\sin(x+y)}{1+\sin(x+y)}$；(4) $\dfrac{ay - x^2}{y^2 - ax}$.

2. 切线方程为$y = -\dfrac{1}{2}x + 2$；法线方程为$y = 2x - \dfrac{1}{2}$.

3. 切线方程为$x + y - \dfrac{\sqrt{2}}{2}a = 0$；法线方程为$x - y = 0$.

4. (1) $\dfrac{6}{(x-2y)^3}$；　(2) $\dfrac{\sin(x+y)}{[\cos(x+y)-1]^3}$；　(3) $\dfrac{\mathrm{e}^{2y}(3-y)}{(2-y)^3}$.

5. (1) $(\sin x)^{\cos x}(\cot x\cos x - \sin x\ln\sin x)$；　(2) $\dfrac{y(y - x\ln y)}{x(x - y\ln x)}$；

(3) $\dfrac{1}{3}\sqrt[3]{\dfrac{x(x-1)}{(x+2)(x+3)}}\left(\dfrac{1}{x} + \dfrac{1}{x-1} - \dfrac{1}{x+2} - \dfrac{1}{x+3}\right)$；

(4) $\dfrac{1}{3}\sqrt[3]{\dfrac{x(x^2+1)}{(x-1)^2}}\left(\dfrac{1}{x} + \dfrac{2x}{x^2+1} - \dfrac{2}{x-1}\right)$.

6. (1) $-\dfrac{1}{t}$, $\dfrac{1}{t^3}$；　(2) $\dfrac{3-2t}{2-2t}$, $\dfrac{2}{(2-2t)^3}$；　(3) $-\dfrac{b}{a}\tan t$, $\dfrac{b\sec^4 t}{3a^2\sin t}$；　(4) $\dfrac{t}{2}$, $\dfrac{1+t^2}{4t}$.

7. 切线方程为$y = -\dfrac{1}{2}x + 2$；法线方程为$y = 2x - 3$.

8. $(0, 0)$；$\left(-\dfrac{3}{2}, \dfrac{3}{2}\right)$, $\left(\dfrac{3}{2}, \dfrac{3}{2}\right)$.

9. 144π (m²/s).

10. $\dfrac{16}{25\pi} \approx 0.204$ (m/min).

2.7 函数的微分

2.7.1 微分的定义

在 2.1 节中我们知道,函数的导数是表示函数相对于自变量变化的快慢程度(变化率).在工程技术中,还会遇到与导数密切相关的另一类问题:在运动或变化的过程中,当自变量有一个微小的增量时,要计算相应的函数增量.

下面先来分析一个具体的例子,从而引进函数微分的概念.

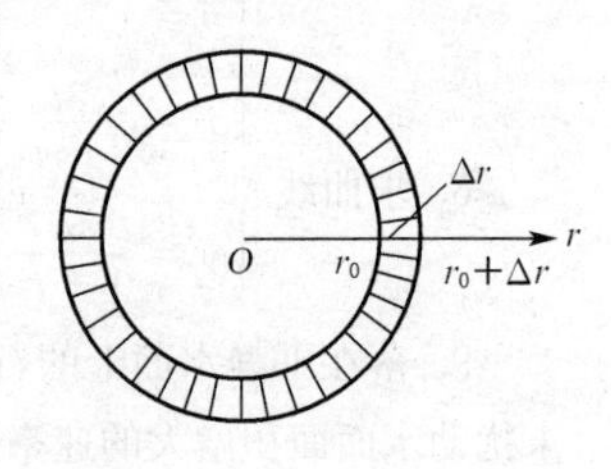

图 2-6

引例 设有一半径为 r_0 的金属圆板,受温度变化的影响,它的半径改变(伸长或缩短)了 Δr(图 2-6 中,$\Delta r>0$),问该圆板的面积改变了多少?

解 设圆板的面积为 A,半径为 r,则 A 是 r 的函数:$A=\pi r^2$.圆板受温度变化的影响时面积的改变量,可以看成是当自变量 r 自 r_0 取得增量 Δr 时,函数 A 相应的增量 ΔA,即

$$\Delta A=\pi(r_0+\Delta r)^2-\pi r_0^2=2\pi r_0\Delta r+\pi(\Delta r)^2. \tag{2.36}$$

由式(2.36)可见,ΔA 分成两部分,第一部分 $2\pi r_0\Delta r$ 是 Δr 的线性函数,第二部分是 $\pi(\Delta r)^2$.

当 $\Delta r\to 0$ 时,有

$$\lim_{\Delta r\to 0}\frac{\pi(\Delta r)^2}{\Delta r}=\lim_{\Delta r\to 0}(\pi\Delta r)=\pi\lim_{\Delta r\to 0}\Delta r=0,$$

就是说,当 $\Delta r\to 0$ 时,ΔA 的第二部分 $\pi(\Delta r)^2$ 是比 Δr 高阶的无穷小.由此可见,如果半径改变量很微小,即 $|\Delta r|$ 很小时,面积改变量 ΔA 可近似地用第一部分 $2\pi r_0\Delta r$ 来代替.

一般地,计算函数的增量是较复杂的,希望能像引例中那样,找出自变量增量的线性式来近似表达函数的增量,且又具有一定的精确度.这就是说,如果函数 $y=f(x)$ 的增量 Δy 可以表示为

$$\Delta y=A\Delta x+o(\Delta x),$$

其中,A 是不依赖于 Δx 的常数,$o(\Delta x)$是比 Δx 高阶的无穷小.那么,当 $A\neq 0$ 且 $|\Delta x|$ 很小时,便有函数增量的近似表达式 $\Delta y\approx A\Delta x$.下面我们来引入函数微分的概念.

定义 设函数 $y=f(x)$ 在某区间内有定义,x_0 及 $x_0+\Delta x$ 均在这区间内,如果函数的增量 $\Delta y=f(x_0+\Delta x)-f(x_0)$ 可表示为

$$\Delta y=A\Delta x+o(\Delta x), \tag{2.37}$$

其中,A 是与 Δx 无关、只与 x_0 有关的常数,$o(\Delta x)$是比 Δx 高阶的无穷小,则称函数

$y=f(x)$ 在点 x_0 处是**可微**的，而 $A\Delta x$ 称为函数 $y=f(x)$ 在点 x_0 处的**微分**，记作 $\mathrm{d}y$，即

$$\mathrm{d}y=A\Delta x. \tag{2.38}$$

2.7.2 函数可微与可导之间的关系

定理 函数 $f(x)$ 在点 x_0 处可微的充分必要条件是该函数在点 x_0 处可导.

证明 **必要性** 设 $y=f(x)$ 在点 x_0 处可微，根据微分的定义，有

$$\Delta y=A\Delta x+o(\Delta x),$$

上式两边除以 $\Delta x(\Delta x\neq 0)$，得

$$\frac{\Delta y}{\Delta x}=A+\frac{o(\Delta x)}{\Delta x}.$$

于是，当 $\Delta x\to 0$ 时，上式取极限就得到

$$\lim_{\Delta x\to 0}\frac{\Delta y}{\Delta x}=\lim_{\Delta x\to 0}\left(A+\frac{o(\Delta x)}{\Delta x}\right)=A+\lim_{\Delta x\to 0}\frac{o(\Delta x)}{\Delta x}=A,$$

即

$$A=f'(x_0).$$

因此，如果函数 $f(x)$ 在点 x_0 处可微，那么，函数 $f(x)$ 在点 x_0 处也一定可导(即 $f'(x_0)$ 存在)，且 $A=f'(x_0)$.

充分性 若 $y=f(x)$ 在点 x_0 处可导，即有

$$\lim_{\Delta x\to 0}\frac{\Delta y}{\Delta x}=f'(x_0).$$

根据极限与无穷小的关系，上式可写成

$$\frac{\Delta y}{\Delta x}=f'(x_0)+\alpha,$$

其中，α 是当 $\Delta x\to 0$ 时的无穷小. 因此有

$$\Delta y=f'(x_0)\Delta x+\alpha\Delta x. \tag{2.37'}$$

这里，由于 $\lim\limits_{\Delta x\to 0}\frac{\alpha\Delta x}{\Delta x}=\lim\limits_{\Delta x\to 0}\alpha=0$，所以，$\alpha\Delta x=o(\Delta x)$. 又，$f'(x_0)$ 与 Δx 无关，于是，式(2.37′)相当于微分定义中的式(2.37)，且 $f'(x_0)=A$，故函数 $f(x)$ 在点 x_0 处是可微的. 证毕.

定理表明，**函数 $f(x)$ 在点 x_0 处可微的充分必要条件是：函数 $f(x)$ 在点 x_0 处可导.** 从定理的证明中可知，当函数 $f(x)$ 在点 x_0 处可微时，函数 $f(x)$ 在点 x_0 处的微分就是

$$\boxed{dy = f'(x_0)\Delta x.} \tag{2.38'}$$

注意到微分定义中式(2.37)可以写成

$$\Delta y = dy + o(\Delta x) \quad 或 \quad \Delta y - dy = o(\Delta x).$$

从而可见,当函数 $y = f(x)$ 在点 x_0 处可微且 $f'(x_0) \neq 0$ 时,$\Delta y - dy$ 是比 Δx 高阶的无穷小,即 $dy = f'(x_0)\Delta x$ 是 Δy 的主要部分,且又是 Δx 的线性式. 因此,函数的微分 dy 也称为函数增量 Δy 的**线性主部**.

当 $f'(x_0) \neq 0$ 时,由于 $dy = f'(x_0)\Delta x$,故有

$$\lim_{\Delta x \to 0} \frac{\Delta y}{dy} = \lim_{\Delta x \to 0} \frac{f'(x_0)\Delta x + o(\Delta x)}{f'(x_0)\Delta x} = 1.$$

因此,若 $f(x)$ 在点 x_0 处可微且 $f'(x_0) \neq 0$,则当 $|\Delta x|$ 充分小时,$\dfrac{\Delta y}{dy}$ 可以任意接近于1,即 $\dfrac{\Delta y}{dy} \approx 1$. 从而有精确度较好的近似式:$\Delta y \approx dy$.

例1 求函数 $y = \dfrac{1}{x}$ 在 $x_0 = 2$ 处的微分.

解 由于 $f'(x_0) = \left(\dfrac{1}{x}\right)'\Big|_{x_0=2} = -\dfrac{1}{x^2}\Big|_{x_0=2} = -\dfrac{1}{4}$,于是由公式(2.38′)可得函数在 $x_0 = 2$ 处的微分为

$$dy\Big|_{x_0=2} = f'(x_0)\Delta x = -\frac{1}{4}\Delta x.$$

例2 求当 $x_0 = 2$, $\Delta x = 0.01$ 时,函数 $y = x^3$ 的微分.

解 函数在 $x_0 = 2$, $\Delta x = 0.01$ 时的微分为

$$\begin{aligned} dy\Big|_{\substack{x_0=2 \\ \Delta x=0.01}} &= (x^3)'\Delta x\Big|_{\substack{x_0=2 \\ \Delta x=0.01}} = 3x^2\Delta x\Big|_{\substack{x_0=2 \\ \Delta x=0.01}} \\ &= 3 \times 2^2 \times 0.01 = 0.12. \end{aligned}$$

函数 $y = f(x)$ 在任意点 x 的微分称为**函数的微分**,记作 dy 或 $df(x)$,即

$$\boxed{dy = f'(x)\Delta x} \quad 或 \quad \boxed{df(x) = f'(x)\Delta x.} \tag{2.39}$$

通常把自变量 x 的增量 Δx 称为自变量的微分,记作 dx,即 $dx = \Delta x$. 于是式(2.39)又可写成

$$\boxed{dy = f'(x)dx} \quad 或 \quad \boxed{df(x) = f'(x)dx.} \tag{2.39'}$$

上式也可以写成

$$\frac{\mathrm{d}y}{\mathrm{d}x}=f'(x).$$

所以说，函数的微分 $\mathrm{d}y$ 与自变量的微分 $\mathrm{d}x$ 之商等于该函数的导数. 因此，导数也称为**微商**.

例 3 求函数 $y=\frac{1}{x}+\ln x$ 的微分 $\mathrm{d}y$.

解 由于 $y'=-\frac{1}{x^2}+\frac{1}{x}$，所以

$$\mathrm{d}y=\left(-\frac{1}{x^2}+\frac{1}{x}\right)\mathrm{d}x=\frac{1}{x}\left(1-\frac{1}{x}\right)\mathrm{d}x.$$

2.7.3 微分的几何意义

下面通过几何图形来说明函数的微分与导数及函数的增量之间的关系(图 2-7).

设函数 $y=f(x)$ 在 $x=x_0$ 处可微分，即有

$$\mathrm{d}y=f'(x_0)\Delta x.$$

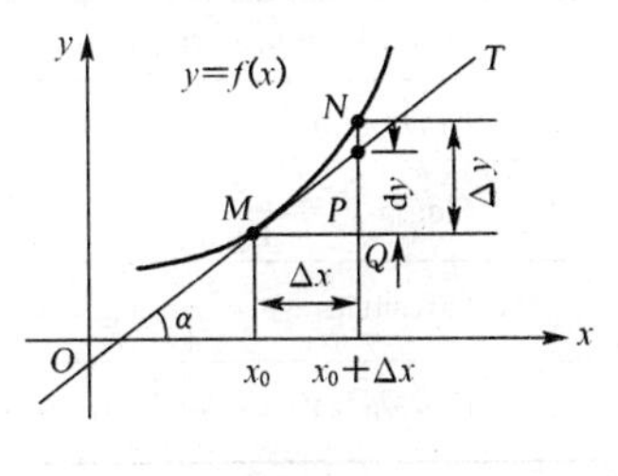

图 2-7

在直角坐标系中，函数 $y=f(x)$ 的图形是一条曲线，对应于 $x=x_0$，曲线上有一个确定的点 $M(x_0,\ y_0)$；对应于 $x=x_0+\Delta x$，曲线上有另一点 $N(x_0+\Delta x,\ y_0+\Delta y)$. 由图 2-7 看出

$$MQ=\Delta x,\quad QN=\Delta y,$$

再过点 M 作曲线的切线 MT，它的倾角为 α，在直角$\triangle MQP$ 中，

$$QP=MQ\tan\alpha=\Delta x f'(x_0)=\mathrm{d}y,$$

即

$$\mathrm{d}y=QP.$$

它表示曲线 $y=f(x)$ 在点 $M(x_0,\ y_0)$ 处切线的纵坐标的增量. 而

$$\Delta y=QN$$

则表示曲线在点 $M(x_0,\ y_0)$处纵坐标的增量.

比较 QN 与 QP 可知，当 $|\Delta x|$ 很小时，由于在点 M 的邻近处，切线与曲线十分接近，$|\Delta y-\mathrm{d}y|=|PN|$ 很小. 因此，从几何上看，用 $\mathrm{d}y$ 近似代替 Δy，就是在点 $M(x_0,\ y_0)$的邻近利用切线段 MP 近似代替曲线弧$\overset{\frown}{MN}$.

2.7.4 函数的微分公式与微分法则

从本节第二目可知，函数在某点处可微与可导是等价的. 由于函数的微分公式是

$$dy = f'(x)dx,$$

所以，可以直接从函数的导数公式和求导法则，推出相应的微分公式和微分法则.

1. 微分公式

以几个函数为例，与导数公式一起列表，如表 2-1 所示.

表 2-1

导 数 公 式	微 分 公 式
$(x^\mu)' = \mu x^{\mu-1}$	$d(x^\mu) = \mu x^{\mu-1}dx$
$(\sin x)' = \cos x$	$d(\sin x) = \cos xdx$
$(\cos x)' = -\sin x$	$d(\cos x) = -\sin xdx$
$(\tan x)' = \sec^2 x$	$d(\tan x) = \sec^2 xdx$
$(\cot x)' = -\csc^2 x$	$d(\cot x) = -\csc^2 xdx$
$(\sec x)' = \sec x\tan x$	$d(\sec x) = \sec x\tan xdx$
$(a^x)' = a^x\ln a$	$d(a^x) = a^x\ln adx$
$(\log_a x)' = \frac{1}{x\ln a}$	$d(\log_a x) = \frac{1}{x\ln a}dx$
$(\arcsin x)' = \frac{1}{\sqrt{1-x^2}}$	$d(\arcsin x) = \frac{1}{\sqrt{1-x^2}}dx$
$(\text{arccot}\, x)' = -\frac{1}{1+x^2}$	$d(\text{arccot}) = -\frac{1}{1+x^2}dx$

2. 函数的和、差、积、商的微分法则

为了便于对照，同时列出函数的和、差、积、商的求导法则，如表 2-2 所示. 其中，$u = u(x)$，$v = v(x)$ 都具有导数.

表 2-2

函数的和、差、积、商的求导法则	函数的和、差、积、商的微分法则
$(u \pm v)' = u' \pm v'$	$d(u \pm v) = du \pm dv$
$(Cu)' = Cu'$ (C 为常数)	$d(Cu) = Cdu$ (C 为常数)
$(uv)' = u'v + uv'$	$d(uv) = vdu + udv$
$\left(\frac{u}{v}\right)' = \frac{u'v - uv'}{v^2}$ $(v \neq 0)$	$d\left(\frac{u}{v}\right) = \frac{vdu - udv}{v^2}$ $(v \neq 0)$

现在我们仅对函数乘积的微分法则加以证明，其他法则都可以用类似方法证得. 根据微分的定义，有

$$d(uv) = (uv)'dx = (u'v + uv')dx = vu'dx + uv'dx = vdu + udv,$$

所以 $$d(uv)=v\mathrm{d}u+u\mathrm{d}v.$$

2.7.5 复合函数的微分法则与一阶微分形式不变性

根据复合函数的求导法则,可直接推出复合函数的微分法则.

设函数 $y=f[\varphi(x)]$ 是由可导函数 $y=f(u)$, $u=\varphi(x)$ 复合而成的复合函数,其导数为

$$\frac{\mathrm{d}y}{\mathrm{d}x}=\frac{\mathrm{d}y}{\mathrm{d}u}\cdot\frac{\mathrm{d}u}{\mathrm{d}x}=f'(u)\varphi'(x)=f'[\varphi(x)]\varphi'(x).$$

再根据微分的定义,便得到复合函数的微分公式:

$$\mathrm{d}y=f'(u)\varphi'(x)\mathrm{d}x \quad 或 \quad \mathrm{d}y=f'[\varphi(x)]\varphi'(x)\mathrm{d}x.$$

在上式中,由于 $\varphi'(x)\mathrm{d}x=\mathrm{d}u$, 所以,复合函数的微分公式也可以写成

$$\mathrm{d}y=f'(u)\mathrm{d}u.$$

上式表明,无论 u 是自变量还是中间变量, $y=f(u)$ 的微分 $\mathrm{d}y$ 总可以用 $f'(u)$ 与 $\mathrm{d}u$ 的乘积来表示. 这一性质称为**一阶微分形式不变性**.

例 4 $y=\mathrm{e}^{\sin x}$,求 $\mathrm{d}y$.

解 函数 $y=\mathrm{e}^{\sin x}$ 是由 $y=\mathrm{e}^u$, $u=\sin x$ 复合而成的复合函数,应用复合函数的微分法则,得

$$\mathrm{d}y=(\mathrm{e}^u)'(\sin x)'\mathrm{d}x=\mathrm{e}^u\cos x\mathrm{d}x=\mathrm{e}^{\sin x}\cos x\mathrm{d}x.$$

也可以应用微分形式不变性来计算,即

$$\mathrm{d}y=(\mathrm{e}^u)'\mathrm{d}u=\mathrm{e}^u\mathrm{d}u,$$

又因为 $$\mathrm{d}u=u'\mathrm{d}x=(\sin x)'\mathrm{d}x=\cos x\mathrm{d}x.$$

所以 $$\mathrm{d}y=\mathrm{e}^u\mathrm{d}u=\mathrm{e}^u\cos x\mathrm{d}x=\mathrm{e}^{\sin x}\cos x\mathrm{d}x.$$

也可以根据函数的微分公式 $\mathrm{d}y=y'\mathrm{d}x$, 先求出复合函数的导数,即 $y'=\mathrm{e}^{\sin x}\cos x$, 代入上式,即得

$$\mathrm{d}y=y'\mathrm{d}x=\mathrm{e}^{\sin x}\cos x\mathrm{d}x.$$

例 5 $y=\tan x\arctan x$,求 $\mathrm{d}y$.

解 应用函数乘积的微分法则,得

$$\begin{aligned}\mathrm{d}y&=\mathrm{d}(\tan x\arctan x)=\arctan x\,\mathrm{d}(\tan x)+\tan x\,\mathrm{d}(\arctan x)\\&=\arctan x\sec^2 x\mathrm{d}x+\frac{\tan x}{1+x^2}\mathrm{d}x=\left(\arctan x\sec^2 x+\frac{\tan x}{1+x^2}\right)\mathrm{d}x.\end{aligned}$$

例 6 在下列等式左端的括号中填入适当的函数,使等式成立.

(1) $d(\quad) = x^2 dx$；(2) $d(\quad) = \cos 2x dx$；(3) $d(\quad) = e^{\sqrt{x}} \cdot \frac{1}{\sqrt{x}} dx$.

解 (1) 我们知道 $d(x^3) = 3x^2 dx$,或写成$\frac{1}{3} d(x^3) = x^2 dx$,即得 $d\left(\frac{x^3}{3}\right) = x^2 dx$.

一般地,有 $d\left(\frac{x^3}{3} + C\right) = x^2 dx$ (C 为任意常数).

(2) 因为 $d(\sin 2x) = 2\cos 2x dx$,或写成$\frac{1}{2} d(\sin 2x) = \cos 2x dx$,即 $d\left(\frac{1}{2}\sin 2x\right) = \cos 2x dx$.

一般地,有 $d\left(\frac{1}{2}\sin 2x + C\right) = \cos 2x dx$ (C 为任意常数).

(3) 因为 $d(e^{\sqrt{x}}) = e^{\sqrt{x}} \frac{1}{2\sqrt{x}} dx$, 或写成 $2d(e^{\sqrt{x}}) = e^{\sqrt{x}} \frac{1}{\sqrt{x}} dx$, 即 $d(2e^{\sqrt{x}}) = e^{\sqrt{x}} \frac{1}{\sqrt{x}} dx$.

一般地,有 $d(2e^{\sqrt{x}} + C) = e^{\sqrt{x}} \frac{1}{\sqrt{x}} dx$ (C 为任意常数).

*2.7.6 微分在近似计算中的应用

在 2.7.2 节中,我们得到了可微函数的增量与微分之间的近似关系,即当 $|\Delta x|$ 很小且 $f'(x_0) \neq 0$ 时,有

$$\Delta y \approx dy,$$

即

$$\boxed{\Delta y = f(x_0 + \Delta x) - f(x_0) \approx f'(x_0)\Delta x.} \tag{2.40}$$

上式可以用来计算函数增量 Δy 的近似值.

如果把式(2.40)改写成

$$\boxed{f(x_0 + \Delta x) \approx f(x_0) + f'(x_0)\Delta x,} \tag{2.41}$$

则可以用来计算函数值 $f(x_0 + \Delta x)$ 的近似值.

在式(2.41)中,令 $x = x_0 + \Delta x$,则 $\Delta x = x - x_0$,式(2.41) 也可写成

$$\boxed{f(x) \approx f(x_0) + f'(x_0)(x - x_0).} \tag{2.42}$$

注意 (1) 利用以上近似公式作近似计算时,必须注意适当地选择 x_0,使得公式中的 $f(x_0)$及 $f'(x_0)$都较容易求得;同时要求 $|\Delta x|$ 比较小,以保证近似计算的误差尽量小.

(2) 作近似计算时,要根据计算的要求来确定究竟是采用函数增量还是采用函数值的近似计算公式.

例 7 用于研磨水泥原料用的铁球直径为 40 mm，使用一段时间以后，其直径缩小了 0.2 mm，试估计铁球体积减少了多少？

解 根据题目要求，这是求函数增量的近似值问题. 因为铁球的直径发生变化之后，铁球的体积也随之改变，所以就归结为计算球的体积函数 $V=\frac{4}{3}\pi R^3$ 的增量的近似值问题. V 对 R 的导数为

$$V'=\left(\frac{4}{3}\pi R^3\right)'=4\pi R^2.$$

因而有
$$\Delta V\approx V'\Delta R=4\pi R^2\Delta R.$$

故所求铁球的体积的改变量的近似值为

$$\Delta V\approx 4\pi R^2\Delta R\Big|_{\substack{R=20\\ \Delta R=-0.1}}\approx 4\times 3.14\times 20^2\times(-0.1)=-502.40(\mathrm{mm}^3).$$

负值表示球的体积减少.

例 8 计算 arctan 0.98 的近似值(精确到 0.000 1).

解 由于所求的是反正切函数值，所以设 $f(x)=\arctan x$，求导得 $f'(x)=\frac{1}{1+x^2}$，因为 $\arctan 0.98=\arctan(1-0.02)$，所以取 $x_0=1$，$\Delta x=-0.02$. 则 $f(x_0)=\arctan 1=\frac{\pi}{4}$，$f'(x_0)=\frac{1}{1+1^2}=\frac{1}{2}$. 这里，$f(1)$ 及 $f'(1)$ 都容易计算，并且 $|\Delta x|=|-0.02|$ 比较小，故可以应用公式(2.41)来计算，有

$$\arctan 0.98\approx\frac{\pi}{4}+\frac{1}{2}(-0.0200)\approx 0.78539-0.01000=0.7754(\mathrm{rad}).$$

下面来推导一些工程中常用的近似公式.

在公式(2.42)中，令 $x_0=0$，则有

$$\boxed{f(x)\approx f(0)+f'(0)x.} \tag{2.43}$$

应用公式(2.43)，当 $|x|$ 很小时，我们可以推出工程上常用的几个近似公式：

(Ⅰ) $\sqrt[n]{1+x}\approx 1+\frac{1}{n}x$； (Ⅱ) $e^x\approx 1+x$； (Ⅲ) $\ln(1+x)\approx x$；

(Ⅳ) $\sin x\approx x$ (x 用弧度单位)； (Ⅴ) $\tan x\approx x$ (x 用弧度单位).

证明 只证(Ⅰ).

(Ⅰ) 取 $f(x)=\sqrt[n]{1+x}$，则有 $f(0)=1$，$f'(0)=\frac{1}{n}(1+x)^{\frac{1}{n}-1}\Big|_{x=0}=\frac{1}{n}$. 将以上数值代入公式(2.43)，便得

$$\sqrt[n]{1+x}\approx 1+\frac{1}{n}x.$$

例 9 计算 $\sqrt{1.05}$ 的近似值(取 3 位小数).

解 $\sqrt{1.05}=\sqrt{1+0.05}=(1+0.05)^{\frac{1}{2}}$.

这里，数值 $x=0.05$ 较小，利用公式（Ⅰ）（$n=2$ 的情形），便得

$$\sqrt{1.05}\approx 1+\frac{1}{2}\times 0.05=1.025.$$

习题 2.7

1. 已知 $y=(x-1)^2$，计算在 $x=0$ 处，当 $\Delta x=\frac{1}{2}$ 时的 Δy 及 $\mathrm{d}y$.

2. 求函数的微分.

(1) $y=\frac{1}{x}+\sqrt{x}$；　(2) $y=x\cos 2x$；

(3) $y=\frac{x}{\sqrt{x^2+1}}$；　(4) $y=\frac{1}{\sqrt{\sin\sqrt{x}}}$；

(5) $y=\mathrm{e}^{\sqrt{1-x^2}}$；　(6) $y=\ln(\cos\sqrt{x})$；

(7) $y=\tan\frac{1}{1+x^2}$；　(8) $y=\arctan\frac{1+x}{x}$.

3. 将适当的函数填入下列括号内，使等式成立.

(1) $\mathrm{d}(\quad)=x\mathrm{d}x$；　(2) $\mathrm{d}(\quad)=\frac{1}{\sqrt{x}}\mathrm{d}x$；

(3) $\mathrm{d}(\quad)=\sin\omega x\,\mathrm{d}x$；　(4) $\mathrm{d}(\quad)=\sec^2 3x\,\mathrm{d}x$.

*4. 设扇形的圆心角 $\alpha=60^\circ$，半径 $R=100\text{ cm}$. 如果 R 不变，α 减少 $30'$，问扇形面积大约改变了多少？如果 α 不变，R 增加 1 cm，问扇形面积又大约改变了多少？

*5. 计算 $\tan 134^\circ$ 的近似值(取 4 位小数).

*6. 计算 $\arcsin 0.5003$ 的近似值(精确到 0.0001).

*7. 计算 $\sqrt[6]{65}$ 的近似值(取 4 位小数).

*8. 已知单摆的振动周期 $T=2\pi\sqrt{\frac{l}{g}}$，其中，$g=980\text{ cm/s}^2$，l 为摆长(单位：cm). 设原摆长为 20 cm，为使周期 T 增大 0.05 s，摆长约需加长多少？

答　案

1. $-\frac{3}{4}$；-1.

2. (1) $\mathrm{d}y=\left(\frac{1}{2\sqrt{x}}-\frac{1}{x}\right)\mathrm{d}x$；　(2) $\mathrm{d}y=(\cos 2x-2x\sin 2x)\mathrm{d}x$；

(3) $\mathrm{d}y=(x^2+1)^{-\frac{3}{2}}\mathrm{d}x$；　(4) $\mathrm{d}y=-\frac{\cos\sqrt{x}}{4\sqrt{x\sin^3\sqrt{x}}}\mathrm{d}x$；

(5) $\mathrm{d}y=\frac{-x\mathrm{e}^{\sqrt{1-x^2}}}{\sqrt{1-x^2}}\mathrm{d}x$；　(6) $\mathrm{d}y=-\frac{\tan\sqrt{x}}{2\sqrt{x}}\mathrm{d}x$；

(7) $\mathrm{d}y=-\frac{2x}{(1+x^2)^2}\sec^2\frac{1}{1+x^2}\mathrm{d}x$；　(8) $\mathrm{d}y=-\frac{1}{2x^2+2x+1}\mathrm{d}x$.

3. (1) $\frac{x^2}{2}+C$; (2) $2\sqrt{x}+C$; (3) $-\frac{1}{\omega}\cos\omega x+C$; (4) $\frac{1}{3}\tan 3x+C$.

4. 约减少 43.63 cm^2;约增加 104.72 cm^2.

5. $-1.034\,9$. 6. $0.524\,0$. 7. $2.005\,2$. 8. 约 2.228(cm).

复习题 2

(A)

1. 求函数的导数.

(1) $y=\frac{x\ln x}{1+x^3}$;

(2) $y=\arcsin\cos x$;

(3) $y=\sqrt{\arctan\frac{1}{x}}$;

(4) $y=e^{-x}\left(\arccos\frac{1}{x}\right)^2$;

(5) $y=a^{x^a}+x^{a^x}\quad(a>0,\ x>0)$;

(6) $y=\cos^2\left(\frac{1-\sqrt{x}}{1+\sqrt{x}}\right)$;

(7) $y=\ln\tan\frac{x}{2}-\cos x\ln\tan x$;

(8) $y=\frac{-\cos x}{2\sin^2 x}+\frac{1}{2}\ln\tan\frac{x}{2}$.

2. 求函数的二阶导数.

(1) $y=(1+x^2)\operatorname{arccot} x$;

(2) $y=\ln(x+\sqrt{1+x^2})$;

(3) $y=\frac{x}{e^x}$;

(4) $y=f(\sin^2 x)$,其中,$f(u)$ 二阶可导.

3. 已知曲线 $y=x^3+bx^2+cx$ 通过点$(-1,-4)$,且在横坐标 $x=1$ 的点处具有水平切线,求 b, c 及曲线方程.

4. 求隐函数的导数.

(1) $\cos(xy)=x+y$;

(2) $x^3+y^3-3axy=a^3$;

(3) $x^2+y^2=1+e^{xy}$;

(4) $y=\tan(x+y)$.

5. 求曲线 $x^5+2y-x-3xy=0$ 在对应 $x=0$ 的点处的切线方程和法线方程.

6. 求由参数方程所确定的函数的二阶导数.

(1) $\begin{cases}x=1-t^2,\\ y=t-t^3;\end{cases}$

(2) $\begin{cases}x=\sqrt{1-t^2},\\ y=\arcsin t;\end{cases}$

(3) $\begin{cases}x=4+\sin t,\\ y=t\cos t;\end{cases}$

(4) $\begin{cases}x=\ln(1+t^2),\\ y=2\arctan t-(1+t^2).\end{cases}$

7. 假设长方形两边之长分别用 x, y 表示,如果 x 边以 0.01 m/s 速率减少,y 边以 0.02 m/s 的速率增加,问在 $x=20$ m, $y=15$ m 时长方形面积 S 的变化速率、对角线 l 的变化速率各为多少?

8. 求曲线 $\begin{cases}x=\sin^3 t,\\ y=\cos^3 t\end{cases}$ 在对应 $t=\frac{\pi}{3}$ 的点处的切线方程和法线方程.

9. 设函数 $y=y(x)$ 由方程 $e^y+xy=e$ 所确定,求 $y''(0)$.

10. 讨论函数

$$f(x)=\begin{cases} x\sin\dfrac{1}{x}, & x\neq 0,\\ 0, & x=0\end{cases}$$

的连续性与可导性.

(B)

1. 选择题

(1) 已知函数 $f(x)$在点 x_0 处可导,且 $f'(x_0)=2$,则$\lim\limits_{h\to 0}\dfrac{h}{f(x_0-2h)-f(x_0)}=$ ( ).

(A) $\dfrac{1}{4}$ (B) $-\dfrac{1}{4}$ (C) $\dfrac{1}{2}$ (D) $-\dfrac{1}{2}$

(2) $f'_-(x_0)$和 $f'_+(x_0)$存在,且 $f'_-(x_0)=f'_+(x_0)$是 $f'(x_0)$ 存在的 ( ).

(A) 必要条件,但不是充分条件 (B) 充分条件,但不是必要条件

(C) 充要条件 (D) 既不是充分条件,也不是必要条件

(3) 下列命题中,正确的是 ( ).

(A) 函数 $f(x)$在 x_0 处可导,但不一定连续

(B) 函数 $f(x)$在 x_0 处连续,则一定可导

(C) 函数 $f(x)$在 x_0 处不可导,则一定不连续

(D) 函数 $f(x)$在 x_0 处不连续,则一定不可导

(4) 函数 $f(x)=|x|+1$ 在 $x=0$ 处 ( ).

(A) 不连续 (B) 可导

(C) 连续但不可导 (D) 无定义

(5) 设函数 $f(x)$是可微函数,则 $\mathrm{d}y$ ( ).

(A) 与 Δx 无关 (B) 为 Δx 的线性函数

(C) 当 $\Delta x\to 0$ 时,为 Δx 的高阶无穷小 (D) 与 Δx 为等价无穷小

2. 填空题

(1) 曲线 $y=\dfrac{1}{\sqrt{x}}$ 在点________ 处的切线与直线 $y=2x+3$ 垂直,在该点处的切线方程为______________,法线方程为______________;

(2) 设函数

$$f(x)=\begin{cases} x^2\sin\dfrac{1}{x}, & x\neq 0,\\ 0, & x=0,\end{cases}$$

则 $f'(0)=$________;

(3) 设 $y=x^{\pi}+\pi^{x}+\arctan\dfrac{1}{\pi}$,则 $y'\Big|_{x=1}=$________;

(4) 设方程 $\sin(x+y^2)+3xy=1$ 确定了 y 是 x 的函数,则 $\mathrm{d}y=$________;

(5) 设 $f(x)=x\varphi(x^2)$,其中,函数 $\varphi(u)$ 二阶可导,则 $f''(x)=$________.

答 案

(A)

1. (1) $\dfrac{1+x^3+(1-2x^3)\ln x}{(1+x^3)^2}$;　(2) $-\dfrac{\sin x}{|\sin x|}$;　(3) $\dfrac{1}{2(1+x^2)\sqrt{\arctan\dfrac{1}{x}}}$;

(4) $\mathrm{e}^{-x}\arccos\dfrac{1}{x}\left(\dfrac{2}{x\sqrt{x^2-1}}-\arccos\dfrac{1}{x}\right)$;　(5) $a\ln a a^{x^a}x^{a-1}+a^x x^{a^x}\left(\ln a\ln x+\dfrac{1}{x}\right)$;

(6) $\dfrac{1}{\sqrt{x}(1+\sqrt{x})^2}\sin 2\left(\dfrac{1-\sqrt{x}}{1+\sqrt{x}}\right)$;　(7) $\sin x\ln\tan x$;　(8) $\dfrac{1}{\sin^3 x}$.

2. (1) $2\operatorname{arccot} x-\dfrac{2x}{1+x^2}$;　(2) $-\dfrac{x}{\sqrt{(1+x^2)^3}}$;

(3) $\dfrac{x-2}{\mathrm{e}^x}$;　(4) $2\cos 2xf'(\sin^2 x)+\sin^2 2xf''(\sin^2 x)$.

3. $b=-2$, $c=1$,曲线方程 $y=x^3-2x^2+x$.

4. (1) $y'=-\dfrac{1+y\sin(xy)}{x\sin(xy)+1}$; (2) $y'=\dfrac{ay-x^2}{y^2-ax}$; (3) $y'=\dfrac{y\mathrm{e}^{xy}-2x}{2y-x\mathrm{e}^{xy}}$;

(4) $y'=-\csc^2(x+y)$.

5. 切线方程 $y=\dfrac{1}{2}x$,法线方程 $y=-2x$.

6. (1) $\dfrac{\mathrm{d}^2y}{\mathrm{d}x^2}=-\dfrac{3t^2+1}{4t^3}$;　(2) $\dfrac{\mathrm{d}^2y}{\mathrm{d}x^2}=-\dfrac{\sqrt{1-t^2}}{t^3}$;

(3) $\dfrac{\mathrm{d}^2y}{\mathrm{d}x^2}=-\dfrac{\sin t\cos t+t}{\cos^3 t}$;　(4) $\dfrac{\mathrm{d}^2y}{\mathrm{d}x^2}=-\dfrac{(1+t^2)(1+2t^3)}{2t^3}$.

7. $\dfrac{\mathrm{d}S}{\mathrm{d}t}=0.25(\mathrm{m}^2/\mathrm{s})$; $\dfrac{\mathrm{d}l}{\mathrm{d}t}=0.004(\mathrm{m}/\mathrm{s})$.

8. 切线方程 $y+\dfrac{\sqrt{3}}{3}x-\dfrac{1}{2}=0$,法线方程 $y-\sqrt{3}x+1=0$.

9. $y''=\dfrac{1}{\mathrm{e}^2}$.

10. 连续但在 $x=0$ 处不可导.

(B)

1. (1) (B); (2) (C); (3) (D); (4) (C); (5) (B).

2. (1) (1, 1), $y=-\dfrac{1}{2}x+\dfrac{3}{2}$, $y=2x-1$;　(2) 0;　(3) $\pi(1+\ln\pi)$;

(4) $-\dfrac{\cos(x+y^2)+3y}{2y\cos(x+y^2)+3x}\mathrm{d}x$;　(5) $6x\varphi'(x^2)+4x^3\varphi''(x^2)$.

第 3 章　中值定理与导数的应用

在第 2 章中，我们介绍了导数的概念及导数的计算方法. 本章将利用导数研究函数及曲线的性态，并讨论导数在一些实际问题中的应用. 本章首先介绍微分中值定理，这些定理是后面讨论的理论基础.

3.1　中 值 定 理

3.1.1　罗尔定理

罗尔定理　如果函数 $f(x)$满足以下条件：

(1) 在闭区间$[a, b]$上连续；

(2) 在开区间(a, b)内可导；

(3) 在区间两端点处的函数值相等，即 $f(a)=f(b)$. 那么，在(a, b)内至少存在一点 ξ，使得函数在该点的导数等于零，即

$$f'(\xi)=0 \quad (a<\xi<b). \tag{3.1}$$

定理证明从略. 我们仅考察定理的几何意义. 函数 $y=f(x)$ $(a \leqslant x \leqslant b)$ 的图形是一段曲线弧$\overparen{AB}$. 定理的三个条件表示曲线弧$\overparen{AB}$是连续的，除曲线的端点外处处有不垂直于 x 轴的切线且弦$\overline{AB}$是水平的(图 3-1). 定理的结论说明，在曲线弧$\overparen{AB}$上至少有一点$C(\xi, f(\xi))$(C不是端点)，曲线在点 C 处的切线平行于 x 轴.

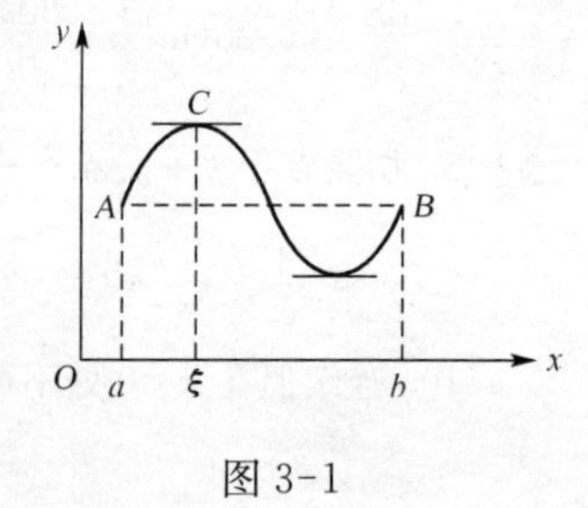

图 3-1

我们指出，罗尔定理中的三个条件只是定理结论成立的充分条件，而非必要条件. 即若三个条件都满足，则定理的结论必定成立；若定理的三个条件中有个别的不满足，则定理的结论可能成立，也可能不成立.

例如，函数

$$\varphi(x)=\begin{cases}\sin x, & 0 \leqslant x<\pi, \\ 1, & x=\pi\end{cases}$$

在$[0, \pi]$上不连续，不满足定理条件(1)；又因 $\varphi(0)=0 \neq \varphi(\pi)=1$，故也不满足定理条件(3). 但曲线在点$C$处却有水平切线(图 3-2(a))，这表明定理的结论成立，即存在

点 $\xi = \frac{\pi}{2} \in (0, \pi)$，使 $\varphi'(\xi) = 0$.

又如，函数 $\psi(x) = |x| = \begin{cases} -x, & -1 \leqslant x < 0, \\ x, & 0 \leqslant x \leqslant 1 \end{cases}$ 在 $[-1, 1]$ 上连续，但在点 $x = 0$ 处不可导，故不满足定理的条件(2). 由图 3-2(b)显见，它没有水平切线，即定理的结论不成立.

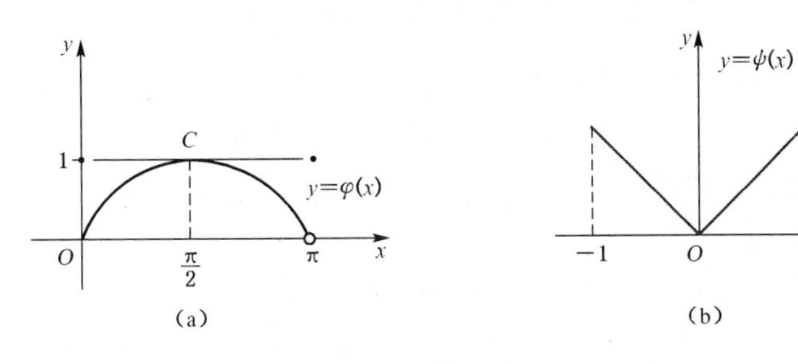

图 3-2

例 1 验证罗尔定理对于函数 $f(x) = \ln\sin x$ 在区间 $\left[\frac{\pi}{6}, \frac{5}{6}\pi\right]$ 上的正确性.

证明 因 $f(x) = \ln\sin x$ 是初等函数，它在有定义的区间 $\left[\frac{\pi}{6}, \frac{5}{6}\pi\right]$ 上连续，且在 $\left(\frac{\pi}{6}, \frac{5}{6}\pi\right)$ 内，有 $f'(x) = (\ln\sin x)' = \frac{\cos x}{\sin x} = \cot x$ 存在，即 $f(x)$ 在该区间内可导；又，$f\left(\frac{\pi}{6}\right) = f\left(\frac{5}{6}\pi\right) = -\ln 2$，所以，$f(x)$ 满足罗尔定理的三个条件.

令 $f'(x) = \cot x = 0$，在 $\left(\frac{\pi}{6}, \frac{5}{6}\pi\right)$ 内解得 $x = \frac{\pi}{2}$，故可取 $\xi = \frac{\pi}{2} \in \left(\frac{\pi}{6}, \frac{5}{6}\pi\right)$，使得 $f'(\xi) = 0$，即定理的结论成立.

例 2 设 $f(x) = x^2 - 3x + 2$. 不用求导数的方法，说明方程 $f'(x) = 0$ 在区间 $(1, 2)$ 内一定有一个实根.

解 由于多项式函数 $f(x) = x^2 - 3x + 2 = (x-1)(x-2)$ 处处可导，所以满足罗尔定理的前两个条件；又，$f(1) = f(2) = 0$，于是，$f(x)$ 在 $[1, 2]$ 上满足罗尔定理条件. 由定理的结论知，在 $(1, 2)$ 内至少存在一点 ξ，使 $f'(\xi) = 0$. 所以，$x = \xi$ 就是方程 $f'(x) = 0$ 的根. 又因 $f'(x) = 0$ 是一次方程，所以，$x = \xi$ 是方程 $f'(x) = 0$ 的唯一实根.

3.1.2 拉格朗日中值定理

拉格朗日中值定理 如果函数 $f(x)$ 满足以下条件：

(1) 在闭区间 $[a, b]$ 上连续；

(2) 在开区间 (a, b) 内可导，

那么，在区间(a, b)内至少有一点$\xi(a<\xi<b)$，使等式

$$\frac{f(b)-f(a)}{b-a}=f'(\xi) \quad \text{或} \quad f(b)-f(a)=f'(\xi)(b-a) \tag{3.2}$$

成立.

定理证明从略. 从图 3-3 可以看到，公式(3.2)的前式中，左边$\dfrac{f(b)-f(a)}{b-a}$是弦$\overline{AB}$的斜率，右边$f'(\xi)$是曲线弧$\widehat{AB}$在点$C(\xi, f(\xi))$处的切线的斜率. 因此，该定理的几何意义是：如果曲线弧$\widehat{AB}$是连续的，且除端点外处处有不垂直于x轴的切线，那么在曲线上至少有一点C，曲线在C点处的切线与弦$\overline{AB}$平行.

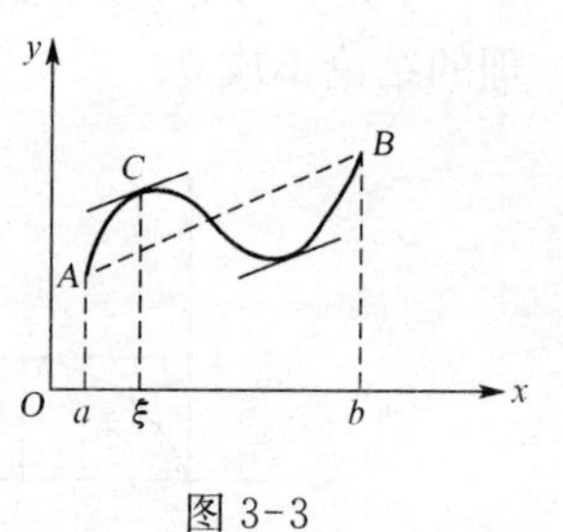

图 3-3

在拉格朗日中值定理中，若$f(a)=f(b)$，则定理的结论就变成$f'(\xi)=0$，这恰好是罗尔定理的结论. 所以罗尔定理是拉格朗日中值定理的特殊情形.

我们知道，如果函数$f(x)$在某个区间上是一个常数，则$f(x)$在该区间上的导数恒为零. 那么，它的逆命题是否成立呢？下面的推论将给予肯定的回答.

推论 如果函数$f(x)$在区间(a, b)内的导数恒为零，那么，$f(x)$在区间(a, b)内是一个常数.

证明 在(a, b)内任取两点x_1和$x_2(x_1<x_2)$，由于$f(x)$在(a, b)内可导，所以，$f(x)$在区间$[x_1, x_2]$上满足拉格朗日中值定理的条件，由公式(3.2)得

$$\frac{f(x_2)-f(x_1)}{x_2-x_1}=f'(\xi) \quad (x_1<\xi<x_2).$$

又因在(a, b)内，$f'(x)=0$，故有$f'(\xi)=0$. 由上式可得$f(x_2)-f(x_1)=0$，即$f(x_2)=f(x_1)$. 由于x_1与x_2在(a, b)内选取的任意性，这就表明，在区间(a, b)内任意两点处的函数值都相等，即$f(x)$在(a, b)内是常数，证毕.

例 3 证明$|\sin x-\sin y|\leqslant|x-y|$.

分析 我们将$\sin x-\sin y$看成是函数$f(t)=\sin t$在$t=x$与$t=y$两点函数值的差. 由此想到对函数$f(t)=\sin t$在$t=x$与$t=y$之间应用拉格朗日中值定理.

证明 由于函数$f(t)=\sin t$处处可导，所以，它在$t=x$与$t=y$之间满足拉格朗日中值定理的条件，由定理的结论得

$$\sin x-\sin y=(\sin t)'\Big|_{t=\xi}(x-y) \quad (\xi\text{在}x\text{与}y\text{之间}),$$

即

$$\sin x-\sin y=\cos\xi\cdot(x-y).$$

从而有

$$|\sin x-\sin y|=|\cos\xi|\cdot|x-y|\leqslant|x-y|.$$

例 4 设$x>0$，证明$\dfrac{x}{1+x}<\ln(1+x)<x$.

分析 因为 $\ln(1+x)=\ln(1+x)-\ln 1$，所以，它可以被看成函数 $f(t)=\ln t$ 在区间 $[1,\ 1+x]$ 上的增量，此时，自变量的增量为 $(1+x)-1=x$. 故可对函数 $f(t)=\ln t$ 在区间 $[1,\ 1+x]$ 上使用拉格朗日中值定理.

证明 由于当 $t>0$ 时函数 $f(t)=\ln t$ 可导，所以，它在区间 $[1,\ 1+x]$ 上满足拉格朗日中值定理的条件. 由定理的结论得

$$\ln(1+x)=\ln(1+x)-\ln 1=(\ln t)'\Big|_{t=\xi}[(1+x)-1],$$

即
$$\ln(1+x)=\frac{x}{\xi}\qquad(1<\xi<1+x).$$

由 $1<\xi<1+x$ 各项取倒数，可推得 $\frac{1}{1+x}<\frac{1}{\xi}<1$. 又因 $x>0$，所以有

$$\frac{x}{1+x}<\frac{x}{\xi}<x,\quad 即\quad \frac{x}{1+x}<\ln(1+x)<x.$$

3.1.3 柯西中值定理

我们知道，拉格朗日中值定理的几何意义是：如果在连续曲线 $y=f(x)$ 在除端点外处处有不垂直于 x 轴的切线，那么，曲线上至少有一点 C，使曲线在点 C 处的切线平行于连接曲线两端点的弦 $\overline{AB}$（图 3-3）. 如果曲线的方程以参数方程

$$\begin{cases}X=F(x),\\ Y=f(x)\end{cases}\quad(a\leqslant x\leqslant b)$$

给出. 那么，弦 $\overline{AB}$ 的斜率为

$$\frac{f(b)-f(a)}{F(b)-F(a)}.$$

由参数式函数的导数公式知，曲线在点 $(X,\ Y)$ 处的切线的斜率为

$$\frac{\mathrm{d}Y}{\mathrm{d}X}=\frac{f'(x)}{F'(x)}.$$

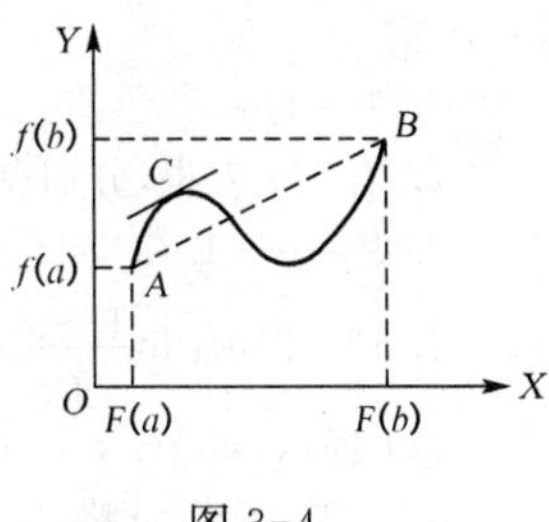

图 3-4

假定与点 C 对应的参数为 $x=\xi$，于是曲线在点 C 处的切线平行于弦 $\overline{AB}$（图 3-4），可表示为

$$\frac{f(b)-f(a)}{F(b)-F(a)}=\frac{f'(\xi)}{F'(\xi)}.$$

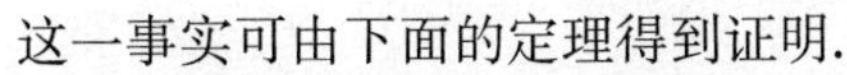
这一事实可由下面的定理得到证明.

柯西中值定理 如果函数 $f(x)$ 和 $F(x)$ 满足以下条件：

(1) 在闭区间 $[a,\ b]$ 上连续；

(2) 在开区间(a, b)内可导,且$F'(x) \neq 0$,

则在(a, b)内至少有一点ξ,使等式

$$\frac{f(b)-f(a)}{F(b)-F(a)}=\frac{f'(\xi)}{F'(\xi)} \tag{3.3}$$

成立.

定理证明从略.在柯西中值定理中,如果令$F(x)=x$,那么可得出拉格朗日中值定理,因此,拉格朗日中值定理是柯西中值定理的特殊情形.

习题 3.1

1. 验证函数$f(x)=x^2-2x-3$在区间$[-1, 3]$上满足罗尔定理的条件,并求定理结论中的数值ξ.

2. 不求出函数$f(x)=(x-1)(x-2)(x-3)(x-4)$的导数,试说明方程$f'(x)=0$有几个实根,并指出它们所在的区间.

3. 验证函数$f(x)=\ln x$在区间$[1, \mathrm{e}]$上满足拉格朗日中值定理的条件,并求定理结论中的数值ξ.

4. 利用拉格朗日中值定理证明不等式.

(1) $\dfrac{1}{1+x}<\ln\dfrac{1+x}{x}<\dfrac{1}{x}\quad(x>0)$;

(2) $na^{n-1}(b-a)<b^n-a^n<nb^{n-1}(b-a)\quad(0<a<b, n>1)$.

5. 证明恒等式$\arcsin x+\arccos x=\dfrac{\pi}{2}\quad(-1\leqslant x\leqslant 1)$.

6. 设$f(x)=\ln x$,证明拉格朗日中值公式:

$$f(x+\Delta x)-f(x)=f'(x+\theta\Delta x)\Delta x\quad(0<\theta<1)$$

中的θ为

$$\theta=\frac{1}{\ln(x+\Delta x)-\ln x}-\frac{x}{\Delta x}.$$

答　案

1. $\xi=1$.

2. 有三个实根,分别在区间$(1, 2)$, $(2, 3)$, $(3, 4)$内.

3. $\xi=\mathrm{e}-1$.

4. (1) 提示:$\ln\dfrac{1+x}{x}=\ln(1+x)-\ln x$,令$f(t)=\ln t$在$[x, 1+x]$上用拉格朗日中值定理.

(2) 提示:对$f(x)=x^n$在$[a, b]$上用拉格朗日中值定理.

5. 证略.　6. 证略.

3.2　洛必达法则

如果函数$\dfrac{f(x)}{F(x)}$当$x\to a$(或$x\to\infty$)时,其分子、分母都趋于零或都趋于无穷大,

那么,极限 $\lim\limits_{\substack{x\to a \\ (x\to\infty)}} \dfrac{f(x)}{F(x)}$ 可能存在,也可能不存在,通常称这类极限为**未定式**,分别用记号$\dfrac{0}{0}$或$\dfrac{\infty}{\infty}$表示. 在第 1 章中讨论过的重要极限$\lim\limits_{x\to 0}\dfrac{\sin x}{x}$,就是$\dfrac{0}{0}$型的未定式. 这类极限是不能用商的极限法则进行计算的(为什么?). 本节将根据柯西中值定理来推出计算这类极限的一种简便而又重要的方法——洛必达(L'Hospital)[①]法则.

3.2.1 $\dfrac{0}{0}$和$\dfrac{\infty}{\infty}$型未定式的洛必达法则

下面给出当 $x\to a$ 时计算$\dfrac{0}{0}$ 未定式的洛必达法则.

定理 如果函数 $f(x)$和 $F(x)$满足以下条件:

(1) $\lim\limits_{x\to a} f(x) = 0$, $\lim\limits_{x\to a} F(x) = 0$;

(2) 在点 a 的某领域内(点 a 本身可以除外) 可导,且 $F'(x) \neq 0$;

(3) $\lim\limits_{x\to a} \dfrac{f'(x)}{F'(x)}$ 存在(或为无穷大),那么

$$\lim_{x\to a} \frac{f(x)}{F(x)} = \lim_{x\to a} \frac{f'(x)}{F'(x)}. \tag{3.4}$$

这就是说,当 $\lim\limits_{x\to a} \dfrac{f'(x)}{F'(x)}$ 存在时,原极限$\lim\limits_{x\to a} \dfrac{f(x)}{F(x)}$ 也存在且等于$\lim\limits_{x\to a} \dfrac{f'(x)}{F'(x)}$;当$\lim\limits_{x\to a} \dfrac{f'(x)}{F'(x)}$ 为无穷大时,原极限$\lim\limits_{x\to a} \dfrac{f(x)}{F(x)}$ 也是无穷大.

分析 定理的结论要求把两个函数之比与它们的导数之比联系起来. 由此,我们联想到柯西中值定理. 为了应用柯西中值定理,我们要补充 $f(x)$和 $F(x)$在 $x = a$ 处的定义,使它们在 $x=a$ 处连续.

证明 令 $f(a) = F(a) = 0$. 由定理的条件(1)、(2) 知,$f(x)$ 和 $F(x)$ 在点 a 的某一邻域内是连续且可导(a 点的可导性除外) 的. 又因 $F'(x) \neq 0$,所以,在以 a 为端点包含在该邻域内的闭区间$[a, x]$ 或$[x, a]$ 上,$f(x)$ 和 $F(x)$ 满足柯西中值定理的条件. 因此有

$$\frac{f(x)}{F(x)} = \frac{f(x) - f(a)}{F(x) - F(a)} = \frac{f'(\xi)}{F'(\xi)} \quad (\xi \text{ 在 } x \text{ 与 } a \text{ 之间}).$$

令 $x\to a$,并对上式两端求极限,注意到 $x\to a$ 时 $\xi\to a$,再由定理的条件(3) 即可得到

$$\lim_{x\to a} \frac{f(x)}{F(x)} = \lim_{\xi\to a} \frac{f'(\xi)}{F'(\xi)} = \lim_{x\to a} \frac{f'(x)}{F'(x)}.$$

从而证得公式(3.4)成立.

---

① "洛必达"为法语 L'Hospital 的译音.

例 1 求$\lim\limits_{x\to\frac{\pi}{2}}\dfrac{\cos x}{x-\frac{\pi}{2}}$.

解 这是$\dfrac{0}{0}$型未定式,由洛必达法则得

$$\lim_{x\to\frac{\pi}{2}}\frac{\cos x}{x-\frac{\pi}{2}}=\lim_{x\to\frac{\pi}{2}}\frac{-\sin x}{1}=-1.$$

例 2 求$\lim\limits_{x\to 0}\dfrac{\ln(1+x)}{x^2}$.

解 这是$\dfrac{0}{0}$型未定式,由洛必达法则得

$$\lim_{x\to 0}\frac{\ln(1+x)}{x^2}=\lim_{x\to 0}\frac{\frac{1}{1+x}}{2x}=\lim_{x\to 0}\frac{1}{2x(1+x)}=\infty.$$

通常在用洛必达法则之前,只要验证所求的极限是否为未定式,而洛必达法则的后两个条件在具体求导和求极限时可以得到验证,故不必另外说明.

有时计算未定式,要重复几次应用洛必达法则方能得出结果.但每次应用洛必达法则之前,必须验明所求的极限确实是未定式时,才可使用此法则.下面举例说明.

例 3 求$\lim\limits_{x\to 2}\dfrac{x^3-x^2-8x+12}{6x^2-24x+24}$.

解 $\lim\limits_{x\to 2}\dfrac{x^3-x^2-8x+12}{6x^2-24x+24}\overset{\frac{0}{0}①}{=\!=}\lim\limits_{x\to 2}\dfrac{3x^2-2x-8}{12x-24}\overset{\frac{0}{0}}{=\!=}\lim\limits_{x\to 2}\dfrac{6x-2}{12}=\dfrac{5}{6}$.

例 4 求$\lim\limits_{x\to 0}\dfrac{e^x-e^{-x}-2x}{x-\sin x}$.

解 $\lim\limits_{x\to 0}\dfrac{e^x-e^{-x}-2x}{x-\sin x}\overset{\frac{0}{0}}{=\!=}\lim\limits_{x\to 0}\dfrac{e^x+e^{-x}-2}{1-\cos x}\overset{\frac{0}{0}}{=\!=}\lim\limits_{x\to 0}\dfrac{e^x-e^{-x}}{\sin x}$

$$\overset{\frac{0}{0}}{=\!=}\lim_{x\to 0}\frac{e^x+e^{-x}}{\cos x}=2.$$

注意 极限$\lim\limits_{x\to 0}\dfrac{e^x+e^{-x}}{\cos x}$不是$\dfrac{0}{0}$型的未定式,不能再用洛必达法则.

上述定理是关于$x\to a$时,未定式$\dfrac{0}{0}$的洛必达法则.此外,类似地还有当$x\to\infty$

---

① 前后两个极限等式间的记号$\dfrac{0}{0}$表示前一个极限是$\dfrac{0}{0}$型未定式,而后一个极限是对前一个极限应用洛必达法则的结果.以下类同.

时，未定式$\frac{0}{0}$的洛必达法则及当$x\to a$（或$x\to\infty$）时，未定式$\frac{\infty}{\infty}$的洛必达法则. 这里不再叙述，仅举例说明.

例 5 求$\lim\limits_{x\to\infty}\dfrac{\ln\left(1+\dfrac{m}{x}\right)}{\sin\dfrac{1}{x}}$（$m$为常数）.

解法 1 $$\lim_{x\to\infty}\frac{\ln\left(1+\dfrac{m}{x}\right)}{\sin\dfrac{1}{x}}\overset{\frac{0}{0}}{=\!=}\lim_{x\to\infty}\frac{\dfrac{1}{1+\dfrac{m}{x}}\left(-\dfrac{m}{x^2}\right)}{\cos\dfrac{1}{x}\left(-\dfrac{1}{x^2}\right)}=\lim_{x\to\infty}\frac{m}{\left(1+\dfrac{m}{x}\right)\cos\dfrac{1}{x}}=m.$$

解法 2 令$t=\dfrac{1}{x}$，则当$x\to\infty$时，$t\to 0$. 于是

$$\text{原式}=\lim_{t\to 0}\frac{\ln(1+mt)}{\sin t}\overset{\frac{0}{0}}{=\!=}\lim_{t\to 0}\frac{\dfrac{m}{1+mt}}{\cos t}=m.$$

例 6 求$\lim\limits_{x\to 0^+}\dfrac{\ln\cot x}{\ln x}$.

解 $$\lim_{x\to 0^+}\frac{\ln\cot x}{\ln x}\overset{\frac{\infty}{\infty}}{=\!=}\lim_{x\to 0^+}\frac{\dfrac{1}{\cot x}(-\csc^2 x)}{\dfrac{1}{x}}=\lim_{x\to 0^+}\frac{-x}{\sin x\cos x}$$

$$=-\lim_{x\to 0^+}\frac{x}{\sin x}\lim_{x\to 0^+}\frac{1}{\cos x}=-1.$$

例 7 求$\lim\limits_{x\to+\infty}\dfrac{\ln x}{x^n}$（$n>0$）.

解 $$\lim_{x\to+\infty}\frac{\ln x}{x^n}\overset{\frac{\infty}{\infty}}{=\!=}\lim_{x\to\infty}\frac{\dfrac{1}{x}}{nx^{n-1}}=\lim_{x\to+\infty}\frac{1}{nx^n}=0.$$

例 8 求$\lim\limits_{x\to+\infty}\dfrac{x^n}{e^{\lambda x}}$（$n>0$，$\lambda>0$）.

解 当n为正整数时，相继应用洛必达法则n次，得

$$\lim_{x\to+\infty}\frac{x^n}{e^{\lambda x}}\overset{\frac{\infty}{\infty}}{=\!=}\lim_{x\to+\infty}\frac{nx^{n-1}}{\lambda e^{\lambda x}}\overset{\frac{\infty}{\infty}}{=\!=}\lim_{x\to+\infty}\frac{n(n-1)x^{n-2}}{\lambda^2 e^{\lambda x}}=\cdots=\lim_{x\to+\infty}\frac{n!}{\lambda^n e^{\lambda x}}=0.$$

当n不是正整数时，总可找到正整数N，使$N-1<n<N$. 从而有

$$\frac{x^{N-1}}{e^{\lambda x}}<\frac{x^n}{e^{\lambda x}}<\frac{x^N}{e^{\lambda x}}.$$

对上式令 $x\to+\infty$ 时取极限，由极限的夹逼准则可得 $\lim\limits_{x\to+\infty}\dfrac{x^n}{e^{\lambda x}}=0$.

例 7 及例 8 表明，当 $x\to+\infty$ 时，幂函数 $x^n(n>0)$ 比对数函数 $\ln x$ 的增大速度要快得多，而指数函数 $e^{\lambda x}(\lambda>0)$ 又比幂函数 $x^n(n>0)$ 的增大速度要快得多.

3.2.2 其他未定式的计算

除了以上的 $\dfrac{0}{0}$ 和 $\dfrac{\infty}{\infty}$ 型的未定式之外，还有其他的未定式，如 $0\cdot\infty$，$\infty-\infty$，0^0，1^∞，∞^0 等. 对这些未定式，不能直接应用洛必达法则. 通常要通过恒等变形或取对数等方法，将其归结为 $\dfrac{0}{0}$ 或 $\dfrac{\infty}{\infty}$ 型的未定式，然后再用洛必达法则进行计算. 下面举例说明.

例 9 求 $\lim\limits_{x\to+\infty}x\left(\dfrac{\pi}{2}-\arctan x\right)$.

解 这是 $0\cdot\infty$ 型的未定式，可先变形得

$$\lim_{x\to+\infty}x\left(\frac{\pi}{2}-\arctan x\right)=\lim_{x\to+\infty}\frac{\frac{\pi}{2}-\arctan x}{\frac{1}{x}}\overset{\frac{0}{0}}{=\!=}\lim_{x\to+\infty}\frac{-\frac{1}{1+x^2}}{-\frac{1}{x^2}}$$

$$=\lim_{x\to+\infty}\frac{x^2}{1+x^2}=1.$$

例 10 求 $\lim\limits_{x\to\frac{\pi}{2}}(\sec x-\tan x)$.

解 这是 $\infty-\infty$ 型的未定式，可先通分变形得

$$\lim_{x\to\frac{\pi}{2}}(\sec x-\tan x)=\lim_{x\to\frac{\pi}{2}}\left(\frac{1}{\cos x}-\frac{\sin x}{\cos x}\right)=\lim_{x\to\frac{\pi}{2}}\frac{1-\sin x}{\cos x}\overset{\frac{0}{0}}{=\!=}\lim_{x\to\frac{\pi}{2}}\frac{-\cos x}{-\sin x}=0.$$

例 11 求 $\lim\limits_{x\to0^+}x^{\sin x}$.

解 这是 0^0 型的未定式，设 $y=x^{\sin x}$，两边取对数，得

$$\ln y=\ln x^{\sin x}=\sin x\ln x=\frac{\ln x}{\csc x}.$$

当 $x\to0^+$ 时，上式右端的分子、分母都趋于无穷大，所以，可先用洛必达法则计算 $\lim\limits_{x\to0^+}\ln y$.

$$\lim_{x\to0^+}\ln y=\lim_{x\to0^+}\frac{\ln x}{\csc x}\overset{\frac{\infty}{\infty}}{=\!=}\lim_{x\to0^+}\frac{\frac{1}{x}}{-\csc x\cot x}=\lim_{x\to0^+}\frac{-\sin x\tan x}{x}$$

$$=-\lim_{x\to0^+}\frac{\sin x}{x}\lim_{x\to0^+}\tan x=0.$$

又因 $y=e^{\ln y}$，所以

$$\lim_{x\to0^+}x^{\sin x}=\lim_{x\to0^+}y=\lim_{x\to0^+}e^{\ln y}=e^{\lim\limits_{x\to0^+}\ln y}=e^0=1.$$

例 12 求 $\lim\limits_{x\to0}(1-\sin 2x)^{\frac{1}{x}}$.

解 这是 1^∞ 型的未定式. 设 $y=(1-\sin 2x)^{\frac{1}{x}}$，两边取对数，得

$$\ln y=\frac{1}{x}\ln(1-\sin 2x)=\frac{\ln(1-\sin 2x)}{x}.$$

先求 $\ln y$ 的极限.

$$\lim_{x\to0}\ln y=\lim_{x\to0}\frac{\ln(1-\sin 2x)}{x}\overset{\frac{0}{0}}{=\!=}\lim_{x\to0}\frac{-\frac{2\cos 2x}{1-\sin 2x}}{1}=-2.$$

所以 $$\lim_{x\to0}(1-\sin 2x)^{\frac{1}{x}}=\lim_{x\to0}y=\lim_{x\to0}e^{\ln y}=e^{\lim\limits_{x\to0^+}\ln y}=e^{-2}.$$

例 13 求 $\lim\limits_{x\to0^+}(\cot x)^x$.

解 这是 ∞^0 型的未定式. 设 $y=(\cot x)^x$，两边取对数，得

$$\ln y=\ln(\cot x)^x=x\ln\cot x=\frac{\ln\cot x}{\frac{1}{x}}.$$

当 $x\to0^+$ 时，上式右端的分子、分母都趋于无穷大，所以可先求 $\ln y$ 的极限.

$$\begin{aligned}\lim_{x\to0^+}\ln y&=\lim_{x\to0^+}\frac{\ln\cot x}{\frac{1}{x}}\overset{\frac{\infty}{\infty}}{=\!=}\lim_{x\to0^+}\frac{\frac{1}{\cot x}(-\csc^2 x)}{-\frac{1}{x^2}}\\&=\lim_{x\to0^+}\frac{x^2}{\cos x\sin x}=\lim_{x\to0^+}\frac{x^2}{x\cos x}=\lim_{x\to0^+}\frac{x}{\cos x}=0.\end{aligned}$$

又 $y=e^{\ln y}$，于是

$$\begin{aligned}\lim_{x\to0^+}(\cot x)^{\frac{1}{x}}&=\lim_{x\to0^+}y=\lim_{x\to0^+}e^{\ln y}=e^{\lim\limits_{x\to0^+}\ln y}\\&=e^0=1.\end{aligned}$$

例 13 中，极限 $\lim\limits_{x\to0^+}\frac{x^2}{\cos x\sin x}$ 虽然是“$\frac{0}{0}$”型未定式，但我们并没有继续用洛必达法则，而是用等价无穷小代换，化简后直接求出极限. 在求极限的过程中，若能用第 1 章中所介绍的方法，如等价无穷小代换和重要极限等，则应尽量使用这些方法，这样可以简化运算.

例 14 求 $\lim\limits_{x\to+\infty}\frac{x}{x+\sin x}$.

解 这是$\frac{\infty}{\infty}$型的未定式. 若用洛必达法则,则有

$$\lim_{x\to\infty}\frac{x}{x+\sin x}=\lim_{x\to\infty}\frac{1}{1+\cos x}.$$

由于上式右端的极限不存在,此时,洛必达法则的条件(3)不满足,因此,洛必达法则失效,但不能由此推出原极限不存在. 因为洛必达法则的三个条件只是使结论成立的充分条件,并非必要条件. 事实上,

$$\lim_{x\to\infty}\frac{x}{x+\sin x}=\lim_{x\to\infty}\frac{1}{1+\frac{\sin x}{x}}.$$

由于当 $x\to\infty$时,$\frac{\sin x}{x}$是无穷小量$\frac{1}{x}$与有界函数 $\sin x$ 之积,因而是无穷小. 所以

$$\lim_{x\to+\infty}\frac{x}{x+\sin x}=1.$$

习题 3.2

1. 用洛必达法则求极限.

(1) $\lim\limits_{x\to1}\frac{x-6x^6+5x^7}{(1-x)^2}$; (2) $\lim\limits_{x\to0}\frac{\sin x-x\cos x}{\sin^3 x}$; (3) $\lim\limits_{x\to a}\frac{x^m-a^m}{x^n-a^n}\ (a>0)$;

(4) $\lim\limits_{x\to0}\frac{a^x-b^x}{x}\ (a>0,\ b>0)$; (5) $\lim\limits_{x\to0^+}\frac{\ln\sin 3x}{\ln\sin x}$; (6) $\lim\limits_{x\to+\infty}\frac{\ln(1+xe^{2x})}{x^2}$;

(7) $\lim\limits_{x\to1}\left(\frac{1}{\ln x}-\frac{1}{x-1}\right)$; (8) $\lim\limits_{x\to0}\left(\frac{1}{x}-\frac{1}{e^x-1}\right)$; (9) $\lim\limits_{x\to0}x\cot 2x$;

(10) $\lim\limits_{x\to\infty}x(e^{\frac{1}{x}}-1)$; (11) $\lim\limits_{x\to0^+}x^{\tan x}$; (12) $\lim\limits_{x\to\infty}\left(\cos\frac{2}{x}\right)^{x^2}$;

(13) $\lim\limits_{x\to\frac{\pi}{2}}\frac{\cot 2x}{\sec x}$; (14) $\lim\limits_{x\to0^+}\left(\frac{1}{x}\right)^{\tan x}$.

2. 验证极限 $\lim\limits_{x\to\infty}\frac{x+\sin x}{\cos x-x}$ 存在,但不能用洛必达法则计算.

3. 设函数 $f(x)$在点 x_0 处有二阶连续导数,求证

$$\lim_{h\to0}\frac{f(x_0+h)+f(x_0-h)-2f(x_0)}{h^2}=f''(x_0).$$

答 案

1. (1) 15; (2) $\frac{1}{3}$; (3) $\frac{m}{n}a^{m-n}$; (4) $\ln\frac{a}{b}$; (5) 1; (6) 0; (7) $\frac{1}{2}$;

(8) $\frac{1}{2}$; (9) $\frac{1}{2}$; (10) 1; (11) 1; (12) e^{-2}; (13) $-\frac{1}{2}$; (14) 1.

2. 极限存在且等于-1;但不能用洛必达法则计算(参看例 14).

3. 证略.(提示:利用洛必达法则求极限,再用二阶导数的定义证.)

3.3 函数单调性的判别法

第1章中,介绍了函数单调性的定义,并知道如果函数 $y = f(x)$ 在某个区间单调增加(减少),那么,它的图形是一条随 x 的增大而上升(下降)的曲线(图3-5).曲线上各点处的切线的斜率非负(非正),即 $f'(x) \geqslant 0$ ($f'(x) \leqslant 0$).

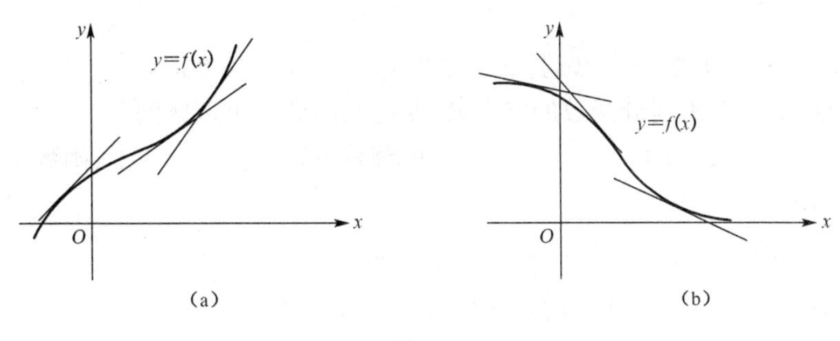

图 3-5

简单地说,若函数在区间上是单调的,则它的导数的符号是确定的.反之,我们也能用导数的符号来判定函数的单调性.

定理(函数单调性的判定法) 设函数 $y = f(x)$ 在$[a, b]$上连续,在(a, b)内可导,则有

(1) 如果在(a, b)内 $f'(x) > 0$,那么,函数 $y = f(x)$ 在$[a, b]$上单调增加;

(2) 如果在(a, b)内 $f'(x) < 0$,那么,函数 $y = f(x)$ 在$[a, b]$上单调减少.

证明 在$[a, b]$上任取两点 x_1 和 x_2(不防设 $x_1 < x_2$),由于 $f(x)$在$[x_1, x_2]$上连续,在(x_1, x_2)内可导,应用拉格朗日中值定理,有

$$f(x_2) - f(x_1) = f'(\xi)(x_2 - x_1) \quad (x_1 < \xi < x_2).$$

上式中,已知 $x_2 - x_1 > 0$,因在(a, b)内 $f'(x) > 0$,故一定有 $f'(\xi) > 0$,于是

$$f(x_2) - f(x_1) = f'(\xi)(x_2 - x_1) > 0,$$

即

$$f(x_1) < f(x_2).$$

由于 x_1, x_2 是区间$[a, b]$上的任意两点,因而表明函数 $y = f(x)$ 在$[a, b]$上单调增加.

同理,如果在(a, b)内 $f'(x) < 0$,可推出函数 $y = f(x)$ 在$[a, b]$上单调减少.

如果把这个判定法中的闭区间换成其他各种区间(包括无穷区间),那么,结论也成立.

例 1 判定函数 $y = \dfrac{\ln x}{x}$ 在$[1, \mathrm{e}]$上的单调性.

解 因为在$(1, \mathrm{e})$内

$$y' = \frac{1 - \ln x}{x^2} > 0,$$

所以，由判定法可知，函数 $y = \frac{\ln x}{x}$ 在 $[1, \mathrm{e}]$ 上单调增加.

例 2　讨论函数 $y = \mathrm{e}^x - x - 1$ 的单调性.

解　函数 $y = \mathrm{e}^x - x - 1$ 的定义域为 $(-\infty, +\infty)$，求导得

$$y' = \mathrm{e}^x - 1.$$

可以看出，在 $x = 0$ 处，$y' = 0$，且 $x < 0$ 时，$y' < 0$；$x > 0$ 时，$y' > 0$. 从而利用使 $y' = 0$ 的点 $x = 0$ 来划分函数的定义域，便得到函数的单调区间：

在 $(-\infty, 0]$ 上，函数 $y = \mathrm{e}^x - x - 1$ 单调减少；在 $[0, +\infty)$ 上，函数 $y = \mathrm{e}^x - x - 1$ 单调增加.

例 3　讨论函数 $y = \sqrt[3]{(x-1)^2}$ 的单调性.

解　函数 $y = \sqrt[3]{(x-1)^2}$ 的定义域为 $(-\infty, +\infty)$，求导得

$$y' = \frac{2}{3\sqrt[3]{(x-1)}},$$

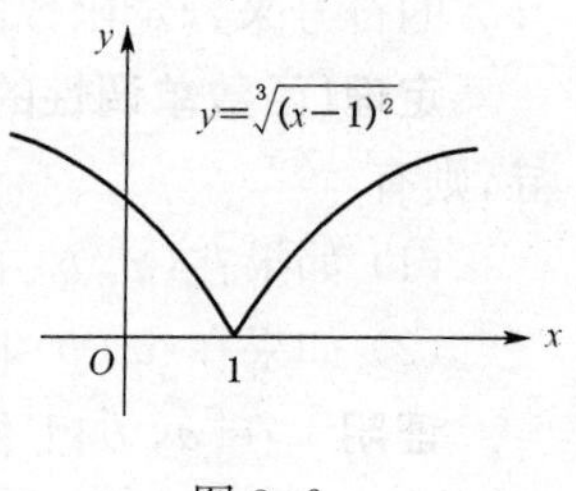

图 3-6

因为在 $(-\infty, 1)$ 内 $y' < 0$，所以，函数 $y = \sqrt[3]{(x-1)^2}$ 在 $(-\infty, 1]$ 上单调减少；因为在 $(1, +\infty)$ 内 $y' > 0$，所以，函数 $y = \sqrt[3]{(x-1)^2}$ 在 $[1, +\infty)$ 上单调增加. 从而得知，$x = 1$ 是函数 $y = \sqrt[3]{(x-1)^2}$ 的单调减少区间 $(-\infty, 1]$ 与单调增加区间 $[1, +\infty)$ 的分界点，但函数在该点的导数不存在(图 3-6). 因此，导数不存在的点也可能是划分函数单调区间的分界点.

综合例 2 和例 3 的两种情况，可得如下的**结论**：

如果函数 $f(x)$ 在定义区间上连续，除了在区间内可能有个别点处导数不存在外，导数均存在，那么，只要用方程 $f'(x) = 0$ 的根及导数不存在的点来划分函数 $f(x)$ 的定义区间，就能保证 $f'(x)$ 在各部分区间内保持确定的符号，因而函数 $f(x)$ 在每个部分区间上是单调的.

例 4　确定函数 $y = (x-2)^2 \sqrt[3]{(x+1)^2}$ 的单调区间.

解　这函数的定义域为 $(-\infty, +\infty)$. 求函数的导数得

$$\begin{aligned} y' &= 2(x-2)(x+1)^{\frac{2}{3}} + (x-2)^2 \cdot \frac{2}{3}(x+1)^{-\frac{1}{3}} \\ &= \frac{2}{3}(x-2)(x+1)^{-\frac{1}{3}}[3(x+1) + (x-2)] \\ &= \frac{2(x-2)(4x+1)}{3(x+1)^{\frac{1}{3}}}. \end{aligned}$$

令 $y'=0$，解方程 $2(x-2)(4x+1)=0$，得出方程在函数定义域 $(-\infty, +\infty)$ 内的两个根 $x_1=-\dfrac{1}{4}$ 和 $x_2=2$.

因为在点 $x=-1$ 处函数不可导，所以也将 $x=-1$ 作为划分函数的定义区间的一个分点. 这样，共有 $x_1=-\dfrac{1}{4}$, $x_2=2$ 和 $x_3=-1$ 三个划分函数的定义区间的分点.

为了更直接地反映函数 $f(x)$ 的单调性与导数的符号之间的关系，可列表如下（表 3-1）.

表 3-1

x	$(-\infty, -1)$	-1	$\left(-1, -\dfrac{1}{4}\right)$	$-\dfrac{1}{4}$	$\left(-\dfrac{1}{4}, 2\right)$	2	$(2, +\infty)$
$f'(x)$	$-$	不存在	$+$	0	$-$	0	$+$
$f(x)$	↘	0	↗		↘		↗

由表 3-1 可知，函数 y 在区间 $(-\infty, -1]$ 上单调减少，在区间 $\left[-1, -\dfrac{1}{4}\right]$ 上单调增加；在区间 $\left[-\dfrac{1}{4}, 2\right]$ 上单调减少，在区间 $[2, +\infty)$ 上单调增加.

函数 $y=(x-2)^2\sqrt[3]{(x+1)^2}$ 的图形如图 3-7 所示.

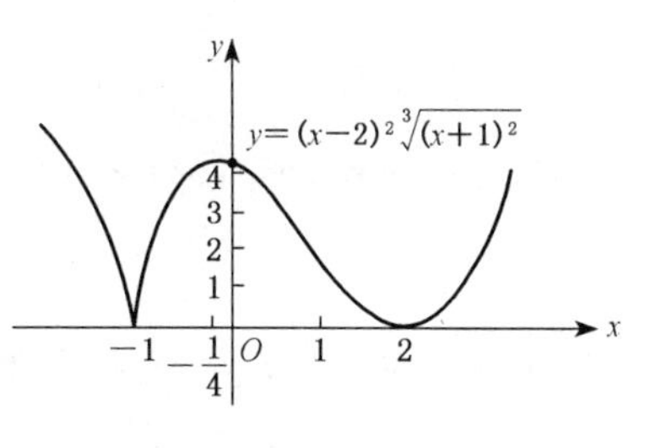

图 3-7

例 5 证明不等式

$$\ln(1+x) > \frac{\arctan x}{1+x} \quad (x>0).$$

分析 通常证明形如 $f(x)>g(x)$ 的不等式时，可先证明不等式 $f(x)-g(x)>0$.

证明 因为当 $x>0$ 时，$1+x>0$，将要证的不等式变形，得 $(1+x)\ln(1+x)>\arctan x\ (x>0)$.

设 $f(x)=(1+x)\ln(1+x)-\arctan x$，只要证 $f(x)>0$. 因为当 $x>0$ 时，

$$f'(x)=\ln(1+x)+1-\frac{1}{1+x^2}=\ln(1+x)+\frac{x^2}{1+x^2}>0,$$

所以，函数 $f(x)$ 在 $[0, +\infty)$ 上单调增加. 又因为 $f(0)=0$，从而当 $x>0$ 时，$f(x)>f(0)=0$. 故得

$$(1+x)\ln(1+x)-\arctan x>0,$$

即
$$\ln(1+x)>\frac{\arctan x}{1+x} \quad (x>0).$$

习题 3.3

1. 判定函数的单调性.

(1) $y = 2x + \sin x$；

(2) $y = \arctan x - x$；

(3) $y = x + \cos x\ (0 \leqslant x \leqslant 2\pi)$.

2. 确定函数的单调区间.

(1) $y = 2x^3 - 6x^2 - 18x - 7$；

(2) $y = x + \dfrac{1}{x}\ (x > 0)$；

(3) $y = \ln(x + \sqrt{1 + x^2})$；

(4) $y = \mathrm{e}^{-x^2}$.

3. 利用函数的单调性证明不等式.

(1) 当 $x > 0$ 时，$\ln(1 + x) > x - \dfrac{x^2}{2}$；

(2) 当 $0 < x < \dfrac{\pi}{2}$ 时，$\tan x > x + \dfrac{1}{3}x^3$；

(3) 当 $x > 1$ 时，$\ln x > \dfrac{2(x-1)}{x+1}$；

(4) 当 $x > 0$ 时，$x - \dfrac{x^3}{6} < \sin x < x$.

4. 证明函数 $y = \dfrac{x}{\sin x}$ 在 $\left(0, \dfrac{\pi}{2}\right)$ 内单调增加.

5. 证明方程 $x^3 + x - 1 = 0$ 只有一个小于 1 的正根.

答　案

1. (1) 在 $(-\infty, +\infty)$ 内单调增加；(2) 在 $(-\infty, +\infty)$ 内单调减少；(3) 在 $[0, 2\pi]$ 上单调增加.

2. (1) 在 $(-\infty, -1]$ 及 $[3, +\infty)$ 上单调增加，在 $[-1, 3]$ 上单调减少；(2) 在 $(0, 1]$ 上单调减少，在 $[1, +\infty)$ 上单调增加；(3) 在 $(-\infty, +\infty)$ 内单调增加；(4) 在 $(-\infty, 0]$ 上单调增加，在 $[0, +\infty)$ 上单调减少.

3. 证略.　4. 证略.

5. 提示：先利用零点定理证明方程在 $(0, 1)$ 内至少有一个实根，再利用函数的单调性证明它只有一个实根.

3.4　函数的极值及其求法

在上节例 4 中我们看到，点 $x = -1$，$x = -\dfrac{1}{4}$ 及 $x = 2$ 是函数

$$y = f(x) = (x-2)^2 \sqrt[3]{(x+1)^2}$$

的单调区间的分界点，在这些分界点两侧，函数的增减性发生变化. 例如，在点 $x = -\dfrac{1}{4}$ 的左侧邻近处，函数是单调增加的；在点 $x = -\dfrac{1}{4}$ 的右侧邻近处，函数是单调减少的. 因此，存在着点 $x = -\dfrac{1}{4}$ 的一个邻域，对于这邻域内的任何点 x，除了

$x=-\frac{1}{4}$ 外，均有 $f(x)<f\left(-\frac{1}{4}\right)$ 成立. 同样地，在点 $x=-1$ 及 $x=2$ 处也有类似的情形. 在这些点的邻域内除去点 $x=-1$ 和 $x=2$ 外，分别有 $f(x)>f(-1)$ 和 $f(x)>f(2)$ 成立，如图 3-7 所示. 这就是下面将要讨论的函数的极值问题.

定义 设函数 $f(x)$ 在区间 (a, b) 内有定义，对于点 $x_0\in(a, b)$，如果存在点 x_0 的某个邻域，使得对于该邻域内(除点 x_0 外)的任何点 x，都有

(1) $f(x)<f(x_0)$ 成立，则称 $f(x_0)$ 是函数 $f(x)$ 的一个**极大值**；

(2) $f(x)>f(x_0)$ 成立，则称 $f(x_0)$ 是函数 $f(x)$ 的一个**极小值**.

函数的极大值与极小值统称为函数的**极值**，使得函数取得极值的点称为**极值点**. 例如，上节例 4 中的函数

$$y=f(x)=(x-2)^2\sqrt[3]{(x+1)^2}$$

有极大值 $f\left(-\frac{1}{4}\right)=\frac{81}{64}\sqrt[3]{36}\approx 4.18$ 和极小值 $f(-1)=0$ 及 $f(2)=0$. 点 $x=-1$，$x=-\frac{1}{4}$ 和 $x=2$ 都是所给函数的极值点.

注意 极值是指函数值，而极值点是指自变量轴上的点，即对应于极值点处的函数值为这个函数的极值.

函数的极值概念是局部性的. 譬如说，$f(x_0)$ 是函数 $f(x)$ 的一个极大值，那只是在 x_0 附近的一个邻域内相比较而言，$f(x_0)$ 是 $f(x)$ 的一个最大值；但就 $f(x)$ 在某个有定义的区间来说，$f(x_0)$ 不一定是最大值. 关于极小值也类似. 例如，在图 3-8 中，函数 $f(x)$ 在区间 (a, b) 内有三个极大值：$f(x_1)$，$f(x_3)$ 及 $f(x_6)$；三个极小值：$f(x_2)$，$f(x_4)$ 及 $f(x_7)$. 其中，极大值 $f(x_1)$ 和 $f(x_3)$ 却小于极小值 $f(x_7)$. 就整个区间 (a, b) 来说，只有一个极小值 $f(x_2)$ 是最小值，但没有一个极大值是最大值.

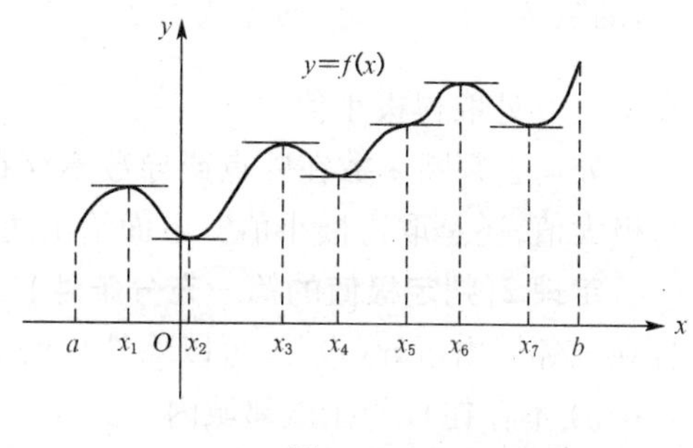

图 3-8

从图 3-8 中还发现，在函数取得极值处，曲线上相应点处的切线是水平的. 反之，曲线上即使有水平切线，而在相应的点处，函数却不一定取得极值. 例如，在图 3-8 中，曲线上点 $(x_5, f(x_5))$ 处的切线是水平的，但 $f(x_5)$ 并不是极值.

现在来讨论函数极值的求法，先给出函数取得极值的必要条件，然后介绍函数取得极值的充分条件，即函数极值的判别法.

定理 1(极值存在的必要条件) 设函数 $f(x)$ 在点 x_0 处具有导数，且在 x_0 处取得极值，则函数 $f(x)$ 在点 x_0 处的导数一定为零，即 $f'(x_0)=0$.

证明 假定 $f(x_0)$ 是极大值，根据极大值的定义，则在点 x_0 的某个邻域内，对于

任何点 x(除 x_0 外),均有 $f(x) < f(x_0)$,即 $f(x) - f(x_0) < 0$ 成立. 于是

当 $x < x_0$ 时,有

$$\frac{f(x)-f(x_0)}{x-x_0} > 0;$$

当 $x > x_0$ 时,有

$$\frac{f(x)-f(x_0)}{x-x_0} < 0.$$

根据 1.4 节中的定理 5 的推论(函数与其极限的局部保号性)可知

$$f'_-(x_0) = \lim_{x \to x_0^-} \frac{f(x)-f(x_0)}{x-x_0} \geqslant 0, \quad f'_+(x_0) = \lim_{x \to x_0^+} \frac{f(x)-f(x_0)}{x-x_0} \leqslant 0.$$

而已知 $f'(x_0)$ 存在,根据导数存在的充分必要条件有 $f'_-(x_0) = f'_+(x_0)$,于是证得 $f'(x_0) = 0$.

$f'(x)$ 等于零的点(即方程 $f'(x) = 0$ 的实根)称为函数 $f(x)$ 的**驻点**. 定理 1 表明,可导函数的极值点必定是它的驻点. 反之,函数的驻点不一定是极值点. 例如,函数 $f(x) = x^3$ 的导数为 $f'(x) = 3x^2$, $x = 0$ 是函数的驻点,用极值的定义易验证 $x = 0$ 不是函数的极值点. 此外,函数在它的导数不存在的点处也可能取得极值. 例如,函数 $f(x) = \sqrt[3]{x^2}$ 的导数为 $f'(x) = \dfrac{2}{3\sqrt[3]{x}}$, $x = 0$ 处函数的导数不存在,但函数在 $x = 0$ 处取得极小值.

如何去判断函数在驻点或导数不存在的点处是否取得极值? 如果是的话,是取得极大值,还是取得极小值? 下面给出两种判定方法.

定理 2(判定极值的第一充分条件) 设函数 $f(x)$ 在点 x_0 的某个邻域内连续,且在该邻域内可导(点 x_0 可以除外),点 x_0 是驻点(即 $f'(x_0) = 0$)或不可导的点(即 $f'(x_0)$ 不存在),若在该邻域内有

(1) 当 $x < x_0$(x 在 x_0 的左侧)时,$f'(x) > 0$;当 $x > x_0$(x 在 x_0 的右侧)时 $f'(x) < 0$,则函数 $f(x)$ 在点 x_0 处取得极大值;

(2) 当 $x < x_0$(x 在 x_0 的左侧)时,$f'(x) < 0$;当 $x > x_0$(x 在 x_0 的右侧)时,$f'(x) > 0$,则函数 $f(x)$ 在点 x_0 处取得极小值;

(3) 在 x_0 的左、右两侧,$f'(x)$ 的符号相同,则函数 $f(x)$ 在 x_0 处没有极值.

证明 对于情形(1),根据函数的单调性的判定定理,函数 $f(x)$ 在点 x_0 的左侧邻域内是单调增加的,在点 x_0 的右侧邻域内是单调减少的,于是在该点的邻域内,除了点 x_0 外任何点 x 都有 $f(x) < f(x_0)$,所以 $f(x_0)$ 是 $f(x)$ 的一个极大值(图 3-9(a)).

类似地可证明情形(2)(图 3-9(b)). 对于情形(3),函数 $f(x)$ 在点 x_0 的邻域内是单调的,于是在该点的邻域内就有大于 $f(x_0)$ 的函数值,又有小于 $f(x_0)$ 的函数值,所以 $f(x_0)$ 不是 $f(x)$ 的极值(图 3-9(c), (d)).

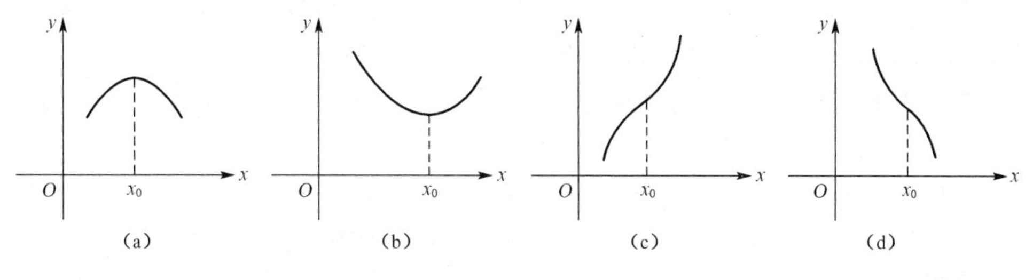

图 3-9

如果函数 $f(x)$在所讨论的区间内连续，除个别点外处处可导，应用上面两个定理，可按下面的步骤去求 $f(x)$的极值点和极值.

(1) 求出导数 $f'(x)$；

(2) 求出 $f(x)$在所讨论的区间内的所有驻点(即 $f'(x)=0$ 的实根)及不可导点(即 $f'(x)$不存在的点)；

(3) 考察 $f'(x)$的符号在驻点及不可导的点的左、右两侧的情况，确定所讨论的驻点或不可导的点是不是极值点，并在极值点处确定函数 $f(x)$是取得极大值还是极小值；

(4) 求出函数 $f(x)$在极值点处的函数值，即函数的极大(小)值.

例 1 求函数 $f(x)=(x-1)\sqrt[3]{x^2}$ 的极值.

解 所给函数 $f(x)$的定义域为$(-\infty,+\infty)$. 当 $x\neq 0$ 时，有

$$f'(x)=\sqrt[3]{x^2}+\frac{2}{3}(x-1)x^{-\frac{1}{3}}=\frac{5x-2}{3\sqrt[3]{x}}.$$

当 $x=0$ 时，$f'(x)$ 不存在；令 $f'(x)=0$，求得驻点 $x=\frac{2}{5}$. 利用点 $x=0$ 和 $x=\frac{2}{5}$ 把函数的定义域$(-\infty,+\infty)$ 分成三个部分区间$(-\infty,0)$，$\left[0,\frac{2}{5}\right]$，$\left[\frac{2}{5},+\infty\right)$. 可知在每个部分区间内函数是单调的. 为了便于讨论，可仿照上节例 4 列表，用表 3-2 来表示函数的单调性、极值点和极值.

表 3-2

x	$(-\infty,0)$	0	$\left(0,\frac{2}{5}\right)$	$\frac{2}{5}$	$\left(\frac{2}{5},+\infty\right)$
$f'(x)$	+	不存在	−	0	+
$f(x)$	↗	极大值	↘	极小值	↗

从表 3-2 可看出，$f(x)$在 $x=0$ 处有极大值 $f(0)=0$；在 $x=\frac{2}{5}$ 处有极小值 $f\left(\frac{2}{5}\right)=-\frac{3}{5}\sqrt[3]{\frac{4}{25}}$.

当函数 $f(x)$在驻点处的二阶导数存在且不为零时,也可以利用下述定理来判定函数 $f(x)$在驻点处是否取得极值,是取得极大值还是极小值.

定理 3(判定极值的第二充分条件) 设函数 $f(x)$在点 x_0 处具有二阶导数,且 $f'(x_0)=0$, $f''(x_0)\neq 0$,则

(1) 当 $f''(x_0)<0$ 时,函数 $f(x)$ 在 x_0 处取得极大值;

(2) 当 $f''(x_0)>0$ 时,函数 $f(x)$ 在 x_0 处取得极小值.

证明 对于情形(1),由于 $f''(x_0)<0$, 按二阶导数的定义,有

$$f''(x_0)=\lim_{x\to x_0}\frac{f'(x)-f'(x_0)}{x-x_0}<0.$$

根据函数与其极限的局部保号性(1.4 节中定理 5),当 x 在 x_0 的足够小的领域内且 $x\neq x_0$ 时,有

$$\frac{f'(x)-f'(x_0)}{x-x_0}<0,$$

但 $f'(x_0)=0$, 所以,由上式得

$$\frac{f'(x)}{x-x_0}<0.$$

从而知道,在这邻域内除去 $x=x_0$ 外,对于其他一切 x, $f'(x)$与 $x-x_0$ 的符号相反. 因此,当 $x<x_0$ 即 $x-x_0<0$ 时, $f'(x)>0$;当 $x>x_0$ 即 $x-x_0>0$ 时, $f'(x)<0$. 于是,根据定理 2, $f(x)$在点 x_0 处取得极大值.

类似地,可以证明情形(2).

定理 3 告诉我们,如果函数 $f(x)$在驻点 x_0 处的二阶导数 $f''(x_0)\neq 0$,则驻点一定是极值点,并且可以按二阶导数的符号来判定 $f(x_0)$ 是极大值还是极小值. 但如果 $f''(x_0)=0$,这时,定理 3 就不能应用. 事实上,当 $f'(x_0)=0$, $f''(x_0)=0$ 时, $f(x)$ 在 x_0 处可能有极大值,也可能有极小值,也可能没有极值. 例如, $f_1(x)=x^4$, $f_2(x)=-x^4$, $f_3(x)=x^3$,这三个函数在 $x=0$ 处均有 $f'(0)=0$, $f''(0)=0$,而 $f_1(x)$ 有极小值 $f_1(0)=0$, $f_2(x)$ 有极大值 $f_2(0)=0$, $f_3(x)$ 没有极值,如图 3-10 所示.

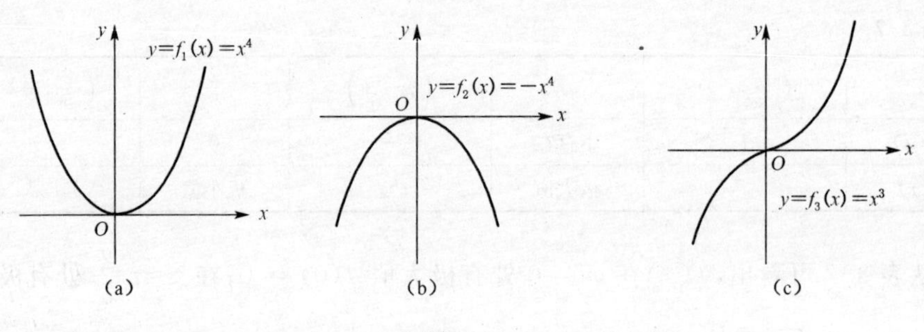

图 3-10

因此，如果函数在驻点处的二阶导数为零，这时就要用定理 2（第一充分条件），根据一阶导数在驻点左、右邻近的符号来判定.

例 2 求函数 $f(x)=\frac{x^3}{3}-2x^2+3x+1$ 的极值.

解 (1) $f'(x)=x^2-4x+3=(x-1)(x-3)$；

(2) 令 $f'(x)=0$，求得驻点 $x_1=1$，$x_2=3$；

(3) $f''(x)=2x-4=2(x-2)$；

(4) 因 $f''(1)=-2<0$，所以，$f(x)$ 在 $x=1$ 处取得极大值，极大值为 $f(1)=\frac{7}{3}$；因 $f''(3)=2>0$，所以，$f(x)$ 在 $x=3$ 处取得极小值，极小值为 $f(3)=1$.

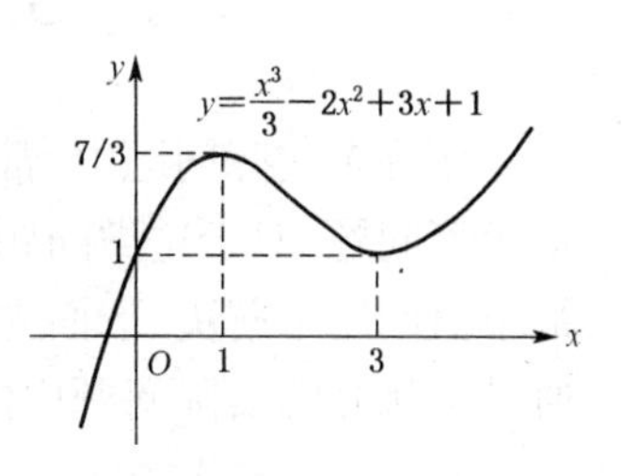

图 3-11

函数的图形如图 3-11 所示.

例 3 求函数 $f(x)=(x^2-1)^3+1$ 的极值.

解 (1) $f'(x)=6x(x^2-1)^2$；

(2) 令 $f'(x)=0$，求得驻点 $x_1=-1$，$x_2=0$，$x_3=1$；

(3) $f''(x)=6(x^2-1)(5x^2-1)$；

(4) 因 $f''(0)=6>0$，$f(x)$ 在 $x=0$ 处取得极小值，极小值为 $f(0)=0$.

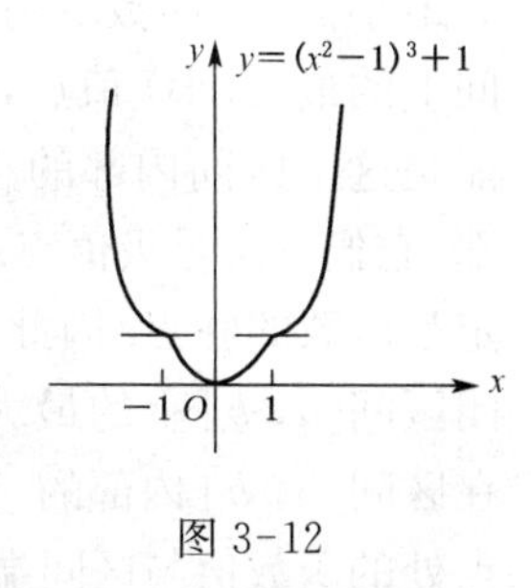

图 3-12

因 $f''(-1)=f''(1)=0$，用定理 3 无法判定，改用定理 2，分别考察一阶导数 $f'(x)$ 在驻点 $x_1=-1$ 及 $x_3=1$ 左、右邻近的符号，即在 $x=-1$ 的邻近处，当 $x<-1$ 时，$f'(x)<0$；当 $x>-1$ 时，$f'(x)<0$，因为在 $x=-1$ 的左、右侧邻近处 $f'(x)$ 的符号没有改变，所以，$f(x)$ 在 $x=-1$ 处没有极值. 同理，$f(x)$ 在 $x=1$ 处也没有极值（图 3-12）.

习题 3.4

1. 求函数的极值.

(1) $y=x(x^2-3)$；　　(2) $y=x^3-9x^2+15x+3$；

(3) $y=x^4-8x^2+2$；　　(4) $y=2-(x-1)^{\frac{2}{3}}$；

(5) $y=3-2(x+1)^{\frac{1}{3}}$；　　(6) $y=x+\tan x$.

2. 试问 α 为何值时，函数 $f(x)=\alpha\sin x+\frac{1}{3}\sin 3x$ 在 $x=\frac{\pi}{3}$ 处取得极值？它是极大值还是极小值？并求此极值.

3. 试证明，如果函数 $y=ax^3+bx^2+cx+d$ 满足条件：$b^2-3ac<0$，那么，这函数没有极值.

答　案

1. (1) 极小值 $y(1)=-2$，极大值 $y(-1)=2$；(2) 极小值 $y(5)=-22$，极大值 $y(1)=10$；

(3) 极小值 $y(\pm 2) = -14$，极大值 $y(0) = 2$；(4) 极大值 $y(1) = 2$；(5) 无极值；(6) 无极值.

2. $\alpha = 2$，$f\left(\frac{\pi}{3}\right) = \sqrt{3}$ 为极大值. 3. 证略.

3.5 最大值、最小值问题

在许多实际问题中，常会遇到如何解决在一定的条件下最大、最小、最快、最省、最优等问题. 对于这类问题，在数学上通常是设法将其归结为求某个函数的最大值或最小值问题来解决. 下面先介绍可导函数在闭区间上的最大值、最小值的求法，然后通过举例介绍实际问题中的最大值、最小值的求法.

3.5.1 函数在闭区间上的最大值和最小值

如果函数 $y = f(x)$ 在闭区间 $[a, b]$ 上连续，则函数在该区间上一定取得最大值和最小值，称函数取得最大（小）值的点为函数在该区间上的最大（小）值点，它可能是这个区间的端点，也可能是这个区间内部的点. 如果最大（小）值点在区间内部，它们一定是极值点. 对于可导函数来说，这样的点一定是函数的驻点. 因此，对于可导函数 $f(x)$，求函数在闭区间 $[a, b]$ 上的最大值和最小值时，应先求出 $f(x)$ 在区间 $[a, b]$ 内部的一切驻点（有限个），比较在这些驻点处的函数值与区间端点处的函数值的大小，其最大的就是所求的最大值，最小的就是所求的最小值. 如图 3-13 所示，函数 $y = f(x)$ 在区间 $[a, b]$ 内有三个驻点 x_1，x_2 和 x_3，则比较函数值 $f(x_1)$，$f(x_2)$，$f(x_3)$ 及 $f(a)$，$f(b)$ 的大小，其中，$f(x_1)$ 最大，$f(a)$ 最小，所以 $f(x_1)$ 是所求的最大值，$f(a)$ 是所求的最小值. $x = x_1$ 是最大值点，$x = a$ 是最小值点.

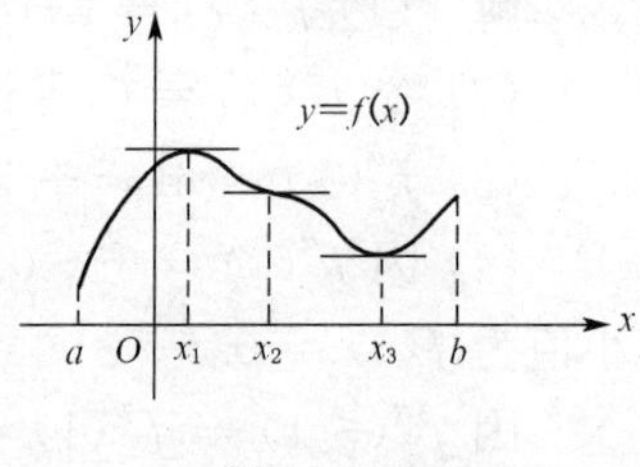

图 3-13

应当注意，如果 $f(x)$ 在区间 $[a, b]$ 上连续，而在 (a, b) 内个别点处不可导，那么，这些点也可能是最大（小）值点，故也要算出这些点处的函数值，以作比较.

因此，求在闭区间 $[a, b]$ 上连续、在开区间 (a, b) 内可导或只有个别点处导数不存在的函数的最大（小）值可按以下步骤进行：

(1) 求出函数 $f(x)$ 在 (a, b) 内的所有驻点（有限个）和个别导数不存在的点；

(2) 求出以上各点处的函数值及区间 $[a, b]$ 端点处的函数值；

(3) 比较以上各函数值的大小，最大者为所求的最大值，最小者为所求的最小值.

例 1 求函数 $f(x) = x^3 - 3x + 3$ 在闭区间 $\left[-3, \frac{3}{2}\right]$ 上的最大值与最小值.

解 (1) 求驻点.

$$f'(x) = 3x^2 - 3 = 3(x+1)(x-1),$$

令 $f'(x) = 0$,得驻点 $x_1 = -1$, $x_2 = 1$.

(2) 求函数值.

$$f(x_1) = f(-1) = 5, \quad f(x_2) = f(1) = 1,$$
$$f(a) = f(-3) = -15, \quad f(b) = f\left(\frac{3}{2}\right) = \frac{15}{8}.$$

(3) 比较以上各函数值,得函数 $f(x)$ 在闭区间 $\left[-3, \frac{3}{2}\right]$ 上的最大值是 $f(-1) = 5$,最小值是 $f(-3) = -15$.

例 2 求函数 $f(x) = (x-1)\sqrt[3]{x^2}$ 在闭区间 $[-1, 1]$ 上的最大值与最小值.

解 (1) 求导数得

$$f'(x) = \sqrt[3]{x^2} + \frac{2(x-1)}{3\sqrt[3]{x}} = \frac{5x-2}{3\sqrt[3]{x}},$$

令 $f'(x) = 0$,得驻点 $x_0 = \frac{2}{5}$. 容易看出,在 $x = 0$ 处,$f'(x)$ 不存在.

(2) 求出各有关点处的函数值:

$$f\left(\frac{2}{5}\right) = -\frac{3}{5}\sqrt[3]{\frac{4}{25}}, \quad f(0) = 0, \quad f(-1) = -2, \quad f(1) = 0.$$

(3) 比较以上各函数值,得所求的最大值为 $f(0) = f(1) = 0$,最小值为 $f(-1) = -2$.

(这里应注意:$f\left(\frac{2}{5}\right) < 0$,而 $\left|f\left(\frac{2}{5}\right)\right| < 1$.)

在某些特殊情况下,可以简化求最大(小)值的方法,例如:

(1) 如果函数 $f(x)$ 在 $[a, b]$ 上单调增加(减少),则 $f(a)$ 是最小(大)值,$f(b)$ 是最大(小)值;

(2) 如果函数 $f(x)$ 在 $[a, b]$ 上连续,在 (a, b) 内可导,而在 (a, b) 内只有一个驻点,且是极值点,则当函数在该点处取得极大(小)值时,该极大(小)值就是函数的最大(小)值. 这个结果对于开区间及无穷区间也适用.

3.5.2 实际问题中的最大值和最小值

下面通过举例来说明实际问题中的最大值、最小值的求法.

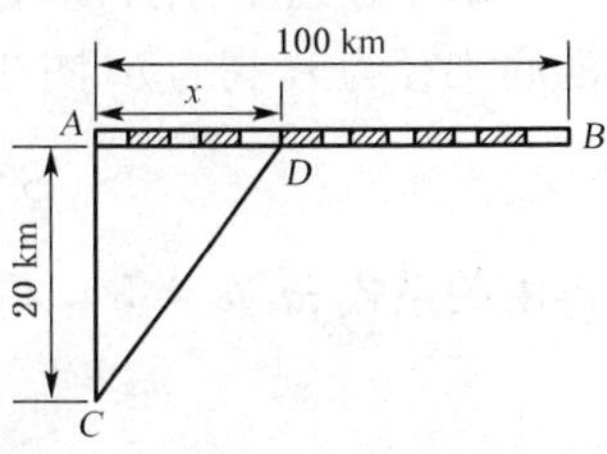

图 3-14

例 3 铁路线上 AB 段的距离为 100 km. 工厂 C 距 A 处为 20 km, AC 垂直于 AB(图 3-14). 为了运输需

要，要在 AB 线上选定一点 D 向工厂 C 修筑一公路. 已知铁路上每公里货运的运费与公路上每公里货运的运费之比为 3∶5，为了使货物从供应站 B 运到工厂 C 的运费最省，问 D 点应选在何处？

解 设 $|AD|=x(\mathrm{km})$，则

$$|BD|=100-x,$$
$$|CD|=\sqrt{20^2+x^2}=\sqrt{400+x^2}.$$

由于铁路上每公里货运的运费与公路上每公里货运的运费之比为 3∶5，因此，不妨设铁路上每公里的运费为 $3k$，公路上每公里的运费为 $5k$（k 为某个正数，因为它与本题的求解无关，所以不必定出）. 设从 B 点到 C 点需要的总运费为 y，则

$$y=5k|CD|+3k|DB|,$$

即
$$y=5k\sqrt{400+x^2}+3k(100-x)\quad(0\leqslant x\leqslant 100).$$

因此，问题就归结为：x 在 $[0,100]$ 上取何值时，函数 y 的值最小.

先求 y 对 x 的导数，

$$y'=k\left(\frac{5x}{\sqrt{400+x^2}}-3\right),$$

解方程 $y'=0$，得驻点 $x=15(\mathrm{km})$.

做到这里，可以省略判定函数 y 在 $x=15$ 处是否取得极值乃至是否取得最小值等步骤. 因为根据题目的实际意义，运费 y 的最小值一定存在，且驻点又是唯一的，因此可以断定在驻点 $x=15$ 处，函数 y 取得最小值. 从而当 $|AD|=x=15(\mathrm{km})$ 时，即选取 D 点在距 A 点为 15 km 处，总运费最省.

一般地说，在实际问题中，只要根据问题的实际意义，就可以肯定可导函数 $f(x)$ 的最大（小）值一定存在，且在函数的定义区间内取得. 这时，如果函数 $f(x)$ 在定义区间内只有唯一的驻点 x_0，则不必利用充分条件来判别 $f(x_0)$ 是不是极值，而可以直接断定 $f(x_0)$ 就是所需求的最大（小）值.

例 4 要建造一个体积为 $V=50\ \mathrm{m}^3$ 的圆柱形封闭的容器，问怎样选择它的底半径和高，使所用的材料最省？

解 在这里，用料最省就是要求容器的表面积最小. 设该容器的底半径为 r，高为 h（图 3-15），则它的表面积 S 为

$$S=2\pi r^2+2\pi rh,\tag{3.5}$$

再由关系式 $\pi r^2h=50$，得

$$h=\frac{50}{\pi r^2}.\tag{3.6}$$

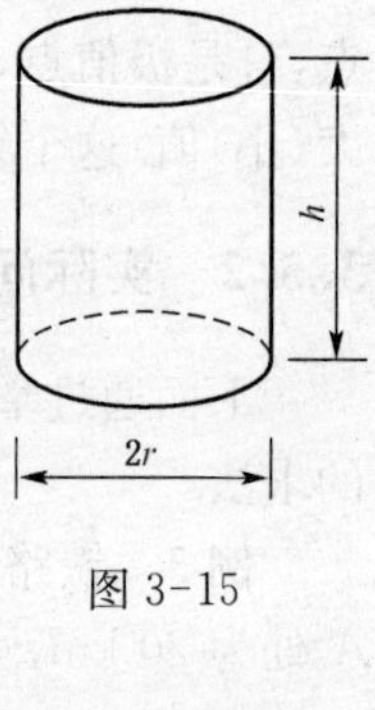

图 3-15

将式(3.6)代入式(3.5),便得 S 与 r 的函数关系式:

$$S=2\pi r^{2}+\frac{100}{r}\quad(0<r<+\infty).$$

这样,问题就归结为求 r 为何值时,S 取得最小值.为此,求 S 对 r 的导数得

$$S'=4\pi r-\frac{100}{r^{2}}.$$

令 $S'=0$,解得驻点 $r=\sqrt[3]{\frac{50}{2\pi}}$.

根据实际问题的意义,S 的最小值一定存在,且 $r=\sqrt[3]{\frac{50}{2\pi}}$ 又是在定义区间 $(0,+\infty)$ 内唯一的驻点,所以这个驻点就是所求函数 S 的最小值点.从而得知,当圆柱形容器的半径为 $r=\sqrt[3]{\frac{50}{2\pi}}$(m),高为

$$h=\frac{50}{\pi r^{2}}=\frac{50}{\pi\sqrt[3]{\left(\frac{50}{2\pi}\right)^{2}}}=2\sqrt[3]{\frac{50}{2\pi}}\ (\mathrm{m})$$

时用料最省.

在根据题意建立函数关系时,常常会碰到多于两个变量的情形.这时要找出除因变量之外的其他变量之间的关系,消去多余的变量,从而建立因变量与自变量之间的函数关系式.

例 5 设某产品的产量为 Q,销售单价为 p,p 与 Q 的函数关系(称为需求函数)为 $p=10-\frac{Q}{5}$,成本函数为 $C=50+2Q$,求产量 Q 为多少时,总利润 L 最大?

解 已知 $p=10-\frac{Q}{5}$, $C(Q)=50+2Q$, 则

总收益为

$$R(Q)=pQ=10Q-\frac{Q^{2}}{5},$$

总利润函数为

$$L(Q)=R(Q)-C(Q)=8Q-\frac{Q^{2}}{5}-50\quad(Q>0).$$

将上式对 Q 求导,得 $L'(Q)=8-\frac{2}{5}Q$.令 $L'(Q)=0$,得 $Q=20$.

由 $L''(Q)=-\frac{2}{5}$ 可知 $L''(20)<0$,故当 $Q=20$ 时,总利润 L 最大.

习题 3.5

1. 求函数在指定的区间上的最大值和最小值.

(1) $y=2x^3-3x^2$, $-1\leqslant x\leqslant 4$;　　(2) $y=-3x^4+6x^2-1$, $-2\leqslant x\leqslant 2$;

(3) $y=\dfrac{x-1}{x+1}$, $0\leqslant x\leqslant 4$;　　(4) $y=\sin 2x-x$, $-\dfrac{\pi}{2}\leqslant x\leqslant \dfrac{\pi}{2}$.

2. 试确定函数 $y=x^2-\dfrac{54}{x}$ $(x<0)$ 在何处取得最小值？并求出它的最小值.

3. 若直角三角形的一直角边与斜边之和为常数 a,求有最大面积的直角三角形的两直角边的边长.

4. 要做一个圆锥形漏斗,其母线长为 20 cm,要使其体积为最大,问其高应为多少？

5. 求点(2, 8)到抛物线 $y^2=4x$ 的最短距离.

6. 设正圆柱内接于半径为 R 的球体内,当圆柱的高为多少时,体积最大？

7. 某地区防空洞的截面拟建成矩形加半圆(图 3-16),截面的面积为 5 m^2. 问底宽 x 为多少时才能使截面的周长最小,从而使建造时所用的材料最省？

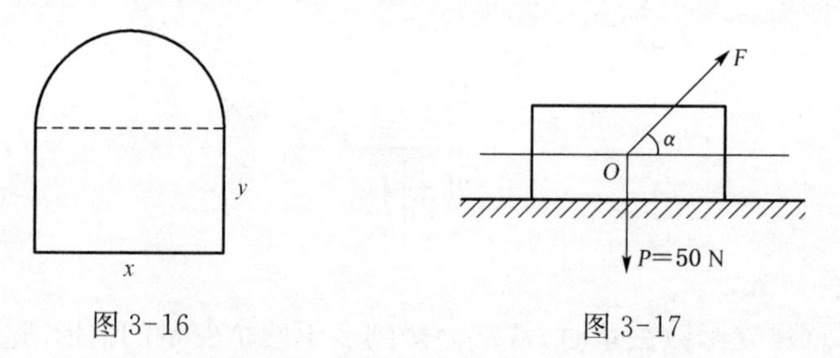

图 3-16　　图 3-17

8. 设重力为 $P=50$(N) 的物体,置于水平面上,受力 F 的作用开始移动(图 3-17). 设摩擦系数为 $\mu=0.25$,试问力 F 与水平线的交角 α 为多少时,才能使力 F 为最小？

9. 某工厂生产某种产品,日总成本为 C 元,其中,固定成本为 200 元,每多生产一单位产品,成本增加 10 元. 设该产品的需求函数为 $Q=50-2p$,其中,Q 为产量,p 为销售单价. 问当 Q 为多少时,工厂日总利润 L 为最大？

(提示:总成本=固定成本+可变成本.)

答　案

1. (1) 最大值 $y(4)=80$,最小值 $y(-1)=-5$; (2) 最大值 $y(\pm 1)=2$,最小值 $y(\pm 2)=-25$; (3) 最大值 $y(4)=\dfrac{3}{5}$,最小值 $y(0)=-1$; (4) 最大值 $y\left(-\dfrac{\pi}{2}\right)=\dfrac{\pi}{2}$,最小值 $y\left(\dfrac{\pi}{2}\right)=-\dfrac{\pi}{2}$.

2. $x=-3$ 时函数有最小值 27.　3. $\dfrac{a}{3}$ 和 $\dfrac{a}{\sqrt{3}}$.　4. 高为 $\dfrac{20\sqrt{3}}{3}$(cm).　5. $d=\sqrt{20}$.

6. 高为 $\dfrac{2R}{\sqrt{3}}$ 时,圆柱体积最大.

7. 底宽为 $\sqrt{\dfrac{40}{4+\pi}}\approx 2.366$(m).

8. 当 $\alpha=\arctan\mu=\arctan 0.25\approx 14^\circ 2'$ 时,可使力 F 最小.

9. 当 $Q=15$ 单位时,工厂日总利润 L 最大.

3.6 曲线的凹凸性与拐点

3.6.1 曲线的凹凸性

前面,讨论了函数的单调性与极值,这对于描绘函数的图形有较大的作用.但仅有这些知识,还不能比较准确地描绘函数的图形.例如,在图 3-18 中,函数 $y=x^2$ 和函数 $y=\sqrt{x}$ 的图形,当 $x>0$ 时,虽然都是单调上升的,但在上升过程中,它们的弯曲方向有显著的不同. $y=x^2$ 的图形是向上凹的(或称凹的),而 $y=\sqrt{x}$ 的图形是向上凸的(或称凸的).可见,函数图形的弯曲方向可用曲线弧的"凹凸性"来描述.下面就来讨论曲线的凹凸性及其判定法.

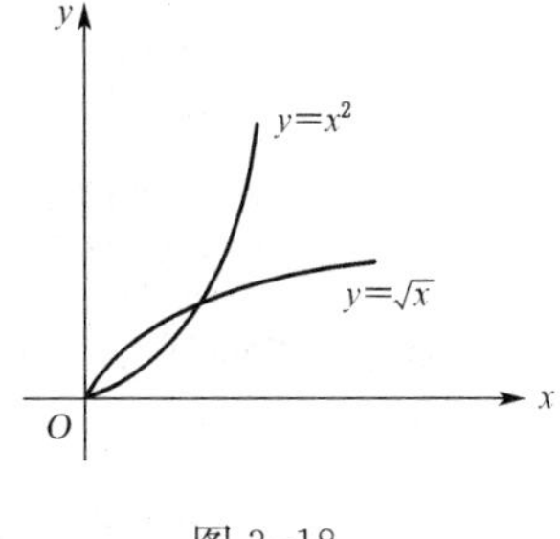

图 3-18

从几何图形上看到,曲线弧的凹与凸可通过曲线与其切线的相对位置来确定(图 3-19).如在图 3-19(a)中,曲线弧上任意一点处的切线都在曲线弧之下方,而曲线弧是凹的;又如在图 3-19(b)中,曲线弧上任意一点处的切线都在曲线弧之上方,而曲线弧是凸的.

下面给出曲线 $y=f(x)$ 的凹凸性的定义.

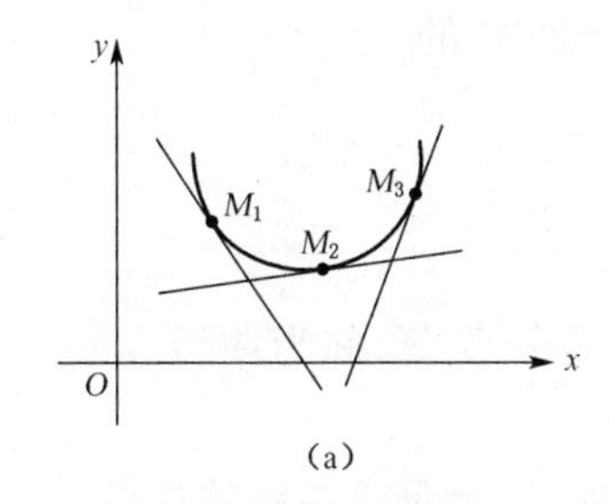

图 3-19

定义 1 设函数 $y=f(x)$ 在$[a, b]$上连续,且在(a, b)内可导.

(1) 若对于任意的 $x_0 \in (a, b)$,曲线弧 $y=f(x)$ 上点$(x_0, f(x_0))$处的切线总位于曲线弧 $y=f(x)$ 的下方,则称曲线弧 $y=f(x)$ 在$[a, b]$上是**凹**的(简称**凹弧**);

(2) 若对于任意的 $x_0 \in (a, b)$,曲线弧 $y=f(x)$ 上点$(x_0, f(x_0))$处的切线总位于曲线弧 $y=f(x)$ 的上方,则称曲线弧 $y=f(x)$ 在$[a, b]$上是**凸**的(简称**凸弧**).

在图 3-19(a)中,曲线上各点的切线的斜率 $f'(x)$是单调增加的,而曲线是凹的;在图 3-19(b)中,曲线上各点的切线的斜率 $f'(x)$是单调减少的,而曲线是凸的.函数 $f'(x)$的单调性可用 $f''(x)$的符号来判定,由此得到以下定理.

定理 设函数 $f(x)$在$[a, b]$上连续,在(a, b)内具有二阶导数,那么

(1) 若在(a, b)内 $f''(x) > 0$,则曲线弧 $y = f(x)$ 在$[a, b]$ 上是凹的;

(2) 若在(a, b)内 $f''(x) < 0$,则曲线弧 $y = f(x)$ 在$[a, b]$ 上是凸的.

注意 如果把定理中的闭区间换成其他各种区间(包括无穷区间),那么,定理的结论也成立.

例 1 判定曲线 $y = \ln x$ 的凹凸性.

解 该函数的定义域为$(0, +\infty)$. 因为

$$y' = (\ln x)' = \frac{1}{x}, \quad y'' = \left(\frac{1}{x}\right)' = -\frac{1}{x^2},$$

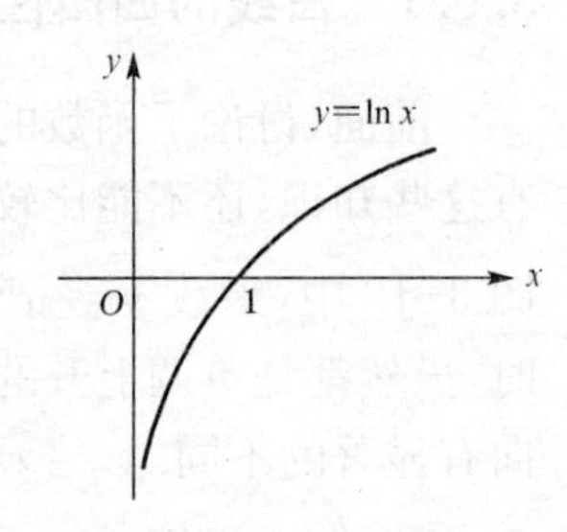

图 3-20

所以,在 $(0, +\infty)$ 内,$y'' < 0$. 由曲线凹凸性判定定理可知,曲线 $y = \ln x$ 在$(0, +\infty)$ 上是凸的(图 3-20).

例 2 求曲线 $y = (x-1)^3$ 的凹凸区间.

解 $y' = 3(x-1)^2$, $y'' = 6(x-1)$.

由方程 $y'' = 0$ 求得实根:$x = 1$. 这个实根将该函数的定义域$(-\infty, +\infty)$ 分成两个部分区间:

$$(-\infty, 1) \quad 及 \quad (1, +\infty).$$

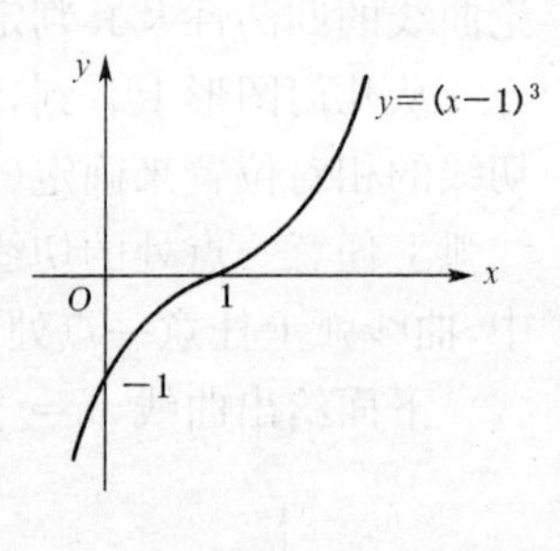

图 3-21

由于在$(-\infty, 1)$内$y'' < 0$,故曲线在$(-\infty, 1]$上是凸弧;又由于在$(1, +\infty)$ 内 $y'' > 0$,故曲线在$[1, +\infty)$ 上是凹弧. 因此,点$(1, 0)$是曲线 $y = (x-1)^3$ 的凸弧与凹弧的分界点(图 3-21).

3.6.2 曲线的拐点

定义 2 连续曲线 $y = f(x)$ 上凹弧与凸弧的分界点,称为曲线 $y = f(x)$ 的**拐点**.

例如,在例 2 中,曲线 $y = (x-1)^3$ 上的点$(1, 0)$ 就是该曲线的拐点.

应当注意,拐点是曲线上的点,一般记作$(x_0, f(x_0))$. 它与驻点和极值点不同,驻点和极值点都在 x 轴上,而拐点在曲线上.

我们如何来寻找曲线 $y = f(x)$ 的拐点呢?

前面我们已经知道,由 $f''(x)$的符号可以判定曲线 $y = f(x)$ 的凹凸性. 如果 $f''(x)$ 连续,那么,$f''(x)$ 由正变负或由负变正时,必定有一点 x_0,使 $f''(x_0) = 0$. 这样,点$(x_0, f(x_0))$就是曲线 $y = f(x)$ 的一个拐点. 因此,如果 $f''(x)$ 在区间(a, b)内连续,我们就可以按下列步骤来寻找并判定曲线 $y = f(x)$ 在区间(a, b) 内的拐点:

(1) 求 $f''(x)$;

(2) 令 $f''(x) = 0$,解出这方程在区间(a, b) 内的实根;

(3) 对于(2)中解出的每一个实根 x_0，检查 $f''(x)$ 在 x_0 左、右两侧邻近的符号. 如果 $f''(x)$ 在 x_0 的左、右两侧邻近分别保持一定的符号，那么，当两侧的符号相反时，点 $(x_0,\ f(x_0))$ 就是曲线 $y=f(x)$ 的拐点；而当两侧的符号相同时，点 $(x_0,\ f(x_0))$ 就不是拐点.

例 3 讨论曲线 $y=x^4-2x^3+1$ 的凹凸性，并求该曲线的拐点.

解 该函数的定义域为 $(-\infty,\ +\infty)$. 对函数分别求一阶导数和二阶导数，得

$$y'=4x^3-6x^2,\quad y''=12x(x-1).$$

令 $y''=0$，即 $12x(x-1)=0$，解得 $x_1=0,\ x_2=1$.

点 $x_1=0$ 及 $x_2=1$ 将函数的定义域分成三个部分区间：$(-\infty,\ 0]$, $[0,\ 1]$ 及 $[1,\ +\infty)$. 从而，在 $(-\infty,\ 0)$ 内，$y''>0$，曲线在 $(-\infty,\ 0]$ 上是凹的；在 $(0,\ 1)$ 内，$y''<0$，曲线在 $[0,\ 1]$ 上是凸的；在 $(1,\ +\infty)$ 内，$y''>0$，曲线在 $[1,\ +\infty)$ 上是凹的.

上述讨论也可列表示意如下(表 3-3).

表 3-3

x	$(-\infty,\ 0)$	0	$(0,\ 1)$	1	$(1,\ +\infty)$
y''	+		−		+
$y=f(x)$ 的凹凸性	凹	拐点 $(0,\ 1)$	凸	拐点 $(1,\ 0)$	凹

当 $x=0$ 时，$y=1$；当 $x=1$ 时，$y=0$. 故所求的拐点为点 $(0,\ 1)$ 及点 $(1,\ 0)$.

例 4 讨论曲线 $y=x^4$ 是否有拐点？

解 该函数的定义域为 $(-\infty,\ +\infty)$. 对函数 $y=x^4$ 求导两次，得 $y'=4x^3$, $y''=12x^2$.

显然，只有 $x=0$ 是方程 $y''=0$ 的实根. 当 $x\neq 0$ 时，均有 $y''>0$，即在点 $x=0$ 的左、右两侧，y'' 的符号相同. 从而可知，点 $O(0,\ 0)$ 不是曲线 $y=x^4$ 的拐点. 因此，该曲线没有拐点，它在 $(-\infty,\ +\infty)$ 上是凹的.

例 5 求曲线 $y=\sqrt[3]{x-1}$ 的凹凸区间及拐点.

解 这函数在其定义域 $(-\infty,\ +\infty)$ 内连续(图 3-22).

当 $x\neq 1$ 时，有

$$y'=\frac{1}{3\sqrt[3]{(x-1)^2}},\quad y''=-\frac{2}{9(x-1)\sqrt[3]{(x-1)^2}}.$$

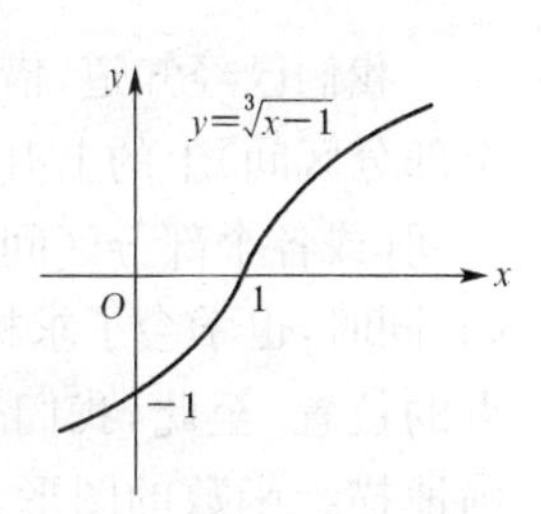

图 3-22

当 $x=1$ 时，y', y'' 都不存在，且在 $(-\infty,\ +\infty)$ 上不具有使二阶导数为零的点. 因此，只有 y'' 不存在的点 $x=1$ 把定义域 $(-\infty,\ +\infty)$ 分成两个部分区间 $(-\infty,\ 1]$ 和 $[1,\ +\infty)$.

在 $(-\infty,\ 1)$ 内，$y''>0$，曲线在 $(-\infty,\ 1]$ 上是凹的；在 $(1,\ +\infty)$ 内，$y''<0$，曲

线在$[1, +\infty)$上是凸的.

当 $x = 1$ 时,$y = 0$,故点$(1, 0)$是这曲线上的一个拐点(图 3-22).

从例 5 可看到,对于连续函数 $y = f(x)$ 来说,二阶导数 $f''(x)$ 不存在的点 x_0 也可能是曲线 $y = f(x)$ 产生拐点$(x_0, f(x_0))$的可疑点.

习题 3.6

1. 判定曲线的凹凸性.

(1) $y = e^x$;　　　　(2) $y = x + \dfrac{1}{x}$ $(x \neq 0)$.

2. 求曲线的拐点及凹凸区间.

(1) $y = x^3 - 3x^2 - 9x + 9$;　(2) $y = xe^{-x}$;　(3) $y = \ln(x^2 + 1)$.

3. 求由参数方程 $\begin{cases} x = t^2, \\ y = 3t + t^3 \end{cases}$ 所对应的曲线的拐点.

4. 问 a 及 b 为何值时,点$(1, 3)$为曲线 $y = ax^3 + bx^2$ 的拐点?

5. 试确定 $y = \alpha(x^2 - 3)^2$ 中的 α 值,使该曲线的拐点处的法线通过原点.

答　案

1. (1) 在$(-\infty, +\infty)$上是凹的;(2) 在$(-\infty, 0)$上是凸的,在$(0, +\infty)$上是凹的.

2. (1) 拐点:$(1, -2)$,在$(-\infty, 1]$上是凸的,在$[1, +\infty)$上是凹的;

(2) 拐点:$\left(2, \dfrac{2}{e^2}\right)$,在$(-\infty, 2]$上是凸的,在$[2, +\infty)$上是凹的;

(3) 拐点:$(-1, \ln 2)$及$(1, \ln 2)$,在$(-\infty, -1]$及$[1, +\infty)$上是凸的,在$[-1, 1]$上是凹的.

3. 拐点:$(1, 4)$及$(1, -4)$.　4. $a = -\dfrac{3}{2}$, $b = \dfrac{9}{2}$.　5. $\alpha = \pm\dfrac{\sqrt{2}}{8}$.

3.7　函数图形的描绘

我们已经知道,借助于一阶导数的正、负号,可以确定函数图形在定义区间(或各个部分区间)上的上升或下降;借助于二阶导数的正、负号,可以确定函数图形在定义区间(或各个部分区间)上的凹与凸.通俗地讲,一阶导数“管”升降,二阶导数“管”凹凸.同时,也学会了求极值点和拐点的方法,便于在描绘函数图形时,找到某些关键点的位置.至此,我们基本上掌握了用导数来研究函数性态的方法.为了能比较准确地描绘函数的图形,下面先介绍有关曲线的水平渐近线和铅直渐近线的概念及求法.

3.7.1　曲线的水平渐近线与铅直渐近线

一般地说,若曲线上的点沿曲线趋于无穷远时,此点与某一直线的距离趋于零,则称此直线为该曲线的一条**渐近线**.

1. **水平渐近线**

若曲线 $y=f(x)$ 的定义域是无穷区间,且

$$\lim_{x\to-\infty}f(x)=b \quad 或 \quad \lim_{x\to+\infty}f(x)=b,$$

则称直线 $y=b$ 为曲线 $y=f(x)$ 的**水平渐近线**.

例如,因为 $\lim\limits_{x\to+\infty}\arctan x=\dfrac{\pi}{2}$,所以,直线 $y=\dfrac{\pi}{2}$ 是曲线 $y=\arctan x$ 的水平渐近线.类似地,因为 $\lim\limits_{x\to-\infty}\arctan x=-\dfrac{\pi}{2}$,所以,直线 $y=-\dfrac{\pi}{2}$ 也是曲线 $y=\arctan x$ 的水平渐近线.

2. **铅直渐近线**

若曲线 $y=f(x)$ 在点 c 处间断,且

$$\lim_{x\to c^-}f(x)=\infty \quad 或 \quad \lim_{x\to c^+}f(x)=\infty,$$

则称直线 $x=c$ 为曲线 $y=f(x)$ 的**铅直渐近线**.

例如,因为 $\lim\limits_{x\to0^+}\ln x=-\infty$,所以,直线 $x=0$ 是曲线 $y=\ln x$ 的铅直渐近线.

又如,因为 $\lim\limits_{x\to0^+}e^{\frac{1}{x}}=+\infty$,所以,直线 $x=0$ 是曲线 $y=e^{\frac{1}{x}}$ 的铅直渐近线.

3.7.2 函数图形的描绘

利用导数描绘函数的图形,其一般步骤如下:

(1) 确定函数 $y=f(x)$ 的定义域,观察函数是否具有某些特性如奇偶性、周期性等,并求出函数的一阶导数 $f'(x)$ 和二阶导数 $f''(x)$;

(2) 求出方程 $f'(x)=0$ 及 $f''(x)=0$ 在函数定义域内的全部实根,用这些根把函数的定义域分成几个部分区间(如果函数有间断点或导数不存在的点,那么,也把它们作为分点);

(3) 确定在各部分区间内 $f'(x)$ 和 $f''(x)$ 的符号,并由此确定函数图形的升降和凹凸,极值点和拐点,然后列表讨论(表格式样可参见下面的例题);

(4) 确定函数图形是否有水平或铅直渐近线;

(5) 算出方程 $f'(x)=0$ 和 $f''(x)=0$ 的根(包括导数不存在的点)所对应的函数值,以定出图形上相应的点;为了把图形描绘得更准确些,必要时,再补充一些点,特别是函数图形与坐标轴的交点;然后结合(3),(4) 中的结果,连接这些点,作出函数 $y=f(x)$ 的图形.

例 1 作出函数 $y=\dfrac{x^3}{3}-2x^2+3x+1$ 的图形.

解 (1) 所给函数的定义域为 $(-\infty,+\infty)$,其导数为

$$f'(x) = x^2 - 4x + 3 = (x-1)(x-3),$$
$$f''(x) = 2x - 4 = 2(x-2).$$

(2) $f'(x) = 0$ 的根为 $x_1 = 1$，$x_2 = 3$；$f''(x) = 0$ 的根为 $x_3 = 2$. 上述三个根把定义域$(-\infty, +\infty)$划分成四个部分区间,依次排列如下：

$$(-\infty, 1), \quad [1, 2], \quad [2, 3], \quad [3, +\infty).$$

(3) 将各部分区间内函数的增减、凹凸及各部分区间分界点处函数是否有极值或拐点一并列入表 3-4 中.

表 3-4

x	$(-\infty, 1)$	1	$(1, 2)$	2	$(2, 3)$	3	$(3, +\infty)$
$f'(x)$	$+$	0	$-$	$-$	$-$	0	$+$
$f''(x)$	$-$	$-$	$-$	0	$+$	$+$	$+$
$f(x)$	↗	极大	↘		↘	极小	↗
$y = f(x)$ 的图形	凸		凸	拐点	凹		凹

从表 3-4 可以看出,函数在 $x = 1$ 处取得极大值；在 $x = 3$ 处取得极小值；在 $x = 2$ 处产生拐点.

(4) 当 $x \to +\infty$时,$y \to +\infty$；当 $x \to -\infty$时,$y \to -\infty$,表示曲线 $y = f(x)$ 无水平渐近线. 又因所给函数没有无穷间断点,故也无铅直渐近线.

(5) 算出 $x = 1, 2, 3$ 处的函数值：

$$f(1) = \frac{7}{3}, \quad f(2) = \frac{5}{3}, \quad f(3) = 1.$$

从而得到函数 $y = \frac{x^3}{3} - 2x^2 + 3x + 1$ 图形上的三个点：$\left(1, \frac{7}{3}\right)$，$\left(2, \frac{5}{3}\right)$，$(3, 1)$，其中，$\left(2, \frac{5}{3}\right)$ 是曲线的拐点.

再适当补充一些点,如曲线与坐标轴的交点等. 由于

$$f(0) = 1, \quad f(-1) = -\frac{13}{3}, \quad f(4) = \frac{7}{3},$$

从而又得到函数图形上的三个点：

$$(0, 1), \quad \left(-1, -\frac{13}{3}\right), \quad \left(4, \frac{7}{3}\right).$$

首先将以上这些点在坐标平面上定出,再根据表中所示函数图形的特征描绘出函数的图形,见图 3-23.

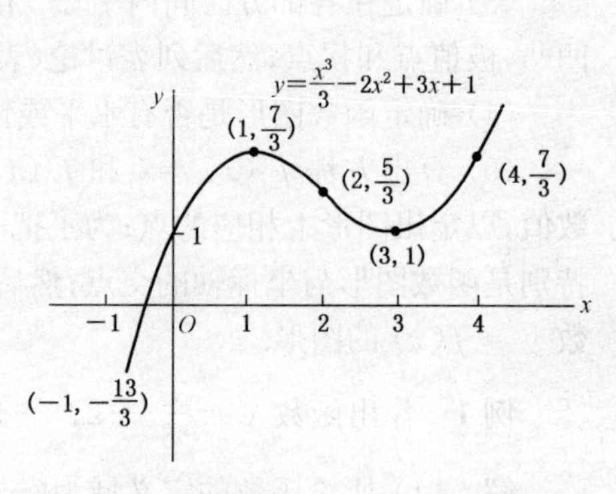

图 3-23

如果讨论的函数是奇函数或偶函数,那

么，描绘函数图形时，可以利用函数图形的对称性简化作图步骤. 请看下例.

例 2 描绘函数 $y=\frac{1}{\sqrt{2\pi}}e^{-\frac{x^2}{2}}$ 的图形.

解 (1) 所给函数的定义域为 $(-\infty, +\infty)$. 由于

$$f(-x)=\frac{1}{\sqrt{2\pi}}e^{-\frac{(-x)^2}{2}}=\frac{1}{\sqrt{2\pi}}e^{-\frac{x^2}{2}}=f(x),$$

所以，$f(x)$ 是偶函数，它的图形对称于 y 轴. 下面我们可以只讨论 $[0, +\infty)$ 上该函数的图形. 求出

$$f'(x)=-\frac{x}{\sqrt{2\pi}}e^{-\frac{x^2}{2}},\quad f''(x)=\frac{1}{\sqrt{2\pi}}(x+1)(x-1)e^{-\frac{x^2}{2}}.$$

(2) 在 $[0, +\infty)$ 上，方程 $f'(x)=0$ 的根为 $x_1=0$；方程 $f''(x)=0$ 的根为 $x_2=1$. 用点 $x_2=1$ 把区间 $[0, +\infty)$ 划分为两个部分区间：$[0, 1]$ 和 $[1, +\infty)$.

(3) 列表讨论单调性、凹凸性、极值与拐点(表 3-5)：

表 3-5

x	0	$(0, 1)$	1	$(1, +\infty)$
$f'(x)$	0	$-$	$-$	$-$
$f''(x)$	$-$	$-$	0	$+$
$f(x)$	极大	↘		↘
$y=f(x)$ 的图形		凸	拐点	凹

从表 3-5 可以看出，函数在 $x=0$ 处有极大值；当 $x=1$ 时，$y=\frac{1}{\sqrt{2\pi e}}$，点 $\left(1, \frac{1}{\sqrt{2\pi e}}\right)$ 是这曲线的拐点.

(4) 由于 $\lim\limits_{x\to+\infty}f(x)=\lim\limits_{x\to+\infty}\frac{1}{\sqrt{2\pi}}e^{-\frac{x^2}{2}}=0$，所以，曲线有一条水平渐近线 $y=0$. 又因 $f(x)$ 没有无穷间断点，故也无铅直渐近线.

(5) 算出 $f(0)=\frac{1}{\sqrt{2\pi}}$，又由于 $f(1)=\frac{1}{\sqrt{2\pi e}}$，从而得到图形上两点 $M_1\left(0, \frac{1}{\sqrt{2\pi}}\right)$ 和 $M_2\left(1, \frac{1}{\sqrt{2\pi e}}\right)$.

结合(3)，(4)中讨论的结果，适当补充点，如 $M_3\left(2, \frac{1}{\sqrt{2\pi}e^2}\right)$，便可画出函数在 $[0, +\infty)$ 上的图形. 最后利用图形的对称性描出函数在整个定义域 $(-\infty, +\infty)$ 上的图形(图 3-24).

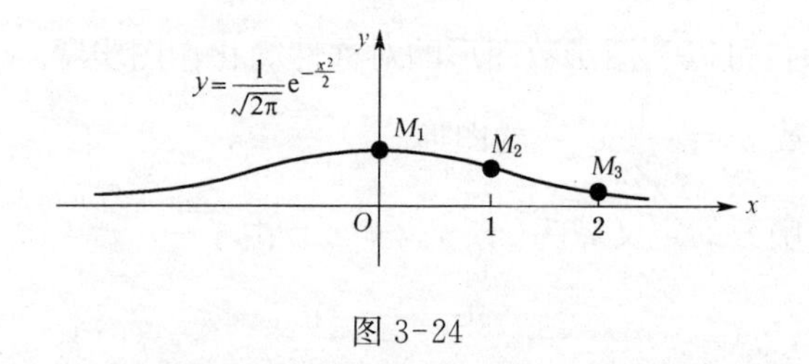

图 3-24

这个函数图形就是“概率统计”中常用的标准正态分布曲线.

习题 3.7

描绘函数的图形.

(1) $y=\frac{x}{1+x^2}$；　　(2) $y=\frac{2x^2+3x-4}{x^2}$；

(3) $y=\ln(x^2+1)$；　　(4) $y=x^2+\frac{1}{x}$.

答　案

(1) 对称于原点；在$(-\infty, -1]\cup[1, +\infty)$上单调减少，在$[-1, 1]$上单调增加；在$(-\infty, -\sqrt{3}]\cup[0, \sqrt{3}]$上是凸的，在$[-\sqrt{3}, 0]\cup[\sqrt{3}, +\infty)$上是凹的；拐点：$\left(-\sqrt{3}, -\frac{\sqrt{3}}{4}\right)$，$(0, 0)$，$\left(\sqrt{3}, \frac{\sqrt{3}}{4}\right)$；极小值 $y(-1)=-\frac{1}{2}$，极大值 $y(1)=\frac{1}{2}$；水平渐近线 $y=0$. 图形可参见图 3-25.

(2) 不对称；在$(-\infty, 0)$上单调减少且是凸的；在$\left(0, \frac{8}{3}\right]$上单调增加，在$\left[\frac{8}{3}, +\infty\right)$上单调减少，极大值 $y\left(\frac{8}{3}\right)-2\frac{9}{16}$；在$(0, 4]$上是凸的；在$[4, +\infty)$上是凹的，拐点：$\left(4, \frac{5}{2}\right)$；与 x 轴的交点是$\left(\frac{-3-\sqrt{41}}{4}, 0\right)$，$\left(\frac{-3+\sqrt{41}}{4}, 0\right)$；水平渐近线 $y=2$，铅直渐近线 $x=0$. 图形可参见图 3-26.

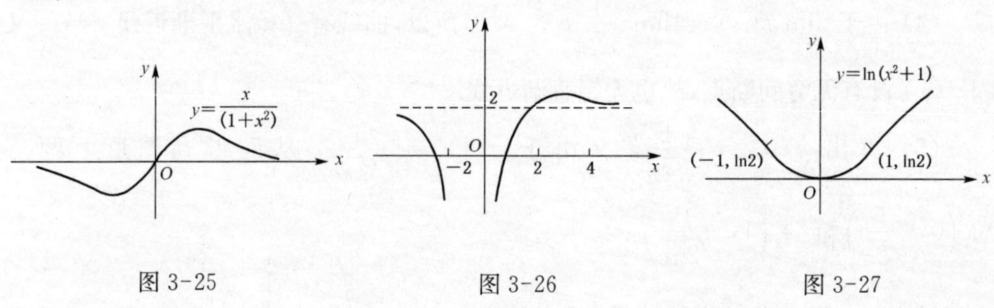

图 3-25　　图 3-26　　图 3-27

(3) 对称于 y 轴；在$(-\infty, 0]$上单调减少，在$[0, +\infty)$上单调增加；在$(-\infty, -1]\cup[1, +\infty)$上是凸的，在$[-1, 1]$上是凹的；拐点：$(-1, \ln 2)$，$(1, \ln 2)$；极小值 $y(0)=0$. 图形可参见图 3-27.

(4) 在$(-\infty, 0)$及$\left(0, \frac{\sqrt[3]{4}}{2}\right]$上单调减少，在$\left[\frac{\sqrt[3]{4}}{2}, +\infty\right)$上单调增加；在$(-\infty, -1]$及$[0, +\infty)$上是凹的；在$[-1, 0)$上是凸的；拐点：$(-1, 0)$；极小值$y\left(\frac{\sqrt[3]{4}}{2}\right)=\frac{3}{2}\sqrt[3]{2}$；铅直渐近线$x=0$. 图形可参见图 3-28.

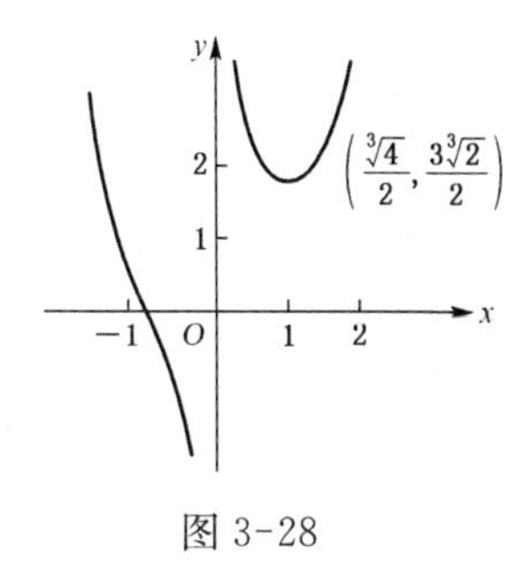

图 3-28

3.8 曲　　率

在工程技术中常要考虑曲线的弯曲程度. 例如，公路、铁路的弯道，梁在荷载作用下弯曲的程度，等等. 为此，数学上就引入了曲率的概念.

3.8.1 弧微分

设函数$f(x)$具有一阶连续导数. 在曲线$y=f(x)$上取定一点A作为度量弧长的起点，并以x增大的方向作为曲线的正向. 对于曲线上任意一点$M(x, y)$，规定有向弧段$\overset{\frown}{AM}$的值s（简称为弧s）如下：s的绝对值等于弧$\overset{\frown}{AM}$的长度，当$\overset{\frown}{AM}$的方向与曲线的正向一致时，$s>0$；当$\overset{\frown}{AM}$的方向与曲线的正向相反时，$s<0$. 显然，弧s是x的函数，即$s=s(x)$，且它是单调增加的. 下面来求$s(x)$的导数和微分.

在点$M(x, y)$的邻近取一点$N(x+\Delta x, y+\Delta y)$，则弧$s$的增量$\Delta s$为$\overset{\frown}{MN}$（图 3-29）. 于是

$$\left(\frac{\Delta s}{\Delta x}\right)^2=\left(\frac{\overset{\frown}{MN}}{\Delta x}\right)^2=\left(\frac{\overset{\frown}{MN}}{|MN|}\right)^2\left(\frac{|MN|}{\Delta x}\right)^2=\left(\frac{\overset{\frown}{MN}}{|MN|}\right)^2\cdot\frac{(\Delta x)^2+(\Delta y)^2}{(\Delta x)^2},$$

$$\frac{\Delta s}{\Delta x}=\pm\sqrt{\frac{(\Delta x)^2+(\Delta y)^2}{(\Delta x)^2}}\cdot\frac{|\overset{\frown}{MN}|}{|MN|}=\pm\sqrt{1+\left(\frac{\Delta y}{\Delta x}\right)^2}\cdot\frac{|\overset{\frown}{MN}|}{|MN|}.$$

因为当$\Delta x\to 0$时，$N\to M$，可以证明（但证明较繁，从略）这时弧的长度$|\overset{\frown}{MN}|$与弦的长度$|MN|$之比的极限等于 1，即$\lim\limits_{\Delta x\to 0}\frac{|\overset{\frown}{MN}|}{|MN|}=1$，而$\lim\limits_{\Delta x\to 0}\frac{\Delta y}{\Delta x}=y'$，故得

$$\frac{\mathrm{d}s}{\mathrm{d}x}=\lim_{\Delta x\to 0}\frac{\Delta s}{\Delta x}=\pm\lim_{\Delta x\to 0}\sqrt{1+\left(\frac{\Delta y}{\Delta x}\right)^2}=\pm\sqrt{1+y'^2},$$

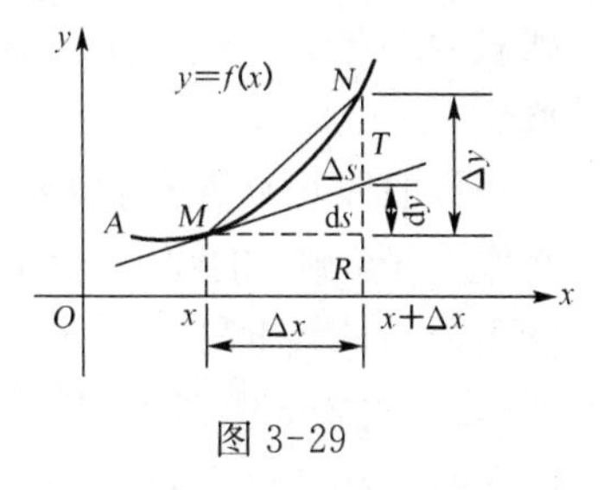

图 3-29

又因$s(x)$是单调增加的，有$\frac{\mathrm{d}s}{\mathrm{d}x}>0$，所以上式的根号前应取正号，即得弧$s$的导数为

$$\frac{\mathrm{d}s}{\mathrm{d}x}=\sqrt{1+y'^2}.$$

由导数与微分的关系，得弧 s 的微分为

$$\boxed{\mathrm{d}s=\sqrt{1+y'^2}\,\mathrm{d}x.} \tag{3.7}$$

公式(3.7)简称为**弧微分**公式.

3.8.2 曲率的概念及计算公式

我们先从几何图形上来分析曲线的弯曲程度与哪些量有关.

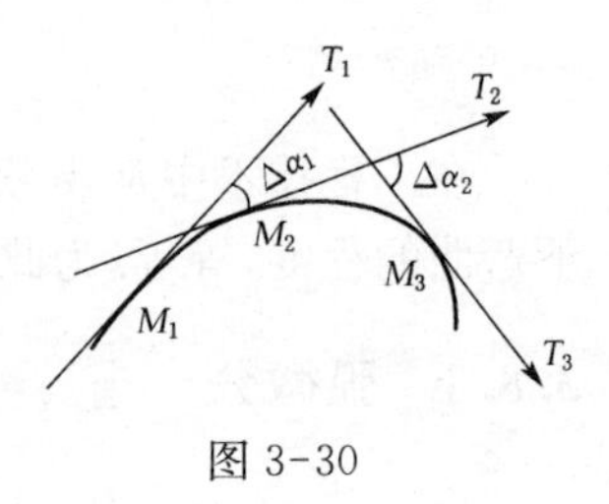

图 3-30

在图 3-30 中，曲线弧$\overset{\frown}{M_1M_2}$与$\overset{\frown}{M_2M_3}$的长度相等，但是$\overset{\frown}{M_2M_3}$比$\overset{\frown}{M_1M_2}$的弯曲程度大. 当动点沿曲线弧$\overset{\frown}{M_1M_2}$由点 M_1 移动到点 M_2 时，相应的切线由 M_1T_1 转动到 M_2T_2，切线所转过的角(简称转角)就是切线 M_1T_1 与 M_2T_2 所夹的角 $\Delta\alpha_1$；当动点沿曲线弧$\overset{\frown}{M_2M_3}$由点 M_2 移动到点 M_3 时，切线的转角为 $\Delta\alpha_2$. 很明显 $\Delta\alpha_2>\Delta\alpha_1$. 由此可知，当弧长相等时，切线的转角愈大，曲线的弯曲程度也就愈大.

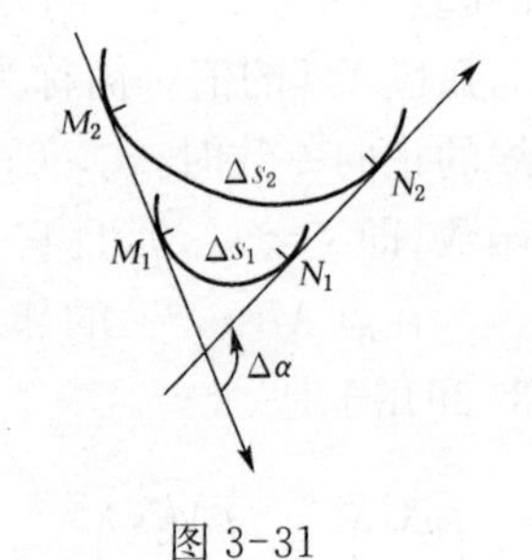

图 3-31

但是，切线的转角的大小还不能完全反映曲线的弯曲程度. 如在图 3-31 中，曲线弧段$\overset{\frown}{M_1N_1}$的长度为 Δs_1，曲线弧$\overset{\frown}{M_2N_2}$的长度为 Δs_2，$\Delta s_1<\Delta s_2$. 尽管切线的转角相同，都是 $\Delta\alpha$，但是由图容易看出，当转角相等时，弧长愈短，则曲线的弯曲程度就愈大.

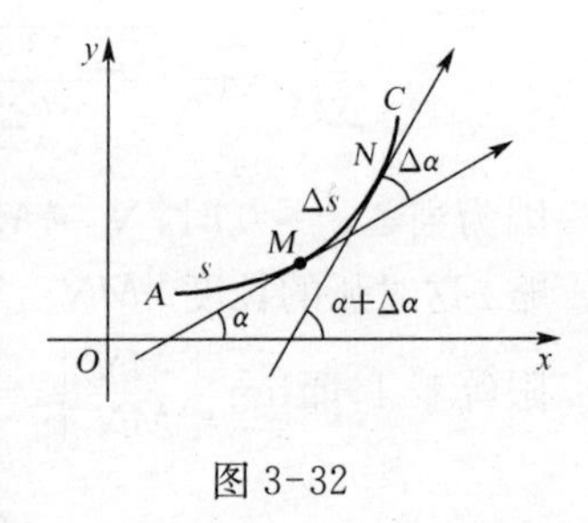

图 3-32

从以上直观的分析可知，曲线的弯曲程度不仅与切线的转角 $\Delta\alpha$ 的大小有关，而且还与所考察的曲线弧段的弧长 Δs 有关. 下面引入描述曲线弯曲程度的曲率的概念.

设曲线 C 具有连续转动的切线，在曲线 C 上选定一点 A 作为度量弧 s 的起点. 设曲线上点 M 对应于弧 s，切线的倾角为 α；曲线上另一点 N 对应于弧 $s+\Delta s$，切线的倾角为 $\alpha+\Delta\alpha$(图 3-32). 那么，弧段 $\overset{\frown}{MN}$的长度为 $|\Delta s|$，当动点 M 沿曲线 C 移动点 N 时，切线转过的角度为 $|\Delta\alpha|$.

我们用比值 $\dfrac{|\Delta\alpha|}{|\Delta s|}$ 即单位弧段上切线转角的大小来表达弧段 $\overset{\frown}{MN}$ 的平均弯曲程度，称此比值为弧段 $\overset{\frown}{MN}$ 的**平均曲率**，记作 $\overline{K}$，即

$$\overline{K}=\left|\frac{\Delta\alpha}{\Delta s}\right|.$$

一般地说，曲线上各点处的弯曲情形常常是不相同的，因此，就需要讨论每一点处曲线的弯曲程度. 但是，平均曲率并不能精确地表示曲线在某一点处的弯曲程度. 那么，如何描述曲线在某一点 M 处的弯曲程度呢？我们用类似于从平均速度引进瞬时速度的方法那样，当 $\Delta s\to 0$（即 $N\to M$）时，上述平均曲率 $\left|\frac{\Delta\alpha}{\Delta s}\right|$ 的极限称为**曲线 C 在点 M 处的曲率**，记作 K，即

$$K=\lim_{\Delta s\to 0}\left|\frac{\Delta\alpha}{\Delta s}\right|.$$

在 $\lim\limits_{\Delta s\to 0}\frac{\Delta\alpha}{\Delta s}=\frac{\mathrm{d}\alpha}{\mathrm{d}s}$ 存在的条件下，K 也可以表示为

$$K=\left|\frac{\mathrm{d}\alpha}{\mathrm{d}s}\right|. \tag{3.8}$$

这就是说，曲线在点 M 处的曲率是切线的倾角对弧长的变化率（导数）的绝对值. 这里取绝对值是因为曲率都是正的，即不论曲线弧是凹弧还是凸弧，都同样认定曲率为正.

例 1 证明直线的曲率等于零.

证明 因为对于直线来说，切线与直线重合，当点沿直线移动时，切线的倾角 α 不变（图 3-33）. 此时，$\Delta\alpha=0$，$\frac{\Delta\alpha}{\Delta s}=0$，从而平均曲率 $\overline{K}=\left|\frac{\Delta\alpha}{\Delta s}\right|=0$. 当 $\Delta s\to 0$ 时，取平均曲率的极限，得

$$K=\lim_{\Delta s\to 0}\left|\frac{\Delta\alpha}{\Delta s}\right|=0.$$

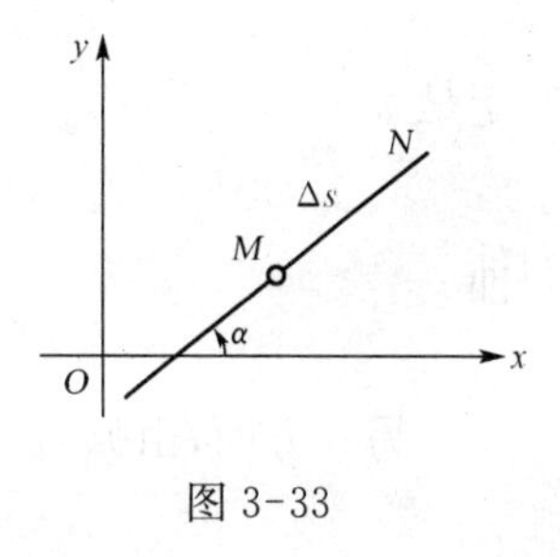

图 3-33

这就是说，直线上任意点 M 处的曲率等于零. 也可以说，"直线是没有弯曲的".

例 2 求半径为 a 的圆的曲率.

解 如图 3-34 所示. 在圆上任取点 M 及 N，在点 M 及 N 处圆的切线所夹的角 $\Delta\alpha$ 等于圆心角 $\angle MCN$，而

$$\angle MCN=\frac{\Delta s}{a},\quad \text{即}\quad \Delta\alpha=\frac{\Delta s}{a}.$$

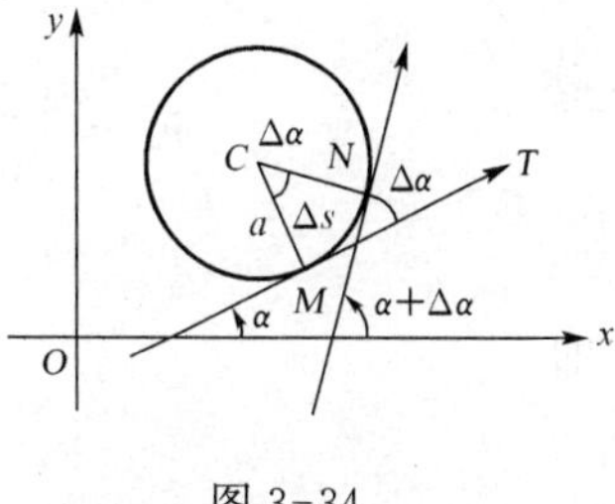

图 3-34

于是，平均曲率为

$$\overline{K} = \left|\frac{\Delta\alpha}{\Delta s}\right| = \left|\frac{\frac{\Delta s}{a}}{\Delta s}\right| = \frac{1}{a}.$$

根据曲率的定义,半径为 a 的圆上任意一点 M 处的曲率为

$$K = \lim_{\Delta s\to 0}\left|\frac{\Delta\alpha}{\Delta s}\right| = \lim_{\Delta s\to 0}\frac{1}{a} = \frac{1}{a}.$$

这个结果表示,圆上各点处的曲率都等于半径 a 的倒数 $\frac{1}{a}$. 这就是说,圆上各点处的弯曲程度都相同,且半径越小,则曲率越大,即圆弧弯曲得越厉害.

一般地说,直接由定义计算曲线的曲率是比较困难的,因此,我们要根据曲率的定义式(3.8)导出便于实际计算曲率的公式.

设曲线的直角坐标方程为 $y = f(x)$,且 $f(x)$ 具有二阶导数. 由导数的几何意义可知,曲线在点 $M(x, y)$ 处的切线斜率为

$$y' = \tan\alpha.$$

两边对 x 求导,并注意到 α 是 x 的函数,利用复合函数求导法则,得

$$y'' = \sec^2\alpha\,\frac{\mathrm{d}\alpha}{\mathrm{d}x}.$$

于是

$$\frac{\mathrm{d}\alpha}{\mathrm{d}x} = \frac{y''}{\sec^2\alpha} = \frac{y''}{1+\tan^2\alpha} = \frac{y''}{1+y'^2},$$

即

$$\mathrm{d}\alpha = \frac{y''}{1+y'^2}\mathrm{d}x.$$

另一方面,由弧微分公式(3.7)可知

$$\mathrm{d}s = \sqrt{1+y'^2}\,\mathrm{d}x.$$

从而,根据曲率 K 的定义式(3.8),便有

$$K = \left|\frac{\mathrm{d}\alpha}{\mathrm{d}s}\right| = \left|\frac{\frac{y''}{1+y'^2}\mathrm{d}x}{\sqrt{1+y'^2}\,\mathrm{d}x}\right| = \left|\frac{y''}{(1+y'^2)^{\frac{3}{2}}}\right|,$$

即

$$\boxed{K = \frac{|y''|}{(1+y'^2)^{\frac{3}{2}}}.} \tag{3.9}$$

例 3 求立方抛物线 $y = ax^3 (a > 0)$ 在点$(0, 0)$ 及点$(1, a)$ 处的曲率.

解 $y' = 3ax^2$, $y'' = 6ax$. 代入公式(3.9),得

$$K=\frac{6a\mid x\mid}{(1+9a^2x^4)^{\frac{3}{2}}}.$$

在点(0, 0)及点(1, a)处的曲率分别为

$$K(0,\ 0)=\left.\frac{6a\mid x\mid}{(1+9a^2x^4)^{\frac{3}{2}}}\right|_{x=0}=0$$

及

$$K(1,\ a)=\left.\frac{6a\mid x\mid}{(1+9a^2x^4)^{\frac{3}{2}}}\right|_{x=1}=\frac{6a}{(1+9a^2)^{\frac{3}{2}}}.$$

例 4 求椭圆 $\frac{x^2}{4}+\frac{y^2}{6}=1$ 在点$\left(1,\ \frac{3\sqrt{2}}{2}\right)$处的曲率.

解 利用由方程所确定的隐函数的求导法，由椭圆方程

$$\frac{x^2}{4}+\frac{y^2}{6}=1$$

两端对 x 求导，得

$$\frac{1}{2}x+\frac{1}{3}y\cdot y'=0,$$

从而解得

$$y'=-\frac{3x}{2y}.$$

上式两边再对 x 求导，得

$$y''=-\frac{3}{2}\cdot\frac{y-xy'}{y^2}.$$

因此

$$y'\Big|_{\substack{x=1\\ y=\frac{3\sqrt{2}}{2}}}=-\frac{\sqrt{2}}{2},\quad y''\Big|_{\substack{x=1\\ y=\frac{3\sqrt{2}}{2}}}=-\frac{3}{2}\cdot\frac{y-xy'}{y^2}\Big|_{\substack{x=1\\ y=\frac{3\sqrt{2}}{2}\\ y'=-\frac{\sqrt{2}}{2}}}=-\frac{2\sqrt{2}}{3}.$$

把它们代入曲率的计算公式(3.9)，便得所求的曲率为

$$K=\left|\frac{-\frac{2\sqrt{2}}{3}}{\left[1+\left(-\frac{\sqrt{2}}{2}\right)^2\right]^{\frac{3}{2}}}\right|=\frac{8}{9\sqrt{3}}.$$

例 5 求摆线 $\begin{cases}x=a(t-\sin t),\\ y=a(1-\cos t)\end{cases}$ $(a>0)$ 在 $t=\pi$ 处的曲率.

解 由参数方程所确定的函数的求导法则，得

$$\frac{\mathrm{d}x}{\mathrm{d}t}=a(1-\cos t),\quad \frac{\mathrm{d}y}{\mathrm{d}t}=a\sin t,$$

$$\frac{dy}{dx}=\frac{\frac{dy}{dt}}{\frac{dx}{dt}}=\frac{a\sin t}{a(1-\cos t)}=\frac{2\sin\frac{t}{2}\cos\frac{t}{2}}{2\sin^2\frac{t}{2}}=\cot\frac{t}{2}.$$

上式两边再对 x 求导一次,得

$$\frac{d^2y}{dx^2}=\frac{d\left(\cot\frac{t}{2}\right)}{dt}\frac{dt}{dx}=-\frac{1}{2}\csc^2\frac{t}{2}\frac{1}{\frac{dx}{dt}}$$

$$=-\frac{1}{2}\csc^2\frac{t}{2}\frac{1}{a(1-\cos t)}=-\frac{1}{4a}\frac{1}{\sin^4\frac{t}{2}}.$$

又因为

$$(1+y'^2)^{\frac{3}{2}}=\left(1+\cot^2\frac{t}{2}\right)^{\frac{3}{2}}=\left(\csc^2\frac{t}{2}\right)^{\frac{3}{2}}=\frac{1}{\sin^3\frac{t}{2}},$$

所以,由计算曲率的公式(3.9)得

$$K=\left|\frac{-\frac{1}{4a}\frac{1}{\sin^4\frac{t}{2}}}{\frac{1}{\sin^3\frac{t}{2}}}\right|=\frac{1}{4a\left|\sin\frac{t}{2}\right|}.$$

在 $t=\pi$ 处,所求曲率为

$$K\Big|_{t=\pi}=\frac{1}{4a\left|\sin\frac{t}{2}\right|_{t=\pi}}=\frac{1}{4a}.$$

例 6 试问:抛物线 $y=ax^2+bx+c$ 上哪一点处的曲率最大?

解 由 $y=ax^2+bx+c$,得 $y'=2ax+b$, $y''=2a$,代入公式(3.9),得曲率为

$$K=\frac{|2a|}{[1+(2ax+b)^2]^{\frac{3}{2}}}.$$

因为 K 的分子是常数 $|2a|$,所以,只要分母最小,K 就最大.容易看出,当 $2ax+b=0$,即 $x=-\frac{b}{2a}$ 时,K 的分母就最小,因而 K 有最大值 $|2a|$.而当 $x=-\frac{b}{2a}$ 时,

$$y=a\left(-\frac{b}{2a}\right)^2+b\left(-\frac{b}{2a}\right)+c=\frac{b^2}{4a}-\frac{b^2}{2a}+c=-\frac{b^2-4ac}{4a},$$

所以,这抛物线在点 $\left(-\frac{b}{2a},-\frac{b^2-4ac}{4a}\right)$ 处的曲率为最大.由平面解析几何知道,这

一点恰好是抛物线的顶点.因此,抛物线在顶点处的曲率最大.

在某些实际问题中,如果 $|y'| \ll 1$(即 $|y'|$ 与 1 相比较起来要小得多),则 y'^2 可以忽略不计.这时,由于 $1+y'^2 \approx 1$,从而有曲率的近似计算公式:

$$K=\frac{|y''|}{(1+y'^2)^{\frac{3}{2}}} \approx |y''|.$$

这就是说,当 $|y'| \ll 1$ 时,曲率 K 近似于 $|y''|$.这是工程上常用的一种近似计算曲率的方法.

3.8.3 曲率半径与曲率圆

如果曲线 $y=f(x)$ 在点 $M(x, y)$ 处的曲率 $K \neq 0$,则称曲率 K 的倒数 $\frac{1}{K}$ 为曲线在该点处的**曲率半径**,记为 ρ,即

$$\rho=\frac{1}{K}=\frac{(1+y'^2)^{\frac{3}{2}}}{|y''|}. \tag{3.10}$$

由例 2 可知,圆的曲率半径就是它的半径.

过曲线 $y=f(x)$ 上点 $M(x, y)$ 作曲线的法线(图 3-35).在法线上沿曲线凹向的一侧取一点 C,使 $|MC|=\frac{1}{K}=\rho$.以 C 为圆心、以 ρ 为半径作圆,则称此圆为曲线 $y=f(x)$ 在 M 处的**曲率圆**,而称曲率圆的圆心 C 为曲线在点 M 处的**曲率中心**.

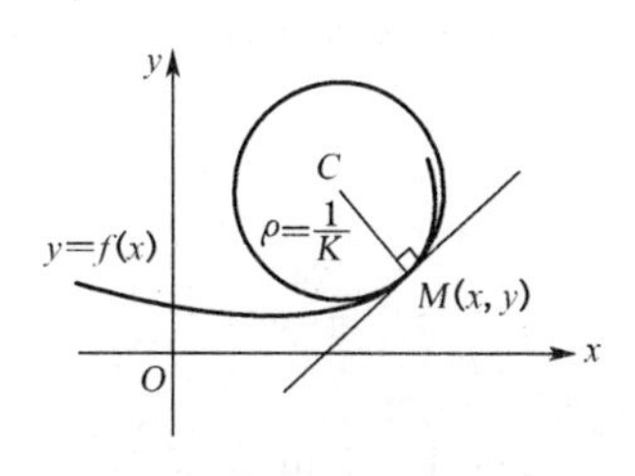

图 3-35

曲率圆具有如下性质:

(1) 它与曲线在点 M 处相切;

(2) 它与曲线在点 M 处凹向相同;

(3) 它的曲率与曲线在点 M 处的曲率相等.

由于点 M 处的曲率圆与曲线的这种密切关系,有时也称曲率圆为密切圆.在实际问题中,讨论有关曲线在某点处的性态时,经常用该点处的曲率圆来近似代替曲线,从而使问题得到简化.

例 7 求曲线 $y=a\ln\left(1-\frac{x^2}{a^2}\right)$ $(a>0)$ 上的点,使在该点的曲率半径为最小.

解 $y'=\frac{-2ax}{a^2-x^2}$, $y''=\frac{-2a(a^2+x^2)}{(a^2-x^2)^2}$.曲率半径为

$$\rho=\frac{(1+y'^2)^{\frac{3}{2}}}{|y''|}=\frac{\left[1+\frac{4a^2x^2}{(a^2-x^2)^2}\right]^{\frac{3}{2}}}{\frac{2a(a^2+x^2)}{(a^2-x^2)^2}}=\frac{(a^2+x^2)^2}{2a(a^2-x^2)}.$$

因为
$$\frac{\mathrm{d}\rho}{\mathrm{d}x}=\frac{x(a^2+x^2)(3a^2-x^2)}{a(a^2-x^2)^2},$$

所以,令 $\frac{\mathrm{d}\rho}{\mathrm{d}x}=0$,便可求得函数 $\rho=\frac{(a^2+x^2)^2}{2a(a^2-x^2)}$ 在定义域 $(-a,\ a)$ 内的驻点为 $x=0$.

当 $-a<x<0$ 时,$\frac{\mathrm{d}\rho}{\mathrm{d}x}<0$;当 $0<x<a$ 时,$\frac{\mathrm{d}\rho}{\mathrm{d}x}>0$,所以,$\rho$ 在 $x=0$ 处取得极小值,这个极小值也就是 ρ 在 $(-a,\ a)$ 内的最小值. 由于当 $x=0$ 时,$y=0$,因此,曲线在原点 $(0,\ 0)$ 处的曲率半径为最小.

习题 3.8

1. 求曲线 $xy=12$ 在点 $(3,\ 4)$ 处的曲率.
2. 求抛物线 $y=x^2$ 在点 $(1,\ 1)$ 处的曲率和曲率半径.
3. 求正弦曲线 $y=\sin x$ 在点 $\left(\frac{\pi}{2},\ 1\right)$ 处的曲率.
4. 求曲线 $y=\ln(\sec x)$ 在点 $(x,\ y)$ 处的曲率及曲率半径.
5. 求指数曲线 $y=\mathrm{e}^x$ 上曲率半径为最小的点.
6. 对数曲线 $y=\ln x$ 上哪一点处的曲率半径最小? 求出该点处的曲率半径.

答案

1. $K=\frac{24}{125}$. 2. $K=\frac{2}{5\sqrt{5}}$, $\rho=\frac{5\sqrt{5}}{2}$. 3. $K=1$. 4. $K=|\cos x|$, $\rho=|\sec x|$.

5. $\left(-\frac{1}{2}\ln 2,\ \frac{\sqrt{2}}{2}\right)$. 6. $\left(\frac{\sqrt{2}}{2},\ -\frac{\ln 2}{2}\right)$ 处曲率半径有最小值 $\frac{3\sqrt{3}}{2}$.

复习题 3

(A)

1. 设方程 $a_0x^n+a_1x^{n-1}+\cdots+a_{n-1}x=0$ 有一个正根 x_0,证明方程 $na_0x^{n-1}+(n-1)a_1x^{n-2}+\cdots+a_{n-1}=0$ 必至少有一个小于 x_0 的正根.

2. 应用拉格朗日中值定理证明不等式
$$|\arctan a-\arctan b|\leqslant|a-b|.$$

3. 利用洛必达法则或其他简便方法求极限.

(1) $\lim\limits_{x\to 0}\frac{\mathrm{e}^x-1}{x\mathrm{e}^x+\mathrm{e}^x-1}$;　　(2) $\lim\limits_{x\to+\infty}\frac{\ln\left(1+\frac{1}{x}\right)}{\operatorname{arccot} x}$;

(3) $\lim\limits_{x\to+\infty}\left(\frac{2}{\pi}\arctan x\right)^x$;　　(4) $\lim\limits_{x\to 0}\left(\frac{1}{\sin^2 x}-\frac{1}{x^2}\right)$;

(5) $\lim\limits_{x\to 0}\dfrac{\sec^2 x-1}{\cos x\cdot\sin^2 3x}$;　　(6) $\lim\limits_{x\to 0^+}(\cos\sqrt{x})^{\frac{\pi}{x}}$;

(7) $\lim\limits_{x\to\frac{\pi}{2}}\dfrac{\tan x}{\tan 3x}$;　　(8) $\lim\limits_{x\to 1}(1-x)\tan\dfrac{\pi}{2}x$.

4. 验证极限 $\lim\limits_{x\to 0}\dfrac{x^2\sin\dfrac{1}{x}}{\sin x}$ 存在,但不能用洛必达法则求得.

5. 证明当 $x\geqslant 1$ 时,$2\arctan x+\arcsin\dfrac{2x}{1+x^2}=\pi$.

6. 确定函数的单调区间.

(1) $y=(x-1)(x+1)^3$;　　(2) $y=\dfrac{10}{4x^3-9x^2+6x}$;

(3) $y=\sqrt[3]{(2x-a)(a-x)^2}\ (a>0)$.

7. 证明当 $0<x<\dfrac{\pi}{2}$ 时,$\sin x>\dfrac{2}{\pi}x$.(提示:令 $F(x)=\dfrac{\sin x}{x}-\dfrac{2}{\pi}$,只需证明 $F(x)>0$.)

8. 求函数的极值.

(1) $y=2x^3-3x^2$;　　(2) $y=-x^4+2x^2$;

(3) $y=x-\ln(1+x)$;　　(4) $y=x+\sqrt{1-x}$;

(5) $y=x^{\frac{1}{x}}$;　　(6) $y=2e^x+e^{-x}$.

9. 已知函数 $f(x)=x^3+ax^2+bx+c$ 在 $x=1$ 处有极小值,而极大值为 $f(-1)=0$. 求 a, b 和 c 的值.

10. 问函数 $y=2x^3-6x^2-18x-7\ (1\leqslant x\leqslant 4)$ 在何处取得最大值?并求出它的最大值.

11. 有一杠杆,支点在它的一端. 在距支点 0.1 m 处挂一重为 490(N)的物体,加力于杠杆的另一端使杠杆保持水平(图 3-36). 如果杠杆本身每米长的重力为 50(N),求最省力的杆长.

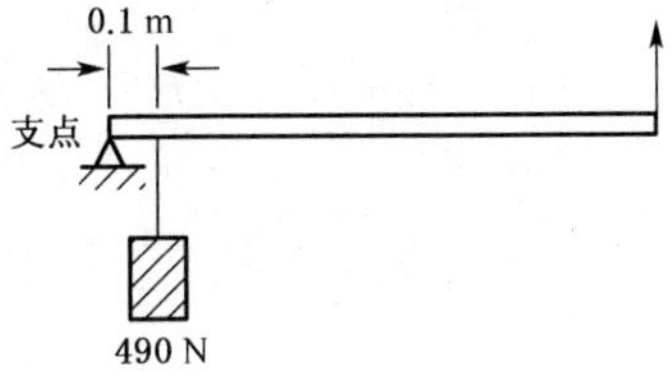

0.1 m
支点
490 N

图 3-36

12. 要做一个上、下均有底的圆柱形铁桶,规定其体积为 V(定值). 问底半径 r 多大时,才能使其表面积为最小,并求此最小的表面积.

13. 求曲线 $y=x^4(12\ln x-7)$ 的拐点及凹凸区间.

14. 试决定曲线 $y=ax^3+bx^2+cx+d$ 中的 a, b, c, d,使得 $x=-2$ 为驻点,$(1,-10)$ 为拐点,且通过点$(-2, 44)$.

15. 证明曲线 $y=\dfrac{x-1}{x^2+1}$ 有三个位于同一直线上的拐点.

16. 求曲线 $x=a\cos^3 t$, $y=a\sin^3 t\ (a>0)$ 在 $t=t_0$ 处的曲率.

(B)

1. 选择题

(1) 下列函数中,在区间$[-1, 1]$上满足罗尔定理条件的是　　(　　).

(A) $f(x)=\dfrac{1}{x^2}$　　(B) $f(x)=|x|+1$

(C) $f(x)=x^2+1$　　　　(D) $f(x)=x+1$

(2) 下列函数中,在$[1, e]$上满足拉格朗日中值定理条件的是　　(　　).

(A) $f(x)=\ln\ln x$　　　　(B) $f(x)=\ln x$

(C) $f(x)=\dfrac{1}{\ln x}$　　　　(D) $f(x)=\ln(2-x)$

(3) 函数 $y=x^3+12x+1$ 在定义区间上是　　(　　).

(A) 单调增加　　　　(B) 单调减少

(C) 图形是凹的　　　　(D) 图形是凸的

(4) 设函数 $y=e^{-x^2}$,则它在(　　)区间上是单调增加的.

(A) $(-\infty, +\infty)$　　　　(B) $(-\infty, 0]$

(C) $[0, +\infty)$　　　　(D) $(-\infty, -1)\cup(1, +\infty)$

(5) 已知 $f(0)=\varphi(0)$,且当 $x>0$ 时,有 $f'(x)<\varphi'(x)$,则当 $x\geqslant 0$ 时,必有(　　)成立.

(A) $f(x)<\varphi(x)$　　　　(B) $f(x)>\varphi(x)$

(C) $f(x)\leqslant\varphi(x)$　　　　(D) $f(x)\geqslant\varphi(x)$

(6) 下列结论中,正确的是　　(　　).

(A) 若 x_0 是 $f(x)$的极值点,则 x_0 一定是 $f(x)$的驻点

(B) 若 x_0 是 $f(x)$的极值点,且 $f'(x_0)$存在,则 $f'(x_0)=0$

(C) 若 x_0 是 $f(x)$的驻点,则 x_0 一定是 $f(x)$的极值点

(D) 若 $f(x_1)$和 $f(x_2)$分别是 $f(x)$在(a, b)内的极大值和极小值,则必有 $f(x_1)<f(x_2)$

2. 填空题

(1) 设 $f(x)=(x+2)(x+1)(x-3)(x-5)$,则方程 $f'(x)=0$ 有________个实根.

(2) 函数 $f(x)=x^3+2x-3$ 在区间$[1, 4]$上满足拉格朗日中值定理的 $\xi=$________.

(3) 可导函数 $y=f(x)$ 在点 $x=x_0$ 处取得极大值,则必有________.

(4) 函数 $y=x^3-x^2-x+1$ 的极值点是________,拐点是________.

(5) 曲线 $y=\dfrac{2x-1}{(x-1)^2}$ 的水平渐近线方程是________,铅直渐近线方程是________.

答　案

(A)

1. 提示:$x=0$ 是原方程的根,可在区间$[0, x_0]$上对原方程左端的函数使用罗尔定理.

2. 证略.

3. (1) $\dfrac{1}{2}$; (2) 1; (3) $e^{-\frac{2}{\pi}}$; (4) $\dfrac{1}{3}$; (5) $\dfrac{1}{9}$; (6) $e^{-\frac{\pi}{2}}$; (7) 3; (8) $\dfrac{2}{\pi}$.

4. 证略.　　5. 证略.

6. (1) 在$\left(-\infty, \dfrac{1}{2}\right]$上单调减少,在$\left[\dfrac{1}{2}, +\infty\right)$上单调增加;

(2) 在$(-\infty, 0)\cup\left(0, \dfrac{1}{2}\right]\cup[1, +\infty)$上单调减少,在$\left[\dfrac{1}{2}, 1\right]$上单调增加;

(3) 在$\left(-\infty, \dfrac{2}{3}a\right]\cup[a, +\infty)$上单调增加,在$\left[\dfrac{2}{3}a, a\right]$上单调减少.

8. (1) 极大值 $y(0)=0$,极小值 $y(1)=-1$; (2) 极大值 $y(\pm 1)=1$,极小值 $y(0)=0$; (3) 极小值 $y(0)=0$; (4) 极大值 $y\left(\frac{3}{4}\right)=\frac{5}{4}$; (5) 极大值 $y(\mathrm{e})=\mathrm{e}^{\frac{1}{\mathrm{e}}}$; (6) 极小值 $y\left(-\frac{1}{2}\ln 2\right)=2\sqrt{2}$.

9. $a=0$, $b=-3$, $c=-2$.

10. $x=1$ 时,函数有最大值 -29.

11. 杆长为 1.4 m.

12. 当 $r=\sqrt[3]{\frac{V}{2\pi}}$ 时,表面积为最小,最小表面积为 $3\sqrt[3]{2\pi V^2}$.

13. 拐点:(1, −7). 在(0, 1]上是凸的,在[1, +∞)上是凹的.

14. $a=1$, $b=-3$, $c=-24$, $d=16$.

15. 提示:先求出曲线的三个拐点,再验证三个拐点中任何两点间线段的斜率都相等,从而说明三个拐点在同一直线上.

16. $K=\frac{2}{3a\mid\sin 2t_0\mid}$.

(B)

1. (1) C; (2) B; (3) A; (4) A; (5) B; (6) B.

2. (1) 3; (2) $\sqrt{7}$; (3) $f'(x_0)=0$; (4) $x_1=-\frac{1}{3}$, $x_2=1$, $\left(\frac{1}{3}, \frac{16}{27}\right)$; (5) $y=0$, $x=1$.

第4章　不定积分

前面已经讨论了一元函数微分学，自本章开始到第5章，我们将讨论一元函数积分学. 一元函数积分学中有两个基本问题——不定积分与定积分. 本章先讨论不定积分.

4.1　原函数与不定积分

微分学中讨论的基本问题是：已知函数 $f(x)$，如何求它的导数或微分. 但在科学技术中，常会遇到与此相反的问题，即已知函数的导数或微分，如何求它原来的函数. 例如，已知作变速直线运动的质点 M 在任一时刻 t 的瞬时速度 $v=s'(t)$，如何求该质点 M 的运动规律，即该质点 M 在数轴上的位置 s 与运动的时间 t 的函数关系：$s=s(t)$；又如，已知曲线上任一点 $P(x, y)$ 处的切线斜率为 $y'=f'(x)$，如何求此曲线的方程 $y=f(x)$. 这些问题在数学上就是已知函数 $f(x)$，要求出可导函数 $F(x)$，使得 $F'(x)=f(x)$，这就是本章要讨论的问题. 为此，下面先引入原函数与不定积分的概念.

4.1.1　原函数与不定积分的概念

1. 原函数的概念

定义1　设 $f(x)$ 是定义在某区间 I 上的已知函数，如果存在可导函数 $F(x)$，使得对于任一点 $x\in I$，都有

$$F'(x)=f(x) \quad 或 \quad \mathrm{d}F(x)=f(x)\mathrm{d}x,$$

则称函数 $F(x)$ 为函数 $f(x)$ 在区间 I 上的原函数.

例如：

因为 $(\sin x)'=\cos x$，所以 $\sin x$ 是 $\cos x$ 在 $(-\infty, +\infty)$ 上的原函数；

因为 $\left(\frac{x^3}{3}\right)'=x^2$，所以 $\frac{x^3}{3}$ 是 x^2 在 $(-\infty, +\infty)$ 上的原函数；

因为 $(\arcsin x)'=\frac{1}{\sqrt{1-x^2}}(-1<x<1)$，所以 $\arcsin x$ 是 $\frac{1}{\sqrt{1-x^2}}$ 在 $(-1, 1)$ 上的原函数.

关于原函数，首先要问：一个函数应具备什么条件，才能保证它的原函数一定存

在？这个问题将在 5.2 节中给出，这里先给出**原函数存在定理的结论：如果函数 $f(x)$ 在某区间上连续，则在该区间上 $f(x)$ 的原函数必定存在.**

其次，要问：如果函数 $f(x)$ 在区间 I 上的原函数存在，那么它有多少个原函数？

从上面已经看到，$\sin x$ 是 $\cos x$ 在 $(-\infty, +\infty)$ 上的原函数，而由于

$(\sin x+1)'=\cos x$，$\left(\sin x+\frac{3}{2}\right)'=\cos x$，$\left(\sin x-\frac{\pi}{2}\right)'=\cos x$，…，$(\sin x+C)'=\cos x$（$C$ 为任意常数），所以 $\sin x+1$，$\sin x+\frac{3}{2}$，$\sin x-\frac{\pi}{2}$，…，$\sin x+C$（C 为任意常数）等都是 $\cos x$ 在 $(-\infty, +\infty)$ 上的原函数，即在 $(-\infty, +\infty)$ 上 $\cos x$ 的原函数可有无限多个.

一般地，如果函数 $F(x)$ 是 $f(x)$ 在某区间 I 上的一个原函数，则对于任意常数 C，都有

$$[F(x)+C]'=f(x),$$

由于常数 C 的任意性，从而可知，如果函数 $f(x)$ 在某区间 I 上存在原函数，则它的原函数可有无限多个.

那么，进一步要问，$f(x)$ 在某区间 I 上的任意两个原函数之间有什么关系呢？下面给出一个定理.

定理 设函数 $\Phi(x)$ 和 $F(x)$ 是 $f(x)$ 在某区间 I 上的任意两个不同的原函数，则它们的差 $\Phi(x)-F(x)$ 在该区间 I 上是一个常数.

证明 因为对于任一 $x\in I$，都有

$$\Phi'(x)=f(x),\quad F'(x)=f(x),$$

所以 $$[\Phi(x)-F(x)]'=\Phi'(x)-F'(x)=f(x)-f(x)=0.$$

由于导数恒为零的函数必为常数（参看 3.1 节中拉格朗日中值定理的推论），故得

$$\Phi(x)-F(x)=C_0,$$

即有 $$\Phi(x)=F(x)+C_0\quad(x\in I),$$

其中，C_0 是某个常数.

由此可知，如果 $F(x)$ 是 $f(x)$ 在区间 I 上的一个原函数，则当 C 为任意常数时，表达式

$$F(x)+C$$

就可以表示 $f(x)$ 在区间 I 上的任意一个原函数. 因此

$$F(x)+C\quad(C\text{ 为任意常数})$$

就是 $f(x)$ 在区间 I 上的任意一个原函数的**一般表达式**. 而 $f(x)$ 在区间 I 上的全体原函数所组成的集合就是函数族

$$\{F(x)+C \mid -\infty < C < +\infty\}.$$

下面再来引进不定积分的概念.

2. 不定积分的概念

定义 2 设 $F(x)$ 为 $f(x)$ 在区间 I 上的一个原函数,那么,$f(x)$ 在区间 I 上的任意一个原函数的一般表达式

$$F(x)+C \quad (C\text{为任意常数})$$

称为 $f(x)$ 在区间 I 上的**不定积分**,记作 $\int f(x)\mathrm{d}x$,即

$$\boxed{\int f(x)\mathrm{d}x = F(x)+C.} \tag{4.1}$$

这里,我们把记号 $\int f(x)\mathrm{d}x$ 看作是 $f(x)$ 在区间 I 上的**任意一个原函数的代表**. 其中,$f(x)$ 称为**被积函数**;$f(x)\mathrm{d}x$ 称为**被积表达式**;x 称为**积分变量**;符号 $\int$ 称为**积分号**,任意常数 C 也称为**积分常数**.

由此可见,求不定积分 $\int f(x)\mathrm{d}x$,只要求出被积函数 $f(x)$ 在区间 I 上的某一个原函数 $F(x)$,然后再加上一个任意常数 C 即可(千万不要忘记加上任意常数 C).

为了叙述方便,今后讨论不定积分时,总假定不定积分对其被积函数连续的区间来讨论的. 因此,在不至于发生混淆的情况下,不再指明有关的区间.

例 1 求 $\int x^3\mathrm{d}x$.

解 因为 $\left(\frac{x^4}{4}\right)' = x^3$,所以 $\frac{x^4}{4}$ 是 x^3 的一个原函数. 于是

$$\int x^3\mathrm{d}x = \frac{x^4}{4}+C \quad (C\text{为任意常数}).$$

例 2 求 $\int \frac{\mathrm{d}x}{\sqrt{1-x^2}}$.

解 因为 $(\arcsin x)' = \frac{1}{\sqrt{1-x^2}}$,所以 $\arcsin x$ 是 $\frac{1}{\sqrt{1-x^2}}$ 的一个原函数. 于是

$$\int \frac{\mathrm{d}x}{\sqrt{1-x^2}} = \arcsin x + C.$$

例 3 求 $\int \sec^2 x\mathrm{d}x$.

解 因为 $(\tan x)' = \sec^2 x$,所以 $\tan x$ 是 $\sec^2 x$ 的一个原函数. 于是

$$\int \sec^2 x \mathrm{d}x = \tan x + C.$$

今后为了方便起见,不定积分也简称为**积分**,求不定积分的运算称为**积分法**.

3. 原函数与不定积分的几何意义

设 $F(x)$ 是 $f(x)$ 的一个原函数,则 $y=F(x)$ 在几何上表示 xOy 平面上的一条曲线,这条曲线称为 $f(x)$ 的**积分曲线**. 而

$$y = F(x) + C \tag{4.2}$$

当 C 取不同的值时,就得到不同的积分曲线,它们可看作是由曲线 $y = F(x)$ 沿 y 轴平行移动距离为 $|C|$ 而得到的一族曲线,称此族曲线为 $f(x)$ 的**积分曲线族**. 这族积分曲线具有这样的特点:在横坐标 x 相同的点处,曲线的切线都是平行的,且切线的斜率都等于 $f(x)$,而它们的纵坐标只差一个常数. 由于不定积分 $\int f(x)\mathrm{d}x = F(x) + C$ (C 为任意常数) 是 $f(x)$ 的任意一个原函数的一般表达式,于是它的几何意义是:**表示 $f(x)$ 的积分曲线族中的任意一条积分曲线**. 如果要求出通过点 (x_0, y_0) 的某一条积分曲线,只要把条件"当 $x = x_0$ 时,$y = y_0$"代入式(4.2),求出 C 的值为 $C = y_0 - F(x_0)$,再代入式(4.2) 即可. 若记 $C_1 = y_0 - F(x_0)$,则所求积分曲线的方程为 $y = F(x) + C_1$(图 4-1).

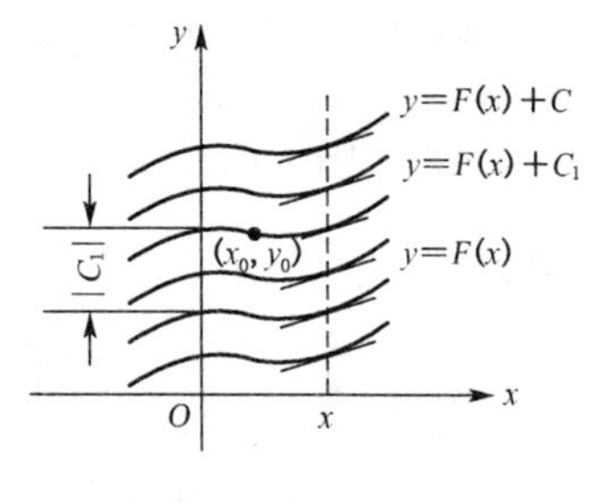

图 4-1

例 4 已知某曲线通过点(0, 1),且曲线上任一点处的切线斜率等于该点的横坐标,求此曲线的方程.

解 设所求曲线方程为 $y = y(x)$,则由题意可知,曲线上任一点 (x, y) 处切线的斜率为

$$y' = \frac{\mathrm{d}y}{\mathrm{d}x} = x.$$

由于 $\left(\frac{x^2}{2}\right)' = x$,所以 $\frac{x^2}{2}$ 是 x 的一个原函数,于是

$$y = \int x\mathrm{d}x = \frac{x^2}{2} + C,$$

即

$$y = \frac{x^2}{2} + C, \tag{4.3}$$

其中 C 为任意常数,它的图形是一族抛物线,如图 4-2 所示. 要从这一族抛物线中找出过点(0, 1) 的那一条,只要将"$x = 0$, $y = 1$"代入式(4.3),得

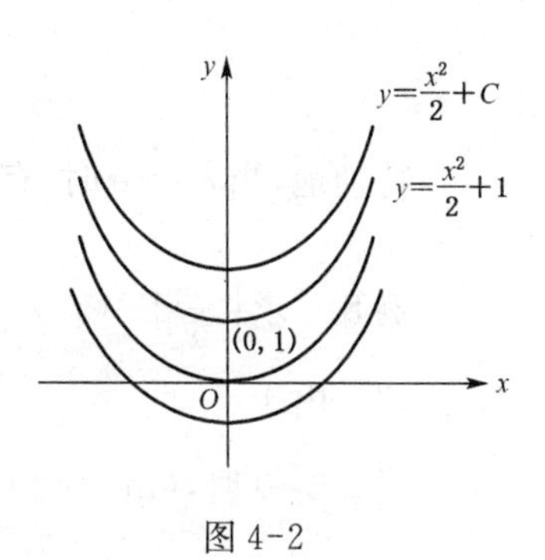

图 4-2

$$1 = 0 + C, \quad C = 1.$$

于是,得到所求的曲线方程为

$$y = \frac{x^2}{2} + 1.$$

4.1.2 基本积分表

由前面所讨论的原函数与不定积分的概念,可以看到积分法是微分法的逆运算.利用求导的公式,就可以得到相应的积分公式.下面再举几个例子.

例 5 求$\int x^\mu \mathrm{d}x \ (\mu \neq -1)$.

解 因为$(x^{\mu+1})' = (\mu+1)x^\mu$,所以$\left(\dfrac{x^{\mu+1}}{\mu+1}\right)' = x^\mu$.这表明$\dfrac{x^{\mu+1}}{\mu+1}$是$x^\mu$的一个原函数,因此

$$\int x^\mu \mathrm{d}x = \frac{x^{\mu+1}}{\mu+1} + C \quad (\mu \neq -1).$$

例 6 求$\int \sin x \mathrm{d}x$.

解 因为$(-\cos x)' = \sin x$,所以$-\cos x$是$\sin x$的一个原函数,故得

$$\int \sin x \mathrm{d}x = -\cos x + C.$$

类似地有
$$\int \cos x \mathrm{d}x = \sin x + C.$$

例 7 求$\int a^x \mathrm{d}x \ (a > 0, \ a \neq 1)$.

解 因为$(a^x)' = a^x \ln a$.所以$\left(\dfrac{a^x}{\ln a}\right)' = a^x$.这表明$\dfrac{a^x}{\ln a}$是$a^x$的一个原函数,因此

$$\int a^x \mathrm{d}x = \frac{a^x}{\ln a} + C.$$

特别地,当$a = \mathrm{e}$时,有
$$\int \mathrm{e}^x \mathrm{d}x = \mathrm{e}^x + C.$$

例 8 求$\int \frac{1}{x} \mathrm{d}x \ (x \neq 0)$.

解 由于

当$x > 0$时,$(\ln |x|)' = (\ln x)' = \dfrac{1}{x}$;

当$x < 0$时,$(\ln |x|)' = (\ln(-x))' = \dfrac{1}{-x}(-1) = \dfrac{1}{x}$.

所以，当 $x \neq 0$ 时，$\ln|x|$ 是 $\frac{1}{x}$ 的一个原函数，故得

$$\int \frac{1}{x}\mathrm{d}x = \ln|x| + C \quad (x \neq 0).$$

用类似的方法还可以得到其他一些积分公式. 下面我们把一些基本的积分公式列成一个表，这个表通常称为**基本积分表**.

① $\int \mathrm{d}x = x + C$；

② $\int k\mathrm{d}x = kx + C$（$k$ 为常数）；

③ $\int x^{\mu}\mathrm{d}x = \frac{x^{\mu+1}}{\mu+1} + C$（$\mu \neq -1$）；

④ $\int \frac{\mathrm{d}x}{x} = \ln|x| + C$（$x \neq 0$）；

⑤ $\int \frac{\mathrm{d}x}{1+x^2} = \arctan x + C$；

⑥ $\int \frac{\mathrm{d}x}{\sqrt{1-x^2}} = \arcsin x + C$；

⑦ $\int \cos x\mathrm{d}x = \sin x + C$；

⑧ $\int \sin x\mathrm{d}x = -\cos x + C$；

⑨ $\int \frac{\mathrm{d}x}{\cos^2 x} = \int \sec^2 x\mathrm{d}x = \tan x + C$；

⑩ $\int \frac{\mathrm{d}x}{\sin^2 x} = \int \csc^2 x\mathrm{d}x = -\cot x + C$；

⑪ $\int \sec x\tan x\mathrm{d}x = \sec x + C$；

⑫ $\int \csc x\cot x\mathrm{d}x = -\csc x + C$；

⑬ $\int \mathrm{e}^x\mathrm{d}x = \mathrm{e}^x + C$；

⑭ $\int a^x\mathrm{d}x = \frac{a^x}{\ln a} + C$（$a > 0$，$a \neq 1$）.

注意 以上 14 个基本积分公式是求不定积分的基础，必须熟练掌握. 要验证这些基本公式的正确性，只要验证各个公式右端的导数是否等于左端的被积函数就行了.

下面先应用幂函数的积分公式③，举几个求解不定积分的例子.

例 9 求 $\int x^{99}\mathrm{d}x$.

解 由公式③知本题的 $\mu = 99$，所以

$$\int x^{99}\mathrm{d}x = \frac{1}{99+1}x^{99+1} + C = \frac{x^{100}}{100} + C.$$

例 10 求 $\int \frac{1}{x^3}\mathrm{d}x$.

解 由于 $\frac{1}{x^3} = x^{-3}$，故公式③中的 $\mu = -3$，所以

$$\int \frac{1}{x^3}\mathrm{d}x = \frac{1}{-3+1}x^{-3+1} = -\frac{1}{2}x^{-2} = -\frac{1}{2x^2} + C.$$

例 11 求 $\int x^3\sqrt{x}\mathrm{d}x$.

解 $\int x^3\sqrt{x}\mathrm{d}x = \int x^{\frac{7}{2}}\mathrm{d}x = \frac{x^{\frac{7}{2}+1}}{\frac{7}{2}+1} + C = \frac{2}{9}x^{\frac{9}{2}} + C = \frac{2}{9}x^4\sqrt{x} + C.$

从上面例子可以看到，有时被积函数实际上是幂函数，但常用分式或根式表示.遇到这类情形，应首先把它化为 x^{μ} 的形式，然后再应用幂函数的积分公式③来求出不定积分.

4.1.3 不定积分的性质

根据不定积分的定义及求导运算法则，可以得到不定积分的下列性质(这里假定出现的不定积分均存在).

性质1 微分运算与积分运算是互为逆运算.

(1) 因为 $\int f(x)\mathrm{d}x$ 是 $f(x)$ 的任意一个原函数，所以

$$\boxed{\frac{\mathrm{d}}{\mathrm{d}x}\left[\int f(x)\mathrm{d}x\right]=f(x) \quad \text{或} \quad \mathrm{d}\left[\int f(x)\mathrm{d}x\right]=f(x)\mathrm{d}x.} \tag{4.4}$$

(2) 因为 $F(x)$ 是 $F'(x)$ 的原函数，所以

$$\boxed{\int F'(x)\mathrm{d}x=F(x)+C \quad \text{或} \quad \int \mathrm{d}F(x)=F(x)+C.} \tag{4.5}$$

此性质表明，当积分运算记号 $\int$ 与微分运算记号 d 连在一起时，或者相互抵消，或者抵消后只差一个常数.可以用“先积后微，形式不变；先微后积，差个常数”这句口诀来帮助记忆.

性质2 被积函数中不为零的常数乘积因子可以提到积分号外，即

$$\int kf(x)\mathrm{d}x=k\int f(x)\mathrm{d}x \quad (k\text{ 为常数}, k\neq 0\text{ ①}). \tag{4.6}$$

证明 根据导数的运算法则及式(4.4)知

$$\left(k\int f(x)\mathrm{d}x\right)'=k\left(\int f(x)\mathrm{d}x\right)'=kf(x),$$

故 $k\int f(x)\mathrm{d}x$ 是 $kf(x)$ 的原函数，且积分号表示了含有一个任意常数，所以它又表示了 $kf(x)$ 的原函数的一般表达式，因此

$$\int kf(x)\mathrm{d}x=k\int f(x)\mathrm{d}x.$$

性质3 两个函数的和(差)的不定积分等于两个函数的不定积分的和(差)，即

---

① 若 $k=0$，则 $\int kf(x)\mathrm{d}x=\int 0\mathrm{d}x=C$ (C 为任意常数)，而 $k\int f(x)\mathrm{d}x=0$，二者并不一定相等，故只有 $k\neq 0$ 时，式(4.6)才必定成立.

$$\int[f_1(x) \pm f_2(x)]\mathrm{d}x = \int f_1(x)\mathrm{d}x \pm \int f_2(x)\mathrm{d}x. \tag{4.7}$$

性质 3 的证明与性质 2 类似，留给读者作练习.

性质 3 对于被积函数为有限个函数的代数和的情形也是成立的，即

$$\int[f_1(x) + \cdots + f_n(x)]\mathrm{d}x = \int f_1(x)\mathrm{d}x + \cdots + \int f_n(x)\mathrm{d}x,$$

这里，n 是正整数.

利用不定积分的性质及基本积分表，将被积函数作适当的代数或三角恒等变形，就可求一些简单函数的不定积分.

例 12 求$\int(2\mathrm{e}^x - 3\sin x + 5\sqrt{x})\mathrm{d}x$.

解

$$\begin{aligned}\int(2\mathrm{e}^x - 3\sin x + 5\sqrt{x})\mathrm{d}x &= \int 2\mathrm{e}^x\mathrm{d}x - \int 3\sin x\mathrm{d}x + \int 5\sqrt{x}\mathrm{d}x \\ &= 2\int \mathrm{e}^x\mathrm{d}x - 3\int \sin x\mathrm{d}x + 5\int x^{\frac{1}{2}}\mathrm{d}x \\ &= 2\mathrm{e}^x - 3(-\cos x) + 5\,\frac{x^{\frac{1}{2}+1}}{\frac{1}{2}+1} + C \\ &= 2\mathrm{e}^x + 3\cos x + \frac{10}{3}x\sqrt{x} + C.\end{aligned}$$

注意 (1)在分项积分后，虽然中间的几个不定积分都分别含有任意常数，但由于任意常数的代数和仍是任意常数，因此，只要在最后总的加上一个任意常数就行了.

(2) 如要检验积分计算是否正确，只要类似于验证基本积分公式的正确性一样，把积分结果求导数，看它是否等于被积函数，如相等，就是正确的，否则，就是错误的.

例如，就例 12 的计算结果来看，由于

$$\begin{aligned}\left(2\mathrm{e}^x + 3\cos x + \frac{10}{3}x\sqrt{x} + C\right)' &= 2\mathrm{e}^x - 3\sin x + \frac{10}{3} \times \frac{3}{2}\sqrt{x} \\ &= 2\mathrm{e}^x - 3\sin x + 5\sqrt{x}.\end{aligned}$$

它恰好等于原积分的被积函数，所以上面的计算结果是正确的.

例 13 求$\int \frac{(x-1)^2}{\sqrt{x}}\mathrm{d}x$.

解

$$\begin{aligned}\int \frac{(x-1)^2}{\sqrt{x}}\mathrm{d}x &= \int \frac{x^2 - 2x + 1}{x^{\frac{1}{2}}}\mathrm{d}x = \int(x^{\frac{3}{2}} - 2x^{\frac{1}{2}} + x^{-\frac{1}{2}})\mathrm{d}x \\ &= \int x^{\frac{3}{2}}\mathrm{d}x - 2\int x^{\frac{1}{2}}\mathrm{d}x + \int x^{-\frac{1}{2}}\mathrm{d}x \\ &= \frac{2}{5}x^{\frac{2}{5}} - \frac{4}{3}x^{\frac{3}{2}} + 2x^{\frac{1}{2}} + C.\end{aligned}$$

例 14 求$\int\left(e^{x+1}-\frac{3}{x}+4^x\cdot 3^{-x}\right)dx$.

解 因为被积函数

$$e^{x+1}-\frac{3}{x}+4^x\cdot 3^{-x}=e\cdot e^x-\frac{3}{x}+\left(\frac{4}{3}\right)^x,$$

所以有

$$\begin{aligned}\int\left(e^{x+1}-\frac{3}{x}+4^x\cdot 3^{-x}\right)dx&=\int\left[e\cdot e^x-\frac{3}{x}+\left(\frac{4}{3}\right)^x\right]dx\\&=e\int e^x dx-3\int\frac{1}{x}dx+\int\left(\frac{4}{3}\right)^x dx\\&=e\cdot e^x-3\ln|x|+\frac{\left(\frac{4}{3}\right)^x}{\ln\frac{4}{3}}+C\\&=e^{x+1}-3\ln|x|+\frac{4^x\cdot 3^{-x}}{2\ln 2-\ln 3}+C.\end{aligned}$$

例 15 求$\int\frac{x^4}{x^2+1}dx$.

解 被积函数是一个有理假分式①,在基本积分表中没有这种类型的积分. 先将被积函数变形,得

$$\frac{x^4}{x^2+1}=\frac{(x^4-1)+1}{x^2+1}=\frac{(x^2-1)(x^2+1)+1}{x^2+1}=x^2-1+\frac{1}{x^2+1}.$$

于是

$$\begin{aligned}\int\frac{x^4}{x^2+1}dx&=\int\left(x^2-1+\frac{1}{x^2+1}\right)dx=\int x^2dx-\int dx+\int\frac{1}{1+x^2}dx\\&=\frac{x^3}{3}-x+\arctan x+C.\end{aligned}$$

注意 将有理假分式作代数的变形时,在分子上用“加1减1”的方法是常用的.

例 16 求$\int\tan^2 x dx$.

解 基本积分表中没有这种类型的积分. 先利用三角恒等式:$\tan^2 x=\sec^2 x-1$,将被积函数变形,再用性质3,便得

$$\int\tan^2 x dx=\int(\sec^2 x-1)dx=\int\sec^2 x dx-\int dx=\tan x-x+C.$$

---

① 参阅4.4.1目

例 17 求$\int\cos^2\frac{x}{2}\mathrm{d}x$.

解 由$\cos^2\frac{x}{2}=\frac{1+\cos x}{2}$,得

$$\int\cos^2\frac{x}{2}\mathrm{d}x=\int\frac{1+\cos x}{2}\mathrm{d}x=\frac{1}{2}\int(1+\cos x)\mathrm{d}x$$
$$=\frac{1}{2}\int\mathrm{d}x+\frac{1}{2}\int\cos x\mathrm{d}x=\frac{1}{2}x+\frac{1}{2}\sin x+C.$$

例 18 求$\int\frac{1}{\sin^2x\cos^2x}\mathrm{d}x$.

解 利用三角恒等式:$\sin^2x+\cos^2x=1$,便得

$$\int\frac{1}{\sin^2x\cos^2x}\mathrm{d}x=\int\frac{\sin^2x+\cos^2x}{\sin^2x\cos^2x}\mathrm{d}x=\int\left(\frac{1}{\cos^2x}+\frac{1}{\sin^2x}\right)\mathrm{d}x$$
$$=\int\frac{1}{\cos^2x}\mathrm{d}x+\int\frac{1}{\sin^2x}\mathrm{d}x=\tan x-\cot x+C.$$

习题 4.1

1. 一个可导函数的导数有几个?一个具有原函数的函数,它的原函数有几个?试分别举例说明.

2. 设有函数$f(x)=3x^2+2$,则

(1) $x^3+2x+\sqrt{3}$; (2) $x^3+2x+\pi$; (3) x^3+2x+k (k为任意常数) 分别是$f(x)$的一个原函数还是不定积分?

3. 求不定积分.

(1) $\int\frac{(1-x)^2}{\sqrt{x}}\mathrm{d}x$;　　(2) $\int(\sqrt{x}+1)(\sqrt[3]{x}-1)\mathrm{d}x$;

(3) $\int\frac{3x^4+3x^2+1}{x^2+1}\mathrm{d}x$;　　(4) $\int\frac{x^2}{1+x^2}\mathrm{d}x$;

(5) $\int\left(2\mathrm{e}^x+\frac{3}{x}\right)\mathrm{d}x$;　　(6) $\int\left(\frac{3}{1+x^2}-\frac{2}{\sqrt{1-x^2}}\right)\mathrm{d}x$;

(7) $\int\frac{2\cdot3^x-5\cdot2^x}{3^x}\mathrm{d}x$;　　(8) $\int\sec x(\sec x-\tan x)\mathrm{d}x$;

(9) $\int\frac{\mathrm{d}x}{1+\cos 2x}$;　　(10) $\int\cot^2x\mathrm{d}x$.

4. 一物体作直线运动,速度为$v(t)=(3t^2+4t)$(m/s),当$t=2$ s时,这物体经过的路程为$s=16$ m.求这物体的运动方程(即路程s与时间t的关系式).

5. 一曲线过点(1, 3),且在曲线上任一点处的切线斜率都等于该点横坐标的平方,求这曲线的方程.

答　案

1. 一个可导函数的导数只有一个.例如,$(\sin x)'=\cos x$;一个具有原函数的函数,它的原函数

有无穷多个. 例如,函数 $\cos x$ 的原函数为 $\sin x+C$(C 为任意常数),有无穷多个.

2. (1),(2)是一个原函数;(3)是不定积分.

3. (1) $2\sqrt{x}-\frac{4}{3}x^{\frac{3}{2}}+\frac{2}{5}x^{\frac{5}{2}}+C$; (2) $\frac{6}{11}x^{\frac{11}{6}}+\frac{3}{4}x^{\frac{4}{3}}-\frac{2}{3}x^{\frac{3}{2}}-x+C$; (3) $x^3+\arctan x+C$; (4) $x-\arctan x+C$; (5) $2e^x+3\ln|x|+C$; (6) $3\arctan x-2\arcsin x+C$; (7) $2x-\frac{5}{\ln 2-\ln 3}\left(\frac{2}{3}\right)^x+C$; (8) $\tan x-\sec x+C$; (9) $\frac{1}{2}\tan x+C$; (10) $-\cot x-x+C$.

4. $s=t^3+2t^2$.　5. $y=\frac{1}{3}(x^3+8)$.

4.2 换元积分法

在 4.1 节中,我们直接利用基本积分表中的公式和不定积分的性质,计算了一些简单的不定积分. 但是仅靠这些能够计算的不定积分是非常有限的. 例如,不定积分

$$\int\cos 2x\mathrm{d}x,\quad \int e^{3x}\mathrm{d}x,\quad \int\sqrt{a^2-x^2}\mathrm{d}x,\quad \int\frac{\mathrm{d}x}{\sqrt[3]{2x+1}}$$

等,按照上节中的方法就不能解决. 因此,我们必须进一步研究不定积分的计算法.

本节先介绍求不定积分的换元积分法,简称换元法. 它的基本思想是把复合函数的求导法则反过来用于求不定积分. 利用换元法,可以通过适当的变量代换,把某些不定积分化为基本积分表中所列积分的形式,从而可以求出不定积分.

换元积分法通常分为两类,下面先讲第一类.

4.2.1 第一类换元法

我们先分析一个例子.

例 1 求 $\int\cos 2x\mathrm{d}x$.

分析 如果直接由基本积分表中公式 ⑦: $\int\cos x\mathrm{d}x=\sin x+C$,得到

$$\int\cos 2x\mathrm{d}x=\sin 2x+C.$$

那么,不难验证它是错误的. 因为 $(\sin 2x)'=2\cos 2x\neq\cos 2x$, 所以 $\int\cos 2x\mathrm{d}x\neq\sin 2x+C$.

为什么会产生这种错误呢?原因在于被积函数 $\cos 2x$ 与公式 ⑦ 中积分 $\int\cos x\mathrm{d}x$ 的被积函数不相同. 由于 $\mathrm{d}x=\frac{1}{2}\mathrm{d}(2x)$,如果令 $u=2x$,便得

$$\int \cos 2x \mathrm{d}x = \frac{1}{2}\int \cos 2x \mathrm{d}(2x) = \frac{1}{2}\int \cos u \mathrm{d}u \xlongequal{\text{公式⑦}} \frac{1}{2}\sin u + C.$$

最后再以 $u=2x$ 代回,即得所求积分的正确结果:

$$\int \cos 2x \mathrm{d}x = \left[\frac{1}{2}\sin u + C\right]_{u=2x} = \frac{1}{2}\sin 2x + C.$$

根据以上的分析,本题可求解如下:

解 令 $u = 2x$,则 $\mathrm{d}u = 2\mathrm{d}x$, $\mathrm{d}x = \frac{1}{2}\mathrm{d}u$.

$$\int \cos 2x \mathrm{d}x = \frac{1}{2}\int \cos u \mathrm{d}u = \frac{1}{2}\sin u + C \xlongequal{\text{以 } u = 2x \text{ 代回}} \frac{1}{2}\sin 2x + C.$$

像本例中所采用的变量代换方法,就是第一类换元法. 下面我们来对第一类换元法作一般性的讨论.

定理 1 设函数 $f(u)$ 具有原函数 $F(u)$, $u = \varphi(x)$ 可导,则 $F[\varphi(x)]$ 是 $f[\varphi(x)]\varphi'(x)$ 的原函数,并有换元积分公式:

$$\int f[\varphi(x)]\varphi'(x)\mathrm{d}x \xlongequal{\text{令 } u = \varphi(x)} \int f(u)\mathrm{d}u = F(u) + C \xlongequal{\text{以 } u = \varphi(x) \text{ 代回}} F[\varphi(x)] + C. \tag{4.8}$$

证明 因为 $F(u)$ 是 $f(u)$ 的原函数,$u = \varphi(x)$ 可导,而 $F[\varphi(x)]$ 可以看成是由函数 $F(u)$ 及 $u = \varphi(x)$ 复合而成,故由复合函数的求导法则得

$$(F[\varphi(x)])' = F'(u)\varphi'(x) = f(u)\varphi'(x) = f[\varphi(x)]\varphi'(x),$$

所以 $F[\varphi(x)]$是 $f[\varphi(x)]\varphi'(x)$的原函数,并有

$$\int f[\varphi(x)]\varphi'(x)\mathrm{d}x = F[\varphi(x)] + C.$$

式(4.8) 中的另两个等式$\int f(u)\mathrm{d}u = F(u) + C = F[\varphi(x)] + C$ 显然成立,这就证明了定理 1.

公式(4.8) 称为不定积分的**第一类换元积分公式**. 它的作用在于:当所求不定积分的被积函数以复合函数形式出现时,如能把被积表达式变形为 $f[\varphi(x)]\varphi'(x)\mathrm{d}x$ 的形式,而把 $\varphi'(x)\mathrm{d}x$ 凑成微分 $\mathrm{d}\varphi(x)$,则通过作变量代换 $u = \varphi(x)$,可把原积分 $\int f[\varphi(x)]\varphi'(x)\mathrm{d}x$ 化为$\int f[\varphi(x)]\mathrm{d}\varphi(x) = \int f(u)\mathrm{d}u$. 只要$\int f(u)\mathrm{d}u$ 容易积出,或可以直接由基本积分公式(把公式中的积分变量 x 换成 u) 求得,那么在求得的结果

$$\int f(u)\mathrm{d}u = F(u) + C$$

中，再以 $u=\varphi(x)$ 代回还原到原积分变量 x，便可得到所求原不定积分的结果．这种积分法的关键是把被积函数中的某一部分与 $\mathrm{d}x$ 凑微分，使被积表达式变成 $f[\varphi(x)]\mathrm{d}[\varphi(x)]$ 的形式，从而可以寻找出所需作的变量代换 $u=\varphi(x)$．因此，第一类换元法也称为**凑微分法**．

例 2 求 $\int\frac{\mathrm{d}x}{\sqrt[3]{1+3x}}$．

解 因为 $\mathrm{d}(1+3x)=3\mathrm{d}x$，$\mathrm{d}x=\frac{1}{3}\mathrm{d}(1+3x)$，所以可设变量代换 $u=1+3x$，便得

$$\int\frac{\mathrm{d}x}{\sqrt[3]{1+3x}}=\frac{1}{3}\int(1+3x)^{-\frac{1}{3}}\mathrm{d}(1+3x)\xlongequal{\text{令 } u=1+3x}\frac{1}{3}\int u^{-\frac{1}{3}}\mathrm{d}u$$

$$\xlongequal{\text{公式③}}\frac{1}{2}u^{\frac{2}{3}}+C\xlongequal{\text{以 } u=1+3x \text{ 代回}}\frac{1}{2}\sqrt[3]{(1+3x)^2}+C.$$

例 3 求 $\int x\sqrt{4-x^2}\,\mathrm{d}x$．

解 因为 $\mathrm{d}(4-x^2)=-2x\mathrm{d}x$．$x\mathrm{d}x=-\frac{1}{2}\mathrm{d}(4-x^2)$，所以

$$\int x\sqrt{4-x^2}\,\mathrm{d}x=-\frac{1}{2}\int(4-x^2)^{\frac{1}{2}}\mathrm{d}(4-x^2).$$

令 $u=4-x^2$，便得

$$\int x\sqrt{4-x^2}\,\mathrm{d}x=-\frac{1}{2}\int u^{\frac{1}{2}}\mathrm{d}u\xlongequal{\text{公式③}}-\frac{1}{3}u^{\frac{3}{2}}+C$$

$$\xlongequal{\text{以 } u=4-x^2 \text{ 代回}}-\frac{1}{3}(4-x^2)^{\frac{3}{2}}+C=-\frac{1}{3}\sqrt{(4-x^2)^3}+C.$$

例 4 求 $\int\frac{\mathrm{e}^{\sqrt{x}}}{\sqrt{x}}\mathrm{d}x$．

解 因为 $\mathrm{d}(\sqrt{x})=\frac{1}{2\sqrt{x}}\mathrm{d}x$，$\frac{1}{\sqrt{x}}\mathrm{d}x=2\mathrm{d}(\sqrt{x})$，所以

$$\int\frac{\mathrm{e}^{\sqrt{x}}}{\sqrt{x}}\mathrm{d}x=2\int\mathrm{e}^{\sqrt{x}}\mathrm{d}(\sqrt{x}).$$

令 $u=\sqrt{x}$，便得

$$\int\frac{\mathrm{e}^{\sqrt{x}}}{\sqrt{x}}\mathrm{d}x=2\int\mathrm{e}^{u}\mathrm{d}u\xlongequal{\text{公式⑬}}2\mathrm{e}^{u}+C\xlongequal{\text{以 } u=\sqrt{x} \text{ 代回}}2\mathrm{e}^{\sqrt{x}}+C.$$

当对变量代换比较熟练以后，运算过程就可以写得简单些，甚至把所设的变量代换 $u=\varphi(x)$ 也可以不必写出，只要一边演算、一边在心中默记就可以了．

例 5 求 $\int\frac{\mathrm{d}x}{a^2+x^2}$．

解 $\int \frac{\mathrm{d}x}{a^2+x^2}=\int \frac{1}{a^2}\frac{1}{1+\left(\frac{x}{a}\right)^2}\mathrm{d}x=\frac{1}{a}\int \frac{\mathrm{d}\left(\frac{x}{a}\right)}{1+\left(\frac{x}{a}\right)^2}=\frac{1}{a}\arctan\frac{x}{a}+C.$

例 6 求$\int \frac{\mathrm{d}x}{\sqrt{a^2-x^2}}\ (a>0)$.

解 $\int \frac{\mathrm{d}x}{\sqrt{a^2-x^2}}=\int \frac{1}{a}\frac{\mathrm{d}x}{\sqrt{1-\left(\frac{x}{a}\right)^2}}=\int \frac{\mathrm{d}\left(\frac{x}{a}\right)}{\sqrt{1-\left(\frac{x}{a}\right)^2}}=\arcsin\frac{x}{a}+C.$

在例 5 及例 6 中,实际上都用了变量代换 $u=\frac{x}{a}$,并在求出积分$\int f(u)\mathrm{d}u$ 后代回了原来的积分变量 x,只是没有具体地写出这些步骤而已.

例 7 求$\int \frac{\mathrm{d}x}{x(1+5\ln x)}$.

解 因为 $\mathrm{d}(1+5\ln x)=5\frac{\mathrm{d}x}{x}$,$\frac{\mathrm{d}x}{x}=\frac{1}{5}\mathrm{d}(1+5\ln x)$,所以

$$\int \frac{\mathrm{d}x}{x(1+5\ln x)}=\frac{1}{5}\int \frac{\mathrm{d}(1+5\ln x)}{1+5\ln x}=\frac{1}{5}\ln|1+5\ln x|+C.$$

例 8 求$\int \frac{2x-3}{x^2-3x+5}\mathrm{d}x$.

解 因为$(x^2-3x+5)'=2x-3$,$\mathrm{d}(x^2-3x+5)=(2x-3)\mathrm{d}x$,所以

$$\int \frac{2x-3}{x^2-3x+5}\mathrm{d}x=\int \frac{\mathrm{d}(x^2-3x+5)}{x^2-3x+5}=\ln|x^2-3x+5|+C.$$

例 9 求$\int \frac{\mathrm{d}x}{x^2-a^2}$.

解 由于

$$\frac{1}{x^2-a^2}=\frac{1}{(x-a)(x+a)}=\frac{1}{2a}\frac{(x+a)-(x-a)}{(x-a)(x+a)}=\frac{1}{2a}\left(\frac{1}{x-a}-\frac{1}{x+a}\right),$$

所以

$$\begin{aligned}\int \frac{\mathrm{d}x}{x^2-a^2}&=\frac{1}{2a}\int\left(\frac{1}{x-a}-\frac{1}{x+a}\right)\mathrm{d}x=\frac{1}{2a}\left(\int \frac{\mathrm{d}x}{x-a}-\int \frac{\mathrm{d}x}{x+a}\right)\\&=\frac{1}{2a}\left[\int \frac{\mathrm{d}(x-a)}{x-a}-\int \frac{\mathrm{d}(x+a)}{x+a}\right]\\&=\frac{1}{2a}(\ln|x-a|-\ln|x+a|)+C=\frac{1}{2a}\ln\left|\frac{x-a}{x+a}\right|+C.\end{aligned}$$

类似地可得

$$\int \frac{\mathrm{d}x}{a^2-x^2}=\frac{1}{2a}\ln\left|\frac{a+x}{a-x}\right|+C.$$

下面再举一些有关三角函数积分的例子.在计算这些积分时,往往要用到一些三角恒等式(参见附录 B).

例 10 求$\int \tan x \mathrm{d}x$.

解 $$\int \tan x \mathrm{d}x = \int \frac{\sin x}{\cos x}\mathrm{d}x = -\int \frac{\mathrm{d}(\cos x)}{\cos x} = -\ln|\cos x| + C.$$

类似地可得 $$\int \cot x \mathrm{d}x = \ln|\sin x| + C.$$

例 11 求$\int \sin^3 x \mathrm{d}x$.

解 $$\begin{aligned}\int \sin^3 x \mathrm{d}x &= \int \sin^2 x \sin x \mathrm{d}x = -\int (1-\cos^2 x)\mathrm{d}(\cos x) \\ &= \int \cos^2 x \mathrm{d}(\cos x) - \int \mathrm{d}(\cos x) = \frac{1}{3}\cos^3 x - \cos x + C.\end{aligned}$$

例 12 求$\int \sin^2 x\cos^3 x \mathrm{d}x$.

解 $$\begin{aligned}\int \sin^2 x\cos^3 x \mathrm{d}x &= \int \sin^2 x(1-\sin^2 x)\cos x \mathrm{d}x = \int (\sin^2 x - \sin^4 x)\mathrm{d}(\sin x) \\ &= \int \sin^2 x \mathrm{d}(\sin x) - \int \sin^4 x \mathrm{d}(\sin x) = \frac{1}{3}\sin^3 x - \frac{1}{5}\sin^5 x + C.\end{aligned}$$

例 13 求$\int \sin^2 x \mathrm{d}x$.

解 $$\begin{aligned}\int \sin^2 x \mathrm{d}x &= \int \frac{1}{2}(1-\cos 2x)\mathrm{d}x = \frac{1}{2}\left(\int \mathrm{d}x - \int \cos 2x \mathrm{d}x\right) \\ &= \frac{1}{2}\int \mathrm{d}x - \frac{1}{4}\int \cos 2x \mathrm{d}(2x) = \frac{1}{2}x - \frac{1}{4}\sin 2x + C.\end{aligned}$$

类似地可得 $$\int \cos^2 x \mathrm{d}x = \frac{1}{2}x + \frac{1}{4}\sin 2x + C.$$

例 14 求$\int \sin^2 x\cos^2 x \mathrm{d}x$.

解 由于$2\sin x\cos x = \sin 2x$, $\sin x\cos x = \frac{1}{2}\sin 2x$,

$$\sin^2 x\cos^2 x = \frac{1}{4}\sin^2 2x = \frac{1}{8}(1-\cos 4x),$$

所以 $$\begin{aligned}\int \sin^2 x\cos^2 x \mathrm{d}x &= \frac{1}{8}\int (1-\cos 4x)\mathrm{d}x = \frac{1}{8}\left(\int \mathrm{d}x - \int \cos 4x \mathrm{d}x\right) \\ &= \frac{1}{8}\left[x - \frac{1}{4}\int \cos 4x \mathrm{d}(4x)\right] = \frac{1}{8}x - \frac{1}{32}\sin 4x + C.\end{aligned}$$

由例 11 到例 14 的四个例题中可以看出,在计算形如

$$\int \sin^m x\cos^n x \mathrm{d}x \quad (m, n \text{ 为非负整数})$$

的积分时,若 m 和 n 中至少有一个为奇数,则当 m 为奇数时,可用 $\sin x$ 与 $\mathrm{d}x$ 凑微分,得 $\sin x\mathrm{d}x=-\mathrm{d}\cos x$,从而可令代换 $u=\cos x$; 当 n 为奇数时,可用 $\cos x$ 与 $\mathrm{d}x$ 凑微分,得 $\cos x\mathrm{d}x=\mathrm{d}\sin x$,从而可令 $u=\sin x$. 若 m 和 n 均为偶数时,则可考虑先用半角公式或倍角公式降低幂的次数.

例 15 求$\int \sin 5x\cos 3x\mathrm{d}x$.

解 利用三角学中的积化和差公式

$$\sin mx\cos nx=\frac{1}{2}[\sin(m-n)x+\sin(m+n)x],$$

可得

$$\sin 5x\cos 3x=\frac{1}{2}(\sin 2x+\sin 8x).$$

于是

$$\int \sin 5x\cos 3x\mathrm{d}x=\frac{1}{2}\int(\sin 2x+\sin 8x)\mathrm{d}x=-\frac{1}{4}\cos 2x-\frac{1}{16}\cos 8x+C.$$

一般地说,对于形如下列的积分:$\int \sin mx\cos nx\mathrm{d}x$, $\int \sin mx\sin nx\mathrm{d}x$, $\int \cos mx\cos nx\mathrm{d}x$, 当 $m\neq n$ 时,可用三角中的积化和差公式把积分化简.

例 16 求$\int \csc x\mathrm{d}x$ 及$\int \sec x\mathrm{d}x$.

解

$$\int \csc x\mathrm{d}x=\int\frac{\mathrm{d}x}{\sin x}=\int\frac{\mathrm{d}x}{2\sin\frac{x}{2}\cos\frac{x}{2}}=\int\frac{\mathrm{d}\left(\frac{x}{2}\right)}{\tan\frac{x}{2}\cos^2\frac{x}{2}}$$

$$=\int\frac{\sec^2\frac{x}{2}\mathrm{d}\left(\frac{x}{2}\right)}{\tan\frac{x}{2}}=\int\frac{\mathrm{d}\left(\tan\frac{x}{2}\right)}{\tan\frac{x}{2}}=\ln\left|\tan\frac{x}{2}\right|+C.$$

因为

$$\tan\frac{x}{2}=\frac{\sin\frac{x}{2}}{\cos\frac{x}{2}}=\frac{2\sin^2\frac{x}{2}}{\sin x}=\frac{1-\cos x}{\sin x}=\csc x-\cot x,$$

所以上述不定积分又可表示为

$$\int \csc x\mathrm{d}x=\ln|\csc x-\cot x|+C.$$

利用此结果,又可推得

$$\int \sec x\mathrm{d}x=\int\frac{\mathrm{d}x}{\cos x}=\int\frac{\mathrm{d}\left(x+\frac{\pi}{2}\right)}{\sin\left(x+\frac{\pi}{2}\right)}=\int\csc\left(x+\frac{\pi}{2}\right)\mathrm{d}\left(x+\frac{\pi}{2}\right)$$

$$= \ln\left|\csc\left(x+\frac{\pi}{2}\right)-\cot\left(x+\frac{\pi}{2}\right)\right|+C$$
$$= \ln|\sec x+\tan x|+C.$$

例 17 求$\int \csc^4 x\mathrm{d}x$.

解 $$\int \csc^4 x\mathrm{d}x=\int \csc^2 x\csc^2 x\mathrm{d}x=-\int (1+\cot^2 x)\mathrm{d}(\cot x)$$
$$=-\int \mathrm{d}(\cot x)-\int \cot^2 x\mathrm{d}(\cot x)=-\cot x-\frac{1}{3}\cot^3 x+C.$$

例 18 求$\int \tan^3 x\sec^3 x\mathrm{d}x$.

解 $$\int \tan^3 x\sec^3 x\mathrm{d}x=\int \tan^2 x\sec^2 x(\tan x\sec x)\mathrm{d}x=\int (\sec^2 x-1)\sec^2 x\mathrm{d}(\sec x)$$
$$=\int \sec^4 x\mathrm{d}(\sec x)-\int \sec^2 x\mathrm{d}(\sec x)$$
$$=\frac{1}{5}\sec^5 x-\frac{1}{3}\sec^3 x+C.$$

一般地,计算形如$\int \tan^m x\sec^n x\,\mathrm{d}x$或$\int \cot^m x\csc^n x\mathrm{d}x$($m$, n为非负整数)的积分时,当n为偶数时,可把$\sec^2 x\mathrm{d}x$或$\csc^2 x\mathrm{d}x$分别凑成微分$\mathrm{d}(\tan x)$或$\mathrm{d}(-\cot x)$;当m与n皆为奇数时,可把$\tan x\sec x\mathrm{d}x$或$\cot x\csc x\mathrm{d}x$分别凑成微分$\mathrm{d}(\sec x)$或$\mathrm{d}(-\csc x)$,从而转化为幂函数的积分.

从上面所列举的例中可以看到,第一类换元积分法在求不定积分中起到了非常重要的作用.要能准确而迅速地掌握这种积分方法,关键是要熟悉函数微分的运算及其变形.例如:

$\frac{1}{x}\mathrm{d}x=\mathrm{d}(\ln x)$, $\frac{1}{\sqrt{x}}\mathrm{d}x=2\mathrm{d}(\sqrt{x})$; $\mathrm{d}x=\frac{1}{a}\mathrm{d}(ax+\mathrm{b})$,

$x\mathrm{d}x=\frac{1}{2a}\mathrm{d}(ax^2+b)$($a$, b为常数,且$a\neq 0$); $x^n\mathrm{d}x=\frac{1}{n+1}\mathrm{d}(x^{n+1})$;

$\cos x\mathrm{d}x=\mathrm{d}(\sin x)$, $\sin x\mathrm{d}x=-\mathrm{d}(\cos x)$;

$\frac{1}{1+x^2}\mathrm{d}x=\mathrm{d}(\arctan x)$, $\frac{1}{\sqrt{1-x^2}}\mathrm{d}x=\mathrm{d}(\arcsin x)$;

$\sec^2 x\mathrm{d}x=\mathrm{d}(\tan x)$, $\csc^2 x\mathrm{d}x=-\mathrm{d}(\cot x)$;

$\tan x\sec x\mathrm{d}x=\mathrm{d}(\sec x)$, $\cot x\csc x\mathrm{d}x=-\mathrm{d}(\csc x)$;

等等.此外,通过多做些练习才能"熟能生巧",逐步掌握求不同类型积分的方法和技巧.

我们指出,有的不定积分可用不同的变量代换或凑微分方法,求出的不定积分在形式上可有不同的结果,但它们之间至多只相差一个常数,都属被积函数的同一个原函数族.

例 19 求$\int \sin x\cos x\mathrm{d}x$.

解 按不同的凑微分方法,现列举下列三种解法:

解法 1 $\int \sin x\cos x\mathrm{d}x = \int \sin x\mathrm{d}(\sin x) = \frac{1}{2}\sin^2 x + C_1$.

解法 2 $\int \sin x\cos x\mathrm{d}x = -\int \cos x\mathrm{d}(\cos x) = -\frac{1}{2}\cos^2 x + C_2$.

解法 3 $\int \sin x\cos x\mathrm{d}x = \frac{1}{4}\int \sin 2x\mathrm{d}(2x) = -\frac{1}{4}\cos 2x + C_3$,

其中,C_1,C_2,C_3 均为任意常数. 由于

$\sin^2 x = -\cos^2 x + 1$, $\frac{1}{2}\sin^2 x = -\frac{1}{2}\cos^2 x + \frac{1}{2} = -\frac{1}{4}(1 + \cos 2x) + \frac{1}{2} = -\frac{1}{4}\cos 2x + \frac{1}{4}$,容易看出,上述三种结果彼此之间都只相差一个常数,即 C_1 与 C_2 相差$\frac{1}{2}$,C_2 与 C_3 及 C_1 与 C_3 都只相差$\frac{1}{4}$. 因此,上述三种解法的结果都是正确的.

4.2.2 第二类换元法

第一类换元积分法虽然使用得很广泛,但是对于求某些不定积分,例如

$$\int \frac{\mathrm{d}x}{1+\sqrt{x+1}}, \quad \int \sqrt{a^2 - x^2}\mathrm{d}x, \quad \int \frac{\mathrm{d}x}{\sqrt{x^2 - 9}}$$

等就不一定能适用. 下面来介绍第二类换元法.

定理 2 设 $x = \psi(t)$ 是单调可微的函数,且 $\psi'(t) \neq 0$. 又设 $f[\psi(t)]\psi'(t)$ 具有原函数 $\Phi(t)$,则 $\Phi[\psi^{-1}(x)]$ 是 $f(x)$ 的原函数(其中 $t = \psi^{-1}(x)$ 是 $x = \psi(t)$ 的反函数),即有**第二类换元积分公式**:

$$\begin{aligned}\int f(x)\mathrm{d}x &\xlongequal{\text{令 } x = \psi(t)} \int f[\psi(t)]\psi'(t)\mathrm{d}t = \Phi(t) + C \\ &\xlongequal{\text{令 } t = \psi^{-1}(x) \text{ 代回}} \Phi[\psi^{-1}(x)] + C.\end{aligned} \tag{4.9}$$

证明 令 $F(x) = \Phi[\psi^{-1}(x)]$,利用复合函数求导法则及反函数的求导公式,得到

$$F'(x) = \frac{\mathrm{d}\Phi}{\mathrm{d}t}\cdot\frac{\mathrm{d}t}{\mathrm{d}x} = f[\psi(t)]\psi'(t)\frac{1}{\psi'(t)} = f[\psi(t)] = f(x),$$

即 $F(x)$ 是 $f(x)$ 的原函数. 于是有

$$\int f(x)\mathrm{d}x = F(x) + C = \Phi[\psi^{-1}(x)] + C.$$

由于 $\Phi(t)$ 是 $f[\psi(t)]\psi'(t)$ 的原函数，$t=\psi^{-1}(x)$，因此式(4.9)中的另两个等式 $\int f[\psi(t)]\psi'(t)\mathrm{d}t=\Phi(t)+C=\Phi[\psi^{-1}(x)]+C$ 显然成立. 这就证明了定理 2.

这个定理表明，对于积分 $\int f(x)\mathrm{d}x$，通过变量代换 $x=\psi(t)$，可化为 $\int f[\psi(t)]\psi'(t)\mathrm{d}t$. 如果后者对新变量 t 的积分容易积出，那么，积分后再把 t 换为 $x=\psi(t)$ 的反函数 $\psi^{-1}(x)$ 就行了.

利用第二类换元积分公式(4.9)求不定积分的关键是，如何寻找适当的变量代换 $x=\psi(t)$. 下面来举例说明常用的两种代换法——根式代换和三角代换.

1. 根式代换

例 20 求 $\int\dfrac{\mathrm{d}x}{\sqrt[3]{x+7}-1}$.

解 为了去掉被积函数中的根式，可设 $\sqrt[3]{x+7}=t$，则 $x=t^3-7$，$\mathrm{d}x=3t^2\mathrm{d}t$. 于是

$$\begin{aligned}\int\frac{\mathrm{d}x}{\sqrt[3]{x+7}-1}&=3\int\frac{t^2}{t-1}\mathrm{d}t=3\int\frac{(t^2-1)+1}{t-1}\mathrm{d}t=3\int\frac{(t-1)(t+1)+1}{t-1}\mathrm{d}t\\&=3\int\left(t+1+\frac{1}{t-1}\right)\mathrm{d}t=3\left(\frac{t^2}{2}+t+\ln|t-1|\right)+C\\&=3\left[\frac{1}{2}\sqrt[3]{(x+7)^2}+\sqrt[3]{x+7}+\ln|\sqrt[3]{x+7}-1|\right]+C.\end{aligned}$$

例 21 求 $\int\dfrac{\mathrm{d}x}{\sqrt{x}+\sqrt[3]{x}}$.

解 为了去掉被积函数中的根式，可设 $\sqrt[6]{x}=t$，则 $x=t^6$，$\mathrm{d}x=6t^5\mathrm{d}t$. 于是

$$\begin{aligned}\int\frac{\mathrm{d}x}{\sqrt{x}+\sqrt[3]{x}}&=\int\frac{6t^5}{t^3+t^2}\mathrm{d}t=6\int\frac{t^5}{t^3+t^2}\mathrm{d}t=6\int\frac{t^3}{t+1}\mathrm{d}t\\&=6\int\frac{(t^3+1)-1}{t+1}\mathrm{d}t=6\int\left[(t^2-t+1)-\frac{1}{t+1}\right]\mathrm{d}t\\&=6\left(\frac{t^3}{3}-\frac{t^2}{2}+t-\ln|t+1|\right)+C\\&=2\sqrt{x}-3\sqrt[3]{x}+6\sqrt[6]{x}-6\ln(\sqrt[3]{x}+1)+C.\end{aligned}$$

例 22 求 $\int\sqrt{\dfrac{1-x}{1+x}}\dfrac{\mathrm{d}x}{x}$.

解 为了去掉根式，可设 $\sqrt{\dfrac{1-x}{1+x}}=t$，则 $\dfrac{1-x}{1+x}=t^2$，$x=\dfrac{1-t^2}{1+t^2}$，$\mathrm{d}x=\dfrac{-4t}{(1+t^2)^2}\mathrm{d}t$. 于是

$$\int\sqrt{\frac{1-x}{1+x}}\frac{dx}{x}=-\int t\frac{1+t^2}{1-t^2}\frac{4t}{(1+t^2)^2}dt=-4\int\frac{t^2}{(1-t^2)(1+t^2)}dt$$
$$=-2\int\left(\frac{1}{1-t^2}-\frac{1}{1+t^2}\right)dt=2\int\frac{1}{1+t^2}dt+\int\left(\frac{1}{t-1}-\frac{1}{t+1}\right)dt$$
$$=2\arctan t+\ln|t-1|-\ln|t+1|+C$$
$$=2\arctan t+\ln\left|\frac{t-1}{t+1}\right|+C$$
$$=2\arctan\sqrt{\frac{1-x}{1+x}}+\ln\left|\frac{\sqrt{\frac{1-x}{1+x}}-1}{\sqrt{\frac{1-x}{1+x}}+1}\right|+C$$
$$=2\arctan\sqrt{\frac{1-x}{1+x}}+\ln\left|\frac{\sqrt{1-x}-\sqrt{1+x}}{\sqrt{1-x}+\sqrt{1+x}}\right|+C.$$

一般地,对于被积函数中含有根式$\sqrt[n]{ax+b}$或$\sqrt[n]{\frac{ax+b}{cx+d}}$($n$为自然数,且$n>1$;$a$,$b$,$c$,$d$均为常数,且$a\neq 0$,$c\neq 0$)的无理函数积分,为去除根号,可分别作代换,令

$$\sqrt[n]{ax+b}=t\left(\text{即 } x=\frac{1}{a}(t^n-b)\right)\quad\text{或}\quad\sqrt[n]{\frac{ax+b}{cx+d}}=t\left(\text{即 } x=\frac{dt^n-b}{a-ct^n}\right),$$

把它们分别化为有理函数的积分. 通常称这种变量代换法为**根式代换**.

2. 三角代换

例 23 求$\int\sqrt{a^2-x^2}\,dx\ (a>0)$.

解 求这个积分的困难在于被积函数中有根式$\sqrt{a^2-x^2}$,为了化去这个根式,我们可以利用三角恒等式$\sin^2 t+\cos^2 t=1$来达到目的.

设$x=a\sin t\left(-\frac{\pi}{2}<t<\frac{\pi}{2}\right)$,则$dx=a\cos t\,dt$,$\sqrt{a^2-x^2}=\sqrt{a^2-a^2\sin^2 t}=\sqrt{a^2\cos^2 t}=|a\cos t|=a\cos t$(这里因为$a>0$,且当$-\frac{\pi}{2}<t<\frac{\pi}{2}$时,$\cos t>0$,所以有$|a\cos t|=a\cos t$). 于是

$$\int\sqrt{a^2-x^2}\,dx=\int a\cos t\,a\cos t\,dt=a^2\int\cos^2 t\,dt=\frac{a^2}{2}\int(1+\cos 2t)\,dt$$
$$=\frac{a^2}{2}\left(t+\frac{1}{2}\sin 2t\right)+C=\frac{a^2}{2}(t+\sin t\cos t)+C.$$

由于$x=a\sin t$,$\sin t=\frac{x}{a}$,所以

$$t=\arcsin\frac{x}{a},\quad \cos t=\sqrt{1-\sin^2 t}=\sqrt{1-\left(\frac{x}{a}\right)^2}=\frac{\sqrt{a^2-x^2}}{a}.$$

因此所求的积分为

$$\int\sqrt{a^2-x^2}\mathrm{d}x=\frac{a^2}{2}\left(\arcsin\frac{x}{a}+\frac{x}{a}\frac{\sqrt{a^2-x^2}}{a}\right)+C$$
$$=\frac{a^2}{2}\arcsin\frac{x}{a}+\frac{1}{2}x\sqrt{a^2-x^2}+C.$$

例 24 求 $\int\frac{\mathrm{d}x}{\sqrt{x^2+a^2}}\ (a>0)$.

解 类似于上例,可以利用三角恒等式 $1+\tan^2 t=\sec^2 t$ 来化去根式.

设 $x=a\tan t\left(-\frac{\pi}{2}<t<\frac{\pi}{2}\right)$,则 $\mathrm{d}x=a\sec^2 t\mathrm{d}t$, $\sqrt{x^2+a^2}=\sqrt{a^2+a^2\tan^2 t}=a\sec t$. 于是

$$\int\frac{\mathrm{d}x}{\sqrt{x^2+a^2}}=\int\frac{a\sec^2 t}{a\sec t}\mathrm{d}t=\int\sec t\mathrm{d}t.$$

利用例 16 的结果,便得

$$\int\frac{\mathrm{d}x}{\sqrt{x^2+a^2}}=\int\sec t\mathrm{d}t=\ln|\sec t+\tan t|+C_1,$$

其中, C_1 为任意常数.

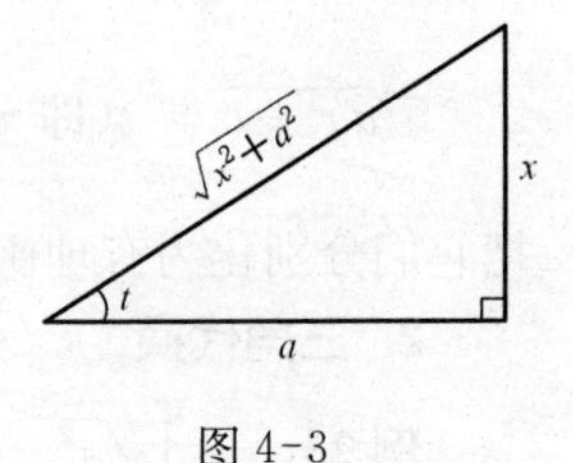

图 4-3

为了把 $\sec t$ 及 $\tan t$ 换成 x 的函数,可根据 $\tan t=\frac{x}{a}$ 作一个辅助的直角三角形(图 4-3),按边角关系可得

$$\sec t=\frac{\text{斜边}}{\text{邻边}}=\frac{\sqrt{x^2+a^2}}{a}.$$

因此 $\int\frac{\mathrm{d}x}{\sqrt{x^2+a^2}}=\ln\left|\frac{x}{a}+\frac{\sqrt{x^2+a^2}}{a}\right|+C_1=\ln(x+\sqrt{x^2+a^2})+C,$

其中, $C=C_1-\ln a$ 仍为任意常数,而且由于 $x+\sqrt{x^2+a^2}$ 恒大于零,所以在"ln"后面可以不写绝对值记号.

例 25 求 $\int\frac{\mathrm{d}x}{\sqrt{x^2-a^2}}\ (a>0)$.

解 为了消去被积函数中的根式,可设 $x=a\sec t\left(0<t<\frac{\pi}{2}\right)$,则 $\mathrm{d}x=a\sec t\tan t\mathrm{d}t$. 于是

$$\int\frac{\mathrm{d}x}{\sqrt{x^2-a^2}}=\int\frac{a\sec t\ \tan t}{\sqrt{a^2\sec^2 t-a^2}}\mathrm{d}t=\int\frac{a\sec t\ \tan t\mathrm{d}t}{a\tan t}\mathrm{d}t$$
$$=\int\sec t\mathrm{d}t=\ln|\sec t+\tan t|+C_1.$$

为了把 $\sec t$ 及 $\tan t$ 换成 x 的函数，可根据 $\sec t=\dfrac{x}{a}$ 作辅助直角三角形(图 4-4)得到

$$\tan t=\frac{对边}{邻边}=\frac{\sqrt{x^2-a^2}}{a}.$$

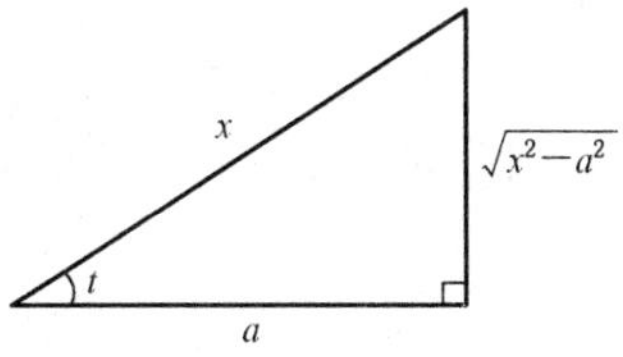

因此 $$\int\frac{\mathrm{d}x}{\sqrt{x^2-a^2}}=\ln\left|\frac{x}{a}+\frac{\sqrt{x^2-a^2}}{a}\right|+C_1$$
$$=\ln|x+\sqrt{x^2-a^2}|+C,$$

图 4-4

其中，$C=C_1-\ln a$ 为任意常数.

上面三个例子中所用的变量代换方法称为**三角函数代换法**(简称**三角代换**).

一般地，可按表 4-1 中所列的三种情形，选用合适的三角代换.

表 4-1

被积函数中含有的根式	可设三角代换
$\sqrt{a^2-x^2}$	$x=a\sin t$
$\sqrt{a^2+x^2}$	$x=a\tan t$
$\sqrt{x^2-a^2}$	$x=a\sec t$

4.2.3 基本积分表的扩充

在本节所举的例题中，有几个积分是我们以后经常会遇到的，所以它们通常也被当作公式使用. 这样在 4.1 节的基本积分表中的公式又可以扩充下面几个：

⑮ $\int\tan x\mathrm{d}x=-\ln|\cos x|+C$； ⑯ $\int\cot x\mathrm{d}x=\ln|\sin x|+C$；

⑰ $\int\sec x\mathrm{d}x=\ln|\sec x+\tan x|+C$；

⑱ $\int\csc x\mathrm{d}x=\ln|\csc x-\cot x|+C=\ln\left|\tan\dfrac{x}{2}\right|+C$；

⑲ $\int\dfrac{\mathrm{d}x}{a^2+x^2}=\dfrac{1}{a}\arctan\dfrac{x}{a}+C$； ⑳ $\int\dfrac{\mathrm{d}x}{x^2-a^2}=\dfrac{1}{2a}\ln\left|\dfrac{x-a}{x+a}\right|+C$；

㉑ $\int\dfrac{\mathrm{d}x}{a^2-x^2}=\dfrac{1}{2a}\ln\left|\dfrac{a+x}{a-x}\right|+C$； ㉒ $\int\dfrac{\mathrm{d}x}{\sqrt{a^2-x^2}}=\arcsin\dfrac{x}{a}+C$；

㉓ $\int\dfrac{\mathrm{d}x}{\sqrt{x^2+a^2}}=\ln(x+\sqrt{x^2+a^2})+C$； ㉔ $\int\dfrac{\mathrm{d}x}{\sqrt{x^2-a^2}}=\ln|x+\sqrt{x^2-a^2}|+C$.

例 26 求 $\int\dfrac{\mathrm{d}x}{x^2-4x+8}$.

解 将分母中 x 的二次项与一次项配成完全平方,得

$$x^2-4x+8=(x^2-4x+4)+4=(x-2)^2+2^2.$$

于是 $$\int\frac{\mathrm{d}x}{x^2-4x+8}=\int\frac{\mathrm{d}(x-2)}{(x-2)^2+2^2},$$

利用公式 ⑲,便得 $$\int\frac{\mathrm{d}x}{x^2-4x+8}=\frac{1}{2}\arctan\frac{x-2}{2}+C.$$

例 27 求 $\int\frac{\mathrm{d}x}{x^2+4x+2}$.

解 与上题类似,配方得

$$x^2+4x+2=(x^2+4x+4)-2=(x+2)^2-(\sqrt{2})^2,$$

于是 $$\int\frac{\mathrm{d}x}{x^2+4x+2}=\int\frac{\mathrm{d}(x+2)}{(x+2)^2-(\sqrt{2})^2}.$$

利用公式 ⑳,便得 $$\int\frac{\mathrm{d}x}{x^2+4x+2}=\frac{1}{2\sqrt{2}}\ln\left|\frac{(x+2)-\sqrt{2}}{(x+2)+\sqrt{2}}\right|+C.$$

例 28 求 $\int\frac{\mathrm{d}x}{\sqrt{3-2x-x^2}}$.

解 将根号内的二次三项式配方,得

$$3-2x-x^2=4-(x^2+2x+1)=2^2-(x+1)^2.$$

利用公式 ㉒ 得

$$\int\frac{\mathrm{d}x}{\sqrt{3-2x-x^2}}=\int\frac{\mathrm{d}x}{\sqrt{2^2-(x+1)^2}}=\int\frac{\mathrm{d}(x+1)}{\sqrt{2^2-(x+1)^2}}=\arcsin\frac{x+1}{2}+C.$$

例 29 求 $\int\frac{\mathrm{d}x}{\sqrt{9x^2+4}}$.

解 $$\int\frac{\mathrm{d}x}{\sqrt{9x^2+4}}=\int\frac{\mathrm{d}x}{\sqrt{(3x)^2+2^2}}=\frac{1}{3}\int\frac{\mathrm{d}(3x)}{\sqrt{(3x)^2+2^2}}.$$

利用公式 ㉓,便得

$$\int\frac{\mathrm{d}x}{\sqrt{9x^2+4}}=\frac{1}{3}\ln(3x+\sqrt{9x^2+4})+C.$$

一般地,对于 $\int\frac{\mathrm{d}x}{ax^2+bx+c}$ 或 $\int\frac{\mathrm{d}x}{\sqrt{ax^2+bx+c}}(a\neq0)$ 型的积分,可将分母中的二次三项式配方,把积分化成积分表中已有的积分形式.

习题 4.2

1. 在下列各式等号右端的横线上填入适当的系数,使微分等式成立. 例如,$x^3\mathrm{d}x = \frac{1}{12}\mathrm{d}(3x^4-2)$.

(1) $x\mathrm{d}x =$ ________ $\mathrm{d}(1-x^2)$; (2) $x\mathrm{e}^{x^2}\mathrm{d}x =$ ________ $\mathrm{d}\mathrm{e}^{x^2}$;

(3) $\frac{\mathrm{d}x}{x} =$ ________ $\mathrm{d}(3-5\ln x)$; (4) $a^{3x}\mathrm{d}x =$ ________ $\mathrm{d}(a^{3x}-1)$;

(5) $\sin 3x\mathrm{d}x =$ ________ $\mathrm{d}\cos 3x$; (6) $\sin 2x\mathrm{d}x =$ ________ $\mathrm{d}(1-4\cos 2x)$;

(7) $\int\frac{\mathrm{d}x}{\cos^2 5x} =$ ________ $\mathrm{d}\tan 5x$; (8) $\frac{x\mathrm{d}x}{x^2-1} =$ ________ $\mathrm{d}\ln(x^2-1)$;

(9) $\frac{\mathrm{d}x}{5-2x} =$ ________ $\mathrm{d}\ln(5-2x)$; (10) $(3-x)\mathrm{d}x =$ ________ $\mathrm{d}[(3-x)^2-4]$;

(11) $\int\frac{\mathrm{d}x}{1+9x^2} =$ ________ $\mathrm{d}\arctan 3x$; (12) $\frac{\mathrm{d}x}{\sqrt{1-9x^2}} =$ ________ $\mathrm{d}\arcsin 3x$.

2. 利用第一类换元法求不定积分.

(1) $\int\mathrm{e}^{-5x}\mathrm{d}x$; (2) $\int\frac{\mathrm{e}^x}{1+\mathrm{e}^x}\mathrm{d}x$; (3) $\int\frac{\mathrm{d}x}{\sqrt[3]{2-3x}}$;

(4) $\int(2x+1)^{10}\mathrm{d}x$; (5) $\int\frac{x}{\sqrt{2-3x^2}}\mathrm{d}x$; (6) $\int x\mathrm{e}^{-x^2}\mathrm{d}x$;

(7) $\int\frac{3x^3}{1-x^4}\mathrm{d}x$; (8) $\int\cos^3 x\mathrm{d}x$; (9) $\int\frac{\sin x}{\cos^3 x}\mathrm{d}x$;

(10) $\int\cos^2 3x\mathrm{d}x$; (11) $\int\cot\frac{x}{3}\mathrm{d}x$; (12) $\int\cos^3 x\sin^5 x\mathrm{d}x$;

(13) $\int\frac{\cos\sqrt{t}}{\sqrt{t}}\mathrm{d}t$; (14) $\int\frac{\mathrm{e}^{\sqrt{t}}}{\sqrt{t}}\mathrm{d}t$; (15) $\int\frac{\mathrm{d}x}{x\ln^2 x}$;

(16) $\int\frac{1+\ln x}{(x\ln x)^2}\mathrm{d}x$; (17) $\int\tan^{10}x\sec^2 x\mathrm{d}x$; (18) $\int\frac{\sin x\cos x}{1+\sin^4 x}\mathrm{d}x$;

(19) $\int\frac{\mathrm{d}x}{\mathrm{e}^x-\mathrm{e}^{-x}}$; (20) $\int\frac{\mathrm{d}x}{\mathrm{e}^x+\mathrm{e}^{-x}}$; (21) $\int\frac{1}{x^2}\sec^2\frac{1}{x}\mathrm{d}x$;

(22) $\int\frac{1}{x^2}3^{\frac{1}{x}}\mathrm{d}x$; (23) $\int\frac{10^{2\arcsin x}}{\sqrt{1-x^2}}\mathrm{d}x$; (24) $\int\frac{\arctan\sqrt{x}}{\sqrt{x}(1+x)}\mathrm{d}x$;

(25) $\int\sin 2x\cos 3x\mathrm{d}x$.

3. 指出下列积分计算中的错误,并改正之.

(1) $\int\frac{1}{1+\sqrt{x}}\mathrm{d}x \xlongequal{\text{令}\sqrt{x}=u} \int\frac{1}{1+u}\mathrm{d}u = \ln|1+u|+C$;

(2) $\int\sqrt{1-x^2}\mathrm{d}x \xlongequal{\text{令}x=\sin t} \int\cos^2 t\mathrm{d}t = \frac{1}{2}\int(1+\cos 2t)\mathrm{d}t = \frac{1}{2}t+\frac{1}{4}\sin 2t+C$.

4. 利用第二类换元法求不定积分.

(1) $\int x\sqrt{x+1}\mathrm{d}x$; (2) $\int\frac{\mathrm{d}x}{\sqrt{2x-3}+1}$; (3) $\int\frac{\mathrm{d}x}{1+\sqrt[3]{x+1}}$;

(4) $\int \frac{dx}{\sqrt{x}+\sqrt[3]{x^2}}$；(5) $\int \frac{1}{x}\sqrt{\frac{x+1}{x}}dx$；(6) $\int \sqrt{4-x^2}dx$；

(7) $\int \frac{dx}{x^2\sqrt{1-x^2}}$；(8) $\int \frac{dx}{\sqrt{1+x^2}}$；(9) $\int \frac{dx}{\sqrt{(1+x^2)^3}}$；

(10) $\int \frac{dx}{x\sqrt{x^2-1}}$.

5. 求不定积分.

(1) $\int \frac{dx}{x^2+2x+3}$；(2) $\int \frac{dx}{\sqrt{4x^2+4x-3}}$；(3) $\int \frac{dx}{\sqrt{1-2x-x^2}}$；

(4) $\int \frac{x+1}{x^2+x+1}dx$；(5) $\int \frac{x+1}{\sqrt{x^2+x+1}}dx$.

答案

1. (1) $-\frac{1}{2}$；(2) $\frac{1}{2}$；(3) $-\frac{1}{5}$；(4) $\frac{1}{3\ln a}$；(5) $-\frac{1}{3}$；(6) $\frac{1}{8}$；(7) $\frac{1}{5}$；(8) $\frac{1}{2}$；(9) $-\frac{1}{2}$；

(10) $-\frac{1}{2}$；(11) $\frac{1}{3}$；(12) $\frac{1}{3}$.

2. (1) $-\frac{1}{5}e^{-5x}+C$；(2) $\ln(1+e^x)+C$；(3) $-\frac{1}{2}(2-3x)^{\frac{2}{3}}+C$；(4) $\frac{1}{22}(2x+1)^{11}+C$；

(5) $-\frac{1}{3}\sqrt{2-3x^2}+C$；(6) $-\frac{1}{2}e^{-x^2}+C$；(7) $-\frac{3}{4}\ln|1-x^4|+C$；

(8) $\sin x-\frac{1}{3}\sin^3 x+C$；(9) $\frac{1}{2\cos^2 x}+C$；(10) $\frac{x}{2}+\frac{1}{12}\sin 6x+C$；

(11) $3\ln\left|\sin\frac{x}{3}\right|+C$；(12) $\frac{1}{6}\sin^6 x-\frac{1}{8}\sin^8 x+C$；(13) $2\sin\sqrt{t}+C$；

(14) $-2e^{\sqrt{t}}+C$；(15) $-\frac{1}{\ln x}+C$；(16) $-\frac{1}{x\ln x}+C$；(17) $\frac{1}{11}\tan^{11}x+C$；

(18) $\frac{1}{2}\arctan(\sin^2 x)+C$；(19) $\frac{1}{2}\ln\left|\frac{e^x-1}{e^x+1}\right|+C$；(20) $\arctan e^x+C$；

(21) $-\tan\frac{1}{x}+C$；(22) $-\frac{1}{\ln 3}3^{\frac{1}{x}}+C$；(23) $\frac{1}{2\ln 10}10^{2\arcsin x}+C$；(24) $(\arctan\sqrt{x})^2+C$；

(25) $\frac{1}{2}\cos x-\frac{1}{10}\cos 5x+C$.

3. (1) $dx\neq du$. 应改正为

$$\int \frac{dx}{1+\sqrt{x}} \xlongequal{令\sqrt{x}=u} \int \frac{2u}{1+u}du = 2u-2\ln(1+u)+C = 2\sqrt{x}-2\ln(1+\sqrt{x})+C;$$

(2) 错在最后没有把 t 代回 x 的函数. 应改正为

$$\int \sqrt{1-x^2}dx = \frac{t}{2}+\frac{1}{4}\sin 2t+C = \frac{1}{2}\arcsin x+\frac{1}{2}x\sqrt{1-x^2}+C.$$

4. (1) $\frac{2}{5}(x+1)^{\frac{5}{2}}-\frac{2}{3}(x+1)^{\frac{3}{2}}+C$；(2) $\sqrt{2x-3}-\ln(\sqrt{2x-3}+1)+C$；

(3) $\frac{3}{2}\sqrt[3]{(1+x)^2}-3\sqrt[3]{x+1}+3\ln|1+\sqrt[3]{1+x}|+C$；

(4) $3\sqrt[3]{x}-6\sqrt[6]{x}+6\ln(\sqrt[6]{x}+1)+C$；　(5) $-2\sqrt{\frac{x+1}{x}}-\ln\left|\frac{\sqrt{x+1}-\sqrt{x}}{\sqrt{x+1}+\sqrt{x}}\right|+C$；

(6) $2\arcsin\frac{x}{2}+\frac{x}{2}\sqrt{4-x^2}+C$；　(7) $-\frac{\sqrt{1-x^2}}{x}+C$；

(8) $\ln|\sqrt{1+x^2}+x|+C$；　(9) $\frac{x}{\sqrt{1+x^2}}+C$；　(10) $\arccos\frac{1}{x}+C$.

5. (1) $\frac{1}{\sqrt{2}}\arctan\frac{x+1}{\sqrt{2}}+C$；　(2) $\frac{1}{2}\ln|2x+1+\sqrt{4x^2+4x-3}|+C$；

(3) $\arcsin\frac{x+1}{\sqrt{2}}+C$；　(4) $\frac{1}{2}\ln|x^2+x+1|+\frac{1}{\sqrt{3}}\arctan\frac{2x+1}{\sqrt{3}}+C$；

(5) $\sqrt{x^2+x+1}+\frac{1}{2}\ln\left(\sqrt{x^2+x+1}+x+\frac{1}{2}\right)+C$.

4.3 分部积分法

当被积函数是两个不同类型函数的乘积时，例如

$$\int x\sin x\mathrm{d}x,\quad \int x^2\mathrm{e}^x\mathrm{d}x,\quad \int x\arctan x\mathrm{d}x$$

等，换元积分法就不一定有效. 在本节中，我们将利用两个函数乘积的微分公式，推得另一种求积分的基本方法——分部积分法.

设函数 $u=u(x)$，$v=v(x)$具有连续导数，由两个函数乘积的微分公式，有

$$\mathrm{d}(uv)=v\mathrm{d}u+u\mathrm{d}v,$$

移项后，得

$$u\mathrm{d}v=\mathrm{d}(uv)-v\mathrm{d}u.$$

对上式两端积分，并利用微分法与积分法互为逆运算的关系（见 4.1.3 节性质 1），便得

$$\boxed{\int u\mathrm{d}v=uv-\int v\mathrm{d}u,} \tag{4.10}$$

或写成

$$\boxed{\int uv'\mathrm{d}x=uv-\int vu'\mathrm{d}x.} \tag{4.10'}$$

公式(4.10)或公式(4.10′)都称为**分部积分公式**.

这个公式的作用在于：如果左端的积分$\int uv'\mathrm{d}x\left(\text{或}\int u\mathrm{d}v\right)$不易求得，而右端的积分$\int vu'\mathrm{d}x\left(\text{或}\int v\mathrm{d}u\right)$比较容易求得，那么，利用这个公式就可以起到化难为易的作

用.

例 1 求$\int x\sin x\mathrm{d}x$.

解 设$u=x$, $\mathrm{d}v=\sin x\mathrm{d}x$,则$\mathrm{d}u=\mathrm{d}x$, $v=\int\sin x\mathrm{d}x=-\cos x$.①于是,由公式(4.10)得

$$\int x\sin x\mathrm{d}x=-x\cos x-\int(-\cos x)\mathrm{d}x=-x\cos x+\int\cos x\mathrm{d}x$$
$$=-x\cos x+\sin x+C.$$

使用分部积分公式时,如何恰当地选取u和$\mathrm{d}v$是十分重要的.如果选得不当,可能使所求的积分变得更加复杂.如在本例中,若设$u=\sin x$,$\mathrm{d}v=x\mathrm{d}x$,则$\mathrm{d}u=\cos x\mathrm{d}x$, $v=\int x\mathrm{d}x=\frac{x^2}{2}$.由公式(4.10)得

$$\int x\sin x\mathrm{d}x=\frac{x^2}{2}\sin x-\int\frac{x^2}{2}\cos x\mathrm{d}x=\frac{x^2}{2}\sin x-\frac{1}{2}\int x^2\cos x\mathrm{d}x,$$

显然,右端的积分$\int x^2\cos x\mathrm{d}x$比$\int x\sin x\mathrm{d}x$更复杂些.所以,这样选取$u$和$\mathrm{d}v$是不恰当的.

一般地说,选取u和$\mathrm{d}v$的原则如下:

(1) v要容易求得; (2) $\int v\mathrm{d}u$要比$\int u\mathrm{d}v$容易求出.

例 2 求$\int x^2\mathrm{e}^x\mathrm{d}x$.

解 设$u=x^2$, $\mathrm{d}v=\mathrm{e}^x\mathrm{d}x$,则$\mathrm{d}u=2x\mathrm{d}x$, $v=\int\mathrm{e}^x\mathrm{d}x=\mathrm{e}^x$.于是,由公式(4.10)得

$$\int x^2\mathrm{e}^x\mathrm{d}x=x^2\mathrm{e}^x-\int\mathrm{e}^x2x\mathrm{d}x=x^2\mathrm{e}^x-2\int x\mathrm{e}^x\mathrm{d}x.$$

这里$\int x\mathrm{e}^x\mathrm{d}x$比$\int x^2\mathrm{e}^x\mathrm{d}x$容易求积分,因为被积函数中$x$的幂次后者比前者降低了一次.对$\int x\mathrm{e}^x\mathrm{d}x$再使用一次分部积分法:

设$u=x$,$\mathrm{d}v=\mathrm{e}^x\mathrm{d}x$,则$\mathrm{d}u=\mathrm{d}x$, $v=\int\mathrm{e}^x\mathrm{d}x=\mathrm{e}^x$.于是得

$$\int x\mathrm{e}^x\mathrm{d}x=x\mathrm{e}^x-\int\mathrm{e}^x\mathrm{d}x=x\mathrm{e}^x-\mathrm{e}^x+C'.$$

---

① 按理说,求不定积分应加上任意常数C,由于这里只需找出某一个函数v,故可取$C=0$.今后不再另作声明.

所以 $$\int x^2 e^x dx = x^2 e^x - 2\int x e^x dx = x^2 e^x - 2(xe^x - e^x) + C$$
$$= e^x (x^2 - 2x + 2) + C.$$

从上面的两个例子可以看出,如果被积函数是幂次为正整数的幂函数与正(余)弦函数或指数函数的乘积,那么,就可以考虑使用分部积分法,并设幂函数为 u. 这样通过一次分部积分,就可以使幂函数的幂次降低一次.

例 3 求 $\int x^2 \ln x dx$.

解 设 $u = \ln x$, $dv = x^2 dx$, 则 $du = \frac{dx}{x}$, $v = \int x^2 dx = \frac{x^3}{3}$. 于是,由公式(4.10)得

$$\int x^2 \ln x dx = \frac{1}{3}x^3 \ln x - \frac{1}{3}\int x^3 \frac{1}{x} dx = \frac{1}{3}x^3 \ln x - \frac{1}{3}\int x^2 dx$$
$$= \frac{1}{3}x^3 \ln x - \frac{1}{9}x^3 + C.$$

注意 在本例中如果设 $u=x^2$, $dv=\ln x dx$,由于不易求出 v,所以在使用分部积分法时,这样选取 u 和 dv 是不合适的.

例 4 求 $\int \arcsin x dx$.

解 设 $u = \arcsin x$, $dv = dx$, 则 $du = \frac{dx}{\sqrt{1-x^2}}$, $v = x$. 于是,由公式(4.10)得

$$\int \arcsin x dx = x\arcsin x - \int \frac{x}{\sqrt{1-x^2}} dx = x\arcsin x + \frac{1}{2}\int (1-x^2)^{-\frac{1}{2}} d(1-x^2)$$
$$= x\arcsin x + (1-x^2)^{\frac{1}{2}} + C = x\arcsin x + \sqrt{1-x^2} + C.$$

例 5 求 $\int x \operatorname{arccot} x dx$.

解 设 $u = \operatorname{arccot} x$, $dv = x dx$, 则 $du = \frac{-dx}{1+x^2}$, $v = \int x dx = \frac{x^2}{2}$. 于是,由公式(4.10)得

$$\int x \operatorname{arccot} x dx = \frac{1}{2}x^2 \operatorname{arccot} x + \frac{1}{2}\int \frac{x^2}{1+x^2} dx$$
$$= \frac{1}{2}x^2 \operatorname{arccot} x + \frac{1}{2}\int \frac{(1+x^2)-1}{1+x^2} dx$$
$$= \frac{1}{2}x^2 \operatorname{arccot} x + \frac{1}{2}\int \left(1 - \frac{1}{1+x^2}\right) dx$$
$$= \frac{1}{2}x^2 \operatorname{arccot} x + \frac{1}{2}(x - \arctan x) + C.$$

从上面的几个例子可以看出，如果被积函数是正整数次幂函数与对数函数或反三角函数的乘积，那么，也可以考虑用分部积分法，并设对数函数或反三角函数为 u.

例 6 求 $\int e^{-x}\sin x\mathrm{d}x$.

解 设 $u=e^{-x}$, $\mathrm{d}v=\sin x\mathrm{d}x$，则 $\mathrm{d}u=-e^{-x}\mathrm{d}x$, $v=\int\sin x\mathrm{d}x=-\cos x$. 于是

$$\int e^{-x}\sin x\mathrm{d}x=-e^{-x}\cos x-\int(-\cos x)(-e^{-x})\mathrm{d}x=-e^{-x}\cos x-\int e^{-x}\cos x\mathrm{d}x.$$

等式右端的积分与左端的积分是同一类型，对右端的积分再用一次分部积分法：

设 $u=e^{-x}$, $\mathrm{d}v=\cos x\mathrm{d}x$, 则 $\mathrm{d}u=-e^{-x}\mathrm{d}x$, $v=\int\cos x\mathrm{d}x=\sin x$. 于是

$$\int e^{-x}\cos x\mathrm{d}x=e^{-x}\sin x+\int e^{-x}\sin x\mathrm{d}x,$$

所以

$$\begin{aligned}\int e^{-x}\sin x\mathrm{d}x&=-e^{-x}\cos x-e^{-x}\sin x-\int e^{-x}\sin x\mathrm{d}x\\&=-e^{-x}(\cos x+\sin x)-\int e^{-x}\sin x\mathrm{d}x.\end{aligned}$$

由于上式右端保留的积分项就是所求的积分 $\int e^{-x}\sin x\mathrm{d}x$，把它移到等式左端合并后，再两端同除以 2，最后总的加上一个任意常数 C，便得所求的积分为

$$\int e^{-x}\sin x\mathrm{d}x=-\frac{1}{2}e^{-x}(\cos x+\sin x)+C.$$

注意 因上式右端已不包含积分项，所以最后必须总的加上一个任意常数 C.

从例 6 可以看到，有些不定积分经过分部积分后，虽然未能求出该积分，但又出现了与所求积分具有相同形式的项. 这时可以从等式中像解代数方程那样，解出所求的积分来.

需要指出的是，对于被积函数为指数函数与正弦（或余弦）函数的乘积的不定积分，使用分部积分公式(4.10)时，可以任意选取 u 和 $\mathrm{d}v$. 但应注意，因为需要两次使用分部积分公式，前后选取 u 和 $\mathrm{d}v$ 的方法应保持一致. 例如，若已选取指数函数为 u，则应继续这样选取下去，否则就会求不出积分的结果.

当运算较为熟练后，进行分部积分时，可不必写出所设的 u 和 $\mathrm{d}v$.

例 7 求 $\int(3x^2-1)\ln x\mathrm{d}x$.

解

$$\begin{aligned}\int(3x^2-1)\ln x\mathrm{d}x&=\int\ln x\mathrm{d}(x^3-x)=(x^3-x)\ln x-\int\frac{x^3-x}{x}\mathrm{d}x\\&=(x^3-x)\ln x-\int(x^2-1)\mathrm{d}x\end{aligned}$$

$$= (x^3 - x)\ln x - \frac{x^3}{3} + x + C.$$

注意 在本例中实际上是假设了 $u = \ln x, \mathrm{d}v = (3x^2 - 1)\mathrm{d}x$，从而 $\mathrm{d}u = \frac{1}{x}\mathrm{d}x$，$v = \int(3x^2 - 1)\mathrm{d}x = x^3 - x$，只是未写出而已.

例 8 求 $\int \ln^2 x \mathrm{d}x$.

解
$$\begin{aligned}\int \ln^2 x \mathrm{d}x &= x\ln^2 x - \int x \mathrm{d}(\ln^2 x) = x\ln^2 x - 2\int x\ln x \frac{1}{x}\mathrm{d}x \\ &= x\ln^2 x - 2\int \ln x \mathrm{d}x = x\ln^2 x - 2\left[x\ln x - \int x\mathrm{d}(\ln x)\right] \\ &= x\ln^2 x - 2\left(x\ln x - \int \mathrm{d}x\right) = x\ln^2 x - 2(x\ln x - x) + C \\ &= x(\ln^2 x - 2\ln x + 2) + C.\end{aligned}$$

例 9 求 $\int \sec^3 x \mathrm{d}x$.

解
$$\begin{aligned}\int \sec^3 x \mathrm{d}x &= \int \sec x \sec^2 x \mathrm{d}x = \int \sec x \mathrm{d}(\tan x) = \sec x \tan x - \int \tan x \mathrm{d}(\sec x) \\ &= \sec x \tan x - \int \sec x \tan^2 x \mathrm{d}x = \sec x \tan x - \int \sec x(\sec^2 x - 1)\mathrm{d}x \\ &= \sec x \tan x - \int \sec^3 x \mathrm{d}x + \int \sec x \mathrm{d}x.\end{aligned}$$

由 4.2 节中的公式⑰可知

$$\int \sec x \mathrm{d}x = \ln|\sec x + \tan x| + C',$$

所以
$$\int \sec^3 x \mathrm{d}x = \sec x \tan x + \ln|\sec x + \tan x| - \int \sec^3 x \mathrm{d}x.$$

由于上式右端保留的积分项就是所求的积分 $\int \sec^3 x \mathrm{d}x$，故可用类似于例 6 中的方法，把它移项合并后并除以 2，最后再总的加上一个任意常数 C，便得

$$\int \sec^3 x \mathrm{d}x = \frac{1}{2}(\sec x \tan x + \ln|\sec x + \tan x|) + C.$$

在求积分的过程中，往往要兼用换元法与分部积分法，如本节例 4. 下面再看一个例子.

例 10 求 $\int \mathrm{e}^{\sqrt[3]{x}} \mathrm{d}x$.

解 先用换元法. 设 $\sqrt[3]{x} = t$，则 $x = t^3$，$\mathrm{d}x = 3t^2\mathrm{d}t$. 于是

$$\int e^{\sqrt[3]{x}}dx = 3\int t^2 e^t dt.$$

再用分部积分法，由例 2 可知

$$\int t^2 e^t dt = e^t(t^2 - 2t + 2) + C',$$

所以

$$\int e^{\sqrt[3]{x}}dx = 3\int t^2 e^t dt = 3e^t(t^2 - 2t + 2) + C = 3e^{\sqrt[3]{x}}(\sqrt[3]{x^2} - 2\sqrt[3]{x} + 2) + C.$$

习题 4.3

1. 利用分部积分法求不定积分.

(1) $\int x\sin 2x dx$；　(2) $\int te^{-2t}dt$；　(3) $\int x\ln x dx$；

(4) $\int x\arctan x dx$；　(5) $\int e^x\cos 2x dx$；　(6) $\int e^{-2x}\sin\frac{x}{2}dx$；

(7) $\int x3^x dx$；　(8) $\int\cos(\ln x)dx$；　(9) $\int x^2\arctan x dx$；

(10) $\int\ln(a^2 + x^2)dx$.

2. 利用换元法及分部积分法求不定积分.

(1) $\int e^{\sqrt{x}}dx$；　(2) $\int\sin(\ln x)dx$.

3. 在本节例 6 中，如果设 $u=\sin x$，$dv=e^{-x}dx$，再使用分部积分公式行不行？试比较两种方法的难易程度如何.

答　案

1. (1) $\frac{1}{4}\sin 2x - \frac{x}{2}\cos 2x + C$；(2) $-\frac{1}{2}e^{-2t}\left(t + \frac{1}{2}\right) + C$；(3) $\frac{x^2}{2}\ln x - \frac{x^2}{4} + C$；

(4) $\frac{x^2}{2}\arctan x - \frac{1}{2}(x - \arctan x) + C$；(5) $\frac{1}{5}e^x(\cos 2x + 2\sin 2x) + C$；

(6) $-\frac{2}{17}e^{-2x}\cdot\left(\cos\frac{x}{2} + 4\sin\frac{x}{2}\right) + C$；(7) $\frac{3^x}{(\ln 3)^2}(x\ln 3 - 1) + C$；

(8) $\frac{x}{2}[\sin(\ln x) + \cos(\ln x)] + C$；(9) $\frac{1}{3}x^3\arctan x - \frac{x^2}{6} + \frac{1}{6}\ln(1 + x^2) + C$；

(10) $x\ln(x^2 + a^2) - 2x + 2a\arctan\frac{x}{a} + C$.

2. (1) $2e^{\sqrt{x}}(\sqrt{x} - 1) + C$；　(2) $\frac{1}{2}x[\sin(\ln x) - \cos(\ln x)] + C$.

3. 可以. 两种方法的难易程度差不多.

4.4 简单有理真分式的积分及三角函数有理式的积分举例

4.4.1 有理真分式的积分

由两个多项式的商所表示的函数,即形如

$$\frac{P(x)}{Q(x)}=\frac{a_0x^n+a_1x^{n-1}+\cdots+a_{n-1}x+a_n}{b_0x^m+b_1x^{m-1}+\cdots+b_{m-1}x+b_m} \tag{4.11}$$

的函数,称为**有理函数**或**有理分式**,其中 m 和 n 都是非负整数;a_0, a_1, a_2, …, a_n 及 b_0, b_1, b_2, …, b_m 都是实数,且 $a_0\neq 0$, $b_0\neq 0$. 例如

$$\frac{3x+2}{x^2+1},\quad \frac{1}{x^2+3x+2},\quad \frac{x^3+1}{x^2+x+1},\quad \frac{x^2}{x^2-1}$$

都是 x 的有理函数. 在今后的讨论中,我们对有理分式$\frac{P(x)}{Q(x)}$,总是假定它的分子 $P(x)$ 与分母 $Q(x)$之间是没有公因式的,这种有理分式称为**既约分式**. 当有理分式(4.11)的分子多项式的次数 n 低于其分母多项式的次数 m,即 $n<m$ 时,称这有理分式为**真分式**;反之,当 $n\geqslant m$ 时,称这有理分式为**假分式**. 例如,上面列举的四个分式中,前两个是真分式,后两个是假分式.

任何一个假分式,总可以用多项式的除法,把它化成一个多项式与一个真分式之和. 例如,上面的后两个假分式可以写成:

$$\frac{x^3+1}{x^2+x+1}=x-1+\frac{2}{x^2+x+1},\quad \frac{x^2}{x^2-1}=1+\frac{1}{x^2-1}.$$

多项式的积分已经会求,于是只需讨论有理真分式的积分法.

由代数学知识可知,有理真分式$\frac{P(x)}{Q(x)}$的分母 $Q(x)$在实数范围内,总可以分解成一次因式和二次质因式①的乘积形式. 有理真分式按其分母 $Q(x)$因式分解的不同情况,可化为若干个简单分式(也称为**部分分式**)之代数和,再对各部分分式逐项积分,便可以解决有理真分式的积分问题.

将一个有理真分式$\frac{P(x)}{Q(x)}$分解成部分分式之和时,可按 $Q(x)$中所含一次因式和二次质因式的几种不同情形,假设$\frac{P(x)}{Q(x)}$的分解式中所含部分分式的项. 现就常见的

---

① 二次质因式是指,在实数范围内不能再分解因式的二次三项式. 例如,$x^2+px+q(p^2-4q<0)$ 就是二次质因式.

三种情形列表如下(表 4-2).

表 4-2

$Q(x)$的分解式中所含因式	应假设$\dfrac{P(x)}{Q(x)}$分解式中所含部分分式的项
单重一次因式$(x-a)$	$\dfrac{A}{x-a}$
$k(k>1)$重一次因式$(x-a)^k$	$\dfrac{A_1}{x-a}+\dfrac{A_2}{(x-a)^2}+\cdots+\dfrac{A_k}{(x-a)^k}$
单重二次质因式 x^2+px+q $(p^2-4q<0)$	$\dfrac{Mx+N}{x^2+px+q}$

表 4-2 中,A, A_1, A_2, $\cdots$, A_k; M, N 都是待定的系数.

例 1 求$\displaystyle\int\frac{x+1}{x^2+x-2}\mathrm{d}x$.

解 由于 $x^2+x-2=(x-1)(x+2)$,则可设

$$\frac{x+1}{x^2+x-2}=\frac{x+1}{(x-1)(x+2)}=\frac{A}{x-1}+\frac{B}{x+2},$$

式中,A,B 均为待定系数. 为了确定待定系数,将上式两边同乘以$(x-1)(x+2)$,去分母得

$$x+1=A(x+2)+B(x-1)=(A+B)x+2A-B.$$

比较此式两边 x 同次幂项的系数,得

$$\begin{cases}A+B=1,\\ 2A-B=1,\end{cases}\quad \text{解得}\begin{cases}A=\dfrac{2}{3},\\ B=\dfrac{1}{3}.\end{cases}$$

于是

$$\frac{x+1}{x^2+x-2}=\frac{2}{3}\frac{1}{x-1}+\frac{1}{3}\frac{1}{x+2}.$$

两边逐项积分,得

$$\int\frac{x+1}{x^2+x-2}\mathrm{d}x=\frac{2}{3}\int\frac{1}{x-1}\mathrm{d}x+\frac{1}{3}\int\frac{1}{x+2}\mathrm{d}x=\frac{2}{3}\ln|x-1|+\frac{1}{3}\ln|x+2|+C.$$

像本例中所用的确定待定系数的方法,称为**比较系数法**.

例 2 求$\displaystyle\int\frac{x^2+1}{x(x-1)^2}\mathrm{d}x$.

解 由于被积函数分母中的 x 是一次单因式,而$(x-1)^2$ 是二重一次因式,则可设

$$\frac{x^2+1}{x(x-1)^2}=\frac{A}{x}+\frac{B}{x-1}+\frac{C}{(x-1)^2},$$

式中,A,B,C 均为待定系数,对上式两边同乘以 $x(x-1)^2$,去分母可得

$$x^2+1=A(x-1)^2+Bx(x-1)+Cx.$$

因此式是恒等式,故可以用 x 的任何值代入,使等式均成立. 于是,可令 $x=0$,代入上式后即得 $A=1$;再令 $x=1$ 代入,可得 $C=2$,从而得到

$$x^2+1=(x-1)^2+Bx(x-1)+2x.$$

化简后得　$1=Bx^2-Bx+1$,即得 $B=0$. 于是

$$\frac{x^2+1}{x(x-1)^2}=\frac{1}{x}+\frac{2}{(x-1)^2}.$$

两边逐项积分,得

$$\int\frac{x^2+1}{x(x-1)^2}\mathrm{d}x=\int\frac{1}{x}\mathrm{d}x+2\int\frac{1}{(x-1)^2}\mathrm{d}x=\ln|x|-2\int\frac{1}{(x-1)^2}\mathrm{d}(x-1)$$

$$=\ln|x|+\frac{2}{x-1}+C.$$

在本例中,用于确定待定系数 A 和 C 的方法,也称为**赋值法**. 通常把比较系数法和赋值法,统称为**待定系数法**.

例 3　求$\int\frac{x+1}{x^2(x^2+1)}\mathrm{d}x$.

解　由于被积函数的分母 $Q(x)=x^2(x^2+1)$ 中,x^2 是二重的一次因式,x^2+1 是单重的二次质因式,则可设

$$\frac{x+1}{x^2(x^2+1)}=\frac{A}{x}+\frac{B}{x^2}+\frac{Cx+D}{x^2+1},$$

式中,A, B, C, D 均为待定系数,两边同乘以 $x^2(x^2+1)$,去分母得

$$x+1=Ax(x^2+1)+B(x^2+1)+x^2(Cx+D).$$

将此式右边展开,化简后得

$$x+1=(A+C)x^3+(B+D)x^2+Ax+B.$$

比较等式两边 x 的同次幂项的系数,得

$$\begin{cases}A+C=0,\\B+D=0,\\A=1,\\B=1,\end{cases}\quad\text{解得}\begin{cases}A=1,\\B=1,\\C=-1,\\D=-1.\end{cases}$$

于是

$$\frac{x+1}{x^2(x^2+1)}=\frac{1}{x}+\frac{1}{x^2}-\frac{x+1}{x^2+1}.$$

逐项积分，便得

$$\int \frac{x+1}{x^2(x^2+1)}\mathrm{d}x = \int \frac{1}{x}\mathrm{d}x + \int \frac{1}{x^2}\mathrm{d}x - \int \frac{x+1}{x^2+1}\mathrm{d}x$$

$$= \ln|x| - \frac{1}{x} - \int \frac{x}{x^2+1}\mathrm{d}x - \int \frac{1}{x^2+1}\mathrm{d}x$$

$$= \ln|x| - \frac{1}{x} - \frac{1}{2}\ln(x^2+1) - \arctan x + C.$$

例 4 求$\int \frac{x+4}{x^3+2x-3}\mathrm{d}x$.

解 由于被积函数的分母 $Q(x) = x^3+2x-3 = (x-1)(x^2+x+3)$，其中，$x-1$ 是单重一次因式，$x^2+x+3(p^2-4q = 1^2-4\times 3 < 0)$，是单重二次质因式，则可设

$$\frac{x+4}{x^3+2x-3} = \frac{x+4}{(x-1)(x^2+x+3)} = \frac{A}{x-1} + \frac{Bx+C}{x^2+x+3},$$

式中，A,B,C 均为待定系数. 两边同乘以 $(x-1)(x^2+x+3)$，去分母得

$$x+4 = A(x^2+x+3) + (Bx+C)(x-1)$$

$$= (A+B)x^2 + (A-B+C)x + (3A-C).$$

比较上式两端 x 的同次幂项系数，得

$$\begin{cases} A+B=0, \\ A-B+C=1, \\ 3A \quad -C=4, \end{cases} \quad 解得 \begin{cases} A=1, \\ B=-1, \\ C=-1. \end{cases}$$

于是

$$\frac{x+4}{x^3+2x-3} = \frac{1}{x-1} - \frac{x+1}{x^2+x+3},$$

再逐项积分，得

$$\int \frac{x+4}{x^3+2x-3}\mathrm{d}x = \int \frac{1}{x-1}\mathrm{d}x - \int \frac{x+1}{x^2+x+3}\mathrm{d}x = \ln|x-1| - \int \frac{\left(x+\frac{1}{2}\right)+\frac{1}{2}}{x^2+x+3}\mathrm{d}x$$

$$= \ln|x-1| - \int \frac{x+\frac{1}{2}}{x^2+x+3}\mathrm{d}x - \frac{1}{2}\int \frac{1}{x^2+x+3}\mathrm{d}x$$

$$= \ln|x-1| - \frac{1}{2}\int \frac{\mathrm{d}(x^2+x+3)}{x^2+x+3} - \frac{1}{2}\int \frac{\mathrm{d}\left(x+\frac{1}{2}\right)}{\left(x+\frac{1}{2}\right)^2+\frac{11}{4}}$$

（利用 4.2 节中公式 ⑲）

$$=\ln|x-1|-\frac{1}{2}\ln|x^2+x+3|-\frac{1}{2}\times\frac{2}{\sqrt{11}}\arctan\frac{x+\frac{1}{2}}{\frac{\sqrt{11}}{2}}+C$$

$$=\ln|x-1|-\frac{1}{2}\ln|x^2+x+3|-\frac{1}{\sqrt{11}}\arctan\frac{2x+1}{\sqrt{11}}+C.$$

从上面几个例子可以看出,求有理真分式的积分步骤是:(1)将有理真分式分解成部分分式之和;(2)对各个部分分式逐项积分,其中,第(1)步是关键.

应当指出,上面所介绍的只是求有理真分式积分的一般方法.当真分式比较复杂、分解成部分分式及逐项积分的计算都较麻烦时,可以不拘一格地选用其他方法,以迅速简便地求得积分结果.

例 5 求$\int\frac{x^2}{(x-1)^{10}}\mathrm{d}x$.

解 本例如用一般方法求解,应先将真分式$\frac{x^2}{(x-1)^{10}}$化为部分分式之和.应设

$$\frac{x^2}{(x-1)^{10}}=\frac{A_1}{x-1}+\frac{A_2}{(x-1)^2}+\cdots+\frac{A_{10}}{(x-1)^{10}},$$

要确定待定系数 $A_1, A_2, \cdots, A_{10}$,这显然是比较麻烦的.

若令 $x-1=t$,则 $x=t+1$, $\mathrm{d}x=\mathrm{d}t$.于是

$$\int\frac{x^2}{(x-1)^{10}}\mathrm{d}x=\int\frac{(t+1)^2}{t^{10}}\mathrm{d}t=\int\frac{t^2+2t+1}{t^{10}}\mathrm{d}t$$

$$=\int(t^{-8}+2t^{-9}+t^{-10})\mathrm{d}t=-\frac{1}{7}t^{-7}-\frac{1}{4}t^{-8}-\frac{1}{9}t^{-9}+C$$

$$\overline{\overline{\text{以 } t=x-1 \text{ 代回}}}-\frac{1}{7(x-1)^7}-\frac{1}{4(x-1)^8}-\frac{1}{9(x-1)^9}+C.$$

4.4.2 三角函数有理式的积分

所谓三角函数有理式,是指由三角函数和常数,经过有限次四则运算所构成的式子,例如

$$\frac{\sin x}{1+\cos x},\quad \frac{\cos x}{\sin x+\tan x},\quad \frac{1}{5+4\sin 2x}$$

等都是三角函数有理式,而$\sqrt{\sin x}+\tan x$ 就不是三角函数有理式.

因为 $\tan x$, $\cot x$, $\sec x$, $\csc x$ 都可用 $\sin x$, $\cos x$ 来表示,所以我们可以把三角函数有理式记作 $R(\sin x, \cos x)$,其中,R 是有理式的符号.一般地,三角函数有理式的积分可记作$\int R(\sin x, \cos x)\mathrm{d}x$.计算这类积分,总可以用代换 $t=\tan\frac{x}{2}$,即 $x=$

$2\arctan t$ 化为 t 的有理函数的积分.

例 6 求 $\int \frac{1+\sin x}{\sin x(1+\cos x)}\mathrm{d}x$.

解 令 $t=\tan\frac{x}{2}$,则 $x=2\arctan t$, $\mathrm{d}x=\frac{2}{1+t^2}\mathrm{d}t$. 由于

$$\sin x=2\sin\frac{x}{2}\cos\frac{x}{2}=\frac{2\tan\frac{x}{2}}{\sec^2\frac{x}{2}}=\frac{2\tan\frac{x}{2}}{1+\tan^2\frac{x}{2}}=\frac{2t}{1+t^2},$$

$$\cos x=\cos^2\frac{x}{2}-\sin^2\frac{x}{2}=\frac{1-\tan^2\frac{x}{2}}{\sec^2\frac{x}{2}}=\frac{1-\tan^2\frac{x}{2}}{1+\tan^2\frac{x}{2}}=\frac{1-t^2}{1+t^2},$$

故得

$$\begin{aligned}\int\frac{1+\sin x}{\sin x(1+\cos x)}\mathrm{d}x&=\int\frac{1+\frac{2t}{1+t^2}}{\frac{2t}{1+t^2}\left(1+\frac{1-t^2}{1+t^2}\right)}\cdot\frac{2}{1+t^2}\mathrm{d}t=\frac{1}{2}\int\left(t+2+\frac{1}{t}\right)\mathrm{d}t\\&=\frac{1}{2}\left(\frac{t^2}{2}+2t+\ln|t|\right)+C\\&=\frac{1}{4}\tan^2\frac{x}{2}+\tan\frac{x}{2}+\frac{1}{2}\ln\left|\tan\frac{x}{2}\right|+C.\end{aligned}$$

例 7 求 $\int\frac{\mathrm{d}x}{5+4\sin 2x}$.

解 令 $2x=u$,则 $\mathrm{d}x=\frac{1}{2}\mathrm{d}u$. 原积分化为

$$\int\frac{\mathrm{d}x}{5+4\sin 2x}=\frac{1}{2}\int\frac{\mathrm{d}u}{5+4\sin u}.$$

再令 $\tan\frac{u}{2}=t$,则 $\sin u=\frac{2t}{1+t^2}$, $\mathrm{d}u=\frac{2}{1+t^2}\mathrm{d}t$. 于是

$$\begin{aligned}\int\frac{\mathrm{d}x}{5+4\sin 2x}&=\frac{1}{2}\int\frac{\mathrm{d}u}{5+4\sin u}=\frac{1}{2}\int\frac{\frac{2}{1+t^2}}{5+4\frac{2t}{1+t^2}}\mathrm{d}t=\int\frac{\mathrm{d}t}{5t^2+8t+5}\\&=\frac{1}{5}\int\frac{\mathrm{d}t}{t^2+\frac{8}{5}t+1}=\frac{1}{5}\int\frac{\mathrm{d}t}{\left(t+\frac{4}{5}\right)^2+\frac{9}{25}}\\&=\frac{1}{5}\times\frac{1}{\frac{3}{5}}\arctan\left(\frac{t+\frac{4}{5}}{\frac{3}{5}}\right)+C=\frac{1}{3}\arctan\left(\frac{5t+4}{3}\right)+C.\end{aligned}$$

以 $t=\tan\frac{u}{2}=\tan x$ 代回，即得

$$\int\frac{\mathrm{d}x}{5+4\sin 2x}=\frac{1}{3}\arctan\left(\frac{5\tan x+4}{3}\right)+C.$$

一般地，对于三角函数有理式的积分 $\int R(\sin x,\ \cos x)\mathrm{d}x$，可以作变量代换 $t=\tan\frac{x}{2}$，则 $\sin x=\frac{2t}{1+t^2}$，$\cos x=\frac{1-t^2}{1+t^2}$，$\mathrm{d}x=\frac{2}{1+t^2}\mathrm{d}t$. 代入原积分式，便可化成有理函数的积分，即

$$\int R(\sin x,\ \cos x)\mathrm{d}x=\int R\left(\frac{2t}{1+t^2},\ \frac{1-t^2}{1+t^2}\right)\frac{2}{1+t^2}\mathrm{d}t.$$

通常把变量代换 $t=\tan\frac{x}{2}$ 称为三角函数有理式积分的“万能代换”，利用这种代换，虽然可以把三角函数有理式的积分化为有理函数的积分，但有时计算积分比较麻烦，因此，对于某些特殊的三角函数有理式的积分，常常需要采用其他形式的代换，以便能更简便而迅速地得出结果.

例 8 求 $\int\frac{\sin^5 x}{\cos^4 x}\mathrm{d}x$.

解 若设 $t=\tan\frac{x}{2}$，则 $\sin x=\frac{2t}{1+t^2}$，$\cos x=\frac{1-t^2}{1+t^2}$，$\mathrm{d}x=\frac{2}{1+t^2}\mathrm{d}t$. 代入原积分后，就变成

$$\int\frac{\sin^5 x}{\cos^4 x}\mathrm{d}x=2^6\int\frac{t^5}{(1+t^2)^2(1-t^2)^4}\mathrm{d}t.$$

计算这个关于 t 的有理真分式的积分是很困难的. 如果改用另一种代换：令 $t=\cos x$，则可比较简便地得到

$$\begin{aligned}\int\frac{\sin^5 x}{\cos^4 x}\mathrm{d}x&=-\int\frac{\sin^4 x}{\cos^4 x}\mathrm{d}(\cos x)=-\int\frac{(1-\cos^2 x)^2}{\cos^4 x}\mathrm{d}(\cos x)\\&=-\int\frac{(1-t^2)^2}{t^4}\mathrm{d}t=-\int\left(1-\frac{2}{t^2}+\frac{1}{t^4}\right)\mathrm{d}t\\&=-t-\frac{2}{t}+\frac{1}{3t^3}+C=-\cos x-\frac{2}{\cos x}+\frac{1}{3\cos^3 x}+C.\end{aligned}$$

最后，我们对不定积分的问题作些补充说明.

在 4.1 节中曾提到过，如果函数 $f(x)$ 在某区间上连续，则在该区间上它的原函数一定存在. 由于初等函数在其有定义的区间上都是连续的，因此，对于初等函数来说，在其有定义的区间上原函数一定存在.

尽管初等函数在其有定义的区间上原函数一定存在，然而原函数存在是一回事，

原函数能否用初等函数来表示却是另一回事. 正如对有理函数的积分, 如果只限制在有理函数的范围内, 则对于某些简单的积分, 如$\int \frac{dx}{x}$, $\int \frac{dx}{1+x^2}$等, 它们的结果就已经不能再用有理函数来表示了. 同样地, 初等函数的原函数也不一定都能用初等函数来表示. 例如, 函数

$$e^{-x^2}, \quad \frac{\sin x}{x}, \quad \frac{1}{\ln x}, \quad \sin x^2, \quad \frac{1}{\sqrt{1+x^3}}$$

等, 就没有一个初等函数能以这些函数为其导数, 因为这些函数的原函数不是初等函数, 也就是说, 这些函数的不定积分

$$\int e^{-x^2} dx, \quad \int \frac{\sin x}{x} dx, \quad \int \frac{dx}{\ln x}, \quad \int \sin x^2 dx, \quad \int \frac{dx}{\sqrt{1+x^3}}$$

等都不能用初等函数来表示. 在这种意义下, 我们说这类积分是"积不出"的.

习题 4.4

1. 求不定积分.

(1) $\int \frac{3x+1}{x^2-3x+2} dx$; (2) $\int \frac{x^2+1}{(x+1)^2(x-1)} dx$; (3) $\int \frac{dx}{x(x^2+1)}$;

(4) $\int \frac{x-2}{x^2+2x+3} dx$; (5) $\int \frac{dx}{x^3-1}$; (6) $\int \frac{x^3+1}{x^3-x} dx$.

2. 求不定积分.

(1) $\int \frac{dx}{1+\sin x+\cos x}$; (2) $\int \frac{dx}{3+\cos x}$;

(3) $\int \frac{1+\tan x}{\sin 2x} dx$; (4) $\int \frac{1-\cos x}{1+\cos x} dx$.

答 案

1. (1) $\ln\left|\frac{(x-2)^7}{(x-1)^4}\right|+C$; (2) $\frac{1}{x+1}+\ln\sqrt{x^2-1}+C$; (3) $\ln\frac{|x|}{\sqrt{x^2+1}}+C$;

(4) $\frac{1}{2}\ln(x^2+2x+3)-\frac{3}{\sqrt{2}}\arctan\frac{x+1}{\sqrt{2}}+C$;

(5) $\frac{1}{3}\ln|x-1|-\frac{1}{6}\ln(x^2+x+1)-\frac{1}{\sqrt{3}}\arctan\frac{2x+1}{\sqrt{3}}+C$; (6) $x+\ln\left|\frac{x-1}{x}\right|+C$.

2. (1) $\ln\left|\tan\frac{x}{2}+1\right|+C$; (2) $\frac{1}{\sqrt{2}}\arctan\frac{\tan\frac{x}{2}}{\sqrt{2}}+C$; (3) $\frac{1}{2}(\tan x+\ln|\tan x|)+C$;

(4) $2\tan\frac{x}{2}-x+C$.

复习题 4

(A)

1. 函数 $y=(e^x+e^{-x})^2$ 与 $y=(e^x-e^{-x})^2$ 是同一个函数的原函数吗?为什么?

2. 已知某函数的导数是 $\cos\omega x$(ω 为常数),且当 $x=\frac{\pi}{2\omega}$ 时,函数值等于零,试求这个函数.

3. 若 $F(x)$ 是 $f(x)$ 的原函数,试证

$$\int f(ax+b)\mathrm{d}x=\frac{1}{a}F(ax+b)+C.$$

其中,a, b 为常数,且 $a\neq 0$, C 为任意常数.

4. 利用换元法求不定积分.

(1) $\int x^3\sqrt[5]{1-3x^4}\mathrm{d}x$; (2) $\int\frac{\sqrt[3]{1+\ln x}}{x}\mathrm{d}x$;

(3) $\int\sin x\cos(\cos x)\mathrm{d}x$; (4) $\int\frac{e^{\arctan x}}{1+x^2}\mathrm{d}x$;

(5) $\int\frac{2-x}{\sqrt[3]{3-x}}\mathrm{d}x$; (6) $\int\sqrt{\frac{x}{2-x}}\mathrm{d}x$;

(7) $\int\frac{x^3}{\sqrt{4-x^2}}\mathrm{d}x$; (8) $\int\sqrt{3+2x-x^2}\mathrm{d}x$;

(9) $\int\frac{\mathrm{d}x}{4x^2+4x-3}$; (10) $\int\frac{\sqrt{\tan x}}{\sin 2x}\mathrm{d}x$.

5. 利用分部积分法求不定积分.

(1) $\int x^2a^x\mathrm{d}x(a>0,\ a\neq 1)$; (2) $\int\frac{\arcsin x}{x^2}\mathrm{d}x$;

(3) $\int\cos x\ln(\sin x)\mathrm{d}x$; (4) $\int\frac{x^2\arctan x}{1+x^2}\mathrm{d}x$;

(5) $\int xf''(x)\mathrm{d}x$.

6. 利用换元法与分部积分法求不定积分.

(1) $\int\cos\sqrt{x}\mathrm{d}x$; (2) $\int x^5e^{x^3}\mathrm{d}x$;

(3) $\int\frac{x\cos x}{\sin^3 x}\mathrm{d}x$; (4) $\int\frac{x^7}{(1+x^4)^2}\mathrm{d}x$;

(5) $\int\frac{x\arcsin x}{\sqrt{1-x^2}}\mathrm{d}x$.

7. 求有理真分式的不定积分.

(1) $\int\frac{\mathrm{d}x}{x^2-x-6}$; (2) $\int\frac{1}{x^3+1}\mathrm{d}x$;

(3) $\int\frac{x+6}{x^2+2x+8}\mathrm{d}x$; (4) $\int\frac{x^2+1}{(x-1)^3}\mathrm{d}x$.

8. 求三角函数有理式的不定积分.

(1) $\int \frac{dx}{1+\sin x}$;　　(2) $\int \frac{dx}{5-4\cos 2x}$;

(3) $\int \cos 4x \cos 2x dx$;　　(4) $\int \frac{dx}{\cos^4 x}$;

(5) $\int \frac{1+\tan x}{\sin 2x} dx$.

9. 求 $\int \frac{2x-3}{\sqrt{3x^2+2x+1}} dx$（提示：分子上凑出一部分是分母上二次三项式的导数，再对分母上配方）.

10. 用较简便的方法求不定积分.

(1) $\int \frac{1-\tan x}{1+\tan x} dx$;　　(2) $\int \frac{\sec^2 x}{\sqrt{a^2-b^2\tan x}} dx$;

(3) $\int e^{2x^2+\ln x} dx$;　　(4) $\int \sqrt{e^x-1} dx$;

(5) $\int \frac{xe^x}{\sqrt{1+e^x}} dx$;　　(6) $\int \ln(x+\sqrt{1+x^2}) dx$;

(7) $\int \frac{2-\sin x}{2+\cos x} dx$;　　(8) $\int \sin^4\theta \cos^3\theta d\theta$;

(9) $\int \frac{\arcsin x}{\sqrt{(1-x^2)^3}} dx$;　　(10) $\int \frac{dx}{x^4\sqrt{1+x^2}}$ $(x>0)$（提示：设 $x=\frac{1}{t}$）.

11. 在平面上有一运动的质点，已知它在 x 轴和 y 轴方向的分速度分别为 $v_x(t)=5\sin t$，$v_y(t)=2\cos t$；又当 $t=0$ 时，质点位于原点 $(0, 0)$ 处，试求：(1) 质点的运动方程（用参数方程表示）；(2) 当 $t=\frac{\pi}{2}$ 时，质点位于何处？

12. 一物体作直线运动，已知其加速度为 $a=12t^2-3\sin t$，如果在运动初始时刻 $t=0$ 时，物体的速度 $v_0=5$，物体的位移 $s_0=-3$，试求：(1) 速度 v 和时间 t 之间的函数关系；(2) 位移 s 与时间 t 之间的函数关系.

(B)

1. 填空题

(1) 若函数 $f(x)$ 具有一阶连续导数，则 $\int f'(x)\sin f(x) dx=$ ________；

(2) 若 $\int f(x) dx=F(x)+C$，则 $\int e^{-x} f(e^{-x}) dx=$ ________；

(3) 设 $f(x)=e^{-x}$，则 $\int \frac{f'(\ln x)}{x} dx=$ ________；

(4) 设 $\int f(x) dx=F(x)+C$，若积分曲线通过原点，则常数 $C=$ ________；

(5) 已知函数 $f(x)$ 可导，$F(x)$ 是 $f(x)$ 的一个原函数，则 $\int xf'(x) dx=$ ________.

2. 选择题

(1) 若 $\int f(x) dx=x^2+C$，则 $\int xf(1-x^2) dx=$ (　　).

(A) $2(1-x^2)^2+C$　　(B) $-2(1-x^2)^2+C$

(C) $\frac{1}{2}(1-x^2)^2+C$　　(D) $-\frac{1}{2}(1-x^2)^2+C$

(2) 若 e^{-x} 是 $f(x)$ 的原函数,则$\int xf(x)\mathrm{d}x=$　　(　　).

(A) $e^{-x}(1-x)+C$　　(B) $e^{-x}(x+1)+C$

(C) $e^{-x}(x-1)+C$　　(D) $-e^{-x}(x+1)+C$

(3) 在区间(a, b)内,如果 $f'(x)=g'(x)$,则必有　　(　　).

(A) $f(x)=g(x)$　　(B) $f(x)=g(x)+C$(C为任意常数)

(C) $\left[\int f(x)\mathrm{d}x\right]'=\left[\int g(x)\mathrm{d}x\right]'$　　(D) $\int f(x)\mathrm{d}x=\int g(x)\mathrm{d}x$

(4) 如果$\int \mathrm{d}f(x)=\int \mathrm{d}g(x)$,则必有　　(　　).

(A) $f(x)=g(x)$　　(B) $f'(x)=g'(x)$

(C) $\int f(x)\mathrm{d}x=\int g(x)\mathrm{d}x$　　(D) $\left(\int f(x)\mathrm{d}x\right)'=\left(\int g(x)\mathrm{d}x\right)'$

答　案

(A)

1. 是.因为它们的导数相同.　　2. $y=\frac{1}{\omega}(\sin\omega x-1)$.　　3. 证略.

4. (1) $-\frac{5}{72}(1-3x^4)^{\frac{6}{5}}+C$; (2) $\frac{3}{4}(1+\ln x)^{\frac{4}{3}}+C$; (3) $-\sin(\cos x)+C$; (4) $e^{\arctan x}+C$;

(5) $\frac{3}{2}\sqrt[3]{(3-x)^2}-\frac{3}{5}\sqrt[3]{(3-x)^5}+C$; (6) $-\sqrt{x(2-x)}+2\arctan\sqrt{\frac{x}{2-x}}+C$;

(7) $\frac{1}{3}\sqrt{(4-x^2)^3}-4\sqrt{4-x^2}+C$; (8) $2\arcsin\frac{x-1}{2}+\frac{1}{2}(x-1)\sqrt{3+2x-x^2}+C$;

(9) $\frac{1}{8}\ln\left|\frac{2x-1}{2x+3}\right|+C$; (10) $\sqrt{\tan x}+C$.

5. (1) $\frac{a^x}{(\ln a)^3}[(\ln a)^2x^2-2(\ln a)x+2]+C$; (2) $-\frac{1}{x}\arcsin x+\ln\left|\frac{1-\sqrt{1-x^2}}{x}\right|+C$;

(3) $\sin x\ln(\sin x)-\sin x+C$; (4) $x\arctan x-\frac{1}{2}\ln(1+x^2)-\frac{1}{2}(\arctan x)^2+C$;

(5) $xf'(x)-f(x)+C$.

6. (1) $2(\sqrt{x}\sin\sqrt{x}+\cos\sqrt{x})+C$; (2) $\frac{1}{3}(x^3-1)e^{x^3}+C$; (3) $-\frac{1}{2}(x\csc^2x+\cot x)+C$;

(4) $\frac{1}{4}\ln(1+x^4)+\frac{1}{4(1+x^4)}+C$; (5) $-\sqrt{1-x^2}\arcsin x+x+C$.

7. (1) $\frac{1}{5}\ln\left|\frac{x-3}{x+2}\right|+C$; (2) $\frac{1}{6}\ln\frac{(x+1)^2}{|x^2-x+1|}+\frac{1}{\sqrt{3}}\arctan\frac{2x-1}{\sqrt{3}}+C$;

(3) $\frac{1}{2}\ln|x^2+2x+8|+\frac{5}{\sqrt{7}}\arctan\frac{x+1}{\sqrt{7}}+C$; (4) $\ln|x-1|-\frac{2}{x-1}-\frac{1}{(x-1)^2}+C$.

8. (1) $-\frac{2}{1+\tan\frac{x}{2}}+C$; (2) $\frac{1}{3}\arctan(3\tan x)+C$; (3) $\frac{1}{12}(\sin 6x+3\sin 2x)+C$;

(4) $\tan x+\frac{1}{3}\tan^3 x+C$; (5) $\frac{1}{2}(\tan x+\ln|\tan x|)+C$.

9. $\frac{2}{3}\sqrt{3x^2+2x+1}-\frac{11}{3\sqrt{3}}\ln\left[\left(x+\frac{1}{3}\right)+\sqrt{\left(x+\frac{1}{3}\right)^2+\frac{2}{9}}\right]+C$.

10. (1) $\ln|\cos x+\sin x|+C$; (2) $-\frac{2}{b^2}\sqrt{a^2-b^2\tan x}+C$; (3) $\frac{1}{4}e^{2x^2}+C$;

(4) $2\sqrt{e^x-1}-2\arctan\sqrt{e^x-1}+C$; (5) $2(x-2)\sqrt{1+e^x}-2\ln\left|\frac{\sqrt{1+e^x}-1}{\sqrt{1+e^x}+1}\right|+C$;

(6) $x\ln(x+\sqrt{1+x^2})-\sqrt{1+x^2}+C$; (7) $\ln(2+\cos x)+\frac{4}{\sqrt{3}}\arctan\left(\frac{1}{\sqrt{3}}\tan\frac{x}{2}\right)+C$;

(8) $\frac{1}{5}\sin^5\theta-\frac{1}{7}\sin^7\theta+C$; (9) $\frac{x}{\sqrt{1-x^2}}\arcsin x+\ln\sqrt{1-x^2}+C$;

(10) $-\frac{\sqrt{(1+x^2)^3}}{3x^3}+\frac{\sqrt{1+x^2}}{x}+C$.

11. (1) $\begin{cases}x=-5\cos t+5,\\ y=2\sin t;\end{cases}$ (2) 位于点(5, 2)处.

12. $v=4t^3+3\cos t+2$; $s=t^4+3\sin t+2t-3$.

(B)

1. (1) $-\cos f(x)+C$; (2) $-F(e^{-x})+C$; (3) $\frac{1}{x}+C$; (4) $-F(0)$; (5) $xf(x)-F(x)+C$.

2. (1) D; (2) B; (3) B; (4) B.

第 5 章　定积分及其应用

定积分是一元函数积分学中的另一个基本内容,它在科技工作中有着广泛的应用. 在本章中,我们将从实际问题出发引入定积分的概念,讨论它的性质及计算方法,然后作为定积分的推广,还将介绍广义积分的概念. 最后再简单介绍定积分在几何、物理中的一些应用.

5.1　定积分的概念

5.1.1　引入定积分概念的实例

引例 1　曲边梯形的面积

利用初等数学知识,我们已经会求多边形及圆的面积,而对于由任意曲线所围成的平面图形的面积计算,就无法解决了.

计算任意曲线所围成的平面图形的面积,都可归结为求曲边梯形面积的基本问题.

在直角坐标系中,由连续曲线 $y=f(x)$ $(f(x)\geqslant 0)$,直线 $x=a$, $x=b$ $(a<b)$ 及 x 轴所围成的图形 $AabB$(图 5-1),称为**曲边梯形**,曲线 $y=f(x)$ 称为**曲边**,x 轴上的区间$[a, b]$也称为**底边**. 如何定义并计算此曲边梯形的面积 A 呢?

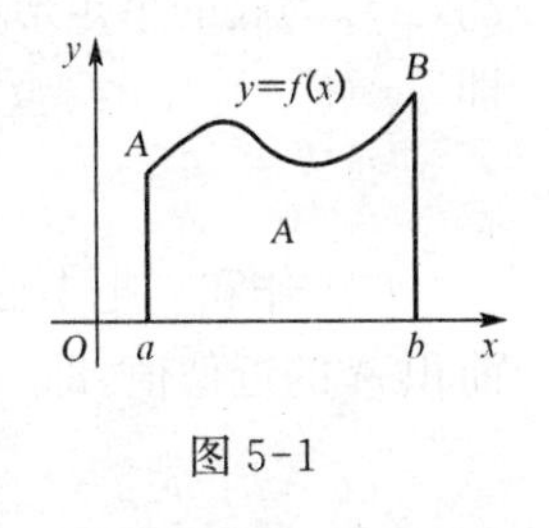

图 5-1

计算上述曲边梯形面积的困难在于它的高度是变化的,不能用初等数学中计算面积的有关公式来计算. 但是,我们可以考虑将曲边梯形用平行于 y 轴的直线分割成许多小的窄曲边梯形. 由于 $f(x)$是连续函数,故在这些窄曲边梯形上,高度变化不大,它的面积近似于一个窄矩形的面积,可用窄矩形的面积近似代替窄曲边梯形的面积,再把所有面积的近似值相加,便得整个曲边梯形面积的近似值. 显然,分割得越细,这种近似程度就越高. 当无限细分(即每个窄矩形的底边长都趋于零)时,便可把所得近似值的极限定义为曲边梯形面积的精确值.

根据以上分析,计算曲边梯形面积可具体地归结为以下四步:

(1) **分割**　在区间$[a, b]$上任意插入 $n-1$ 个分点

$$a=x_0<x_1<x_2<\cdots<x_{i-1}<x_i<\cdots<x_{n-1}<x_n=b,$$

把区间$[a, b]$分成n个小区间：

$$[x_0, x_1], [x_1, x_2], \cdots, [x_{i-1}, x_i], \cdots, [x_{n-1}, x_n].$$

它们的长度依次为

$$\Delta x_1 = x_1 - x_0, \Delta x_2 = x_2 - x_1, \cdots, \Delta x_i = x_i - x_{i-1}, \cdots, \Delta x_n = x_n - x_{n-1}.$$

或缩写为

$$\Delta x_i = x_i - x_{i-1} \quad (i = 1, 2, \cdots, n).$$

经过每一个分点作平行于y轴的直线段，把曲边梯形分成n个窄曲边梯形(图 5-2). 这些窄曲边梯形的面积依次记为

$$\Delta A_i \quad (i = 1, 2, \cdots, n),$$

则整个曲边梯形的面积为

$$A = \Delta A_1 + \Delta A_2 + \cdots + \Delta A_n = \sum_{i=1}^{n} \Delta A_i,$$

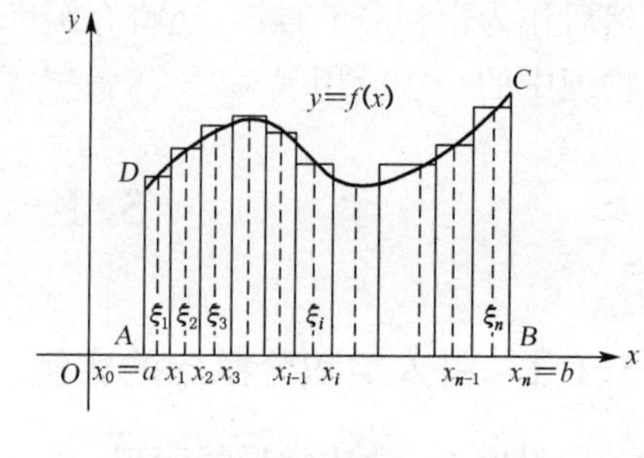

图 5-2

其中，符号“$\sum$”表示求和的意思，$\sum\limits_{i=1}^{n} \Delta A_i$ 表示从ΔA_i中依次取$i = 1, 2, \cdots, n$时所得的n项之和.

(2) **取近似** 在每个小区间$[x_{i-1}, x_i]$上任取一点$\xi_i (x_{i-1} \leqslant \xi_i \leqslant x_i)$，以$f(\xi_i)$为高，$\Delta x_i$为底的窄矩形的面积$f(\xi_i)\Delta x_i$，作为相应的窄曲边梯形面积$\Delta A_i$的近似值，即

$$\Delta A_i \approx f(\xi_i)\Delta x_i \quad (i = 1, 2, \cdots, n).$$

(3) **作和** 把上面n个窄曲边梯形面积的近似值加起来，就得到所求曲边梯形面积A的近似值，即

$$A = \sum_{i=1}^{n} \Delta A_i \approx \sum_{i=1}^{n} f(\xi_i)\Delta x_i.$$

(4) **取极限** 为了保证所有小区间的长度都无限缩小，只需要求所有小区间长度中的最大值趋于零. 若记$\lambda = \max\{\Delta x_1, \Delta x_2, \cdots, \Delta x_n\}$，则上述条件可表为$\lambda \to 0$. 因此，当$\lambda \to 0$时(这时小区间的个数$n$无限增多，即$n \to \infty$)，若上式右端和式的极限存在，则称此极限为曲边梯形的面积A. 即

$$A = \lim_{\lambda \to 0} \sum_{i=1}^{n} f(\xi_i)\Delta x_i.$$

通过这个例子，我们看到了如何利用“分割取近似，作和取极限”的方法，解决了曲边梯形面积的计算问题.

引例 2 变速直线运动的路程

设某物体作直线运动，已知速度 $v=v(t)$ 是在时间间隔 $[T_1, T_2]$ 上 t 的连续函数，且 $v(t)\geqslant 0$，如何定义并计算在这段时间内物体所经过的路程 s 呢？

由于物体是作变速直线运动，速度 $v(t)$ 是随时间 t 而变化的，故不能用匀速运动的路程公式："路程＝速度×时间"来计算. 但是，如果把时间间隔 $[T_1, T_2]$ 分成许多小段，由于物体运动的速度是连续变化的，则在每个小段时间内，速度变化不大，可以近似地看作是匀速的. 于是，在时间间隔很短的条件下，可以用"匀速"来近似代替"变速"，从而求得每一小段时间内路程的近似值. 将各小段上的路程的近似值加起来，就可得到整段时间 $[T_1, T_2]$ 内路程 s 的近似值. 最后通过对时间间隔无限细分取极限的过程，就可以由路程 s 的近似值过渡到它的精确值.

具体的讨论也可以分为以下四步：

(1) **分割** 在时间间隔 $[T_1, T_2]$ 上任意插入 $n-1$ 个分点，使得

$$T_1 = t_0 < t_1 < t_2 < \cdots < t_{i-1} < t_i < \cdots < t_{n-1} < t_n = T_2,$$

相应地把 $[T_1, T_2]$ 分成 n 个小段的时间间隔：

$$[t_0, t_1], [t_1, t_2], \cdots, [t_{i-1}, t_i], \cdots, [t_{n-1}, t_n]$$

(图 5-3)，每个小段时间间隔的长记为 Δt_i，则

$$\Delta t_i = t_i - t_{i-1} \quad (i = 1, 2, \cdots, n).$$

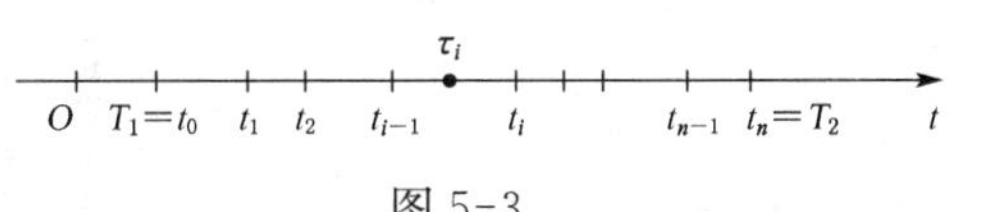

图 5-3

对应于小段时间间隔 $[t_{i-1}, t_i]$，物体所经过的路程记作 $\Delta s_i\,(i = 1, 2, \cdots, n)$，则在整个时间间隔 $[T_1, T_2]$ 上物体所经过的路程为

$$s = \Delta s_1 + \Delta s_2 + \cdots + \Delta s_n = \sum_{i=1}^{n} \Delta s_i.$$

(2) **取近似** 在每个小段时间间隔 $[t_{i-1}, t_i]$ 上任取一时刻 $\tau_i\,(t_{i-1} \leqslant \tau_i \leqslant t_i)$，以时刻 τ_i 时的速度 $v(\tau_i)$ 来近似代替物体在时间间隔 $[t_{i-1}, t_i]$ 上各点处的速度，于是 $v(\tau_i)\Delta t_i$ 可以作为物体在该小段时间间隔上所经过的路程 Δs_i 的近似值，即

$$\Delta s_i \approx v(\tau_i)\Delta t_i \quad (i = 1, 2, \cdots, n).$$

(3) **作和** 把上面的 n 段部分路程的近似值加起来，就得到所求的变速直线运动的路程 s 的近似值，即

$$s = \sum_{i=1}^{n} \Delta s_i \approx \sum_{i=1}^{n} v(\tau_i)\Delta t_i.$$

(4) **取极限** 记 $\lambda = \max\{\Delta t_1, \Delta t_2, \cdots, \Delta t_n\}$，当 $\lambda \to 0$ 时，若上式右端和式的极限存在，则称此极限为变速直线运动的路程 s. 即

$$s = \lim_{\lambda \to 0} \sum_{i=1}^{n} v(\tau_i)\Delta t_i.$$

5.1.2 定积分的定义

上面我们讨论了两个不同的实际问题.虽然这两个问题的实际意义不同,但其数学形式是相同的,都是归结为函数在某一区间上的一种特定的和式的极限.为了研究这类和式的极限,我们把它抽象为定积分的概念.

定义 设函数 $f(x)$ 在区间 $[a, b]$ 上有界,在区间 $[a, b]$ 上任意插入 $n-1$ 个分点

$$a = x_0 < x_1 < x_2 < \cdots < x_{i-1} < x_i < \cdots < x_{n-1} < x_n = b.$$

把区间 $[a, b]$ 分割成 n 个小区间:

$$[x_0, x_1], [x_1, x_2], \cdots, [x_{i-1}, x_i], \cdots, [x_{n-1}, x_n].$$

各个小区间的长度为

$$\Delta x_i = x_i - x_{i-1} \quad (i = 1, 2, \cdots, n).$$

在每一个小区间 $[x_{i-1}, x_i]$ 上任取一点 $\xi_i(x_{i-1} \leqslant \xi_1 \leqslant x_i)$,作函数值 $f(\xi_i)$ 与小区间长度 Δx_i 的乘积 $f(\xi_i)\Delta x_i(i = 1, 2, \cdots, n)$,并作出和式(也称为积分和)

$$\sum_{i=1}^{n} f(\xi_i)\Delta x_i,$$

记 $\lambda = \max\{\Delta x_1, \Delta x_2, \cdots, \Delta x_n\}$,如果不论对区间 $[a, b]$ 怎样分法,也不论在小区间 $[x_{i-1}, x_i]$ 上的点 ξ_i 怎样取法,只要当 $\lambda \to 0$ 时,上述和式的极限

$$\lim_{\lambda \to 0}\sum_{i=1}^{n} f(\xi_i)\Delta x_i$$

存在,则称此极限为**函数 $f(x)$ 在区间 $[a, b]$ 上的定积分**(简称**积分**),记作 $\int_a^b f(x)\mathrm{d}x$,即

$$\int_a^b f(x)\mathrm{d}x = \lim_{\lambda \to 0}\sum_{i=1}^{n} f(\xi_i)\Delta x_i. \tag{5.1}$$

其中,函数 $f(x)$ 叫做**被积函数**,$f(x)\mathrm{d}x$ 叫做**被积表达式**,变量 x 叫做**积分变量**,a 叫做**积分下限**,b 叫做**积分上限**,区间 $[a, b]$ 叫做**积分区间**.

根据定积分的定义,前面所讨论的几个问题就可以用定积分来描述如下:

曲边梯形的面积等于曲边的纵坐标 $f(x)(f(x) \geqslant 0)$ 在其底边区间 $[a, b]$ 上的定积分,即

$$A = \lim_{\lambda \to 0}\sum_{i=1}^{n} f(\xi_i)\Delta x_i = \int_a^b f(x)\mathrm{d}x.$$

变速直线运动的路程等于速度函数 $v(t)(v(t) \geqslant 0)$ 在时间间隔 $[T_1, T_2]$ 上的定

积分,即

$$s=\lim_{\lambda\to 0}\sum_{i=1}^{n}v(\tau_i)\Delta t_i=\int_{T_1}^{T_2}v(t)\mathrm{d}t.$$

下面对定积分的定义再作一些说明.

(1) 定积分$\int_a^b f(x)\mathrm{d}x$是一个和式的极限,它是一个定数.它只与被积函数$f(x)$和积分区间$[a, b]$有关,而与积分变量用什么字母记法无关.例如,若改用t或u来表示积分变量x,则有

$$\int_a^b f(x)\mathrm{d}x=\int_a^b f(t)\mathrm{d}t=\int_a^b f(u)\mathrm{d}u.$$

(2) 按定积分的定义,只有当和式极限存在时,$f(x)$在$[a, b]$上的定积分才存在,这时也称函数$f(x)$在$[a, b]$上**可积**.那么,$f(x)$在$[a, b]$上应满足怎样的条件,才能保证$f(x)$在$[a, b]$上可积呢?下面我们给出定积分存在的两个充分条件(证明从略).

定理1 设$f(x)$在区间$[a, b]$上连续,则$f(x)$在$[a, b]$上的定积分存在,即$f(x)$在$[a, b]$上可积.

今后,我们总是假定被积函数$f(x)$在积分区间$[a, b]$上是连续的,从而保证$f(x)$在$[a, b]$上的定积分$\int_a^b f(x)\mathrm{d}x$总是存在的.但是,对于$f(x)$可积的条件还可以减弱,下面给出另一个充分条件.

定理2 设$f(x)$在区间$[a, b]$上有界,且只有有限个间断点,则$f(x)$在$[a, b]$上可积.

(3) 在定积分$\int_a^b f(x)\mathrm{d}x$的定义中,我们总是假定$a<b$的.为了应用方便起见,对于$a=b$或$a>b$的情形,我们作以下的补充规定:

当$a=b$时,规定$\int_a^b f(x)\mathrm{d}x=0$;当$a>b$时,规定$\int_a^b f(x)\mathrm{d}x=-\int_b^a f(x)\mathrm{d}x$.

这就是说,当定积分的上、下限相同时,定积分的值为零;当交换定积分的上、下限时,定积分的绝对值不变,而只相差一个负号.

5.1.3 定积分的几何意义

如果把定积分$\int_a^b f(x)\mathrm{d}x$中的被积函数$y=f(x)$理解为曲边梯形的曲边方程,那么由前面对曲边梯形面积的讨论,可以得到定积分的几何意义如下:

(1) 如果在$[a, b]$上$f(x)\geqslant 0$,则定积分$\int_a^b f(x)\mathrm{d}x$在几何上表示由曲线$y=f(x)$,直线$x=a$, $x=b$与x轴所围成的曲边梯形的面积A(图5-4).

(2) 如果在$[a, b]$上$f(x)\leqslant 0$,则由曲线$y=f(x)$,直线$x=a$, $x=b$与x轴所围成的曲边梯形位于x轴的下方,和式$\sum_{i=1}^{n} f(\xi_i)\Delta x_i$ 的每一项中,$f(\xi_i)\leqslant 0$, $\Delta x_i > 0$, 所以定积分$\int_a^b f(x)\mathrm{d}x$ 是负值,而面积总是正的,所以曲边梯形的面积为

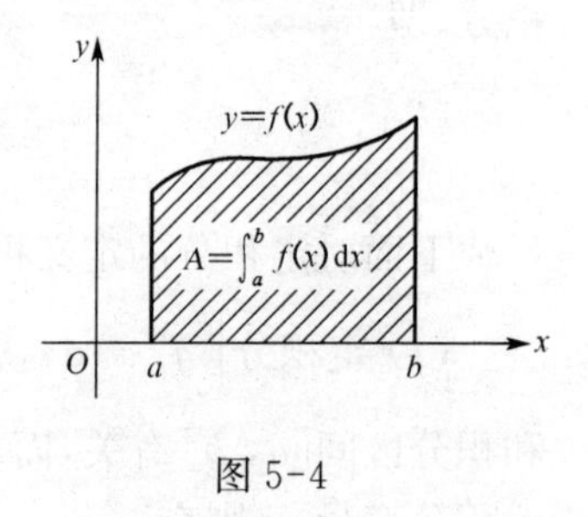

图 5-4

$$A=-\int_a^b f(x)\mathrm{d}x.$$

这时,定积分$\int_a^b f(x)\mathrm{d}x$ 在几何上表示上述曲边梯形面积的负值(图 5-5).

(3) 如果在$[a, b]$上$f(x)$既取得正值又取得负值,即函数$f(x)$的图形某些部分在x轴的上方,而其他部分在x轴的下方(图 5-6).这时规定:在x轴上方的图形面积为正的,在x轴下方的图形面积为负的,则定积分$\int_a^b f(x)\mathrm{d}x$ 在几何上表示介于x轴、曲线$y=f(x)$及直线$x=a$, $x=b$之间的各部分面积的代数和.如图 5-6 所示,就有

$$\int_a^b f(x)\mathrm{d}x = A_1 - A_2 + A_3.$$

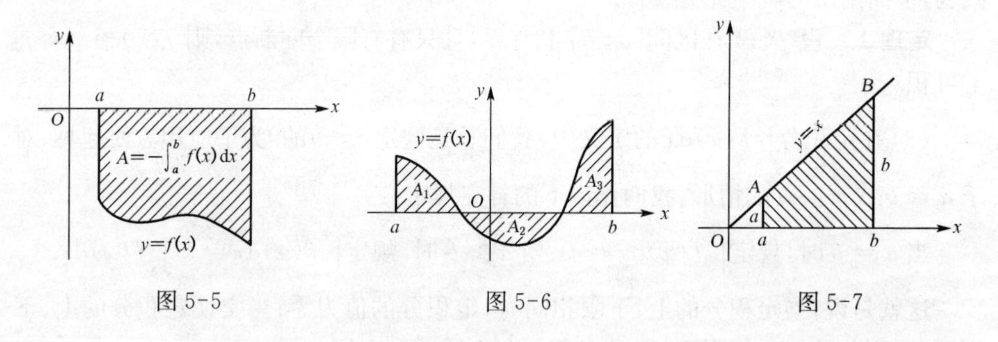

图 5-5　　图 5-6　　图 5-7

例　分别利用定积分的定义及几何意义,计算定积分$\int_a^b x\mathrm{d}x\ (0 < a < b)$ 的值.

解　先按定积分的定义计算,因为被积函数$f(x)=x$在区间$[a, b]$上连续,所以定积分$\int_a^b x\mathrm{d}x$ 存在,且与对区间$[a, b]$ 的分法及点ξ_i 的取法均无关.因此,构造积分和式时,可以对区间$[a, b]$采取特殊的分法以及小区间$[x_{i-1}, x_i]$上任意点ξ_i 的特殊取法.

为了便于计算,不妨把区间$[a, b]$ 分成n等分,每个小区间长均为$\Delta x=\dfrac{b-a}{n}$,

分点的坐标为

$$x_0=a,\ x_1=a+\frac{1}{n}(b-a),\ x_2=a+\frac{2}{n}(b-a),\ \cdots,\ x_i=a+\frac{i}{n}(b-a),\ \cdots,$$

$$x_n=a+\frac{n}{n}(b-a)=b.$$

取每个小区间$[x_{i-1},\ x_i]$的右端点为ξ_i，即

$$\xi_1=x_1=a+\frac{1}{n}(b-a),\ \xi_2=x_2=a+\frac{2}{n}(b-a),\ \cdots,\ \xi_i=x_i=a+$$

$$\frac{i}{n}(b-a),\ \cdots,\ \xi_n=x_n=b.$$

于是，作乘积得

$$f(\xi_i)\Delta x_i=f(x_i)\Delta x=\left[a+\frac{i}{n}(b-a)\right]\frac{b-a}{n}\quad(i=1,\ 2,\ \cdots,\ n),$$

把上面各式相加，即得和式(积分和)：

$$\sum_{i=1}^{n}f(\xi_i)\Delta x_i=\sum_{i=1}^{n}\left[a+\frac{i}{n}(b-a)\right]\frac{b-a}{n}=\sum_{i=1}^{n}\frac{a(b-a)}{n}+\sum_{i=1}^{n}\frac{(b-a)^2}{n^2}i$$

$$=a(b-a)+\frac{(b-a)^2}{n^2}\sum_{i=1}^{n}i①=a(b-a)+\frac{(b-a)^2}{n^2}\frac{n(n+1)}{2}$$

$$=a(b-a)+\frac{1}{2}(b-a)^2\left(1+\frac{1}{n}\right).$$

当$\lambda=\Delta x=\dfrac{b-a}{n}\to 0$，即$n\to\infty$时，取上面和式的极限，得

$$\lim_{\lambda\to 0}\sum_{i=1}^{n}f(\xi_i)\Delta x_i=\lim_{n\to\infty}\left[a(b-a)+\frac{1}{2}(b-a)^2\left(1+\frac{1}{n}\right)\right]=a(b-a)+\frac{1}{2}(b-a)^2$$

$$=(b-a)\left[a+\frac{1}{2}(b-a)\right]=\frac{1}{2}(b-a)(b+a)=\frac{1}{2}(b^2-a^2).$$

由定积分的定义，即得

$$\int_a^b x\,dx=\lim_{\lambda\to 0}\sum_{i=1}^{n}f(\xi_i)\Delta x_i=\frac{1}{2}(b^2-a^2).$$

再按定积分的几何意义来计算.

因为在$[a,\ b]$上$f(x)>0$，由定积分的几何意义可知，计算定积分$\int_a^b x\,dx$就相当

① 利用自然数求和公式：$\sum\limits_{i=1}^{n}=1+2+3+\cdots+(n-1)+n=\frac{1}{2}n(n+1)$. 可参看本书附录B.

于计算由直线 $y=x$，$x=a$，$x=b$ 及 x 轴所围成的梯形的面积(图 5-7). 利用梯形面积公式:“面积 $=\frac{1}{2}$(上底＋下底)×高”，不难求得

$$\int_a^b x\,\mathrm{d}x=\frac{1}{2}(a+b)(b-a)=\frac{1}{2}(b^2-a^2).$$

从本例可以看到，利用定义求定积分的值，即使被积函数很简单，它的计算也是很麻烦的，有时甚至无法求出和式的极限. 因此，必须进一步讨论定积分的性质及计算方法，以解决定积分的计算问题.

习题 5.1

1. 用定积分表示以下的几何量或物理量(不必计算)，把答案填入空格内.

(1) 一曲边梯形由曲线 $y=x^2+2$，直线 $x=-1$，$x=3$ 及 x 轴围成，则此曲边梯形的面积 $A=$ ________；

(2) 设有一质量分布不均匀的细棒，其长为 l，假定细棒在点 x 处的线密度(单位长度的质量)为 $\rho(x)$(取棒的一端为原点，棒与 x 轴相合)，则细棒的质量 $m=$ ________；

(3) 一质点作圆周运动，其角速度(单位时间内转过的角度)ω 与时间 t 的函数关系为 $\omega=\omega(t)$，则该质点由时刻 t_1 到时刻 $t_2(t_1<t_2)$ 所转过的角度 $\theta=$ ________.

2. 根据定积分的几何意义，判断下列定积分的值是正还是负(不必计算).

(1) $\int_0^{\frac{\pi}{2}}\sin x\,\mathrm{d}x$；　(2) $\int_{-\frac{\pi}{2}}^0\sin x\,\mathrm{d}x$；　(3) $\int_2^3 x\,\mathrm{d}x$；　(4) $\int_{-1}^2 x^2\,\mathrm{d}x$.

3. 利用定积分的几何意义，证明下列积分等式成立.

(1) $\int_{-\pi}^{\pi}\sin x\,\mathrm{d}x=0$；　(2) $\int_{-\frac{\pi}{2}}^{\frac{\pi}{2}}\cos x\,\mathrm{d}x=2\int_0^{\frac{\pi}{2}}\cos x\,\mathrm{d}x$.

4. 为了求由直线 $y=x$，$x=-2$ 及 $x=1$ 与 x 轴所围成的平面图形(图 5-8)的面积 A，试判断下列答案中正确的是 ________ 和 ________.

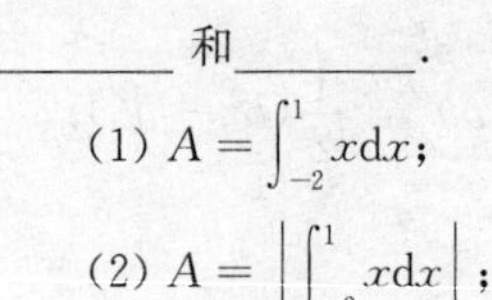

(1) $A=\int_{-2}^1 x\,\mathrm{d}x$；

(2) $A=\left|\int_{-2}^1 x\,\mathrm{d}x\right|$；

(3) $A=\int_{-2}^1 |x|\,\mathrm{d}x$；

(4) $A=\int_{-2}^0(-x)\,\mathrm{d}x+\int_0^1 x\,\mathrm{d}x$.

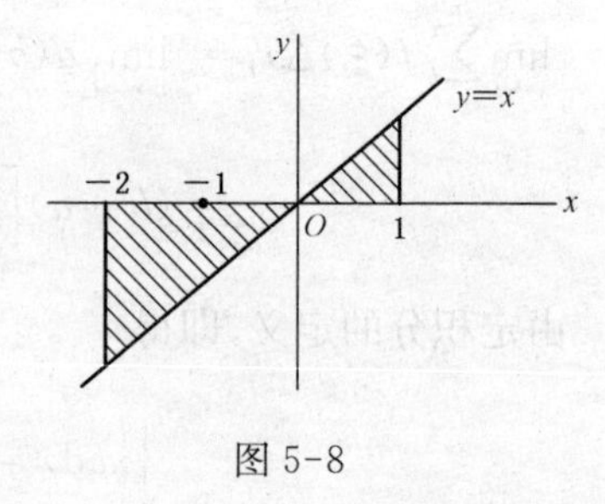

图 5-8

5. 利用例 1 的结果，计算 $\int_1^0 x\,\mathrm{d}x+\int_1^1 x\,\mathrm{d}x$.

6. 利用定积分的几何意义(不必计算)，作图说明下列定积分的结果.

(1) $\int_0^1\sqrt{1-x^2}\,\mathrm{d}x$；　(2) $\int_{-1}^1(2x+1)\,\mathrm{d}x$.

答　案

1. (1) $\int_{-1}^{3}(x^2+2)\mathrm{d}x$；(2) $\int_{0}^{l}\rho(x)\mathrm{d}x$；(3) $\int_{t_1}^{t_2}\omega(t)\mathrm{d}t$.　2. (1) 正；(2) 负；(3) 正；(4) 正.

3. 证略.　4. (3)和(4).　5. $-\frac{1}{2}$.　6. (1) $\frac{\pi}{4}$；(2) 2.

5.2　定积分的性质　中值定理

由定积分的定义及极限的运算法则与性质，可以得到定积分的几个简单性质，下列各性质中，积分上下限的大小，如不特别指明，均不加限制，且假定各性质中所列出的定积分都是存在的.

性质 1　函数的和(差)的定积分等于它们的定积分的和(差)，即

$$\int_a^b[f(x)\pm g(x)]\mathrm{d}x=\int_a^b f(x)\mathrm{d}x\pm\int_a^b g(x)\mathrm{d}x.$$

证明

$$\begin{aligned}\int_a^b[f(x)\pm g(x)]\mathrm{d}x&=\lim_{\lambda\to 0}\sum_{i=1}^{n}[f(\xi_i)\pm g(\xi_i)]\Delta x_i\\&=\lim_{\lambda\to 0}\sum_{i=1}^{n}f(\xi_i)\Delta x_i\pm\lim_{\lambda\to 0}\sum_{i=1}^{n}g(\xi_i)\Delta x_i\\&=\int_a^b f(x)\mathrm{d}x\pm\int_a^b g(x)\mathrm{d}x.\end{aligned}$$

注意，这个性质对于被积函数是有限多个函数的代数和也是成立的.

性质 2　被积函数中的常数因子可以提到积分号前面，即

$$\int_a^b kf(x)\mathrm{d}x=k\int_a^b f(x)\mathrm{d}x\quad(k\text{ 为常数}).$$

(证明留作习题.)

性质 3　如果把积分区间$[a, b]$分成$[a, c]$, $[c, b]$两部分，则有

$$\int_a^b f(x)\mathrm{d}x=\int_a^c f(x)\mathrm{d}x+\int_c^b f(x)\mathrm{d}x.\tag{5.2}$$

(证明从略.)

根据定积分的补充规定，可以证得，不论分点c与点a及点b的位置关系如何，式(5.2)总是成立的. 例如，当$a<b<c$时，由于

$$\int_a^c f(x)\mathrm{d}x=\int_a^b f(x)\mathrm{d}x+\int_b^c f(x)\mathrm{d}x=\int_a^b f(x)\mathrm{d}x-\int_c^b f(x)\mathrm{d}x,$$

移项便得

$$\int_a^b f(x)\mathrm{d}x=\int_a^c f(x)\mathrm{d}x+\int_c^b f(x)\mathrm{d}x.$$

类似地，可证当 $c < a < b$ 时，式(5.2)也成立.(留给读者自证.)

性质 3 表明，定积分对于积分区间是具有可加性的. 此性质可用于求分段函数的定积分.

根据定积分的定义，可以证明(从略)下列性质：

性质 4　如果在区间 $[a, b]$ 上 $f(x) \equiv 1$，则

$$\int_a^b 1\mathrm{d}x = \int_a^b \mathrm{d}x = b - a.$$

(证明留作习题.)

性质 5　如果在区间 $[a, b]$ 上 $f(x) \geqslant 0$，则 $\int_a^b f(x)\mathrm{d}x \geqslant 0$.

推论 1(比较性质)　如果在区间 $[a, b]$ 上 $f(x) \leqslant g(x)$，则

$$\int_a^b f(x)\mathrm{d}x \leqslant \int_a^b g(x)\mathrm{d}x.$$

推论 2　$\left|\int_a^b f(x)\mathrm{d}x\right| \leqslant \int_a^b |f(x)|\mathrm{d}x \quad (a < b).$

性质 6(估值定理)　设 M 及 m 分别是函数 $f(x)$ 在区间 $[a, b]$ 上的最大值及最小值，则

$$m(b-a) \leqslant \int_a^b f(x)\mathrm{d}x \leqslant M(b-a).$$

证明　因为 $m \leqslant f(x) \leqslant M$，所以由性质 5 的推论 1 得

$$\int_a^b m\mathrm{d}x \leqslant \int_a^b f(x)\mathrm{d}x \leqslant \int_a^b M\mathrm{d}x.$$

根据性质 2 得

$$m\int_a^b \mathrm{d}x \leqslant \int_a^b f(x)\mathrm{d}x \leqslant M\int_a^b f(x)\mathrm{d}x.$$

再由性质 4，即得

$$m(b-a) \leqslant \int_a^b f(x)\mathrm{d}x \leqslant M(b-a).$$

这个性质给出了任一连续函数的定积分的下界和上界. 如果把定积分解释为曲边梯形 $aABb$ 的面积，则定积分的下界 $m(b-a)$ 和上界 $M(b-a)$ 分别表示在长度为 $b-a$ 的公共底边上的内接矩形 aA_1B_1b 和外接矩形 aA_2B_2b 的面积(图 5-9).

性质 7(定积分中值定理)　如果函数 $f(x)$ 在闭区间 $[a, b]$ 上连续，则在积分区间 $[a, b]$ 上至少存在一点 ξ，使下式

$$\int_a^b f(x)\mathrm{d}x = f(\xi)(b-a) \quad (a \leqslant \xi \leqslant b)$$

成立. 这个公式称为**积分中值公式**.

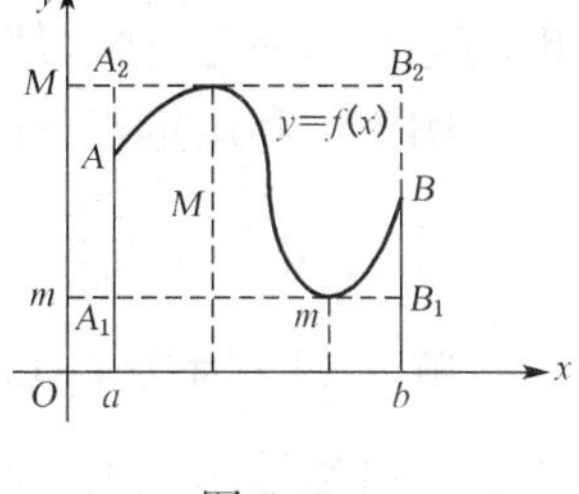

图 5-9

证明 因为 $f(x)$ 在闭区间 $[a, b]$ 上连续,根据闭区间上连续函数的性质,函数 $f(x)$ 必在区间 $[a, b]$ 上取得最小值 m 和最大值 M,所以由性质 6 可得

$$m(b-a) \leqslant \int_a^b f(x)\mathrm{d}x \leqslant M(b-a),$$

即

$$m \leqslant \frac{1}{b-a}\int_a^b f(x)\mathrm{d}x \leqslant M.$$

可见,数值

$$\mu = \frac{1}{b-a}\int_a^b f(x)\mathrm{d}x$$

是介于连续函数 $f(x)$ 在 $[a, b]$ 上的最小值 m 和最大值 M 之间的一个数值. 根据闭区间上连续函数的性质(介值定理的推论),在 $[a, b]$ 上至少存在一点 ξ,使得

$$f(\xi) = \frac{1}{b-a}\int_a^b f(x)\mathrm{d}x,$$

即

$$\int_a^b f(x)\mathrm{d}x = f(\xi)(b-a) \quad (a \leqslant \xi \leqslant b).$$

当 $f(x) \geqslant 0 (a \leqslant x \leqslant b)$ 时,积分中值定理的几何解释是:由曲线 $y = f(x)$,直线 $y = 0$, $x = a$, $x = b$ 所围成的曲边梯形的面积,等于以区间 $[a, b]$ 为底、以该区间内某一点 ξ 处的函数值 $f(\xi)$ 为高的矩形面积(图 5-10).

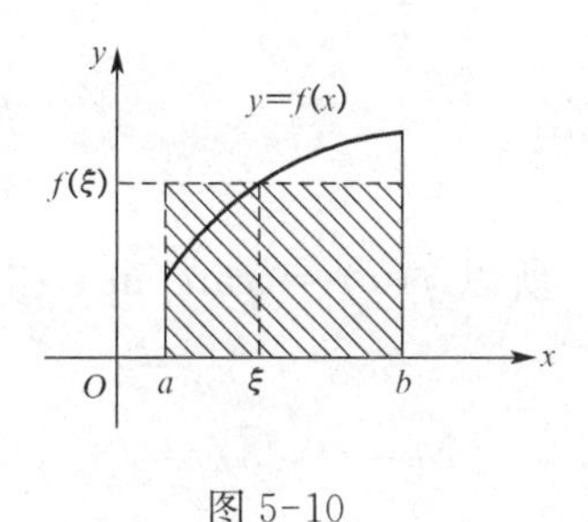

图 5-10

一般地,称数值

$$\mu = \frac{1}{b-a}\int_a^b f(x)\mathrm{d}x$$

为函数 $f(x)$ 在区间 $[a, b]$ 上的**平均值**.

例如,已知某自由落体从高空降落到地面所需的时间为 T 秒,降落的路程为 $s(t) = \frac{1}{2}gt^2$(g 是常数,为重力加速度),则速度函数为 $v(t) = s'(t) = \left(\frac{1}{2}gt^2\right)' = gt$,而平均速度为

$$\bar{v} = \frac{1}{T-0}\int_0^T v(t)\mathrm{d}t = \frac{1}{T}\int_0^T gt\,\mathrm{d}t = \frac{1}{T}\left[\frac{1}{2}gt^2\right]_0^T = \frac{1}{2}gT.$$

函数的平均值概念在工程技术中很有用处. 如速度、温度与压强，交流电的强度、电动势和功率等，往往都需用它们的平均值来表示.

例 1 利用定积分的性质(不必计算定积分的值)，比较下列各对定积分的大小.

(1) $\int_1^e \ln x \mathrm{d}x$ 与 $\int_1^e (\ln x)^2 \mathrm{d}x$； (2) $\int_0^{\frac{\pi}{2}} x \mathrm{d}x$ 与 $\int_0^{\frac{\pi}{2}} \sin x \mathrm{d}x$.

解 (1) 因为在 $[1, e]$ 上有 $0 \leqslant \ln x \leqslant 1$，从而有 $\ln x \geqslant (\ln x)^2$，故由性质 5 的推论 1 可知，$\int_1^e \ln x \mathrm{d}x$ 较大.

(2) 因为在 $\left[0, \frac{\pi}{2}\right]$ 上，可证 $x \geqslant \sin x$.

事实上，设 $f(x) = x - \sin x$，则在区间 $\left(0, \frac{\pi}{2}\right)$ 内 $f'(x) = 1 - \cos x > 0$，$f(x)$ 在 $\left[0, \frac{\pi}{2}\right]$ 上单调增加，从而有 $f(x) \geqslant f(0) = 0$，即当 $0 \leqslant x \leqslant \frac{\pi}{2}$ 时，有 $x \geqslant \sin x$ 成立. 故由性质 5 的推论 1 可知，$\int_0^{\frac{\pi}{2}} x \mathrm{d}x$ 较大.

例 2 估计下列定积分的值介于哪两个数之间.

(1) $\int_{\frac{1}{\sqrt{3}}}^{\sqrt{3}} x \arctan x \mathrm{d}x$； (2) $\int_{-1}^{1} \mathrm{e}^{-x^2} \mathrm{d}x$.

解 (1) 先求被积函数 $f(x) = x\arctan x$ 在 $\left[\frac{1}{\sqrt{3}}, \sqrt{3}\right]$ 上的最大值 M 及最小值 m. 因为在 $\left[\frac{1}{\sqrt{3}}, \sqrt{3}\right]$ 上，$f(x) = x\arctan x$ 的导数

$$f'(x) = \arctan x + \frac{x}{1+x^2} > 0,$$

所以 $f(x) = x\arctan x$ 在 $\left[\frac{1}{\sqrt{3}}, \sqrt{3}\right]$ 上单调增加，最大值和最小值分别为

$$M = f(\sqrt{3}) = \sqrt{3}\arctan\sqrt{3} = \frac{\sqrt{3}}{3}\pi, \quad m = f\left(\frac{1}{\sqrt{3}}\right) = \frac{1}{\sqrt{3}}\arctan\frac{1}{\sqrt{3}} = \frac{\sqrt{3}}{18}\pi.$$

按性质 6 可得

$$\frac{\sqrt{3}}{18}\pi\left(\sqrt{3} - \frac{1}{\sqrt{3}}\right) \leqslant \int_{\frac{1}{\sqrt{3}}}^{\sqrt{3}} x\arctan x \mathrm{d}x \leqslant \frac{\sqrt{3}}{3}\pi\left(\sqrt{3} - \frac{1}{\sqrt{3}}\right),$$

即

$$\frac{\pi}{9} \leqslant \int_{\frac{1}{\sqrt{3}}}^{\sqrt{3}} x\arctan x \mathrm{d}x \leqslant \frac{2}{3}\pi.$$

(2) 与上例类似，先求被积函数 $f(x) = \mathrm{e}^{-x^2}$ 在积分区间 $[-1, 1]$ 上的最小值和

最大值. 因为

$$f'(x) = (e^{-x^2})' = -2xe^{-x^2},$$

令 $f'(x)=0$,得驻点 $x=0$. 比较函数 $f(x)$ 在驻点和区间端点处的函数值:

$$f(0) = e^0 = 1, \quad f(\pm 1) = e^{-1} = \frac{1}{e},$$

可知 $f(x)=e^{-x^2}$ 在区间$[-1, 1]$上的最小值和最大值分别为 $m=\frac{1}{e}$ 和 $M=1$. 由性质 6 可得

$$\frac{1}{e}[1-(-1)] \leqslant \int_{-1}^{1} e^{-x^2} dx \leqslant 1 \times [1-(-1)].$$

即

$$\frac{2}{e} \leqslant \int_{-1}^{1} e^{-x^2} dx \leqslant 2.$$

习题 5.2

1. 利用定积分的定义,证明定积分的性质.

(1) $\int_a^b kf(x)dx = k\int_a^b f(x)dx$ (k 为常数);　　(2) $\int_a^b 1dx = \int_a^b dx = b-a$.

2. 利用定积分的性质(不必计算定积分的值),比较下列各题中两个定积分的大小.

(1) $\int_0^1 x^2 dx$ 与 $\int_0^1 x^3 dx$;　　(2) $\int_1^2 x^2 dx$ 与 $\int_1^2 x^3 dx$;

(3) $\int_0^1 e^x dx$ 与 $\int_0^1 e^{x^2} dx$;　　(4) $\int_e^{e^2} \ln x dx$ 与 $\int_e^{e^2} (\ln x)^2 dx$;

(5) $\int_0^1 x dx$ 与 $\int_0^1 \ln(1+x) dx$;　　(6) $\int_0^{-2} e^x dx$ 与 $\int_0^{-2} x dx$.

3. 利用定积分的性质,估计下列定积分的值介于哪两个数之间.

(1) $\int_1^4 (x^2+1)dx$;　　(2) $\int_{\frac{\pi}{4}}^{\frac{5\pi}{4}} (1+\sin^2 x)dx$.

4. 计算函数 $y=2xe^{-x}$ 在$[0, 2]$上的平均值.

答　案

2. (1) $\int_0^1 x^2 dx$ 较大; (2) $\int_1^2 x^2 dx$ 较小; (3) $\int_0^1 e^x dx$ 较大; (4) $\int_e^{e^2} (\ln x)^2 dx$ 较大;

(5) $\int_0^1 x dx$ 较大; (6) $\int_0^{-2} e^x dx$ 较小.

3. (1) $6 \leqslant \int_1^4 (x^2+1)dx \leqslant 51$; (2) $\pi \leqslant \int_{\frac{\pi}{4}}^{\frac{5\pi}{4}} (1+\sin^2 x)dx \leqslant 2\pi$.

4. $1-3e^{-2}$.

5.3　牛顿-莱布尼茨公式

从 5.1 节中例子可以看到,利用定积分的定义计算定积分就是归结为计算和式的极限,这是比较麻烦的.因此,必须寻求计算定积分的简便而有效的方法.本节中将导出计算定积分的基本公式——牛顿-莱布尼茨公式.下面先引进积分上限的函数的概念及其有关的性质定理.

5.3.1　积分上限的函数及其导数

设函数 $f(x)$在区间$[a, b]$上连续,若仅考虑定积分

$$\int_a^b f(x)\mathrm{d}x,$$

则它是一个定数.若固定下限 a,让上限在区间$[a, b]$上变动,即取 x 为区间$[a, b]$上的任意一点,由于 $f(x)$在$[a, b]$上连续,因而在$[a, x]$上也连续.从而定积分

$$\int_a^x f(x)\mathrm{d}x$$

存在,并称它为**变上限的定积分**.

这里,定积分的上限是变量 x,而积分变量也是 x,为了避免混淆起见,由于定积分的值与积分变量的记号无关,不妨将积分变量 x 换成 t,于是变上限的定积分就可以改写成

$$\int_a^x f(t)\mathrm{d}t.$$

显然,当积分上限 x 在区间$[a, b]$上变动时,对于每一个取定的 x 值,变上限的定积分就有一个确定的值与它对应.因此,这个变上限的定积分在区间$[a, b]$上定义了一个 x 的函数,把它记作 $\Phi(x)$(图 5-11),即

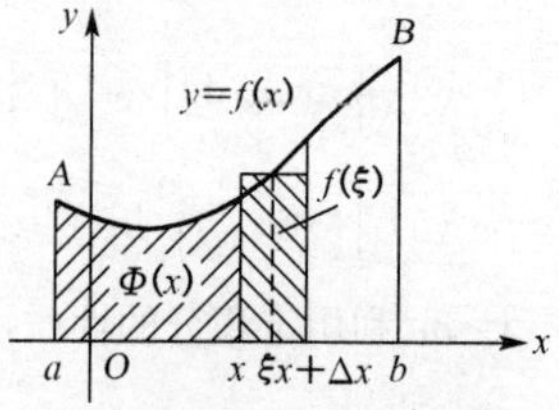

图 5-11

$$\Phi(x) = \int_a^x f(t)\mathrm{d}t \quad (a \leqslant x \leqslant b). \qquad (5.3)$$

由变上限的定积分所定义的函数 $\Phi(x)$,也称为**积分上限的函数**.这个函数具有下面的重要性质.

定理 1　如果函数 $f(x)$在区间$[a, b]$上连续,则积分上限的函数

$$\Phi(x) = \int_a^x f(t)\mathrm{d}t,$$

在$[a, b]$上可导,且其导数为

$$\boxed{\Phi'(x)=\frac{\mathrm{d}}{\mathrm{d}x}\int_a^x f(t)\mathrm{d}t=f(x)\quad(a\leqslant x\leqslant b).}\tag{5.4}$$

证明 当 $x\in(a,b)$ 时,给 x 以增量 Δx,且 x 及 $x+\Delta x$ 均在 (a,b) 内(图 5-11,图中 $\Delta x>0$),则函数 $\Phi(x)$ 的增量

$$\Delta\Phi=\Phi(x+\Delta x)-\Phi(x)=\int_a^{x+\Delta x}f(t)\mathrm{d}t-\int_a^x f(t)\mathrm{d}t\quad(\text{后者交换积分上下限})$$

$$=\int_a^{x+\Delta x}f(t)\mathrm{d}t+\int_x^a f(t)\mathrm{d}t\quad(\text{应用定积分性质 3})$$

$$=\int_x^{x+\Delta x}f(t)\mathrm{d}t\quad(\text{应用定积分中值定理})$$

$$=f(\xi)\Delta x\quad(\xi\text{ 在 }x\text{ 与 }x+\Delta x\text{ 之间}).$$

按照导数的定义,只需证明

$$\lim_{\Delta x\to 0}\frac{\Delta\Phi}{\Delta x}=f(x).$$

而

$$\frac{\Delta\Phi}{\Delta x}=f(\xi)\quad(\xi\text{ 在 }x\text{ 与 }x+\Delta x\text{ 之间}),$$

且当 $\Delta x\to 0$ 时,$\xi\to x$. 又因为 $f(x)$在$[a,b]$上连续,所以有

$$\lim_{\Delta x\to 0}f(\xi)=\lim_{\xi\to x}f(\xi)=f(x).$$

故得

$$\lim_{\Delta x\to 0}\frac{\Delta\Phi}{\Delta x}=\lim_{\xi\to x}f(\xi)=f(x).$$

这就表明,当 $x\in(a,b)$时,函数 $\Phi(x)$的导数存在,且有

$$\Phi'(x)=\frac{\mathrm{d}}{\mathrm{d}x}\int_a^x f(t)\mathrm{d}t=f(x)\quad(a<x<b).$$

当 $x=a$ 及 $x=b$ 时,也可分别证得(证明从略):$\Phi'_+(a)=f(a)$及 $\Phi'_-(b)=f(b)$. 因此有公式(5.4)成立.

根据原函数的定义,由定理 1 可知,积分上限的函数

$$\Phi(x)=\int_a^x f(t)\mathrm{d}t$$

是连续函数 $f(x)$的一个原函数. 因此,由定理 1 直接可以得到下面的定理.

定理 2(原函数存在定理) 如果函数 $f(x)$在区间$[a,b]$上连续,则函数

$$\Phi(x)=\int_a^x f(t)\mathrm{d}t$$

就是 $f(x)$在$[a, b]$上的一个原函数.

这个定理的重要性在于:一方面肯定了连续函数的原函数是存在的,这就回答了4.1节中提出的什么函数一定具有原函数的问题;另一方面也初步揭示了定积分与被积函数的原函数之间的联系,从而有可能通过被积函数的原函数来计算定积分.

作为公式(5.4)的应用,我们先举几个例子.

例1 设$\Phi(x)=\int_0^x e^{-t^2}dt$,求$\Phi'(1)$.

解 由公式(5.4)得

$$\Phi'(x)=\frac{d}{dx}\int_0^x e^{-t^2}dt=e^{-x^2},\quad \Phi'(1)=e^{-x^2}\Big|_{x=1}=e^{-1}.$$

例2 求$\frac{d}{dx}\int_{\frac{\pi}{2}}^{x^2}\frac{\sin t}{t}dt$.

分析 由于定积分的变上限不是自变量 x,而是 x^2,故不能直接应用求导公式(5.4).这时必须引进中间变量,再按复合函数求导法则处理.

解 设$x^2=u$,则变上限定积分$\int_{\frac{\pi}{2}}^{x^2}\frac{\sin t}{t}dt$所确定的自变量$x$ 的函数,就可以看作是由

$$\Phi(u)=\int_{\frac{\pi}{2}}^{u}\frac{\sin t}{t}dt,\quad u=x^2$$

复合而成的复合函数.根据复合函数的求导法则及求导公式(5.4),便有

$$\frac{d}{dx}\int_{\frac{\pi}{2}}^{x^2}\frac{\sin t}{t}dt=\frac{d}{du}\int_{\frac{\pi}{2}}^{u}\frac{\sin t}{t}dt(x^2)'=\frac{\sin u}{u}2x=\frac{2x\sin x^2}{x^2}=\frac{2\sin x^2}{x}.$$

例3 求$\lim\limits_{x\to 0}\frac{\int_{2x}^{0}\sin t^2 dt}{x^3}$.

解 这是一个"$\frac{0}{0}$"型的未定式,可以用洛必达法则来计算.

$$\lim_{x\to 0}\frac{\int_{2x}^{0}\sin t^2 dt}{x^3}=\lim_{x\to 0}\frac{\left(-\int_0^{2x}\sin t^2 dx\right)'}{(x^3)'}=\lim_{x\to 0}\frac{-\sin(2x)^2(2x)'}{3x^2}$$

$$=\lim_{x\to 0}\frac{-2\sin 4x^2}{3x^2}=-\frac{8}{3}\lim_{x\to 0}\frac{\sin 4x^2}{4x^2}=-\frac{8}{3}.$$

5.3.2 牛顿-莱布尼茨公式

我们知道,如果物体以速度 $v(t)$作直线运动,那么,在时间间隔$[a, b]$上物体经过的路程为

$$s=\int_a^b v(t)\mathrm{d}t.$$

另一方面，这段路程又可以用路程函数 $s(t)$ 在区间 $[a, b]$ 上的增量 $s(b)-s(a)$ 来表示. 从而可得

$$\int_a^b v(t)\mathrm{d}t=s(b)-s(a).$$

因为路程函数 $s(t)$ 是速度函数 $v(t)$ 的一个原函数 $(s'(t)=v(t))$，所以上式表明：计算定积分 $\int_a^b v(t)\mathrm{d}t$ 就是计算 $v(t)$ 的原函数 $s(t)$ 在区间 $[a, b]$ 上的增量 $s(b)-s(a)$. 从这个具体问题中得到的结论，在一定的条件下是具有普遍意义的.

下面根据定理 2 来证明一个重要定理，它给出了利用原函数计算定积分的公式.

定理 3 如果函数 $F(x)$ 是连续函数 $f(x)$ 在区间 $[a, b]$ 上的任意一个原函数，则

$$\boxed{\int_a^b f(x)\mathrm{d}x=F(b)-F(a).} \tag{5.5}$$

证明 因为已知函数 $F(x)$ 是连续函数 $f(x)$ 的任意一个原函数，又根据定理 2 知道，积分上限的函数

$$\Phi(x)=\int_a^x f(t)\mathrm{d}t,$$

也是 $f(x)$ 的一个原函数，所以由 4.1 节知道，在区间 $[a, b]$ 上这两个原函数之间只相差一个常数 C，从而有

$$F(x)=\Phi(x)+C,$$

即

$$F(x)=\int_a^x f(t)\mathrm{d}t+C \quad (a\leqslant x\leqslant b).$$

在上式中令 $x=a$，并注意到 $\int_a^a f(t)\mathrm{d}t=0$，可得 $F(a)=C$. 于是

$$F(x)=\int_a^x f(t)\mathrm{d}t+F(a).$$

再在上式中令 $x=b$，得

$$F(b)=\int_a^b f(t)\mathrm{d}t+F(a).$$

移项得

$$\int_a^b f(t)\mathrm{d}t=F(b)-F(a).$$

由于定积分的值与积分变量的记号无关，故可把积分变量 t 改写成 x，便证得公式(5.5).

为了方便起见，常把 $F(b)-F(a)$ 记作 $[F(x)]_a^b$ 或 $F(x)\Big|_a^b$，于是式(5.5)也可以记作

$$\int_a^b f(x)\mathrm{d}x=[F(x)]_a^b \quad 或 \quad \int_a^b f(x)\mathrm{d}x=F(x)\Big|_a^b,$$

其中，$F(x)$ 是 $f(x)$ 的任意的一个原函数.

公式(5.5)称为**牛顿-莱布尼茨(Newton-Leibniz)公式**，也称为**微积分基本公式**. 这个公式表明，当被积函数连续时，计算定积分只需计算被积函数的任一原函数在积分上下限处函数值的差. 换句话说，定积分的数值等于被积函数的任一原函数在积分区间上的增量. 这就进一步揭示了函数的定积分与原函数(不定积分)之间的内在联系，把定积分的计算问题转化为主要是计算不定积分(求原函数)的问题.

下面来举几个利用牛顿-莱布尼茨公式计算定积分的例子.

例 4 计算 $\int_a^b x\,\mathrm{d}x$(5.1 节中的例 1).

解 $\int_a^b x\,\mathrm{d}x=\left[\frac{x^2}{2}\right]_a^b=\frac{1}{2}(b^2-a^2)$.

例 5 计算 $\int_0^1 x^2\mathrm{d}x$.

解 $\int_0^1 x^2\mathrm{d}x=\left[\frac{x^3}{3}\right]_0^1=\frac{1}{3}(1^3-0^3)=\frac{1}{3}$.

例 6 计算 $\int_{-\frac{\pi}{4}}^{\frac{\pi}{2}}\sin x\mathrm{d}x$.

解 由于 $-\cos x$ 是被积函数 $\sin x$ 的一个原函数，所以

$$\int_{-\frac{\pi}{4}}^{\frac{\pi}{2}}\sin x\mathrm{d}x=[-\cos x]_{-\frac{\pi}{4}}^{\frac{\pi}{2}}=-\cos\frac{\pi}{2}-\left[-\cos\left(-\frac{\pi}{4}\right)\right]=\cos\frac{\pi}{4}=\frac{\sqrt{2}}{2}.$$

例 7 计算 $\int_{-10}^{-2}\frac{\mathrm{d}x}{x}$.

解 由于 $f(x)=\frac{1}{x}$ 在积分区间 $[-10,-2]$ 上连续，且当 $x<0$ 时，$\ln|x|=\ln(-x)$ 是 $\frac{1}{x}$ 的一个原函数，所以

$$\int_{-10}^{-2}\frac{\mathrm{d}x}{x}=\Big[\ln(-x)\Big]_{-10}^{-2}=\ln 2-\ln 10=\ln\frac{1}{5}.$$

利用牛顿-莱布尼茨公式计算定积分的条件是，被积函数在积分区间上连续. 当被积函数在积分区间上有有限个第一类间断点，或者在不同的区间上被积函数的表达式不相同时，则可用定积分的性质 3，把它拆成几个定积分之和，使每个定积分都

满足使用牛顿-莱布尼茨公式计算的条件.

例 8 求$\int_0^{\pi}\sqrt{1+\cos 2x}\mathrm{d}x$.

解 $$\int_0^{\pi}\sqrt{1+\cos 2x}\mathrm{d}x=\int_a^{\pi}\sqrt{2\cos^2 x}\mathrm{d}x=\sqrt{2}\int_0^{\pi}|\cos x|\mathrm{d}x$$

$$=\sqrt{2}\left[\int_0^{\frac{\pi}{2}}\cos x\mathrm{d}x+\int_{\frac{\pi}{2}}^{\pi}(-\cos x)\mathrm{d}x\right]$$

$$=\sqrt{2}\left[\sin x\right]_0^{\frac{\pi}{2}}-\sqrt{2}\left[\sin x\right]_{\frac{\pi}{2}}^{\pi}$$

$$=\sqrt{2}-(-\sqrt{2})=2\sqrt{2}.$$

注意 本例中被积函数$\sqrt{1+\cos 2x}=\sqrt{2}|\cos x|$,当$0\leqslant x\leqslant\frac{\pi}{2}$时,$|\cos x|=\cos x$;当$\frac{\pi}{2}\leqslant x\leqslant\pi$时,$|\cos x|=-\cos x$.如果疏忽这一点,就会产生错误.

例 9 设$f(x)=\begin{cases}x+1, & 当\ x\leqslant 1,\\ \frac{x^2}{2}, & 当\ x>1,\end{cases}$求$\int_0^2 f(x)\mathrm{d}x$.

解 如图 5-12 所示,利用定积分性质 3,得

$$\int_0^2 f(x)\mathrm{d}x=\int_0^1 f(x)\mathrm{d}x+\int_1^2 f(x)\mathrm{d}x$$

$$=\int_0^1(x+1)\mathrm{d}x+\int_1^2\frac{x^2}{2}\mathrm{d}x①$$

$$=\left[\frac{x^2}{2}+x\right]_0^1+\left[\frac{x^3}{6}\right]_1^2$$

$$=\frac{3}{2}+\frac{7}{6}=\frac{8}{3}.$$

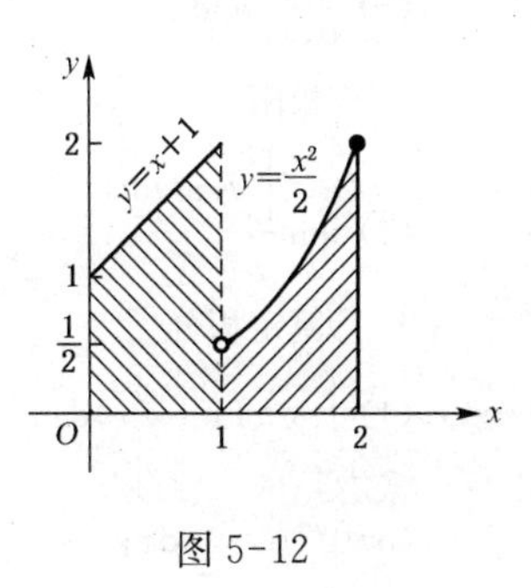

图 5-12

例 10 求$\int_{-1}^{3}|2-x|\mathrm{d}x$.

解 把被积函数改写成分段函数:

$$|2-x|=\begin{cases}2-x, & 当\ x\leqslant 2,\\ x-2, & 当\ x>2.\end{cases}$$

利用定积分性质 3,得

---

① 在积分$\int_1^2 f(x)\mathrm{d}x$中,我们认为在闭区间$[1,2]$上皆是$f(x)=\frac{x^2}{2}$,亦即改变了被积函数$f(x)$在端点$x=1$处的函数值$\left(原来是 2,现在是\frac{1}{2}\right)$.可以证明(在本书中不证),如果改变被积函数在有限个点处的函数值,并不影响定积分的存在性,也不影响定积分的值.

$$\int_{-1}^{3}|2-x|\,\mathrm{d}x=\int_{-1}^{2}(2-x)\mathrm{d}x+\int_{2}^{3}(x-2)\mathrm{d}x$$

$$=\left[2x-\frac{x^2}{2}\right]_{-1}^{2}+\left[\frac{x^2}{2}-2x\right]_{2}^{3}$$

$$=\frac{9}{2}+\frac{1}{2}=5.$$

习题 5.3

1. 设 $F(x)=\int_0^x \sin t\mathrm{d}t$,求 $F'(0)$ 及 $F'\left(\frac{\pi}{4}\right)$.

2. 计算导数.

(1) $\frac{\mathrm{d}}{\mathrm{d}x}\int_1^x \frac{\mathrm{d}t}{\sqrt{1+t^2}}$;

(2) $\frac{\mathrm{d}}{\mathrm{d}x}\int_x^1 t\mathrm{e}^{-t}\mathrm{d}t$;

(3) $\frac{\mathrm{d}}{\mathrm{d}x}\int_0^{x^2}\sqrt{1+t^2}\mathrm{d}t$;

(4) $\frac{\mathrm{d}}{\mathrm{d}x}\int_{\mathrm{e}^x}^1 \sin t\mathrm{d}t$;

(5) $\frac{\mathrm{d}}{\mathrm{d}x}\int_{x^2}^{x^3}\mathrm{e}^t\mathrm{d}t$.

3. 求极限.

(1) $\lim\limits_{x\to 0}\frac{\int_0^x t\tan t\mathrm{d}t}{x^3}$;

(2) $\lim\limits_{x\to 0}\frac{\int_0^x \ln(1+2t^2)\mathrm{d}t}{x^3}$.

4. 计算定积分.

(1) $\int_4^9\sqrt{x}(1+\sqrt{x})\mathrm{d}x$;

(2) $\int_{-\frac{1}{2}}^{\frac{1}{2}}\frac{\mathrm{d}x}{\sqrt{1-x^2}}$;

(3) $\int_0^{\pi}\cos^2\frac{x}{2}\mathrm{d}x$;

(4) $\int_0^{\frac{\pi}{4}}\tan^2\theta\mathrm{d}\theta$;

(5) $\int_0^1\frac{\mathrm{d}x}{x^2+6x+9}$;

(6) $\int_{-1}^0\frac{3x^4+3x^2+1}{x^2+1}\mathrm{d}x$;

(7) $\int_{-1}^1\frac{\mathrm{e}^x}{\mathrm{e}^x+1}\mathrm{d}x$;

(8) $\int_0^{\pi}\frac{\cos 2x}{\sin x+\cos x}\mathrm{d}x$;

(9) $\int_0^{2\pi}|\sin x|\mathrm{d}x$;

(10) $\int_{-\frac{\pi}{2}}^{\frac{\pi}{2}}\sqrt{1-\cos 2x}\mathrm{d}x$.

5. 设 $f(x)=\begin{cases}x^2, & 当\ x\leqslant 1\ 时,\\ x-1, & 当\ x>1\ 时,\end{cases}$ 求 $\int_0^2 f(x)\mathrm{d}x$.

6. 设 $k>-2$,且 $f(x)=\begin{cases}2x+1, & 当\ |x|\leqslant 2\ 时,\\ 1+x^2, & 当\ 2<x\leqslant 4\ 时,\end{cases}$ 求 k 的值,使 $\int_k^3 f(x)\mathrm{d}x=\frac{40}{3}$.

7. 设 k 及 l 为正整数,且 $k\neq l$. 证明

(1) $\int_{-\pi}^{\pi}\cos kx\mathrm{d}x=0$;

(2) $\int_{-\pi}^{\pi}\sin^2 kx\mathrm{d}x=\pi$;

(3) $\int_{-\pi}^{\pi}\cos kx\sin lx\mathrm{d}x=0$;

(4) $\int_{-\pi}^{\pi}\sin kx\sin lx\mathrm{d}x=0$.

答　案

1. $F'(0)=0$，$F'\left(\frac{\pi}{4}\right)=\frac{\sqrt{2}}{2}$.

2. (1) $\frac{1}{\sqrt{1+x^2}}$；(2) $-xe^{-x}$；(3) $2x\sqrt{1+x^4}$；(4) $-e^x\sin x$；　(5) $3x^2e^{x^3}-2xe^{x^2}$.

3. (1) $\frac{1}{3}$；(2) $\frac{2}{3}$.

4. (1) $45\frac{1}{6}$；(2) $\frac{\pi}{3}$；(3) $\frac{\pi}{2}$；(4) $1-\frac{\pi}{4}$；(5) $\frac{1}{12}$；(6) $\frac{\pi}{4}+1$；(7) 1；(8) -2；(9) 4；(10) $2\sqrt{2}$.

5. $\frac{5}{6}$.　6. $k=0$ 或 -1.

7. 证略.（提示：其中(3)、(4) 小题，可先用三角中的积化和差公式，化简后再逐项积分.）

5.4　定积分的换元法与分部积分法

与不定积分的计算法类似，定积分的计算方法也有换元法和分部积分法.

5.4.1　定积分的换元法

定理　设函数 $f(x)$ 在区间$[a,b]$上连续，函数 $x=\varphi(t)$ 满足下列条件：

(1) $\varphi(\alpha)=a$，$\varphi(\beta)=b$，且当 t 在$[\alpha,\beta]$(或$[\beta,\alpha]$) 上变化时，$x=\varphi(t)$ 的值在区间$[a,b]$上变化；

(2) $\varphi(t)$ 在区间$[\alpha,\beta]$(或$[\beta,\alpha]$) 上具有连续导数 $\varphi'(t)$，则有

$$\boxed{\int_a^b f(x)\mathrm{d}x=\int_\alpha^\beta f[\varphi(t)]\varphi'(t)\mathrm{d}t.} \tag{5.6}$$

这就是定积分的**换元积分公式**.

证明　因为 $f(x)$，$\varphi(t)$ 及 $\varphi'(t)$ 都连续，所以 $f(x)$ 及 $f[\varphi(t)]\varphi'(t)$ 在各自的区间上的定积分及原函数也都存在. 因此，对上式两端的定积分都可应用牛顿-莱布尼茨公式.

设 $F(x)$ 是 $f(x)$ 的一个原函数，则

$$\int_a^b f(x)\mathrm{d}x=F(b)-F(a).$$

另一方面，设 $\Phi(t)=F[\varphi(t)]$，它可以看作是由 $F(x)$ 与 $x=\varphi(t)$ 复合而成的函数，根据复合函数的求导公式得

$$\Phi'(t)=\frac{\mathrm{d}F}{\mathrm{d}x}\frac{\mathrm{d}x}{\mathrm{d}t}=f(x)\varphi'(t)=f[\varphi(t)]\varphi'(t).$$

这表明 $\Phi(t)=F[\varphi(t)]$ 是函数 $f[\varphi(t)]\varphi'(t)$ 的一个原函数. 因此

$$\begin{aligned}\int_\alpha^\beta f[\varphi(t)]\varphi'(t)\mathrm{d}t&=[\Phi(t)]_\alpha^\beta=\Phi(\beta)-\Phi(\alpha)\\&=F[\varphi(\beta)]-F[\varphi(\alpha)]=F(b)-F(a).\end{aligned}$$

所以

$$\int_a^b f(x)\mathrm{d}x=\int_\alpha^\beta f[\varphi(t)]\varphi'(t)\mathrm{d}t.$$

使用上述公式时,应注意两点:

(1) 积分上、下限要跟着变换,即 a, b 与 α, β 的关系是 $a=\varphi(\alpha)$, $b=\varphi(\beta)$,这里下限 α 不一定小于上限 β.

(2) 求出 $f[\varphi(t)]\varphi'(t)$ 的一个原函数 $\Phi(t)$ 后,不必像求不定积分那样,再要把 $\Phi(t)$ 换回原来变量 x 的函数,而只要把新变量 t 的上、下限依次代入 $\Phi(t)$ 中,然后相减就行了.

例 1 计算 $\int_0^3\frac{x}{\sqrt{1+x}}\mathrm{d}x$.

解 为了去掉根式,可设 $\sqrt{1+x}=t$,即 $x=t^2-1$, $\mathrm{d}x=2t\mathrm{d}t$. 且当 $x=0$ 时,$t=1$;当 $x=3$ 时,$t=2$. 于是

$$\begin{aligned}\int_0^3\frac{x}{\sqrt{1+x}}\mathrm{d}x&=\int_1^2\frac{t^2-1}{t}2t\mathrm{d}t=2\int_1^2(t^2-1)\mathrm{d}t=\left[\frac{2}{3}t^3-2t\right]_1^2\\&=\left(\frac{16}{3}-4\right)-\left(\frac{2}{3}-2\right)=\frac{4}{3}-\left(-\frac{4}{3}\right)=\frac{8}{3}.\end{aligned}$$

例 2 计算 $\int_0^{\ln 2}\sqrt{\mathrm{e}^x-1}\mathrm{d}x$.

解 为了去掉根式,可设 $\sqrt{\mathrm{e}^x-1}=t$,即 $x=\ln(t^2+1)$, $\mathrm{d}x=\frac{2t}{1+t^2}\mathrm{d}t$. 当 $x=0$ 时,$t=0$;当 $x=\ln 2$ 时,$t=1$. 于是

$$\begin{aligned}\int_0^{\ln 2}\sqrt{\mathrm{e}^x-1}\mathrm{d}x&=2\int_0^1\frac{t^2}{t^2+1}\mathrm{d}t=2\int_0^1\left(1-\frac{1}{1+t^2}\right)\mathrm{d}t\\&=2[t-\arctan t]_0^1=2(1-\arctan 1)=2\left(1-\frac{\pi}{4}\right).\end{aligned}$$

例 3 计算 $\int_{\frac{\sqrt{3}}{3}a}^a\frac{\mathrm{d}x}{x^2\sqrt{x^2+a^2}}$ $(a>0)$.

解 设 $x=a\tan t$,则 $\mathrm{d}x=a\sec^2t\mathrm{d}t$. 当 $x=\frac{\sqrt{3}}{3}a$ 时,$\tan t=\frac{\sqrt{3}}{3}$, $t=\frac{\pi}{6}$;当 $x=$

a 时，$\tan t=1$，$t=\dfrac{\pi}{4}$. 于是

$$\int_{\frac{\sqrt{3}}{3}a}^{a}\frac{\mathrm{d}x}{x^2\sqrt{x^2+a^2}}=\frac{1}{a^2}\int_{\frac{\pi}{6}}^{\frac{\pi}{4}}\frac{\sec t}{\tan^2 t}\mathrm{d}t=\frac{1}{a^2}\int_{\frac{\pi}{6}}^{\frac{\pi}{4}}\frac{\cos t}{\sin^2 t}\mathrm{d}t$$

$$=\frac{1}{a^2}\int_{\frac{\pi}{6}}^{\frac{\pi}{4}}\frac{\mathrm{d}(\sin t)}{\sin^2 t}=\frac{1}{a^2}\left[-\frac{1}{\sin t}\right]_{\frac{\pi}{6}}^{\frac{\pi}{4}}=\frac{1}{a^2}(2-\sqrt{2}).$$

注意 在本例的最后一个积分步骤中，由于凑微分后未引出新的积分变量，所以积分的上、下限就不必再变动. 只有当引入了新的积分变量后，才需要变换积分的上、下限.

如参照不定积分中所讲的第一类换元法，则定积分的换元积分公式有时也可以反过来使用. 为使用方便起见，把公式(5.6)的两边对调地位，并把 t 改记为 x，而把 x 改记为 t，得

$$\int_{\alpha}^{\beta}f[\varphi(x)]\varphi'(x)\mathrm{d}x=\int_{a}^{b}f(t)\mathrm{d}t.$$

这样，可用 $t=\varphi(x)$ 来引入新的积分变量 t.

例 4 计算 $\int_{0}^{\frac{\pi}{2}}\cos^5 x\sin x\mathrm{d}x$.

解 设 $t=\cos x$，则 $\mathrm{d}t=-\sin x\mathrm{d}x$，且当 $x=0$ 时，$t=1$；当 $x=\dfrac{\pi}{2}$ 时，$t=0$. 于是

$$\int_{0}^{\frac{\pi}{2}}\cos^5 x\sin x\mathrm{d}x=-\int_{1}^{0}t^5\mathrm{d}t=\int_{0}^{1}t^5\mathrm{d}t=\left[\frac{1}{6}t^6\right]_0^1=\frac{1}{6}.$$

在本例中，如果不明显地写出新变量 t，那么，定积分的上、下限就不要变更. 现在用凑微分法直接计算如下：

$$\int_{0}^{\frac{\pi}{2}}\cos^5 x\sin x\mathrm{d}x=-\int_{0}^{\frac{\pi}{2}}\cos^5 x\mathrm{d}(\cos x)=-\left[\frac{1}{6}\cos^6 x\right]_0^{\frac{\pi}{2}}=-\left(0-\frac{1}{6}\right)=\frac{1}{6}.$$

例 5 计算 $\int_{1}^{\mathrm{e}^2}\dfrac{\mathrm{d}x}{x\sqrt{1+\ln x}}$.

解 设 $t=\ln x$，则 $\mathrm{d}t=\dfrac{\mathrm{d}x}{x}$，且当 $x=1$ 时，$t=0$；当 $x=\mathrm{e}^2$ 时，$t=2$. 于是

$$\int_{1}^{\mathrm{e}^2}\frac{\mathrm{d}x}{x\sqrt{1+\ln x}}=\int_{0}^{2}\frac{\mathrm{d}t}{\sqrt{1+t}}=\int_{0}^{2}(1+t)^{-\frac{1}{2}}\mathrm{d}(1+t)$$

$$=\left[2(1+t)^{\frac{1}{2}}\right]_0^2=2\left[\sqrt{1+t}\right]_0^2=2(\sqrt{3}-1).$$

（注：本例也可设$t=\sqrt{1+\ln x}$，读者不妨一试.）在本例中，若不写出新的变量t，也可直接凑微分计算如下：

$$\int_1^{e^2}\frac{dx}{x\sqrt{1+\ln x}}=\int_1^{e^2}(1+\ln x)^{-\frac{1}{2}}d(1+\ln x)=2\sqrt{1+\ln x}\Big|_1^{e^2}=2(\sqrt{3}-1).$$

例 6 证明

(1) 若$f(x)$在$[-a, a]$上连续且为偶函数，则

$$\int_{-a}^{a}f(x)dx=2\int_0^a f(x)dx. \tag{5.7}$$

(2) 若$f(x)$在$[-a, a]$上连续且为奇函数，则

$$\int_{-a}^{a}f(x)dx=0. \tag{5.8}$$

证明 利用定积分的性质3，得

$$\int_{-a}^{a}f(x)dx=\int_{-a}^{0}f(x)dx+\int_0^a f(x)dx.$$

对积分$\int_{-a}^{0}f(x)dx$作变量代换$x=-t$，则$dx=-dt$，且当$x=-a$时，$t=a$；当$x=0$时，$t=0$. 于是

$$\int_{-a}^{0}f(x)dx=-\int_a^0 f(-t)dt=\int_0^a f(-t)dt=\int_0^a f(-x)dx.$$

所以

$$\int_{-a}^{a}f(x)dx=\int_0^a f(-x)dx+\int_0^a f(x)dx=\int_0^a[f(x)+f(-x)]dx.$$

(1) 若$f(x)$为偶函数，即$f(-x)=f(x)$，则$f(x)+f(-x)=2f(x)$，从而有

$$\int_{-a}^{a}f(x)dx=2\int_0^a f(x)dx.$$

(2) 若$f(x)$为奇函数，即$f(-x)=-f(x)$，则$f(x)+f(-x)=0$，从而有

$$\int_{-a}^{a}f(x)dx=0.$$

公式(5.7)和公式(5.8)的几何意义也是很明显的. 因为偶函数的图形对称于y轴(图5-13)，有

$$\int_{-a}^{a}f(x)dx=2A(A\text{为图中}y\text{轴一侧图形的面积})=2\int_0^a f(x)dx;$$

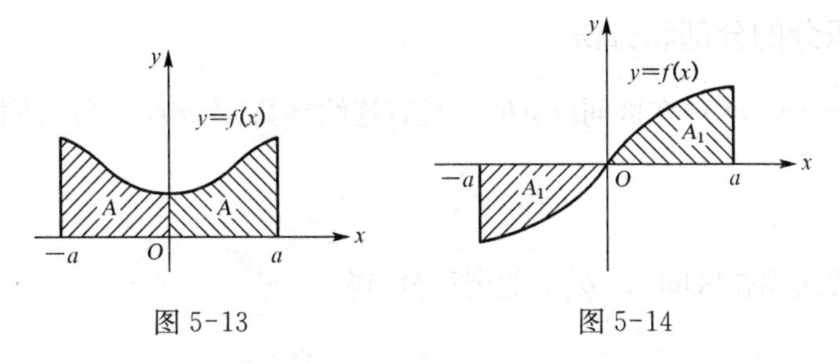

图 5-13　　　　图 5-14

奇函数的图形对称于原点(图 5-14),有

$$\int_{-a}^{a} f(x)\mathrm{d}x = \int_{-a}^{0} f(x)\mathrm{d}x + \int_{0}^{a} f(x)\mathrm{d}x$$

$$= -A_1 + A_1 (A_1 \text{ 为图中 } y \text{ 轴一侧图形的面积}) = 0.$$

所以,利用定积分的几何意义,也可以说明公式(5.7)及公式(5.8)是正确的.

利用公式(5.7)及公式(5.8),对于偶函数及奇函数在对称于原点的区间上的定积分,可以简化计算.

例 7　计算定积分.

(1) $\int_{-\frac{1}{2}}^{\frac{1}{2}} \frac{\mathrm{d}x}{\sqrt{1-x^2}}$;　　(2) $\int_{-R}^{R} h\sqrt{R^2-h^2}\,\mathrm{d}h$.

解　(1) 因为 $f(x)=\frac{1}{\sqrt{1-x^2}}$ 是偶函数,积分区间关于原点对称,故由公式(5.7)得

$$\int_{-\frac{1}{2}}^{\frac{1}{2}} \frac{\mathrm{d}x}{\sqrt{1-x^2}} = 2\int_{0}^{\frac{1}{2}} \frac{\mathrm{d}x}{\sqrt{1-x^2}} = 2\Big[\arcsin x\Big]_0^{\frac{1}{2}} = 2\arcsin\frac{1}{2} = \frac{\pi}{3}.$$

(2) 由于被积函数 $f(h)=h\sqrt{R^2-h^2}$ 是奇函数,积分区间关于原点对称,故由公式(5.8)得

$$\int_{-R}^{R} h\sqrt{R^2-h^2}\,\mathrm{d}h = 0.$$

例 8　证明

$$\int_{0}^{\frac{\pi}{2}} \cos^n x\,\mathrm{d}x = \int_{0}^{\frac{\pi}{2}} \sin^n x\,\mathrm{d}x \quad (n \text{ 为自然数}).$$

证明　设 $x=\frac{\pi}{2}-t$,则 $\mathrm{d}x=-\mathrm{d}t$,且当 $x=0$ 时,$t=\frac{\pi}{2}$;当 $x=\frac{\pi}{2}$ 时,$t=0$.

于是

$$\int_{0}^{\frac{\pi}{2}} \cos^n x\,\mathrm{d}x = -\int_{\frac{\pi}{2}}^{0} \cos^n\left(\frac{\pi}{2}-t\right)\mathrm{d}t = -\int_{\frac{\pi}{2}}^{0} \sin^n t\,\mathrm{d}t = \int_{0}^{\frac{\pi}{2}} \sin^n t\,\mathrm{d}t.$$

5.4.2 定积分的分部积分法

设函数 $u(x)$, $v(x)$在区间$[a, b]$上具有连续导数 $u'(x)$, $v'(x)$,则

$$(uv)' = u'v + uv'.$$

分别求这等式两端在区间$[a, b]$上的定积分,得

$$\int_a^b (uv)'\mathrm{d}x = \int_a^b vu'\mathrm{d}x + \int_a^b uv'\mathrm{d}x.$$

利用牛顿-莱布尼茨公式

$$\int_a^b (uv)'\mathrm{d}x = \Big[uv\Big]_a^b,$$

故得

$$\Big[uv\Big]_a^b = \int_a^b vu'\mathrm{d}x + \int_a^b uv'\mathrm{d}x.$$

移项后,便得到

$$\boxed{\int_a^b uv'\mathrm{d}x = \Big[uv\Big]_a^b - \int_a^b vu'\mathrm{d}x,} \tag{5.9'}$$

或简写为

$$\boxed{\int_a^b u\mathrm{d}v = \Big[uv\Big]_a^b - \int_a^b v\mathrm{d}u.} \tag{5.9}$$

这就是定积分的**分部积分公式**.

例 9 计算$\int_0^{\pi} x\cos\frac{x}{2}\mathrm{d}x$.

解 设 $u = x$, $\mathrm{d}v = \cos\frac{x}{2}\mathrm{d}x$,则 $\mathrm{d}u = \mathrm{d}x$, $v = 2\sin\frac{x}{2}$. 代入分部积分公式(5.9),便得

$$\int_0^{\pi} x\cos\frac{x}{2}\mathrm{d}x = \Big[2x\sin\frac{x}{2}\Big]_0^{\pi} - 2\int_0^{\pi}\sin\frac{x}{2}\mathrm{d}x = 2\pi + 4\Big[\cos\frac{x}{2}\Big]_0^{\pi} = 2\pi - 4.$$

例 10 计算$\int_1^{e^2} x\ln x\mathrm{d}x$.

解 设 $u = \ln x$, $\mathrm{d}v = x\mathrm{d}x$,则 $\mathrm{d}u = \frac{\mathrm{d}x}{x}$, $v = \frac{x^2}{2}$. 代入分部积分公式(5.9),便得

$$\int_1^{e^2} x\ln x\mathrm{d}x = \left[\frac{x^2}{2}\ln x\right]_1^{e^2} - \frac{1}{2}\int_1^{e^2} x^2\,\frac{\mathrm{d}x}{x} = e^4 - \frac{1}{2}\int_1^{e^2} x\mathrm{d}x$$

$$= e^4 - \left[\frac{x^2}{4}\right]_1^{e^2} = \frac{1}{4}(3e^4 + 1).$$

例 11 计算$\int_0^1 \arctan x\mathrm{d}x$.

解 设 $u = \arctan x$, $\mathrm{d}v = \mathrm{d}x$,则 $\mathrm{d}u = \dfrac{\mathrm{d}x}{1+x^2}$, $v = x$,代入分部积分公式(5.9),便得

$$\int_0^1 \arctan x\mathrm{d}x = \left[x\arctan x\right]_0^1 - \int_0^1 \frac{x}{1+x^2}\mathrm{d}x$$

$$= \frac{\pi}{4} - \frac{1}{2}\left[\ln(1+x^2)\right]_0^1 = \frac{\pi}{4} - \frac{1}{2}\ln 2.$$

例 12 计算$\int_0^{\frac{\pi}{2}} e^x\sin x\mathrm{d}x$.

解 $\int_0^{\frac{\pi}{2}} e^x\sin x\mathrm{d}x = -\int_0^{\frac{\pi}{2}} e^x\mathrm{d}(\cos x) = -\left[e^x\cos x\right]_0^{\frac{\pi}{2}} + \int_0^{\frac{\pi}{2}} \cos x\mathrm{d}(e^x)$

$$= 1 + \int_0^{\frac{\pi}{2}} e^x\cos x\mathrm{d}x = 1 + \int_0^{\frac{\pi}{2}} e^x\mathrm{d}(\sin x)$$

$$= 1 + \left[e^x\sin x\right]_0^{\frac{\pi}{2}} - \int_0^{\frac{\pi}{2}} \sin x\mathrm{d}(e^x) = 1 + e^{\frac{\pi}{2}} - \int_0^{\frac{\pi}{2}} e^x\sin x\mathrm{d}x,$$

移项合并后,两端除以 2,即得

$$\int_0^{\frac{\pi}{2}} e^x\sin x\mathrm{d}x = \frac{1}{2}(1 + e^{\frac{\pi}{2}}).$$

有时计算定积分,也需兼用换元法及分部积分法. 请看下例.

例 13 计算$\int_1^4 e^{\sqrt{x}}\mathrm{d}x$.

解 先换元,再用分部积分法. 令$\sqrt{x} = t$,则 $x = t^2$, $\mathrm{d}x = 2t\mathrm{d}t$. 当 $x = 1$ 时,$t = 1$;当 $x = 4$ 时,$t = 2$,于是

$$\int_1^4 e^{\sqrt{x}}\mathrm{d}x = \int_1^2 2te^t\mathrm{d}t = 2\int_1^2 te^t\mathrm{d}t = 2\left[te^t\right]_1^2 - 2\int_1^2 e^t\mathrm{d}t$$

$$= 2(2e^2 - e) - 2\left[e^t\right]_1^2 = 4e^2 - 2e - 2e^2 + 2e = 2e^2.$$

最后,我们指出,利用定积分的分部积分公式(5.9),可以证得下列公式成立(证明从略).

$$I_n=\int_0^{\frac{\pi}{2}}\sin^n x\,\mathrm{d}x\left(=\int_0^{\frac{\pi}{2}}\cos^n x\,\mathrm{d}x\right)$$

$$=\begin{cases}\dfrac{n-1}{n}\cdot\dfrac{n-3}{n-2}\cdot\cdots\cdot\dfrac{3}{4}\cdot\dfrac{1}{2}\cdot\dfrac{\pi}{2}, & n\text{为正偶数},\\ \dfrac{n-1}{n}\cdot\dfrac{n-3}{n-2}\cdot\cdots\cdot\dfrac{4}{5}\cdot\dfrac{2}{3}\cdot 1, & n\text{为大于1的奇数}.\end{cases}\tag{5.10}$$

例 14　计算定积分.

(1) $\int_0^{\frac{\pi}{2}}\sin^5 x\,\mathrm{d}x$;　　(2) $\int_0^{\frac{\pi}{2}}\cos^6 x\,\mathrm{d}x$.

解　(1) 因为 $n=5$ 是奇数,故由公式(5.10),得

$$\int_0^{\frac{\pi}{2}}\sin^5 x\,\mathrm{d}x=\frac{4}{5}\times\frac{2}{3}=\frac{8}{15}.$$

(2) 因为 $n=6$ 是偶数,故由公式(5.10),得

$$\int_0^{\frac{\pi}{2}}\cos^6 x\,\mathrm{d}x=\frac{5}{6}\times\frac{3}{4}\times\frac{1}{2}\times\frac{\pi}{2}=\frac{5}{32}\pi.$$

注意　如果积分区间不是$\left[0,\frac{\pi}{2}\right]$,就不能直接使用公式(5.10).

例 15　计算$\int_0^{\pi}\sin^6 x\,\mathrm{d}x$.

解　$\int_0^{\pi}\sin^6 x\,\mathrm{d}x=\int_0^{\frac{\pi}{2}}\sin^6 x\,\mathrm{d}x+\int_{\frac{\pi}{2}}^{\pi}\sin^6 x\,\mathrm{d}x$.

对于右端第二个积分用换元积分法,令 $x=\frac{\pi}{2}+t$,则 $\mathrm{d}x=\mathrm{d}t$,且当 $x=\frac{\pi}{2}$ 时,$t=0$;当 $x=\pi$ 时,$t=\frac{\pi}{2}$. 于是

$$\int_{\frac{\pi}{2}}^{\pi}\sin^6 x\,\mathrm{d}x=\int_0^{\frac{\pi}{2}}\sin^6\left(\frac{\pi}{2}+t\right)\mathrm{d}t=\int_0^{\frac{\pi}{2}}\cos^6 t\,\mathrm{d}t=\int_0^{\frac{\pi}{2}}\sin^6 t\,\mathrm{d}t=\int_0^{\frac{\pi}{2}}\sin^6 x\,\mathrm{d}x,$$

所以

$$\int_0^{\pi}\sin^6 x\,\mathrm{d}x=2\int_0^{\frac{\pi}{2}}\sin^6 x\,\mathrm{d}x=2\left(\frac{5}{6}\times\frac{3}{4}\times\frac{1}{2}\times\frac{\pi}{2}\right)=\frac{5}{16}\pi.$$

习题 5.4

1. 利用定积分的换元法计算定积分.

(1) $\int_{-2}^{1}\frac{\mathrm{d}x}{(11+5x)^3}$;　　(2) $\int_1^4\frac{\mathrm{d}x}{1+\sqrt{x}}$;

(3) $\int_1^2 \frac{\sqrt{x-1}}{x}\mathrm{d}x$；　(4) $\int_0^{\sqrt{2}} \sqrt{2-x^2}\mathrm{d}x$；

(5) $\int_0^1 t\mathrm{e}^{-\frac{t^2}{2}}\mathrm{d}t$；　(6) $\int_{\ln 2}^{\ln 3} \frac{\mathrm{d}x}{\mathrm{e}^x-\mathrm{e}^{-x}}$；

(7) $\int_0^{\frac{\pi}{2}} \sin\varphi\cos^3\varphi\mathrm{d}\varphi$；　(8) $\int_{-\frac{\pi}{2}}^{\frac{\pi}{2}} \sqrt{\cos x-\cos^3 x}\mathrm{d}x$；

(9) $\int_{\mathrm{e}}^{\mathrm{e}^3} \frac{\sqrt{1+\ln x}}{x}\mathrm{d}x$；　(10) $\int_{-2}^0 \frac{\mathrm{d}x}{x^2+2x+2}$.

2. 利用函数的奇偶性，计算定积分.

(1) $\int_{-\frac{\pi}{2}}^{\frac{\pi}{2}} \cos x\cos 2x\mathrm{d}x$；　(2) $\int_{-\pi}^{\pi} x^4\sin x\mathrm{d}x$；

(3) $\int_{-\frac{\pi}{2}}^{\frac{\pi}{2}} \frac{\mathrm{d}x}{1+\cos x}$；　(4) $\int_{-1}^1 \frac{\tan x+(\arcsin x)^2}{\sqrt{1-x^2}}\mathrm{d}x$.

3. 利用定积分的换元法，证明

(1) $\int_0^1 x^m(1-x)^n\mathrm{d}x=\int_0^1 x^n(1-x)^m\mathrm{d}x$；

(2) 设 $f(x)$ 在 $[-a, a]$ 上连续，则 $\int_{-a}^a f(x)\mathrm{d}x=\int_{-a}^a f(-x)\mathrm{d}x$；

(3) 设 $f(x)$ 在 $[0, 1]$ 上连续，则 $\int_0^{\frac{\pi}{2}} f(\sin x)\mathrm{d}x=\int_0^{\frac{\pi}{2}} f(\cos x)\mathrm{d}x$.

4. 利用定积分的分部部分法，计算定积分.

(1) $\int_0^1 x\mathrm{e}^{-x}\mathrm{d}x$；　(2) $\int_0^{\frac{2\pi}{\omega}} t\sin\omega t\mathrm{d}t$　（ω 为常数）；　(3) $\int_0^1 x\arctan x\mathrm{d}x$；

(4) $\int_0^{\frac{\pi}{2}} \mathrm{e}^{2x}\cos x\mathrm{d}x$；　(5) $\int_0^1 x^2\mathrm{e}^x\mathrm{d}x$；　(6) $\int_{\frac{\pi}{4}}^{\frac{\pi}{3}} \frac{x}{\sin^2 x}\mathrm{d}x$；

(7) $\int_1^{\mathrm{e}} \sin(\ln x)\mathrm{d}x$；　(8) $\int_0^1 \ln(x^2+1)\mathrm{d}x$；　(9) $\int_{\frac{1}{\mathrm{e}}}^{\mathrm{e}} |\ln x|\mathrm{d}x$；

(10) $\int_0^1 (\arcsin x)^2\mathrm{d}x$.

5. 计算定积分.

(1) $\int_0^{\frac{\pi}{2}} \sin^8 x\mathrm{d}x$；　(2) $\int_0^{\frac{\pi}{2}} \cos^7 x\mathrm{d}x$；　(3) $\int_0^{\pi} \cos^8\frac{x}{2}\mathrm{d}x$；　(4) $\int_0^1 \frac{x^{10}}{\sqrt{1-x^2}}\mathrm{d}x$.

答　案

1. (1) $\frac{51}{512}$；　(2) $2\left(1+\ln\frac{2}{3}\right)$；　(3) $2-\frac{\pi}{2}$；　(4) $\frac{\pi}{2}$；　(5) $1-\mathrm{e}^{-\frac{1}{2}}$；

(6) $\frac{1}{2}\ln\frac{3}{2}$；　(7) $\frac{1}{4}$；　(8) $\frac{4}{3}$；　(9) $\frac{4}{3}(4-\sqrt{2})$；　(10) $\frac{\pi}{2}$.

2. (1) $\frac{2}{3}$；(2) 0；(3) 2；(4) $\frac{\pi^3}{12}$.

3. (1) 提示：令 $1-x=t$；(2) 提示：令 $x=-t$；(3) 提示：令 $x=\frac{\pi}{2}-t$.

4. (1) $1-\frac{2}{\mathrm{e}}$；(2) $-\frac{2\pi}{\omega^2}$；(3) $\frac{\pi}{4}-\frac{1}{2}$；(4) $\frac{1}{5}(\mathrm{e}^{\pi}-2)$；(5) $\mathrm{e}-2$；

(6) $\left(\frac{1}{4}-\frac{\sqrt{3}}{9}\right)\pi+\frac{1}{2}\ln\frac{3}{2}$；(7) $\frac{e}{2}(\sin 1-\cos 1)+\frac{1}{2}$；(8) $\ln 2-2+\frac{\pi}{2}$；(9) $2\left(1-\frac{1}{e}\right)$；(10) $\frac{\pi^2}{4}-2$.

5. (1) $\frac{35}{256}\pi$；(2) $\frac{16}{35}$；(3) $\frac{35}{128}\pi$；(4) $\frac{63}{512}\pi$.

*5.5 定积分的近似计算法

利用牛顿-莱布尼茨公式计算定积分时，首先要求出被积函数的原函数.但在实际工作中，常常会遇到下面的一些情形.例如，被积函数的表达式不易用解析式表示，而是由曲线或表格给出的；有些被积函数虽然能用解析式表示，可是它的原函数不一定能用初等函数来表示，或者被积函数的原函数虽然是初等函数，但不容易求出.因此，对于上述这些情况，有必要考虑定积分的近似计算法.

根据定积分的几何意义可知，定积分 $\int_a^b f(x)\mathrm{d}x(f(x)\geqslant 0)$ 在数值上都表示以曲线 $y=f(x)$ 为曲边与直线 $x=a$，$x=b(a<b)$ 及 x 轴所围成的曲边梯形的面积.因此，无论 $f(x)$ 是以什么形式给出或代表什么具体意义，只要近似地求出相应的曲边梯形的面积，就可得到所给定积分的近似值.下面从计算曲边梯形面积的近似值出发，介绍三种常用的定积分近似计算方法.

5.5.1 矩形法

如果把曲边梯形分成若干个窄曲边梯形，然后用窄矩形来近似代替窄曲边梯形，从而求得定积分的近似值，这就是**矩形法**.具体的做法如下：

用分点 $a=x_0$，x_1，x_2，…，$x_n=b$ 将区间 $[a,b]$ 分成 n 个长度相等的小区间.每个小区间的长为

$$\Delta x=\frac{b-a}{n}.$$

并设被积函数 $y=f(x)$ 在分点 x_0，x_1，x_2，…，x_n 处对应的函数值为 y_0，y_1，y_2，…，y_n（图 5-15）.

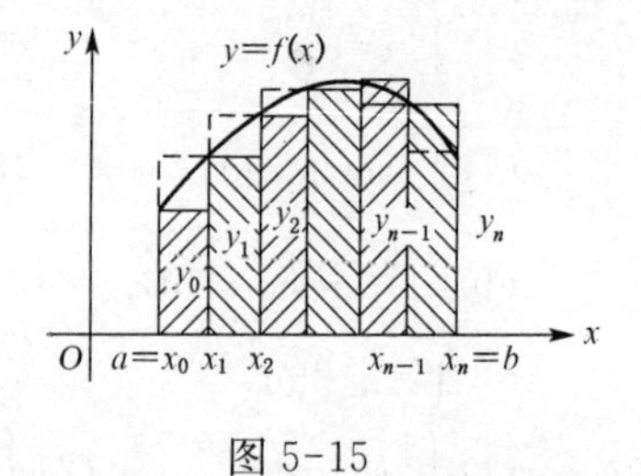

图 5-15

若取每个小区间左端点的函数值作为窄矩形的高，则 n 个窄矩形的面积分别为 $y_0\Delta x$，$y_1\Delta x$，…，$y_{n-1}\Delta x$.所以有

$$\int_a^b f(x)\mathrm{d}x\approx y_0\Delta x+y_1\Delta x+\cdots+y_{n-1}\Delta x=\frac{b-a}{n}(y_0+y_1+\cdots+y_{n-1}).\tag{5.11}$$

若取每个小区间右端点的函数值作为矩形的高，则 n 个窄矩形的面积分别为 $y_1\Delta x$，$y_2\Delta x$，…，$y_n\Delta x$.

所以有

$$\int_a^b f(x)\mathrm{d}x\approx y_0\Delta x+y_1\Delta x+\cdots+y_n\Delta x=\frac{b-a}{n}(y_1+y_2+\cdots+y_n).\tag{5.12}$$

公式(5.11)或公式(5.12)都称为**矩形法公式**.

5.5.2 梯形法

采用与矩形法相同的分法.如果把每个窄曲边梯形的曲边用相应的曲线上两点间的弦来近似

代替，即以窄梯形的面积近似代替窄曲边梯形的面积(图 5-16).从而求得定积分的近似值，这就是**梯形法**. 此时，n 个窄梯形面积依次为

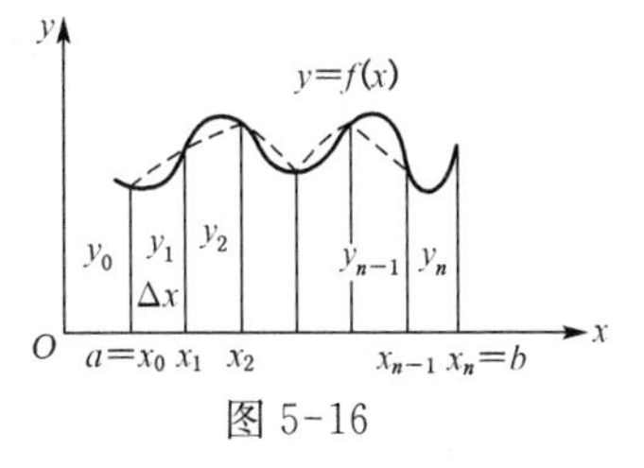

图 5-16

$$\frac{y_0+y_1}{2}\Delta x,\ \frac{y_1+y_2}{2}\Delta x,\ \cdots,\ \frac{y_{n-1}+y_n}{2}\Delta x.$$

所以有

$$\begin{aligned}\int_a^b f(x)\,\mathrm{d}x &\approx \frac{y_0+y_1}{2}\Delta x+\frac{y_1+y_2}{2}\Delta x+\cdots+\frac{y_{n-1}+y_n}{2}\Delta x \\ &= \frac{b-a}{n}\left[\frac{1}{2}(y_0+y_n)+y_1+y_2+\cdots+y_{n-1}\right].\end{aligned} \tag{5.13}$$

公式(5.13)称为**梯形法公式**. 由这个公式所得的近似值，实际上就是公式(5.11)及公式(5.12)所得近似值的平均值.

5.5.3 抛物线法

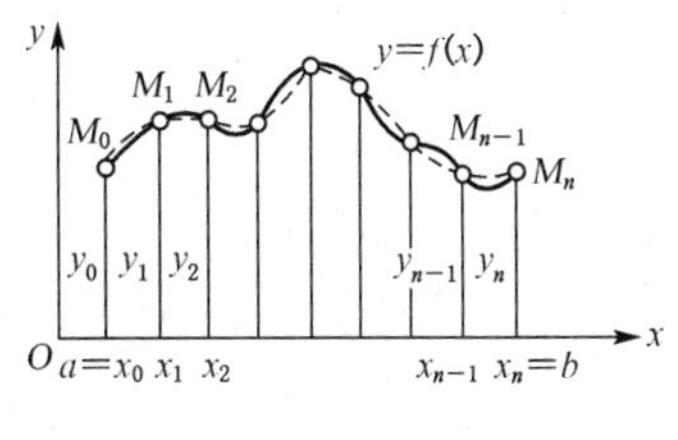

图 5-17

矩形法与梯形法都是在局部范围内“以直代曲”来计算曲边梯形面积的近似值，即得定积分的近似值. 而抛物线法，则是在局部范围内“以曲代曲”，即用一条抛物线弧段来近似代替小曲边梯形的曲边(图 5-17). 如图 5-17 中所示，过三点 $M_0(x_0,\ y_0)$，$M_1(x_1,\ y_1)$，$M_2(x_2,\ y_2)$ 可作一条抛物线，再过三点 $M_2(x_2,\ y_2)$，$M_3(x_3,\ y_3)$，$M_4(x_4,\ y_4)$ 作一条抛物线，……，依次类似地作抛物线，从而得到曲边梯形面积的近似值，即定积分的近似值. 理论上可以证明(本书不证)，在小曲边梯形内，用抛物线弧段比用直线段能更逼近曲边，因此，用抛物线法求定积分的近似值会有更高的精确度. 具体作法如下(图 5-17)：

用分点 $a=x_0<x_1<x_2<\cdots<x_{n-1}<x_n=b$ 将区间$[a,\ b]$分成 n 个长度相等的小区间，与前面两种方法不同的是，这里的 n 必须是偶数. 记被积函数 $y=f(x)$ 在各分点处的函数值分别为 $y_0,\ y_1,\ y_2,\ \cdots,\ y_{n-1},\ y_n$，则有定积分的近似计算公式：

$$\int_a^b f(x)\,\mathrm{d}x \approx \frac{b-a}{3n}[(y_0+y_n)+4(y_1+y_3+\cdots+y_{n-1})+2(y_2+y_4+\cdots+y_{n-2})]. \tag{5.14}$$

(证明从略.)

公式(5.14)称为**抛物线法公式**，也称为**辛普生(Simpson)公式**.

一般地说，用以上三种方法求定积分的近似值时，n 取得越大，精确度就越高. 当 n 相同时，一般是用抛物线法算得的结果较为精确.

例 1 分别用矩形法、梯形法和抛物线法计算定积分$\int_0^1 \frac{\mathrm{d}x}{\sqrt{1+x^3}}$(取 $n=10$) 的近似值.

解 由于被积函数 $f(x)=\frac{1}{\sqrt{1+x^3}}$ 的原函数不是初等函数，所以不能用牛顿-莱布尼茨公式来计算这个可积的定积分. 现在取 $n=10$，即将区间$[0,\ 1]$十等分. 设分点为

$$0=x_0,\ x_1,\ x_2,\ \cdots,\ x_8,\ x_9,\ x_{10}=1,$$

相应的函数值为

$$y_0, y_1, y_2, \cdots, y_8, y_9, y_{10},$$

其中

$$x_i = 0 + i\Delta x = \frac{i}{10}, \quad y_i = \frac{1}{\sqrt{1+x_i^3}} \quad (i = 0, 1, 2, \cdots, 10).$$

由此算得

$$y_0 = \frac{1}{\sqrt{1}} = 1.0000, \qquad y_1 = \frac{1}{\sqrt{1.001}} = 0.9995,$$

$$y_2 = \frac{1}{\sqrt{1.008}} = 0.9960, \qquad y_3 = \frac{1}{\sqrt{1.027}} = 0.9869,$$

$$y_4 = \frac{1}{\sqrt{1.064}} = 0.9694, \qquad y_5 = \frac{1}{\sqrt{1.125}} = 0.9428,$$

$$y_6 = \frac{1}{\sqrt{1.216}} = 0.9068, \qquad y_7 = \frac{1}{\sqrt{1.343}} = 0.8630,$$

$$y_8 = \frac{1}{\sqrt{1.512}} = 0.8132, \qquad y_9 = \frac{1}{\sqrt{1.729}} = 0.7607,$$

$$y_{10} = \frac{1}{\sqrt{2}} = 0.7071.$$

利用矩形法公式(5.11),得

$$\begin{aligned}\int_0^1 \frac{dx}{\sqrt{1+x^3}} &\approx \frac{1-0}{10}(y_0 + y_1 + \cdots + y_9) \\ &= \frac{1}{10}(1 + 0.9995 + 0.9960 + 0.9869 + 0.9694 + 0.9428 + \\ &\quad 0.9068 + 0.8630 + 0.8132 + 0.7607) \\ &= \frac{1}{10} \times 9.2383 = 0.92383.\end{aligned}$$

利用矩形法公式(5.12),得

$$\begin{aligned}\int_0^1 \frac{dx}{\sqrt{1+x^3}} &\approx \frac{1}{10}(y_1 + y_2 + \cdots + y_{10}) \\ &= \frac{1}{10}(0.9995 + 0.9960 + 0.9869 + 0.9694 + 0.9428 + \\ &\quad 0.9068 + 0.8630 + 0.8132 + 0.7607 + 0.7071) \\ &= \frac{1}{10} \times 8.9454 = 0.89454.\end{aligned}$$

利用梯形法公式(5.13),实际上是求上面所得的两个值的平均值,即得

$$\int_0^1 \frac{dx}{\sqrt{1+x^3}} \approx \frac{1}{2}(0.92383 + 0.89454) = \frac{1}{2} \times 1.81837 \approx 0.90919.$$

利用抛物线法公式(5.14),得

$$\int_0^1 \frac{dx}{\sqrt{1+x^3}} \approx \frac{1-0}{3\times 10}[y_0+y_{10}+4(y_1+y_3+y_5+y_7+y_9)+2(y_2+y_4+y_6+y_8)]$$

$$=\frac{1}{30}[1+0.7071+4(0.9995+0.9869+0.9428+0.8630+0.7607)+2(0.9960+0.9694+0.9068+0.8132)]$$

$$=\frac{1}{30}[1+0.7071+4\times 4.5529+2\times 3.6854]=\frac{1}{30}\times 27.2895=0.90965.$$

例 2 设有一条河，在它的某一横断面处测得河宽为 20 m，并且每隔 2 m 处测得河的深度列表如下：

i	0	1	2	3	4	5	6	7	8	9	10
x_i	0	2	4	6	8	10	12	14	16	18	20
y_i	0.2	0.5	0.9	1.1	1.3	1.7	2.1	1.5	1.1	0.6	0.2

其中，x 表示到一岸的距离，y 表示对应的深度(均以 m 计)，求此河在该横截面处的断面面积的近似值.

解 求断面面积就是要计算定积分$\int_0^{20} f(x)dx$. 由于 $y=f(x)$ 是用表格给出的，所以只能用定积分的近似计算法来计算.

现采用抛物线法计算. 由于 $n=10$，$b-a=20$，利用公式(5.15)，即得

$$A=\int_0^{20} f(x)dx \approx \frac{20}{3\times 10}[(y_0+y_{10})+4(y_1+y_3+y_5+y_7+y_9)+2(y_2+y_4+y_6+y_8)]$$

$$=\frac{2}{3}[(0.2+0.2)+4(0.5+1.1+1.7+1.5+0.6)+2(0.9+1.3+2.1+1.1)]$$

$$=\frac{2}{3}[0.4+4\times 5.4+2\times 5.4]=\frac{2}{3}\times 32.8\approx 21.87(m^2).$$

*习题 5.5

1. 用三种定积分近似计算法，分别计算$\int_1^2 \frac{dx}{x}=\ln 2$ 的近似值.(取 $n=10$，被积函数值取四位小数.)

2. 用抛物线法计算定积分$\int_{1.05}^{1.35} f(x)dx$ 的近似值，其中函数 $f(x)$ 的值由下表给出：

x	1.05	1.10	1.15	1.20	1.25	1.30	1.35
$f(x)$	2.36	2.50	2.74	3.04	3.46	3.98	4.60

3. 用抛物线法计算定积分$\int_0^1 \sqrt{1-x^3}dx$ 的近似值.(取 $n=10$，被积函数值取四位小数.)

答 案

1. (1) 0.718 8 或 0.668 8; (2) 0.693 8; (3) 0.693 1. 2. 0.957. 3. 0.837.

5.6 广义积分

在引入定积分概念时,我们总是假定积分区间$[a, b]$是有限区间,且被积函数在$[a, b]$上是有界函数.但是,在实际工作中也常会遇到积分区间为无穷区间,或者被积函数在积分区间上是无界的情形.要解决这类积分的计算问题,就必须把定积分的概念加以推广,即把积分区间推广到无穷区间,或者把被积函数推广到在有限区间上是无界的情形.这就是本节中将要引进的两类广义积分的概念.

5.6.1 无穷区间上的广义积分

定义 1 设函数 $f(x)$ 在区间$[a, +\infty)$上连续,任取 $b>a$. 我们把极限

$$\lim_{b\to+\infty}\int_a^b f(x)\mathrm{d}x$$①

称为函数 $f(x)$ 在无穷区间$[a, +\infty)$上的广义积分,②记作$\int_a^{+\infty} f(x)\mathrm{d}x$,即

$$\boxed{\int_a^{+\infty} f(x)\mathrm{d}x=\lim_{b\to+\infty}\int_a^b f(x)\mathrm{d}x.} \tag{5.15}$$

如果上述极限存在,则称广义积分$\int_a^{+\infty} f(x)\mathrm{d}x$ **收敛**;否则,就称广义积分$\int_a^{+\infty} f(x)\mathrm{d}x$ **发散**.

定义 2 设函数 $f(x)$ 在区间$(-\infty, b]$上连续,任取 $a<b$. 我们把极限

$$\lim_{a\to-\infty}\int_a^b f(x)\mathrm{d}x$$

称为函数 $f(x)$ 在无穷区间$(-\infty, b]$上的广义积分,记作$\int_{-\infty}^b f(x)\mathrm{d}x$,即

$$\boxed{\int_{-\infty}^b f(x)\mathrm{d}x=\lim_{a\to-\infty}\int_a^b f(x)\mathrm{d}x.} \tag{5.16}$$

如果上述极限存在,则称广义积分$\int_{-\infty}^b f(x)\mathrm{d}x$ **收敛**;否则,就称广义积分$\int_{-\infty}^b f(x)\mathrm{d}x$ **发散**.

定义 3 设函数 $f(x)$ 在$(-\infty, +\infty)$上连续,我们定义**函数 $f(x)$ 在无穷区间$(-\infty, +\infty)$上的广义积分为**

---

① 由于 $f(x)$ 在$[a, b]$上连续,所以定积分$\int_a^b f(x)\mathrm{d}x$是有意义的.

② 有的书上也把广义积分称为反常积分,而把定积分称为常义积分.

$$\boxed{\begin{aligned}\int_{-\infty}^{+\infty} f(x)\mathrm{d}x &= \int_{-\infty}^{0} f(x)\mathrm{d}x + \int_{0}^{+\infty} f(x)\mathrm{d}x \\ &= \lim_{a\to-\infty}\int_{a}^{0} f(x)\mathrm{d}x + \lim_{b\to+\infty}\int_{0}^{b} f(x)\mathrm{d}x.\end{aligned}} \tag{5.17}$$

如果上式中两个广义积分$\int_{-\infty}^{0} f(x)\mathrm{d}x$ 与$\int_{0}^{+\infty} f(x)\mathrm{d}x$ 都**收敛**，则称广义积分$\int_{-\infty}^{+\infty} f(x)\mathrm{d}x$ **收敛**，且收敛于它们的和；如果上式中两个广义积分至少有一个发散，则称广义积分$\int_{-\infty}^{+\infty} f(x)\mathrm{d}x$ **发散**.

上述三种广义积分统称为**无穷区间上的广义积分**.

例 1 讨论下列广义积分的敛散性，当收敛时并指出其值.

(1) $\int_{1}^{+\infty} \frac{\mathrm{d}x}{x^2}$； (2) $\int_{-\infty}^{+\infty} \frac{x}{1+x^2}\mathrm{d}x$.

解 (1) 因为根据定义 1，广义积分

$$\int_{1}^{+\infty} \frac{\mathrm{d}x}{x^2} = \lim_{b\to+\infty}\int_{1}^{b} \frac{\mathrm{d}x}{x^2} = \lim_{b\to+\infty}\left[-\frac{1}{x}\right]_1^b = \lim_{b\to+\infty}\left(1-\frac{1}{b}\right) = 1,$$

所以$\int_{1}^{+\infty} \frac{\mathrm{d}x}{x^2}$ 收敛，且其值为 1.

(2) 考察广义积分$\int_{0}^{+\infty} \frac{x}{1+x^2}\mathrm{d}x$. 因为按定义 1，有

$$\begin{aligned}\int_{0}^{+\infty} \frac{x}{1+x^2}\mathrm{d}x &= \lim_{b\to+\infty}\int_{0}^{b} \frac{x}{1+x^2}\mathrm{d}x = \frac{1}{2}\lim_{b\to+\infty}\Big[\ln(1+x^2)\Big]_0^b \\ &= \frac{1}{2}\lim_{b\to+\infty}\ln(1+b^2) = +\infty,\end{aligned}$$

所以广义积分$\int_{0}^{+\infty} \frac{x}{1+x^2}\mathrm{d}x$ 发散. 按定义 3 知，不论广义积分$\int_{-\infty}^{0} \frac{x}{1+x^2}\mathrm{d}x$ 是否收敛，而广义积分$\int_{-\infty}^{+\infty} \frac{x}{1+x^2}\mathrm{d}x$ 总是发散的.

例 2 讨论广义积分$\int_{-\infty}^{+\infty} \frac{1}{1+x^2}\mathrm{d}x$ 的敛散性，当收敛时并求其值.

解 分别讨论两个广义积分$\int_{-\infty}^{0} \frac{1}{1+x^2}\mathrm{d}x$ 及$\int_{0}^{+\infty} \frac{1}{1+x^2}\mathrm{d}x$ 的敛散性. 因为按定义 2，有

$$\int_{-\infty}^{0} \frac{1}{1+x^2}\mathrm{d}x = \lim_{a\to-\infty}\int_{a}^{0} \frac{1}{1+x^2}\mathrm{d}x = \lim_{a\to-\infty}\Big[\arctan x\Big]_a^0 = \lim_{a\to-\infty}(-\arctan a) = \frac{\pi}{2},$$

所以广义积分$\int_{-\infty}^{0} \frac{1}{1+x^2}\mathrm{d}x$ 收敛，且有$\int_{-\infty}^{0} \frac{1}{1+x^2}\mathrm{d}x = \frac{\pi}{2}$.

同理，因为按定义 1，有

$$\int_{0}^{+\infty} \frac{1}{1+x^2}\mathrm{d}x = \lim_{b\to+\infty}\int_{0}^{b} \frac{1}{1+x^2}\mathrm{d}x = \lim_{b\to+\infty}\Big[\arctan x\Big]_{0}^{b} = \lim_{b\to+\infty}(\arctan b) = \frac{\pi}{2},$$

所以，广义积分$\int_{0}^{+\infty} \frac{1}{1+x^2}\mathrm{d}x$收敛，且有$\int_{0}^{+\infty} \frac{1}{1+x^2}\mathrm{d}x = \frac{\pi}{2}$.

因此，根据定义 3 知，广义积分$\int_{-\infty}^{+\infty} \frac{1}{1+x^2}\mathrm{d}x$收敛，且有

$$\int_{-\infty}^{+\infty} \frac{1}{1+x^2}\mathrm{d}x = \int_{-\infty}^{0} \frac{1}{1+x^2}\mathrm{d}x + \int_{0}^{+\infty} \frac{1}{1+x^2}\mathrm{d}x = \frac{\pi}{2} + \frac{\pi}{2} = \pi.$$

本例的几何意义表示：曲线 $y = \frac{1}{1+x^2}$ 与 x 轴之间的开口图形面积是存在的，且其值为 π(图 5-18).

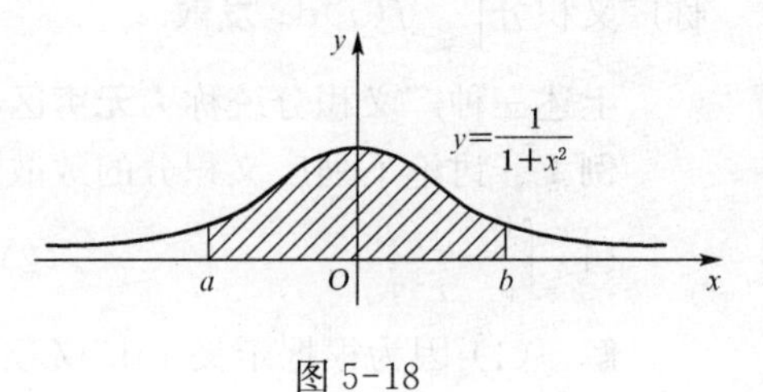

图 5-18

例 3 讨论广义积分

$$\int_{a}^{+\infty} \frac{\mathrm{d}x}{x^p} \quad (a > 0)$$

的敛散性，其中，p 为任意实数.

解 当 $p = 1$ 时，

$$\int_{a}^{+\infty} \frac{\mathrm{d}x}{x^p} = \lim_{b\to+\infty}\int_{a}^{b} \frac{\mathrm{d}x}{x^p} = \lim_{b\to+\infty}\int_{a}^{b} \frac{1}{x}\mathrm{d}x = \lim_{b\to+\infty}\Big[\ln x\Big]_{a}^{b}$$
$$= \lim_{b\to+\infty}(\ln b - \ln a) = +\infty,$$

所以广义积分发散.

当 $p \neq 1$ 时，

$$\int_{a}^{+\infty} \frac{\mathrm{d}x}{x^p} = \lim_{b\to+\infty}\int_{a}^{b} \frac{\mathrm{d}x}{x^p} = \lim_{b\to+\infty}\Big[\frac{x^{1-p}}{1-p}\Big]_{a}^{b} = \lim_{b\to+\infty}\Big(\frac{b^{1-p}}{1-p} - \frac{a^{1-p}}{1-p}\Big)$$
$$= \begin{cases} +\infty, & p < 1, \\ \frac{a^{1-p}}{p-1}, & p > 1. \end{cases}$$

所以，当 $p<1$ 时，广义积分发散；当 $p>1$ 时，广义积分收敛，且有

$$\int_{a}^{+\infty} \frac{\mathrm{d}x}{x^p} = \frac{a^{1-p}}{p-1} \quad (p > 1).$$

综上讨论可知，当 $p \leqslant 1$ 时，广义积分$\int_{a}^{+\infty} \frac{\mathrm{d}x}{x^p}$发散；当 $p > 1$ 时，广义积分$\int_{a}^{+\infty} \frac{\mathrm{d}x}{x^p}$收敛，且其值为$\frac{a^{1-p}}{p-1}$.

5.6.2 无界函数的广义积分

定义 4 设函数 $f(x)$ 在 $(a, b]$ 上连续，且 $\lim\limits_{x \to a^+} f(x) = \infty$. 任取 $\varepsilon > 0$，我们把极限

$$\lim_{\varepsilon \to 0^+} \int_{a+\varepsilon}^{b} f(x) \mathrm{d}x$$

称为**函数 $f(x)$ 在 $(a, b]$ 上的广义积分**，仍记作 $\int_a^b f(x) \mathrm{d}x$. 即

$$\boxed{\int_a^b f(x) \mathrm{d}x = \lim_{\varepsilon \to 0^+} \int_{a+\varepsilon}^{b} f(x) \mathrm{d}x.} \tag{5.18}$$

如果上述极限存在，则称广义积分 $\int_a^b f(x) \mathrm{d}x$ **收敛**；否则，就称广义积分 $\int_a^b f(x) \mathrm{d}x$ **发散**.

定义 5 设函数 $f(x)$ 在 $[a, b)$ 上连续，且 $\lim\limits_{x \to b^-} f(x) = \infty$. 任取 $\eta > 0$，我们把极限

$$\lim_{\eta \to 0^+} \int_{a}^{b-\eta} f(x) \mathrm{d}x$$

称为**函数 $f(x)$ 在 $[a, b)$ 上的广义积分**，也记作 $\int_a^b f(x) \mathrm{d}x$. 即

$$\boxed{\int_a^b f(x) \mathrm{d}x = \lim_{\eta \to 0^+} \int_{a}^{b-\eta} f(x) \mathrm{d}x.} \tag{5.19}$$

如果上述极限存在，则称广义积分 $\int_a^b f(x) \mathrm{d}x$ **收敛**；否则，就称广义积分 $\int_a^b f(x) \mathrm{d}x$ **发散**.

定义 6 设函数 $f(x)$ 在 $[a, b]$ 上除点 $c(a < c < b)$ 外都连续，且 $\lim\limits_{x \to c} f(x) = \infty$，即 $x = c$ 是 $f(x)$ 的无穷间断点. 我们定义**函数 $f(x)$ 在 $[a, b]$ 上的广义积分**为

$$\boxed{\begin{aligned} \int_a^b f(x) \mathrm{d}x &= \int_a^c f(x) \mathrm{d}x + \int_c^b f(x) \mathrm{d}x \\ &= \lim_{\eta \to 0^+} \int_{a}^{c-\eta} f(x) \mathrm{d}x + \lim_{\varepsilon \to 0^+} \int_{c+\varepsilon}^{b} f(x) \mathrm{d}x. \end{aligned}} \tag{5.20}$$

这里 ε 与 η 是相互独立、取正值而趋于零的变量. 如果上式中两个广义积分 $\int_a^c f(x) \mathrm{d}x$ 与 $\int_c^b f(x) \mathrm{d}x$ 都收敛，则称广义积分 $\int_a^b f(x) \mathrm{d}x$ **收敛**，且收敛于它们的和；如果上式中两个广义积分至少有一个发散，则称广义积分 $\int_a^b f(x) \mathrm{d}x$ **发散**.

上述三种广义积分统称为无界函数的广义积分.

例 4 讨论广义积分$\int_0^1 \frac{dx}{\sqrt{1-x^2}}$的敛散性,当收敛时并指出其值.

解 因为$\lim\limits_{x\to 1^-} f(x) = \lim\limits_{x\to 1^-} \frac{1}{\sqrt{1-x^2}} = +\infty$,所以$x=1$是被积函数$f(x) = \frac{1}{\sqrt{1-x^2}}$的无穷间断点,即$f(x) = \frac{1}{\sqrt{1-x^2}}$在$x=1$处无界.

因为按定义 5,有

$$\int_0^1 \frac{1}{\sqrt{1-x^2}}dx = \lim_{\eta\to 0^+}\int_0^{1-\eta} \frac{dx}{\sqrt{1-x^2}} = \lim_{\eta\to 0^+}\Big[\arcsin x\Big]_0^{1-\eta}$$

$$= \lim_{\eta\to 0^+}\arcsin(1-\eta) = \arcsin 1 = \frac{\pi}{2}.$$

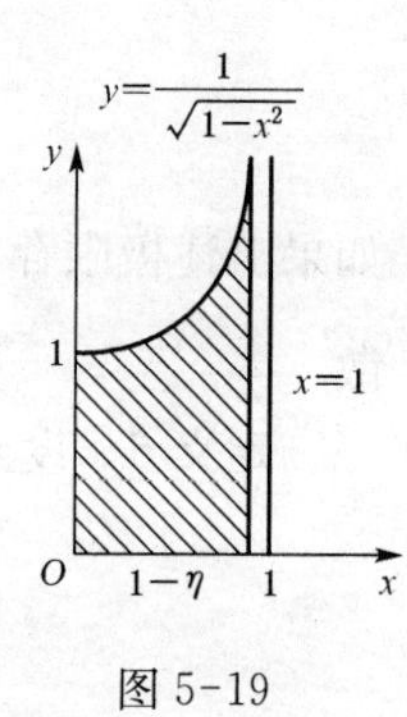

图 5-19

所以,广义积分$\int_0^1 \frac{dx}{\sqrt{1-x^2}}$收敛,且其值为$\frac{\pi}{2}$.

这个广义积分的值,在几何上表示位于曲线$y = \frac{1}{\sqrt{1-x^2}}$之下方、$x$轴之上方,介于$y$轴和直线$x=1$之间的图形面积(图 5-19).

例 5 讨论广义积分$\int_{-2}^2 \frac{1}{x^2}dx$的敛散性.

解 被积函数$f(x) = \frac{1}{x^2}$在积分区间$[-2, 2]$上除点$x=0$外都连续,且$\lim\limits_{x\to 0}\frac{1}{x^2} = \infty$,即$f(x)$在$x=0$处无界. 于是,应考虑两个广义积分$\int_{-2}^0 \frac{dx}{x^2}$与$\int_0^2 \frac{dx}{x^2}$的敛散性.

先考虑广义积分$\int_0^2 \frac{dx}{x^2}$. 由于按定义 4,有

$$\int_0^2 \frac{dx}{x^2} = \lim_{\varepsilon\to 0^+}\int_\varepsilon^2 \frac{dx}{x^2} = \lim_{\varepsilon\to 0^+}\Big[-\frac{1}{x}\Big]_\varepsilon^2 = \lim_{\varepsilon\to 0^+}\Big(\frac{1}{\varepsilon} - \frac{1}{2}\Big) = +\infty,$$

所以,广义积分$\int_0^2 \frac{dx}{x^2}$发散. 根据定义 6 可知,不论广义积分$\int_{-2}^0 \frac{dx}{x^2}$是否收敛,广义积分$\int_{-2}^2 \frac{dx}{x^2}$总是发散的.

注意 如果疏忽了$x=0$是被积函数的无穷间断点,就会把这个无界函数的广义积分误认为定积分,从而得到以下的错误结果:

$$\int_{-2}^2 \frac{dx}{x^2} = \Big[-\frac{1}{x}\Big]_{-2}^2 = -\frac{1}{2} + \Big(-\frac{1}{2}\Big) = -1.$$

例 6 证明:广义积分$\int_0^1 \frac{dx}{x^q}$当$q<1$时收敛,当$q\geqslant 1$时发散.

证明 当$q=1$时,$\int_0^1 \frac{dx}{x^q}=\int_0^1 \frac{dx}{x}$. 因为

$$\int_0^1 \frac{dx}{x}=\lim_{\varepsilon\to 0^+}\int_\varepsilon^1 \frac{dx}{x}=\lim_{\varepsilon\to 0^+}\Big[\ln x\Big]_\varepsilon^1=-\lim_{\varepsilon\to 0^+}\ln\varepsilon=+\infty,$$

所以广义积分发散.

当$q\neq 1$时,

$$\int_0^1 \frac{dx}{x^q}=\lim_{\varepsilon\to 0^+}\int_\varepsilon^1 \frac{dx}{x^q}=\lim_{\varepsilon\to 0^+}\left[\frac{x^{1-q}}{1-q}\right]_\varepsilon^1=\lim_{\varepsilon\to 0^+}\left(\frac{1}{1-q}-\frac{\varepsilon^{1-q}}{1-q}\right)$$

$$=\begin{cases}\frac{1}{1-q}, & q<1,\\ +\infty, & q>1.\end{cases}$$

综上讨论可知:当$q<1$时,广义积分$\int_0^1 \frac{dx}{x^q}$收敛,且其值为$\frac{1}{1-q}$;当$q\geqslant 1$时,广义积分$\int_0^1 \frac{dx}{x^q}$发散.

习题 5.6

1. 判别积分中哪些是广义积分?哪些是定积分?

(1) $\int_0^{+\infty} \frac{dx}{x^2+4}$;

(2) $\int_0^1 \frac{dx}{x^4+4}$;

(3) $\int_0^2 \frac{dx}{(x-1)^2}$;

(4) $\int_0^1 \frac{\sin x}{x}dx$;

(5) $\int_1^5 \frac{dt}{\sqrt{5-t}}$;

(6) $\int_1^4 \frac{dt}{\sqrt{5-t}}$;

(7) $\int_0^e \ln x dx$;

(8) $\int_1^e \ln x dx$;

(9) $\int_0^2 \frac{dx}{x^2-4x+3}$;

(10) $\int_{\frac{3}{2}}^{\frac{5}{2}} \frac{dx}{x^2-4x+3}$.

2. 讨论广义积分的敛散性,当收敛时并指出其值.

(1) $\int_1^{+\infty} \frac{dx}{\sqrt{x}}$;

(2) $\int_0^{+\infty} xe^{-x^2}dx$;

(3) $\int_{-\infty}^{+\infty} \frac{dx}{x^2+9}$;

(4) $\int_0^1 \frac{xdx}{\sqrt{1-x^2}}$;

(5) $\int_0^2 \frac{dx}{(1-x)^2}$;

(6) $\int_{-\infty}^{+\infty} \frac{dx}{x^2+2x+2}$;

(7) $\int_0^{+\infty} e^{kt}e^{-pt}dt(p>k)$;

(8) $\int_1^e \frac{dx}{x\sqrt{1-(\ln x)^2}}$.

答　案

1. 单号题是广义积分,双号题是定积分.

2. (1) 发散; (2) 收敛,$\frac{1}{2}$; (3) 收敛,$\frac{\pi}{3}$; (4) 收敛,1; (5) 发散; (6) 收敛,π;

(7) 收敛,$\frac{1}{p-k}$; (8) 收敛,$\frac{\pi}{2}$.

5.7　定积分在几何中的应用

由于定积分的产生有其深刻的实际背景,因此,定积分的应用也是非常广泛的.利用定积分解决实际问题的关键是,如何把实际问题抽象为定积分并建立其表达式.为今后讨论方便起见,本节先来简单地介绍常用的一种方法——元素法.然后,我们将直接利用元素法来讨论定积分在几何中的一些应用.

5.7.1　元素法

由定积分的定义及几何意义可知,能用定积分表示的量 Q(如 5.1 节中,曲边梯形的面积 A 及变速直线运动的路程 s 等),都具有以下共同的特征:

(1) Q 的值是与某个变量(如 x)的变化区间$[a, b]$及定义在该区间上的函数(如 $f(x)$)有关.

(2) Q 对于区间具有可加性,即对于区间$[a, b]$的总量 Q 等于把$[a, b]$分割为若干个小区间后,对应于各个小区间的部分量之和.

(3) 相应于小区间$[x_{i-1}, x_i]$上的部分量 ΔQ_i,可近似地表示为 $f(\xi_i)\Delta x_i$,即

$$\Delta Q_i \approx f(\xi_i)\Delta x_i \quad (i = 1, 2, \cdots, n),$$

其中,$\Delta x_i = x_i - x_{i-1}$, ξ_i 是小区间$[x_{i-1}, x_i]$上任意一点,且 ΔQ_i 与 $f(\xi_i)\Delta x_i$ 之间只相差一个比 Δx_i 高阶的无穷小. 于是有

$$Q = \sum_{i=1}^{n} \Delta Q_i \approx \sum_{i=1}^{n} f(\xi_i)\Delta x_i,$$

而

$$Q = \lim_{\lambda \to 0} \sum_{i=1}^{n} f(\xi_i)\Delta x_i = \int_a^b f(x)\mathrm{d}x,$$

其中,$\lambda = \max\{\Delta x_1, \Delta x_2, \cdots, \Delta x_n\}$.

当所求量 Q 可考虑用定积分表达时,通常可省略下标 i,用区间$[x, x+\mathrm{d}x]$来代替任一小区间$[x_{i-1}, x_i]$,并取 ξ_i 为小区间的左端点 x. 这样,确定所求量 Q 的定积分表达式的步骤可简化如下:

(1) 根据实际问题的具体情况,选取某个变量,例如,x 为积分变量,并确定它的变化区间$[a, b]$.

(2) 在区间$[a, b]$上任取一个代表性小区间,并记作$[x, x+\mathrm{d}x]$,求出相应于这个小区间的部分量 ΔQ 的近似值,即如果 ΔQ 可近似地表示为 $f(x)\mathrm{d}x$,并使它与 ΔQ 只相差一个比 $\mathrm{d}x$ 高阶的无穷小①,则称 $f(x)\mathrm{d}x$ 为所求量 Q 的**元素**(或**微元**),记作 $\mathrm{d}Q=f(x)\mathrm{d}x$.

(3) 以 $\mathrm{d}Q=f(x)\mathrm{d}x$ 为被积表达式,在闭区间$[a, b]$上作定积分,便得所求量 Q 的定积分表达式

$$Q=\int_a^b f(x)\mathrm{d}x.$$

上述方法称为定积分的**元素法**(或**微元法**).

5.7.2 平面图形的面积

1. 直角坐标情形

利用定积分,除了可以计算曲边梯形的面积,还可以计算一些比较复杂的平面图形的面积.

例如,设在区间$[a, b]$上,$f(x)$ 和 $g(x)$ 均为单值连续函数,且 $f(x)\geqslant g(x)$,求由曲线 $y=f(x)$, $y=g(x)$ 与直线 $x=a$ 及 $x=b$ $(a<b)$ 所围成的图形(图 5-20)的面积.

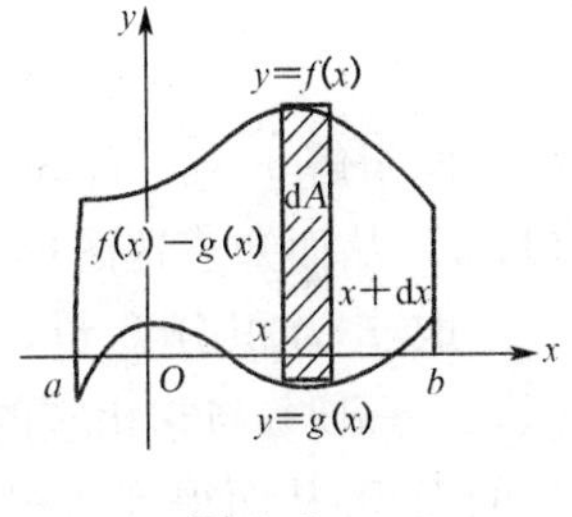

图 5-20

采用元素法,步骤如下:

(1) 选取横坐标 x 为积分变量,其变化区间为$[a, b]$;

(2) 在区间$[a, b]$上任取一代表性小区间$[x, x+\mathrm{d}x]$,相应于这个小区间上的面积为ΔA,它可以用高为 $f(x)-g(x)$,底为 $\mathrm{d}x$ 的窄矩形面积来近似代替,即

$$\Delta A\approx[f(x)-g(x)]\mathrm{d}x,$$

因此,面积元素为

$$\mathrm{d}A=[f(x)-g(x)]\mathrm{d}x;$$

(3) 以面积元素 $\mathrm{d}A=[f(x)-g(x)]\mathrm{d}x$ 为被积表达式,在区间$[a, b]$上作定积分,便得所求的面积为

$$\boxed{A=\int_a^b[f(x)-g(x)]\mathrm{d}x.} \tag{5.21}$$

类似地,若在区间$[c, d]$上,$\varphi(y)$和$\psi(y)$均为单值连续函数,且 $\varphi(y)\leqslant\psi(y)$,则

① 一般地说,当 $f(x)$在区间$[a, b]$上是连续函数时,它总能满足这个要求(证明从略).

由曲线 $x=\varphi(y)$，$x=\psi(y)$ 与直线 $y=c$ 及 $y=d$ ($c<d$)所围成的平面图形(图 5-21)的面积为

$$\boxed{A=\int_c^d[\psi(y)-\varphi(y)]\mathrm{d}y.} \tag{5.22}$$

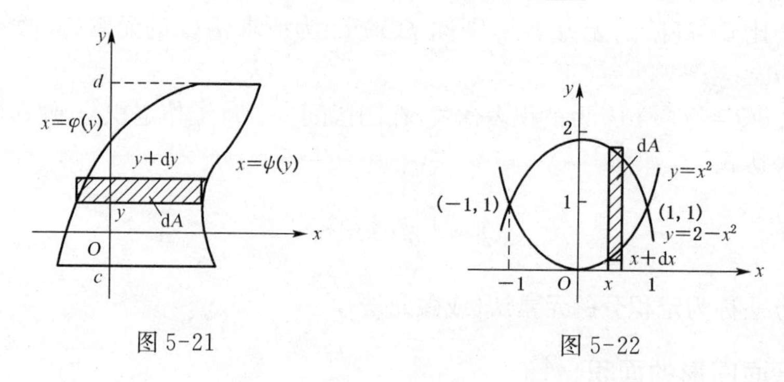

图 5-21　　图 5-22

例 1　求由抛物线 $y=x^2$ 与 $y=2-x^2$ 所围成的图形的面积.

解　先画一个草图(图 5-22),为了具体定出图形的所在范围,先求出这两条抛物线的交点.为此,解方程组

$$\begin{cases}y=x^2,\\y=2-x^2,\end{cases}$$

得到两组解 $x=-1$，$y=1$ 及 $x=1$，$y=1$. 即两条抛物线的交点为 $(-1, 1)$ 及 $(1, 1)$. 从而知道这图形在直线 $x=-1$ 及 $x=1$ 之间.

取 x 为积分变量，其变化区间为 $[-1, 1]$. 在 $[-1, 1]$ 上任取一小区间 $[x, x+\mathrm{d}x]$,与它相应的窄条形的面积近似于高为 $[(2-x^2)-x^2]$,底为 $\mathrm{d}x$ 的窄矩形的面积.从而得到面积元素为

$$\mathrm{d}A=[(2-x^2)-x^2]\mathrm{d}x=2(1-x^2)\mathrm{d}x.$$

以 $\mathrm{d}A=2(1-x^2)\mathrm{d}x$ 为被积表达式,在闭区间 $[-1, 1]$ 上作定积分,便得所求的面积为

$$A=\int_{-1}^1 2(1-x^2)\mathrm{d}x=4\int_0^1(1-x^2)\mathrm{d}x=4\left[x-\frac{x^3}{3}\right]_0^1=\frac{8}{3}.$$

例 2　求由抛物线 $y^2=x$ 与直线 $y=x-2$ 所围成的图形的面积.

解　先画出草图(图 5-23). 由方程组

$$\begin{cases}y^2=x,\\y=x-2,\end{cases}$$

解得抛物线与直线的交点为 $(1, -1)$ 及 $(4, 2)$.

取纵坐标 y 为积分变量,它的变化区间为 $[-1, 2]$. 在 $[-1, 2]$ 上任取一小区间

$[y, y+\mathrm{d}x]$，相应于这个小区间的窄条形面积近似于高为 $\mathrm{d}y$、底为 $[(y+2)-y^2]$ 的窄矩形的面积(图 5-23)，从而得面积元素为

$$\mathrm{d}A=[(y+2)-y^2]\mathrm{d}y.$$

以 $\mathrm{d}A=[(y+2)-y^2]\mathrm{d}y$ 为被积表达式，在闭区间 $[-1, 2]$ 上作定积分，便得所求的面积为

$$A=\int_{-1}^{2}[(y+2)-y^2]\mathrm{d}y=\left[\frac{1}{2}y^2+2y-\frac{1}{3}y^3\right]_{-1}^{2}=\frac{9}{2}.$$

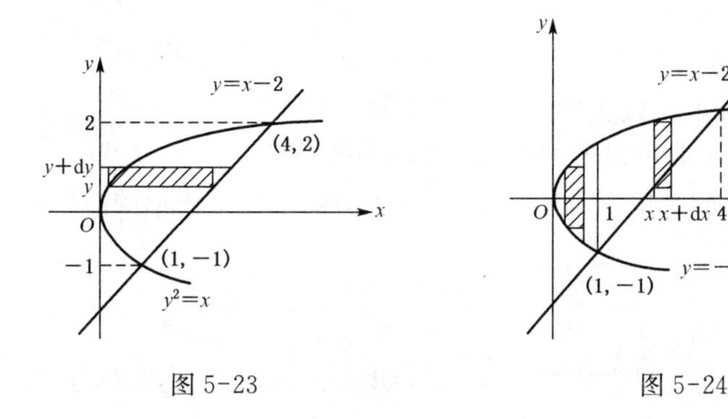

图 5-23　　　　图 5-24

注意　适当选取积分变量，对于计算的繁易很有关系. 本例中若选取 x 为积分变量(图 5-24)，则计算就要复杂得多，读者不妨试一试.

例 3　求椭圆曲线 $\dfrac{x^2}{a^2}+\dfrac{y^2}{b^2}=1\ (a>0, b>0)$ 所围成的平面图形的面积.

解　这椭圆关于两坐标轴都对称(图 5-25)，所以椭圆的面积

$$A=4A_1,$$

其中，A_1 为该椭圆在第一象限部分的面积. 因此

$$A=4A_1=4\int_0^a y\mathrm{d}x.$$

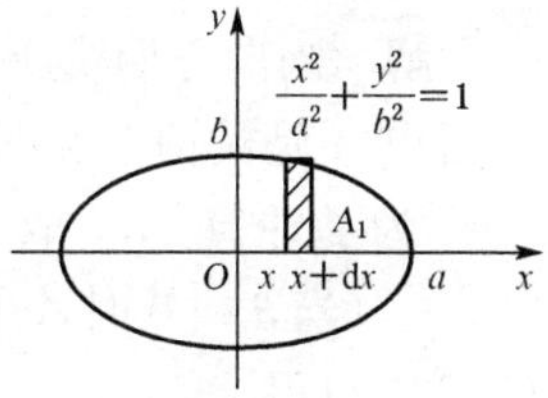

图 5-25

利用椭圆的参数方程

$$\begin{cases}x=a\cos t,\\ y=b\sin t\end{cases}$$

及定积分的换元法，令 $x=a\cos t$，则 $y=b\sin t$，$\mathrm{d}x=-a\sin t\mathrm{d}t$. 当 $x=0$ 时，$t=\dfrac{\pi}{2}$；当 $x=a$ 时，$t=0$. 于是

$$A=4\int_0^a y\mathrm{d}x=4\int_{\frac{\pi}{2}}^{0}b\sin t(-a\sin t)\mathrm{d}t=4ab\int_0^{\frac{\pi}{2}}\sin^2 t\mathrm{d}t=4ab\times\frac{1}{2}\times\frac{\pi}{2}=\pi ab.$$

注意　这里计算定积分$\int_0^{\frac{\pi}{2}} \sin^2 t\mathrm{d}t$时，直接利用了 5.5 节中公式(5.10). 显然，当 $a=b$ 时就得到半径为 a 的圆面积公式 $A=\pi a^2$.

2. 极坐标情形

某些平面图形的面积，利用极坐标①计算比较方便.

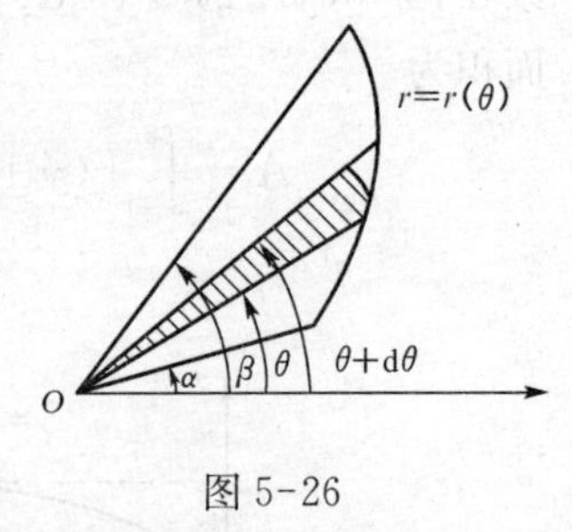

图 5-26

设曲线的极坐标方程为 $r=r(\theta)$，其中，$r(\theta)$ 为连续函数，$\alpha\leqslant\theta\leqslant\beta$. 现在要计算由此曲线与两条射线 $\theta=\alpha$ 及 $\theta=\beta$ 所围成的曲边扇形(图 5-26) 的面积.

利用元素法：

(1) 选取 θ 为积分变量，它的变化区间为$[\alpha, \beta]$；

(2) 在$[\alpha, \beta]$上任取一代表性的小区间$[\theta, \theta+\mathrm{d}\theta]$，相应于这个小区间上的小曲边扇形的面积 ΔA，可用半径为 $r=r(\theta)$、中心角为 $\mathrm{d}\theta$ 的圆扇形面积②来近似代替，因此，曲边扇形的面积元素为

$$\mathrm{d}A=\frac{1}{2}r^2(\theta)\mathrm{d}\theta;$$

(3) 以 $\mathrm{d}A=\frac{1}{2}r^2(\theta)\mathrm{d}\theta$ 为被积表达式，在闭区间$[\alpha, \beta]$上作定积分，便得所求的面积为

$$\boxed{A=\frac{1}{2}\int_\alpha^\beta r^2(\theta)\mathrm{d}\theta.} \tag{5.23}$$

例 4　求由心形线 $r=a(1+\cos\theta)$ $(a>0)$ 所围成的图形的面积.

解　画出心形线所围成的图形(图 5-27). 这个图形对称于极轴，因此，所求图形的面积 A 是极轴上方部分图形面积 A_1 的 2 倍.

为了计算 A_1，取 θ 为积分变量，它的变化区间为 $[0, \pi]$（当 $\theta=0$ 时，$r=2a$；当 $\theta=\pi$ 时，$r=0$）. 由公式 (5.23) 可得

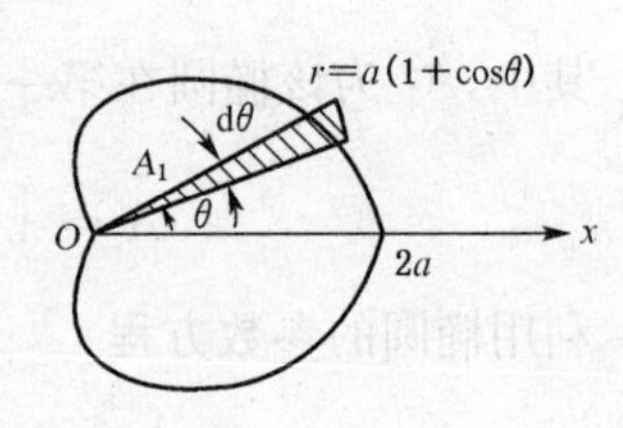

图 5-27

$$\begin{aligned}A_1&=\int_0^\pi \frac{1}{2}a^2(1+\cos\theta)^2\mathrm{d}\theta\\&=\frac{a^2}{2}\int_0^\pi(1+2\cos\theta+\cos^2\theta)\mathrm{d}\theta\\&=\frac{a^2}{2}\int_0^\pi\left(\frac{3}{2}+2\cos\theta+\frac{1}{2}\cos 2\theta\right)\mathrm{d}\theta\end{aligned}$$

---

① 有关极坐标的概念，可参见本书附录 C.

② 关于圆扇形面积公式：$A=\frac{1}{2}R^2\theta$，可参见本书附录 B.

$$=\frac{a^2}{2}\left[\frac{3}{2}\theta+2\sin\theta+\frac{1}{4}\sin 2\theta\right]_0^{\pi}=\frac{3}{4}\pi a^2.$$

于是,所求面积为 $A=2A_1=\frac{3}{2}\pi a^2$.

例 5 求由双纽线 $r^2=a^2\cos 2\theta$ 围成的图形的面积.

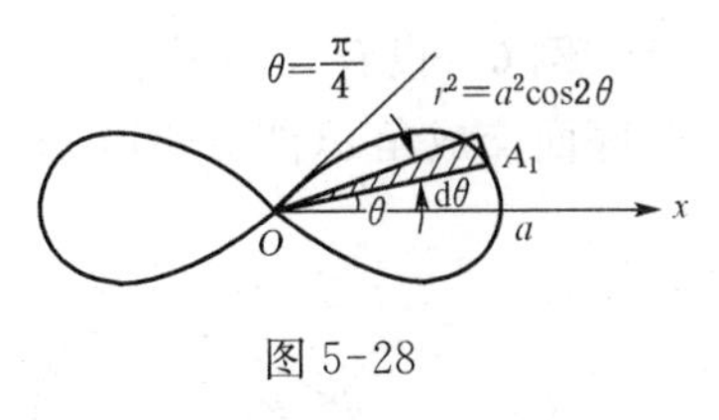

图 5-28

解 画出双纽线所围成的图形(图 5-28),这个图形对称于极轴,也对称于极点,因此,所求图形的面积 A 是第一象限内极轴上方部分图形面积 A_1 的 4 倍.

为了计算 A_1,取 θ 的积分变量,它的变化区间为 $\left[0,\ \frac{\pi}{4}\right]$(因为令 $r=0$,由 $a^2\cos 2\theta=0$ 得 $\cos 2\theta=0$, $2\theta=\frac{\pi}{2}$, $\theta=\frac{\pi}{4}$). 由公式(5.23) 可得

$$A_1=\int_0^{\frac{\pi}{4}}\frac{1}{2}a^2\cos 2\theta\mathrm{d}\theta=\frac{a^2}{2}\int_0^{\frac{\pi}{4}}\cos 2\theta\mathrm{d}\theta=\frac{a^2}{4}\left[\sin 2\theta\right]_0^{\frac{\pi}{4}}=\frac{a^2}{4}.$$

于是,所求面积为

$$A=4A_1=a^2.$$

5.7.3 某些特殊立体的体积

1. 平行截面面积为已知的立体的体积

设有一空间立体 Ω,介于过 x 轴上 a, b $(a<b)$ 两点且垂直于 x 轴的两平面之间(图 5-29).

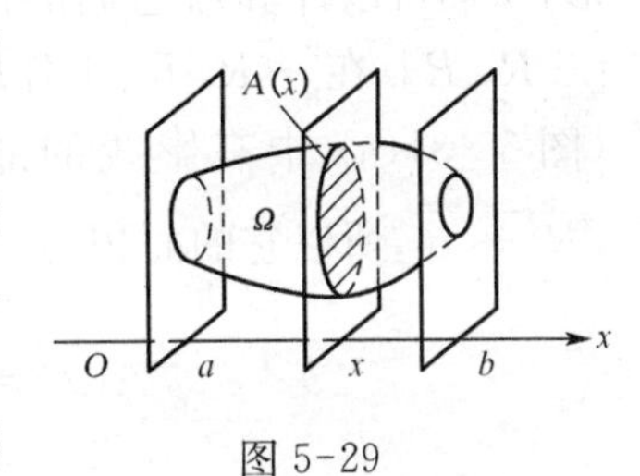

图 5-29

若过 x 轴上任一点 x $(a\leqslant x\leqslant b)$ 作垂直于 x 轴的平面,截立体 Ω 所得截面的面积为 A,则 A 是 x 的函数,记作 $A(x)$,其定义域为 $[a,\ b]$.

设空间立体 Ω 的截面面积函数 $A(x)$ 为已知的连续函数,则也可用元素法求得立体 Ω 的体积 V.

(1) 取 x 为积分变量,它的变化区间为 $[a,\ b]$.

(2) 在区间 $[a,\ b]$ 上任取一代表性小区间 $[x,\ x+\mathrm{d}x]$(图 5-30). 相应于这小区间上的小块立体的体积,可以用一个以 $A(x)$ 为底面积、高为 $\mathrm{d}x$ 的薄圆柱体的体积来近似代替,即得体积元素

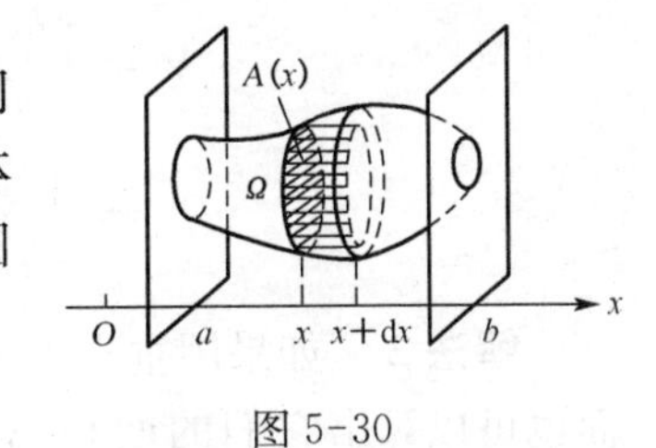

图 5-30

$$\mathrm{d}V=A(x)\mathrm{d}x.$$

(3) 以 $\mathrm{d}V=A(x)\mathrm{d}x$ 为被积表达式,在区间 $[a,\ b]$

上作定积分,便得所求立体 Ω 的体积为

$$\boxed{V=\int_a^b A(x)\mathrm{d}x.} \tag{5.24}$$

例 6 设有一底圆半径为 R 的圆柱体被一平面所截,平面过圆柱底圆的直径且与底面交成角 α(图 5-31).求这平面截圆柱体所得立体(楔形体)的体积.

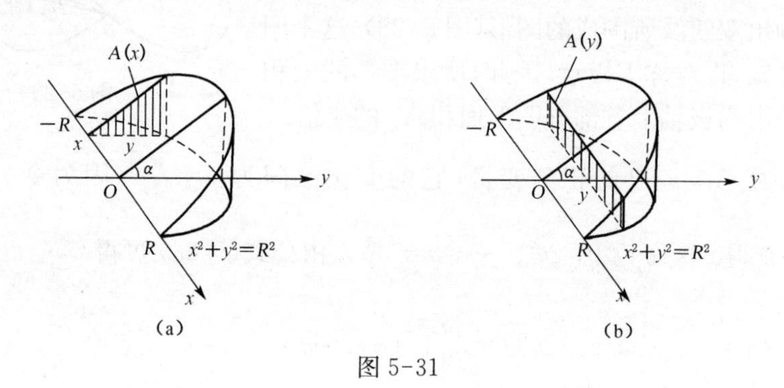

图 5-31

解法 1 取平面与圆柱底面的交线为 x 轴,底面上过圆心且垂直于 x 轴的直线为 y 轴,那么,底圆的方程为

$$x^2+y^2=R^2.$$

如果用一组垂直于 x 轴的平行平面截该立体,则所得的平行截面都是直角三角形,从而可以计算出它们的面积 A. 因此,我们选取 x 为积分变量,其变化区间为 $[-R, R]$. 在 $[-R, R]$ 上任取一点 x,过点 x 且垂直于 x 轴的截面是一个直角三角形(图 5-31(a) 中有影线的部分),两条直角边的长度分别为 y 及 $y\tan\alpha$,而 $y=\sqrt{R^2-x^2}$,所以它的面积为

$$A(x)=\frac{1}{2}y^2\tan\alpha=\frac{1}{2}(R^2-x^2)\tan\alpha.$$

利用公式(5.24),在闭区间 $[-R, R]$ 上作定积分,便得所求立体的体积为

$$\begin{aligned}V&=\int_{-R}^{R}A(x)\mathrm{d}x=\int_{-R}^{R}\frac{1}{2}(R^2-x^2)\tan\alpha\mathrm{d}x\\&=\frac{1}{2}\tan\alpha\left[R^2x-\frac{x^3}{3}\right]_{-R}^{R}=\frac{2}{3}R^3\tan\alpha.\end{aligned}$$

解法 2 如果用垂直于 y 轴的平行平面截该立体,则所得平行截面都是矩形,从而也可以算出它们的面积 A. 因此,也可以选取 y 为积分变量,它的变化区间为 $[0, R]$. 在 $[0, R]$ 上任取一点 y,过点 y 且垂直于 y 轴的截面是一个矩形(图 5-31(b) 中有影线的部分),这个矩形的底为 $2x$,高为 $y\tan\alpha$,而 $x=\sqrt{R^2-y^2}$,所以它的面积

为

$$A(y) = 2xy\tan\alpha = 2y\sqrt{R^2 - y^2}\tan\alpha.$$

利用公式(5.24)，把积分变量 x 换成 y，在闭区间$[0, R]$上作定积分，便得所求的体积为

$$V = \int_0^R A(y)\mathrm{d}y = \int_0^R 2y\sqrt{R^2 - y^2}\tan\alpha\mathrm{d}y = -\tan\alpha\int_0^R (R^2 - y^2)^{\frac{1}{2}}\mathrm{d}(R^2 - y^2)$$

$$= -\frac{2}{3}\tan\alpha\Big[(R^2 - y^2)^{\frac{3}{2}}\Big]_0^R = \frac{2}{3}R^3\tan\alpha.$$

2. 旋转体的体积

旋转体是指由平面图形绕该平面上某直线旋转一周而成的立体，该直线称为**旋转轴**. 例如，圆锥可以看成是由直角三角形绕它的一条直角边旋转一周而成的旋转体；球体可以看成是由半圆绕它的直径旋转一周而成的旋转体. 一般地说，旋转体总可以看作是由平面上的曲边梯形绕某个坐标轴旋转一周而得到的立体.

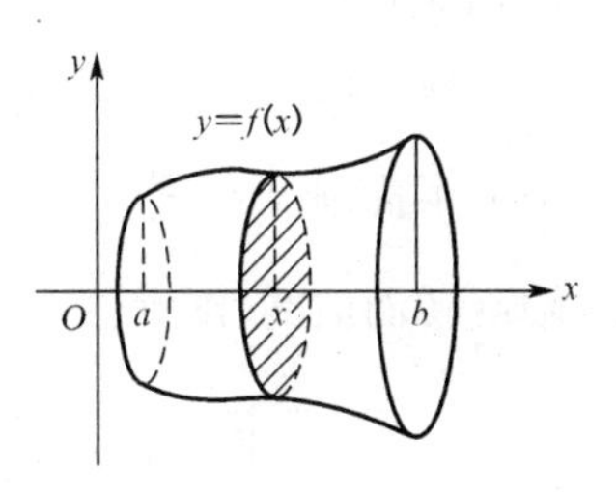

图 5-32

现在来运用定积分，计算由连续曲线 $y = f(x)$，直线 $x = a$，$x = b$ $(a < b)$ 及 x 轴所围成的曲边梯形绕 x 轴旋转一周而成的立体(图 5-32) 的体积.

取 x 为积分变量，其变化区间为$[a, b]$. 在$[a, b]$ 上任取一点 x 处垂直于 x 轴的截面是半径等于 $y = f(x)$ 的圆，因而此截面面积为

$$A(x) = \pi y^2 = \pi[f(x)]^2.$$

由已知平行截面面积求体积的公式(5.24)，得曲边梯形绕 x 轴旋转一周所成的立体的体积，记作

$$\boxed{V_x = \int_a^b \pi y^2\mathrm{d}x = \int_a^b \pi[f(x)]^2\mathrm{d}x.} \tag{5.25}$$

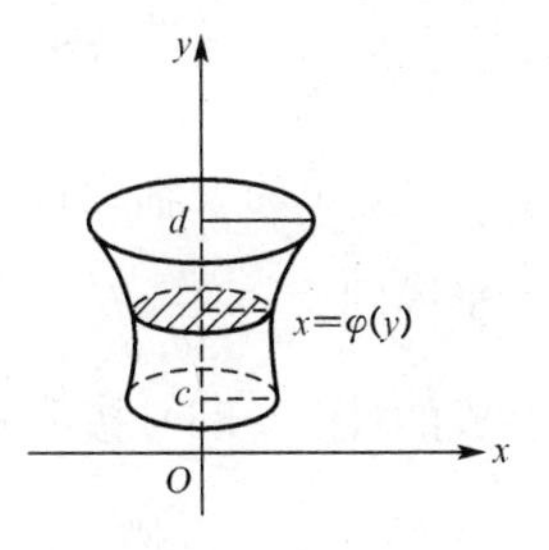

图 5-33

类似地，可以得到由连续曲线 $x = \varphi(y)$，直线 $y = c$，$y = d$ $(c < d)$ 及 y 轴所围成的曲边梯形绕 y 轴旋转一周而成的立体(图 5-33) 的体积，记作为

$$\boxed{V_y = \int_c^d \pi x^2\mathrm{d}y = \int_c^d \pi[\varphi(y)]^2\mathrm{d}y.} \tag{5.26}$$

例 7 求底圆半径为 r，高为 h 的圆锥体的体积.

解 取圆锥体的顶点为原点，圆锥的轴为 x 轴，则直线 OP 的方程为 $y = \frac{r}{h}x$，而

圆锥体可看作由直线 $y=\frac{r}{h}x$，$x=0$，$x=h$ 及 x 轴所围成的直角三角形绕 x 轴旋转而成的(图 5-34).于是,由旋转体体积的计算公式(5.25),得此圆锥体的体积

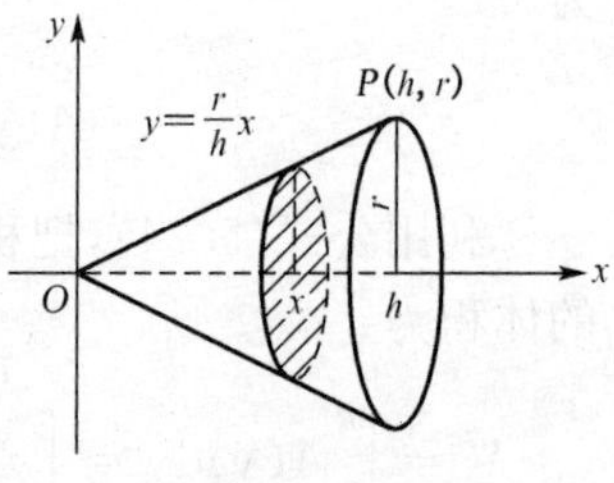

$$V=\int_0^h \pi y^2\mathrm{d}x=\pi\int_0^h\left(\frac{r}{h}x\right)^2\mathrm{d}x=\frac{\pi r^2}{h^2}\int_0^h x^2\mathrm{d}x$$

$$=\frac{\pi r^2}{3h^2}\left[x^3\right]_0^h=\frac{1}{3}\pi r^2 h.$$

图 5-34

例 8 求由椭圆 $\frac{x^2}{a^2}+\frac{y^2}{b^2}=1\ (a>b>0)$ 所围成的图形,分别绕 x 轴及 y 轴旋转一周所成立体(旋转椭球体)的体积.

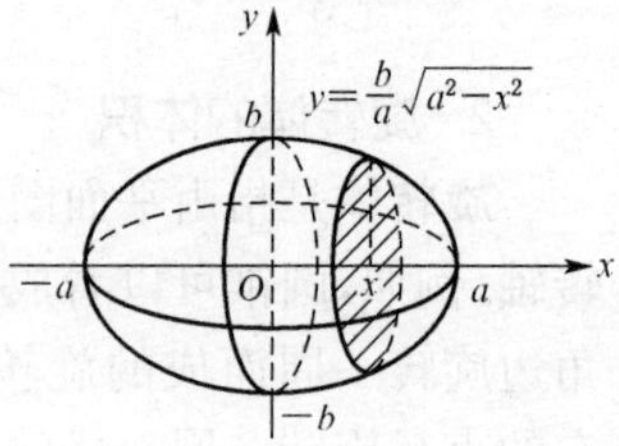

图 5-35

解 (1) 绕 x 轴旋转,记所得体积为 V_x. 它可看作是由上半椭圆 $y=\frac{b}{a}\sqrt{a^2-x^2}$ 及 x 轴所围成的图形绕 x 轴旋转而成的(图 5-35).按公式(5.25)得

$$V_x=\int_{-a}^{a}\pi y^2\mathrm{d}y=\pi\int_{-a}^{a}\left(\frac{b}{a}\sqrt{a^2-x^2}\right)^2\mathrm{d}x$$

$$=\pi\frac{b^2}{a^2}\int_{-a}^{a}(a^2-x^2)\mathrm{d}x \quad (\text{被积函数是偶函数})$$

$$=2\pi\frac{b^2}{a^2}\int_0^a(a^2-x^2)\mathrm{d}x=2\pi\frac{b^2}{a^2}\left[a^2x-\frac{x^3}{3}\right]_0^a$$

$$=\frac{4}{3}\pi ab^2.$$

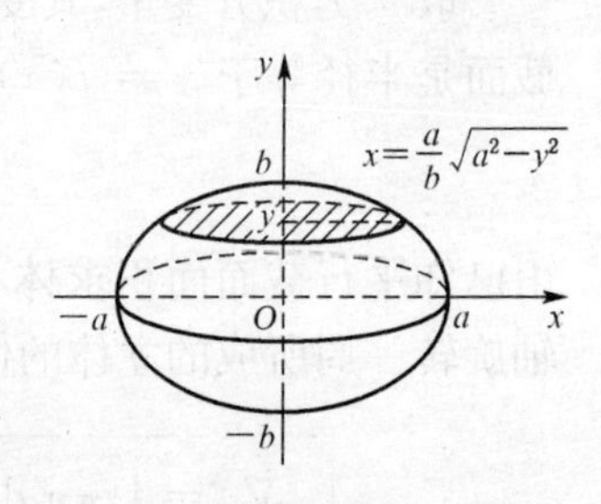

图 5-36

(2) 绕 y 轴旋转,记所得体积为 V_y. 它可看作是由右半椭圆 $x=\frac{a}{b}\sqrt{b^2-y^2}$ 及 y 轴所围成的图形绕 y 旋转而成的(图 5-36).按公式(5.26)得

$$V_y=\int_{-b}^{b}\pi x^2\mathrm{d}y=\pi\int_{-b}^{b}\left(\frac{a}{b}\sqrt{b^2-y^2}\right)^2\mathrm{d}y$$

$$=\pi\frac{a^2}{b^2}\int_{-b}^{b}(b^2-y^2)\mathrm{d}y=2\pi\frac{a^2}{b^2}\int_0^b(b^2-y^2)\mathrm{d}y=2\pi\frac{a^2}{b^2}\left[b^2y-\frac{y^3}{3}\right]_0^b=\frac{4}{3}\pi a^2 b.$$

从上面的两种结果都可以看出,当 $a=b$ 时,旋转椭球体就成为半径为 a 的球体,它的体积为 $\frac{4}{3}\pi a^3$.

例 9 求圆心在 $(b,0)$,半径为 $a\ (b>a)$ 的圆绕 y 轴旋转而成(如汽车轮胎那

样）的环状体的体积.

解 圆的方程为

$$(x-b)^2+y^2=a^2.$$

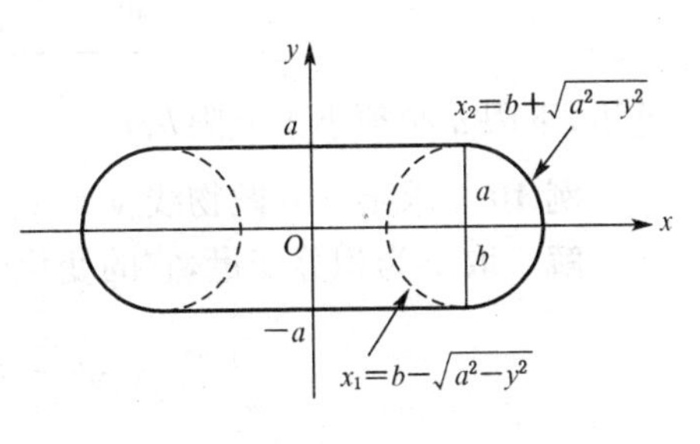

图 5-37

显然,此环状体的体积可以看作是由右半圆周 $x_2=b+\sqrt{a^2-y^2}$ 和左半圆周 $x_1=b-\sqrt{a^2-y^2}$,分别与直线 $y=-a$, $y=a$ 及 y 轴所围成的曲边梯形,绕 y 轴旋转所产生的旋转体的体积之差(图 5-37).

利用旋转体体积的计算公式(5.26),得所求环状体的体积为

$$V_y=\int_{-a}^{a}\pi x_2^2\mathrm{d}y-\int_{-a}^{a}\pi x_1^2\mathrm{d}y=\int_{-a}^{a}\pi(x_2^2-x_1^2)\mathrm{d}y$$

$$=2\pi\int_0^a[(b+\sqrt{a^2-y^2})^2-(b-\sqrt{a^2-y^2})^2]\mathrm{d}y=2\pi\int_0^a 4b\sqrt{a^2-y^2}\mathrm{d}y$$

$$=8\pi b\int_0^a\sqrt{a^2-y^2}\mathrm{d}y=8\pi b\left[\frac{y}{2}\sqrt{a^2-y^2}+\frac{a^2}{2}\arcsin\frac{y}{a}\right]_0^a=2\pi^2a^2b.$$

5.7.4 平面曲线的弧长

1. 直角坐标情形

设曲线弧$\overset{\frown}{AB}$的直角坐标方程为

$$y=f(x)\quad(a\leqslant x\leqslant b),$$

其中,$f(x)$在$[a, b]$上具有一阶连续导数①,现在来计算这曲线弧(图 5-38)的弧长.用元素法:

图 5-38

(1) 取横坐标 x 为积分变量,它的变化区间为$[a, b]$.

(2) 在$[a, b]$上任取一小区间$[x, x+\mathrm{d}x]$,相应于曲线上的弧段$\overset{\frown}{PQ}$ 的弧长 Δs,可以用相应的切线段长度 $|PT|$来近似代替.即

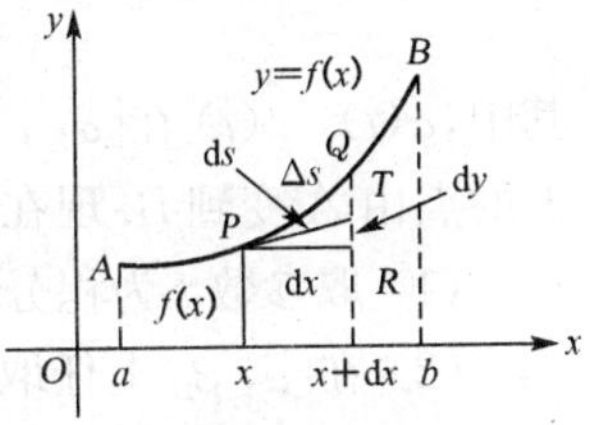

$$\Delta s\approx|PT|=\sqrt{(\mathrm{d}x)^2+(\mathrm{d}y)^2}=\sqrt{1+y'^2}\mathrm{d}x,$$

即得弧长元素(弧微分)为

$$\mathrm{d}s=\sqrt{1+y'^2}\mathrm{d}x.$$

(3) 以 $\mathrm{d}s=\sqrt{1+y'^2}\mathrm{d}x$ 为被积表达式,在闭区间$[a, b]$上作定积分,便得所求的弧长为

---

① 这时,曲线弧 $y=f(x)$ 在$[a, b]$上各点处具有连续转动的切线,也称曲线弧是光滑的.

$$s=\int_a^b\sqrt{1+y'^2}\,dx. \tag{5.27}$$

这里，下限 a 必须小于上限 b.

例 10 求半立方抛物线 $y=x^{\frac{3}{2}}$ 在 x 从 0 到 4 之间的一段弧(图 5-39)的长度.

解 取 x 为积分变量，它的变化区间为$[0, 4]$. 由于

$$y'=(x^{\frac{3}{2}})'=\frac{3}{2}x^{\frac{1}{2}},$$

于是，由公式(5.27)得所求的弧长为

$$\begin{aligned}
s&=\int_0^4\sqrt{1+\left(\frac{3}{2}x^{\frac{1}{2}}\right)^2}\,dx\\
&=\int_0^4\sqrt{1+\frac{9}{4}x}\,dx=\frac{4}{9}\int_0^4\left(1+\frac{9}{4}x\right)^{\frac{1}{2}}d\left(1+\frac{9}{4}x\right)\\
&=\frac{4}{9}\times\frac{2}{3}\left[\left(1+\frac{9}{4}x\right)^{\frac{3}{2}}\right]_0^4=\frac{8}{27}(10\sqrt{10}-1).
\end{aligned}$$

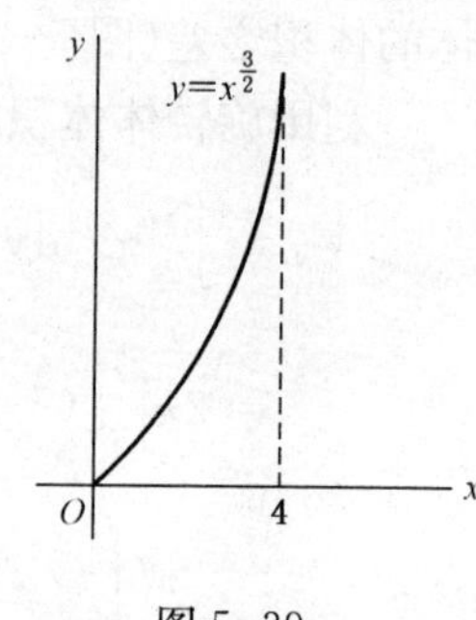

图 5-39

2. 参数方程情形

设曲线弧$\widehat{AB}$的参数方程为

$$\begin{cases}x=\varphi(t),\\ y=\psi(t)\end{cases}\quad(\alpha\leqslant t\leqslant\beta),$$

其中，$\varphi(t)$，$\psi(t)$ 在$[\alpha, \beta]$上具有一阶连续导数，当参数 t 由 α 变到 $\beta(\alpha<\beta)$ 时，曲线上的点由 A 变到 B. 现在来计算这曲线弧的弧长. 采用元素法：

(1) 取参数 t 为积分变量，它的变化区间为$[\alpha, \beta]$；

(2) 在$[\alpha, \beta]$上任取一代表性小区间$[t, t+dt]$，相应于这个小区间上的小弧段的弧长，可以用曲线上点$(\varphi(t), \psi(t))$处的切线上相应的切线段长度来近似代替，即得弧长元素(弧微分)为

$$ds=\sqrt{(dx)^2+(dy)^2}=\sqrt{[\varphi'(t)dt]^2+[\psi'(t)dt]^2}=\sqrt{\varphi'^2(t)+\psi'^2(t)}\,dt;$$

(3) 以 $ds=\sqrt{\varphi'^2(t)+\psi'^2(t)}\,dt$ 为被积表达式，在闭区间$[\alpha, \beta]$上作定积分，便得所求的弧长为

$$s=\int_\alpha^\beta\sqrt{\varphi'^2(t)+\psi'^2(t)}\,dt. \tag{5.28}$$

这里，下限 α 必须小于上限 β.

例 11 求星形线

$$\begin{cases} x = a\cos^3 t, \\ y = a\sin^3 t \end{cases} \quad (a > 0)$$

的周长(图 5-40).

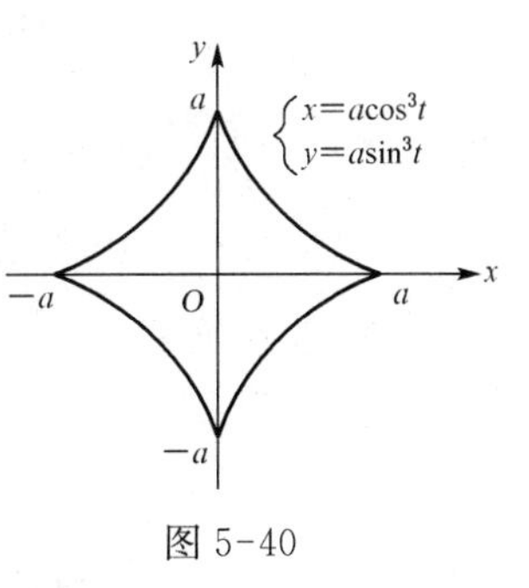

图 5-40

解 由于对称性,所求的周长等于第一象限内弧长的 4 倍.

在第一象限内,取参数 t 为积分变量,其变化区间为 $\left[0, \frac{\pi}{2}\right]$(由 $x = a\cos^3 t$ 可知,当 $x = a$ 时,$\cos t = 1$, $t = 0$;当 $x = 0$ 时,$\cos t = 0$, $t = \frac{\pi}{2}$). 现在

$$x'(t) = 3a\cos^2 t(-\sin t) = -3a\cos^2 t\sin t,$$

$$y'(t) = 3a\sin^2 t(\cos t) = 3a\sin^2 t\cos t,$$

$$\begin{aligned} \sqrt{x'^2(t) + y'^2(t)} &= \sqrt{(-3a\cos^2 t\sin t)^2 + (3a\sin^2 t\cos t)^2} \\ &= 3a\sqrt{\cos^2 t\sin^2 t} = 3a \mid \cos t\sin t \mid = 3a\sin t\cos t \end{aligned}$$

(这里因为 $0 \leqslant t \leqslant \frac{\pi}{2}$, $\cos t \geqslant 0$, $\sin t \geqslant 0$, $|\cos t\sin t| = \cos t\sin t$).

利用公式(5.28),可得第一象限内的弧长为

$$s_1 = \int_0^{\frac{\pi}{2}} 3a\sin t\cos t\mathrm{d}t = 3a\int_0^{\frac{\pi}{2}} \sin t\mathrm{d}(\sin t) = \frac{3}{2}a\left[\sin^2 t\right]_0^{\frac{\pi}{2}} = \frac{3}{2}a.$$

于是,所求星形线的周长为

$$s = 4s_1 = 4 \times \frac{3}{2}a = 6a.$$

3. 极坐标情形

设曲线弧$\widehat{AB}$的极坐标方程为

$$r = r(\theta) \quad (\alpha \leqslant \theta \leqslant \beta),$$

其中,$r(\theta)$在$[\alpha, \beta]$上具有一阶连续导数. 现在来计算这曲线弧的弧长.

由直角坐标与极坐标的关系,可得曲线弧$\widehat{AB}$的参数方程为

$$\begin{cases} x = r(\theta)\cos\theta, \\ y = r(\theta)\sin\theta \end{cases} \quad (\alpha \leqslant \theta \leqslant \beta),$$

其中,参数 θ 表示极角. 由于

$$x'(\theta) = r'(\theta)\cos\theta - r(\theta)\sin\theta, \quad y'(\theta) = r'(\theta)\sin\theta + r(\theta)\cos\theta,$$

$$\sqrt{x'^2(\theta)+y'^2(\theta)}=\sqrt{[r'(\theta)\cos\theta-r(\theta)\sin\theta]^2+[r'(\theta)\sin\theta+r(\theta)\cos\theta]^2}$$

$$=\sqrt{r^2(\theta)+r'^2(\theta)},$$

故得弧长元素为

$$\mathrm{d}s=\sqrt{x'^2(\theta)+y'^2(\theta)}\,\mathrm{d}\theta=\sqrt{r^2(\theta)+r'^2(\theta)}\,\mathrm{d}\theta.$$

于是,所求弧长为

$$\boxed{s=\int_\alpha^\beta\sqrt{r^2(\theta)+r'^2(\theta)}\,\mathrm{d}\theta.}\tag{5.29}$$

这里,下限 α 小于上限 β.

例 12 求心形线 $r=a(1+\cos\theta)$ $(a>0)$ 的周长.

解 根据图形的对称性(图 5-41),所求心形线的周长等于极轴上方的弧长的 2 倍.

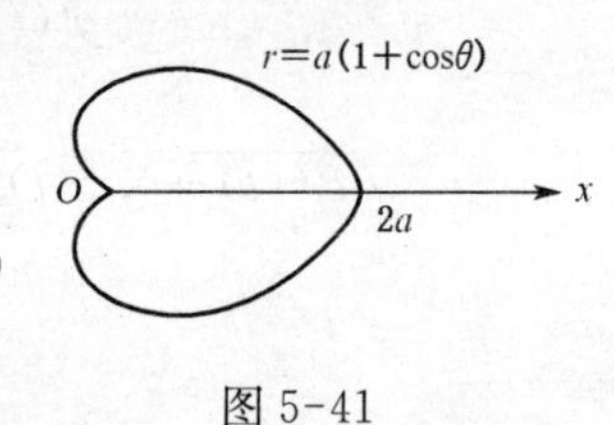

图 5-41

在极轴上方部分,取 θ 为积分变量,它的变化区间为 $[0,\pi]$(由 $r=a(1+\cos\theta)$ 可知,当 $r=2a$ 时,$\cos\theta=1$,$\theta=0$;当 $r=0$ 时,$\cos\theta=-1$,$\theta=\pi$). 现在

$$r(\theta)=a(1+\cos\theta),\quad r'(\theta)=-a\sin\theta,$$

$$\sqrt{r^2(\theta)+r'^2(\theta)}=\sqrt{a^2(1+\cos\theta)^2+(-a\sin\theta)^2}$$

$$=\sqrt{2a^2(1+\cos\theta)}=2a\sqrt{\cos^2\frac{\theta}{2}}=2a\left|\cos\frac{\theta}{2}\right|=2a\cos\frac{\theta}{2}.$$

$\left(\text{这里,因为 } 0\leqslant\theta\leqslant\pi,\ 0\leqslant\frac{\theta}{2}\leqslant\frac{\pi}{2},\ \cos\frac{\theta}{2}\geqslant0,\text{所以,}\left|\cos\frac{\theta}{2}\right|=\cos\frac{\theta}{2}.\right)$

于是,根据公式(5.29)及图形的对称性,可得所求心形线的周长为

$$s=2\int_0^\pi 2a\cos\frac{\theta}{2}\mathrm{d}\theta=4a\int_0^\pi\cos\frac{\theta}{2}\mathrm{d}\theta=8a\left[\sin\frac{\theta}{2}\right]_0^\pi=8a.$$

习题 5.7

1. 求由曲线所围成的图形的面积.

(1) $y=x^2$ 与 $y=\sqrt{x}$;　　(2) $y=\mathrm{e}^x$, $y=\mathrm{e}^{-x}$ 与直线 $x=1$;

(3) $y=\dfrac{1}{x}$ 与直线 $y=x$ 及 $x=2$;

(4) $y=\ln x$, y 轴与直线 $y=\ln a$, $y=\ln b$ $(b>a>0)$;

(5) $x=y^2$ 与直线 $x=2y+3$;　　(6) $y=\sin x$, $y=\cos x$ $\left(0\leqslant x\leqslant\dfrac{\pi}{2}\right)$ 与 x 轴.

2. 求摆线$\begin{cases} x = a(t - \sin t), \\ y = a(1 - \cos t) \end{cases}$ $(a > 0)$的第一拱与x轴所围成的平面图形(图 5-42)的面积.

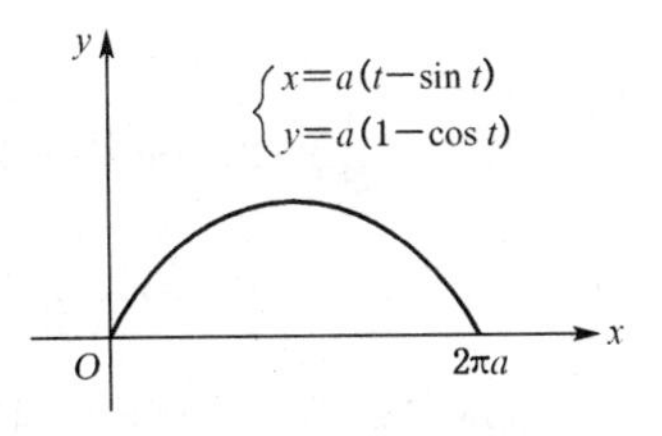

图 5-42

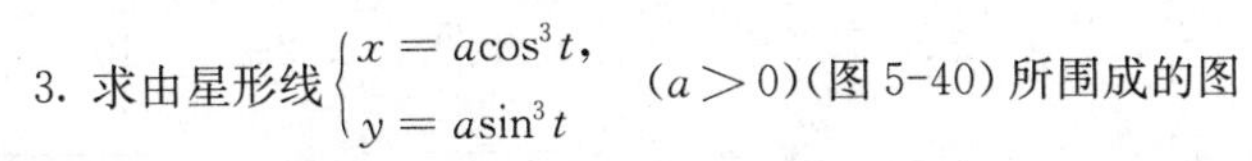

3. 求由星形线$\begin{cases} x = a\cos^3 t, \\ y = a\sin^3 t \end{cases}$ $(a > 0)$(图 5-40)所围成的图形的面积.

4. 计算阿基米德螺线$r = a\theta$ $(a > 0)$上相应于$\theta = 0$变到2π的一段弧与极轴所围成的图形(图 5-43)的面积.

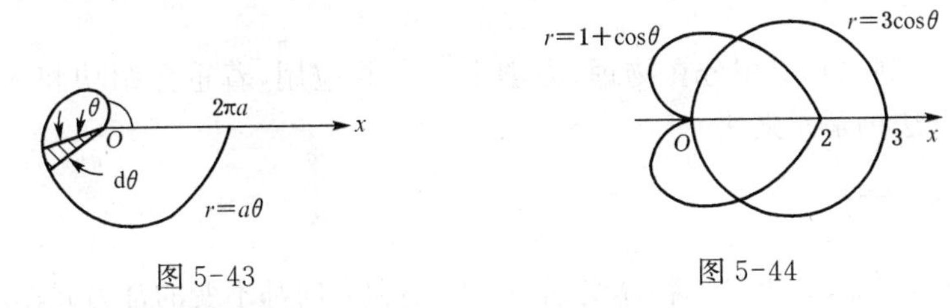

图 5-43　　图 5-44

5. 求由圆$r = 3\cos\theta$与心形线$r = 1 + \cos\theta$所围成的图形的公共部分(图 5-44)的面积.

6. 求由曲线$y = \sqrt{2x}$及曲线上点(2, 2)处的切线与x轴所围成的图形的面积.

7. 有一立体,以长半轴$a = 10$、短半轴$b = 5$的椭圆为底,而垂直于长轴的截面都是等边三角形. 求该立体的体积.

8. 有一立体,以抛物线$y^2 = 2x$与直线$x = 2$所围成的图形为底,而垂直于抛物线轴的截面都是等边三角形. 求该立体的体积.

9. 把抛物线$y^2 = 4x$及直线$x = a$ $(a > 0)$所围成的图形绕x轴旋转,计算所得旋转抛物体的体积.

10. 由抛物线$y = x^2$及$x = y^2$所围成的图形绕y轴旋转,计算所得旋转体的体积.

11. 把等边双曲线$xy = 4$及直线$y = 1$, $y = 4$, $x = 0$所围成的图形绕y轴旋转,计算所得旋转体的体积.

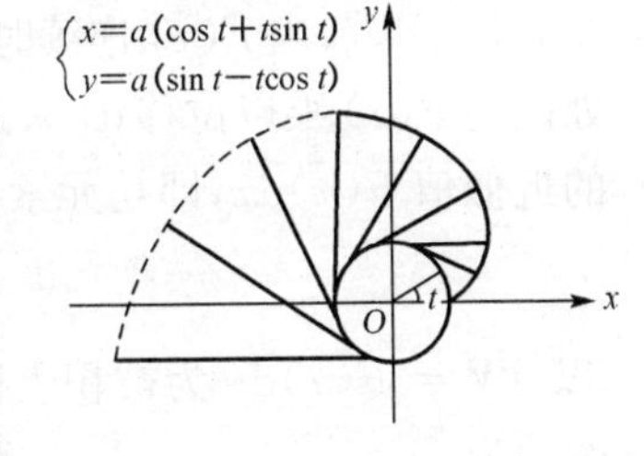

图 5-45

12. 求圆心在(0, 5),半径为 4 的圆绕x轴旋转而成的环状体的体积.

13. 求曲线$y = \frac{2}{3}x^{\frac{3}{2}}$在$x$从 0 到 3 之间的一段弧的长度.

14. 将绕在圆(半径为a)上的细线放开拉直,使细线与圆周始终相切(图 5-45),细线端点画出的轨迹叫做圆的**渐开线**,它的参数方程为

$$\begin{cases} x = a(\cos t + t\sin t), \\ y = a(\sin t - t\cos t). \end{cases}$$

计算这一曲线上相应于t从 0 到π的一段弧的长度.

15. 求阿基米德螺线$r = a\theta$ $(a > 0)$相应于θ从 0 到2π的一段弧的长度(图 5-46).

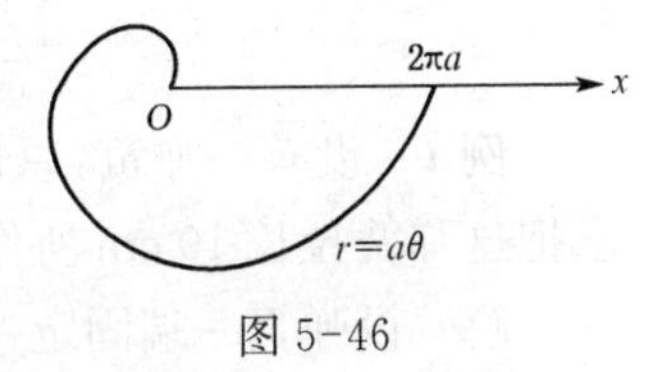

图 5-46

答 案

1. (1) $\frac{1}{3}$; (2) $\mathrm{e}+\frac{1}{\mathrm{e}}-2$; (3) $\frac{3}{2}-\ln 2$; (4) $b-a$; (5) $\frac{32}{3}$; (6) $2-\sqrt{2}$. 2. $3\pi a^2$. 3. $\frac{3}{8}\pi a^2$. 4. $\frac{4}{3}\pi^3 a^2$. 5. $\frac{5}{4}\pi$. 6. $\frac{4}{3}$. 7. $\frac{1\,000}{3}\sqrt{3}$. 8. $4\sqrt{3}$. 9. $2\pi a^2$. 10. $\frac{3}{10}\pi$. 11. 12π. 12. $160\pi^2$. 13. $\frac{14}{3}$. 14. $\frac{a}{2}\pi^2$. 15. $\frac{a}{2}[2\pi\sqrt{1+4\pi^2}+\ln(2\pi+\sqrt{1+4\pi^2})]$.

5.8 定积分在物理、力学中的应用举例

本节将举例说明定积分在物理、力学中的一些应用，着重介绍功和水压力的计算. 采用的方法仍是元素法.

5.8.1 计算作功

由物理学知道，如果某一物体受到一个大小和方向都不变的常力F作用，沿力的方向作直线运动而移动距离s时，则力F所作的功为$W=Fs$. 下面我们用定积分来计算变力沿直线作功的问题.

1. 变力沿直线所作的功

设某物体受到一个与x轴平行的力F的作用而沿x轴运动，并且在x轴上不同点处，力F取不同的值，即力F是x的函数：$F=F(x)$. 现在要求物体在这个变力作用下，沿x轴由点a移到点b时，变力F所作的功W(图5-47).

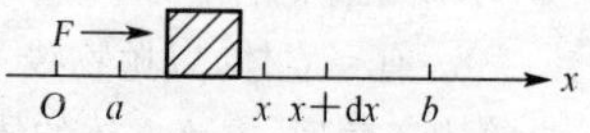

图 5-47

取x为积分变量，它的变化区间为$[a,\ b]$；在$[a,\ b]$上任取一代表性小区间$[x,\ x+\mathrm{d}x]$，当$F(x)$连续时，相应于这个小区间上变力所作的功ΔW，可用左端点x处的力$F(x)$乘以位移$\mathrm{d}x$来近似代替，从而得到物体从点x移动到$x+\mathrm{d}x$所作功ΔW的近似值$F(x)\mathrm{d}x$，即功元素为

$$\mathrm{d}W=F(x)\mathrm{d}x.$$

以$\mathrm{d}W=F(x)\mathrm{d}x$为被积表达式，在闭区间$[a,\ b]$上作定积分，便得所求的功为

$$\boxed{W=\int_a^b F(x)\mathrm{d}x.} \tag{5.30}$$

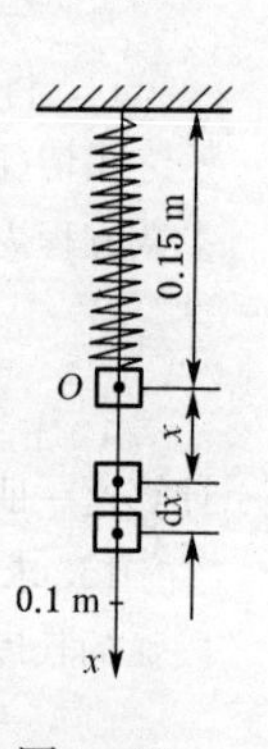

图 5-48

例 1 设有一弹簧，原长 15 cm. 假定作用 5 N 力能使弹簧伸长 1 cm. 求把这弹簧拉长 10 cm 所作的功.

解 设弹簧一端固定，如图 5-48 所示. 在弹簧未变形时，取其自由端的平衡位置为坐标原点O.

根据虎克(Hooke)定律,在一定的弹性限度内,将弹簧拉长所需的力 F 与弹簧的伸长量 x 成正比,即

$$F = kx,$$

其中,比例常数 k 为弹簧的弹性系数,它可以由已知条件来确定.因为已知 $x = 0.01$ m 时,$F = 5$ N,故得

$$5 = k(0.01), \quad 即 \quad k = 500 \ (\mathrm{N/m}).$$

因此,弹簧的拉力为

$$F = 500x \ (\mathrm{N}).$$

显然,力 F 是随 x 变化而变化的,它是一个变力.

取伸长量 x 为积分变量,它的变化区间为$[0, 0.1]$.利用公式(5.30),便得所求的功为

$$W = \int_0^{0.1} 500x\mathrm{d}x = 500\int_0^{0.1} x\mathrm{d}x = 250\Big[x^2\Big]_0^{0.1} = 2.5(\mathrm{N \cdot m}) = 2.5(\mathrm{J}).$$

例 2 把一个带 $+q$ 的电量的点电荷放在 r 轴上坐标原点 O 处,它产生一个电场.这个电场对周围的电荷有作用力,由物理学知道,如果有一个单位正电荷放在这个电场中距离原点 O 为 r 的地方,那么,电场对它的作用力(斥力)的大小为

$$F = k\frac{q}{r^2} \quad (k 为常数)$$

(图 5-49).当这个单位正电荷在电场中从 $r = a$ 处沿 r 轴移动到 $r = b$ $(a < b)$ 处时,试计算电场力 F 对它所作的功.

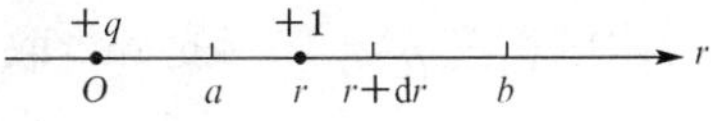

图 5-49

解 在上述电荷的移动过程中,电场对这个单位正电荷的作用力 F 是随 r 变化的,所以它是一个变力作功的问题.

取 r 为积分变量,它的变化区间为$[a, b]$.利用公式(5.30),即得所求的功为

$$W = \int_a^b k\frac{q}{r^2}\mathrm{d}r = kq\left[-\frac{1}{r}\right]_a^b = kq\left(\frac{1}{a} - \frac{1}{b}\right).$$

物理上,计算静电场中某点处的电位时,要考虑将单位正电荷从该点$(r = a)$处移到无穷远处时电场力所作的功 W.此时,电场力对单位正电荷所作的功就是广义积分

$$W = \int_a^{+\infty} k\frac{q}{r^2}\mathrm{d}r = \lim_{b \to +\infty}\int_a^b k\frac{q}{r^2}\mathrm{d}r = \lim_{b \to +\infty} kq\left(\frac{1}{a} - \frac{1}{b}\right) = \frac{kq}{a}.$$

2. 抽水作功

在工程技术中,经常会遇到抽水作功的问题.它们虽然与变力沿直线作功的问题有所不同,但是也可以用定积分来计算.

例 3 修建一座大桥的桥墩时先要下围囹,并抽尽其中的水以便施工.已知围囹(可看作圆柱体)的直径为 20 m,水深 27 m,围囹高出水面 3 m,求抽尽水需作的功.

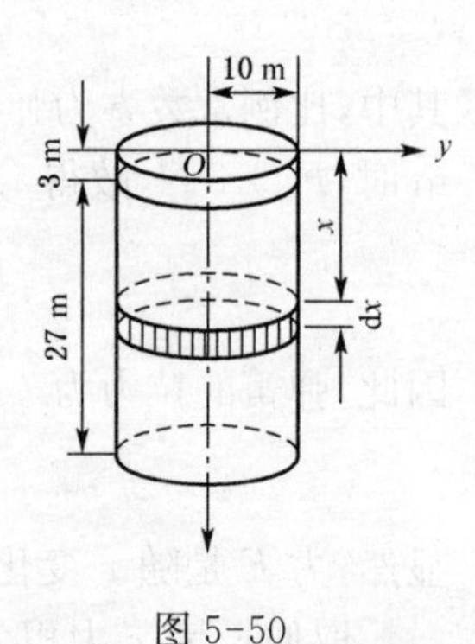

图 5-50

解 取坐标系如图 5-50 所示.由于将不同深度的水抽至池顶的行程不相同,所以应将水深划分成许多薄层来考虑.因此,仍需利用定积分来计算.采用元素法:

(1) 取距离围囹顶端的深度 x 为积分变量.由于围囹高出水面 3 m,要把围囹中的水抽尽,则 x 的变化区间为 $[3, 30]$.

(2) 在区间 $[3, 30]$ 上任取一小区间 $[x, x+\mathrm{d}x]$,相应于这个小区间上,由深度 x 到 $x+\mathrm{d}x$ 的一薄层水的体积为 $\pi 10^2\mathrm{d}x$,其重力为 $\gamma\pi 10^2\mathrm{d}x$($\gamma$ 为单位体积水的重力)①.把这薄层水抽出围囹外,需提升的距离可近似地看作为 x,所需作的功 ΔW 近似为 $(\gamma\pi 10^2\mathrm{d}x)x$,即得功元素为

$$\mathrm{d}W = 10^2\pi\gamma x\,\mathrm{d}x.$$

(3) 以 $\mathrm{d}W = 10^2\pi\gamma x\,\mathrm{d}x$ 为被积表达式,在闭区间 $[3, 30]$ 上作定积分,便得所求的功为

$$W = \int_3^{30} 10^2\pi\gamma x\,\mathrm{d}x = 10^2\pi\gamma\left[\frac{x^2}{2}\right]_3^{30} = 50\pi\gamma(30^2-3^2) = 4.455\times 10^4\pi\gamma.$$

因水的密度 $\rho = 10^3\ \mathrm{kg/m^3}$,取 $g = 9.8\ \mathrm{m/s^2}$,则以 $\gamma = 9.8\times 10^3\ \mathrm{N/m^3}$ 代入,即得

$$W = 9.8\times 4.455\pi\times 10^7(\mathrm{N\cdot m}) \approx 1.372\times 10^9(\mathrm{J}).$$

例 4 设有一圆锥体形的蓄水池,池内贮满水,池面直径为 20 m,池深 15 m.欲将池内的水全部抽到池外,求所需作的功.

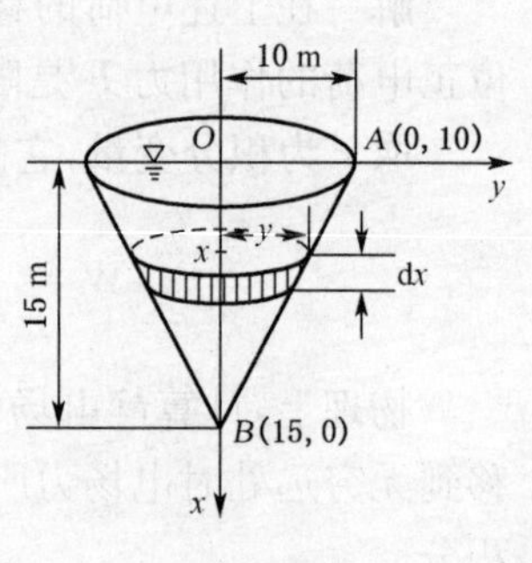

图 5-51

解 若取 y 轴在水平面上,以圆锥的中心轴为 x 轴(铅直向下为正),则建立坐标系如图 5-51 所示.于是,利用直线的两点式方程,可得过点 $A(0, 10)$ 和点 $B(15, 0)$ 的圆锥母线的方程为

$$\frac{y-10}{x-0} = \frac{0-10}{15-0},\quad 即\quad y = 10-\frac{2}{3}x.$$

① γ 可通过水的密度 ρ 来计算,即 $\gamma = \rho g$(g 为重力加速度).

采用元素法：

(1) 取水深 x 为积分变量，要把水全部抽完，其变化区间为[0, 15].

(2) 在区间[0, 15]上任取一代表性小区间$[x, x+dx]$，相应于这个小区间上，由深度 x 到 $x+dx$ 的这一薄层水的体积近似于 $\pi y^2 dx$，重力近似于 $\gamma\pi y^2 dx$. 把这薄层水抽到池顶，移动的距离近似于 x，所需作的功 ΔW 的近似值为 $\gamma\pi y^2 x dx$，即得功元素为

$$dW = \pi\gamma y^2 x dx = \pi\gamma\left(10-\frac{2}{3}x\right)^2 x dx = \pi\gamma\left(100x-\frac{40}{3}x^2+\frac{4}{9}x^3\right)dx.$$

(3) 以 $dW = \pi\gamma\left(100x-\frac{40}{3}x^2+\frac{4}{9}x^3\right)dx$ 为被积表达式，在闭区间[0, 15]上作定积分，便得所求的功为

$$W = \pi\gamma\int_0^{15}\left(100x-\frac{40}{3}x^2+\frac{4}{9}x^3\right)dx = \pi\gamma\left[50x^2-\frac{40}{9}x^3+\frac{x^4}{9}\right]_0^{15}$$
$$= 1.875\times 10^3\pi\gamma.$$

以 $\gamma = 9.8\times 10^3\ \mathrm{N/m^3}$ 代入，即得

$$W = 9.8\times 1.875\times 10^5\pi = 1.8375\times 10^6\pi \approx 5.773\times 10^6(\mathrm{J}).$$

5.8.2 计算水压力

由物理知识知道，在水深 h 处的压强(单位面积所受的压力)为 $p=\gamma h$，这里 γ 是单位体积水的重力. 如果有一面积为 A 的平板水平地放置在水深 h 处，则平板一侧所受的水压力为

$$P = pA = \gamma hA.$$

若此平板是铅直地放置在水中，即平板与水面垂直，则由于在深度不同的地方，水的压强也不同，也就是说，压强随水的深度而变化. 因此求平板一侧所受的水压力就不能简单地利用上述公式，而需用定积分来计算.

例 5 有一等腰梯形闸门直立在水中，它的两条底边各长 3 m 和 2 m，高为 2 m，较长的底边与水面相齐. 试计算闸门一侧所受的水压力.

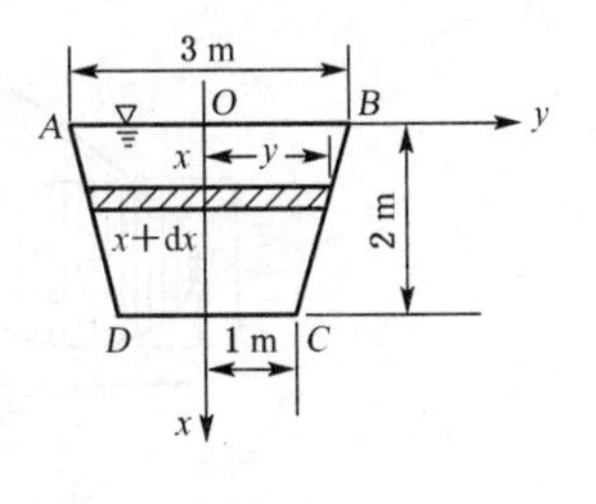

图 5-52

解 选取坐标系如图 5-52 所示. 仍采用元素法：

(1) 取水深 x 为积分变量，它的变化区间为[0, 2].

(2) 在[0, 2]上任取一代表性小区间$[x, x+dx]$. 等腰梯形上相应于这个小区间的窄条上各点处的水深可以近似地看作相同，且为 x，则压强近似于 γx；这窄条的面积近似于 $2ydx$，因此这窄条一侧所受水压力 ΔP 的近似值，即压力元素为

$$\mathrm{d}P = 2\gamma x y \mathrm{d}x.$$

下面我们来根据已知条件,找出 x 和 y 之间的函数关系. 因为 x 和 y 正好是直线 BC 上点的坐标,所以要找出 x 和 y 间的关系,就是要建立直线 BC 的方程. 由于直线过点 $B\left(0,\ \frac{3}{2}\right)$ 和点 $C(2,\ 1)$,利用直线的两点式方程,可得直线 BC 的方程为

$$\frac{y-\frac{3}{2}}{x-0}=\frac{1-\frac{3}{2}}{2-0}, \quad \text{即} \quad y=\frac{3}{2}-\frac{x}{4}.$$

因此,压力元素为

$$\mathrm{d}P = 2\gamma x\left(\frac{3}{2}-\frac{x}{4}\right)\mathrm{d}x.$$

(3) 以 $\mathrm{d}P = 2\gamma x\left(\frac{3}{2}-\frac{x}{4}\right)\mathrm{d}x$ 为被积表达式,在闭区间 $[0,\ 2]$ 上作定积分,便得所求的水压力为

$$\begin{aligned} P &= \int_0^2 2\gamma x\left(\frac{3}{2}-\frac{x}{4}\right)\mathrm{d}x = 2\gamma\int_0^2\left(\frac{3}{2}x-\frac{x^2}{4}\right)\mathrm{d}x \\ &= 2\gamma\left[\frac{3}{4}x^2-\frac{1}{12}x^3\right]_0^2 = \gamma\left(6-\frac{4}{3}\right)=\frac{14}{3}\gamma. \end{aligned}$$

由于上述计算中长度单位为米,取 $\gamma = 9.8\times10^3\ \mathrm{N/m^3}$,于是得到

$$P=\frac{14}{3}\times9.8\times10^3(\mathrm{N})\approx4.57\times10^4(\mathrm{N}).$$

例 6 洒水车上的水箱是一个横放着的椭圆柱体,尺寸如图 5-53 所示. 当水箱装满水时,计算水箱的一个端面所受的压力.

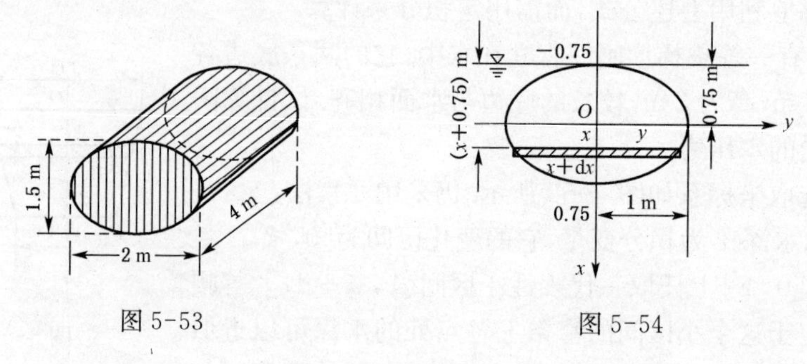

图 5-53　　　　图 5-54

解 若取坐标系如图 5-54 所示,则椭圆中心在坐标原点 $O(0,\ 0)$ 处,长轴在 y 轴上,长半轴 $b=1$;短轴在 x 轴上,短半轴 $a=0.75$. 于是,按椭圆的标准方程 $\frac{x^2}{a^2}+\frac{y^2}{b^2}$

$=1$,可得椭圆的方程为

$$\frac{x^2}{(0.75)^2}+\frac{y^2}{1^2}=1,\quad 即\quad y^2=1-\frac{16}{9}x^2.$$

采用元素法：

(1) 取 x 为积分变量,它的变化区间为$\left[-\frac{3}{4},\ \frac{3}{4}\right]$.

(2) 在$\left[-\frac{3}{4},\ \frac{3}{4}\right]$上任取一代表性的小区间$[x,\ x+\mathrm{d}x]$. 椭圆平板上相应于这个小区间的窄条上各点处的水深近似于 $x+\frac{3}{4}$,压强近似于 $\gamma\left(x+\frac{3}{4}\right)$,这窄条的面积近似于 $2y\mathrm{d}x$. 因此,这窄条一侧所受水压力的近似值,即压力元素为

$$\mathrm{d}P=2\gamma\left(x+\frac{3}{4}\right)y\mathrm{d}x=2\gamma\left(x+\frac{3}{4}\right)\sqrt{1-\frac{16}{9}x^2}\,\mathrm{d}x.$$

(3) 以 $\mathrm{d}P=2\gamma\left(x+\frac{3}{4}\right)\sqrt{1-\frac{16}{9}x^2}\,\mathrm{d}x$ 为被积表达式,在闭区间$\left[-\frac{3}{4},\ \frac{3}{4}\right]$上作定积分,便得所求水压力为

$$\begin{aligned}P&=\int_{-\frac{3}{4}}^{\frac{3}{4}}2\gamma\left(x+\frac{3}{4}\right)\sqrt{1-\frac{16}{9}x^2}\,\mathrm{d}x\\&=2\gamma\int_{-\frac{3}{4}}^{\frac{3}{4}}x\sqrt{1-\frac{16}{9}x^2}\,\mathrm{d}x+\frac{3}{2}\gamma\int_{-\frac{3}{4}}^{\frac{3}{4}}\sqrt{1-\frac{16}{9}x^2}\,\mathrm{d}x\\&=3\gamma\int_0^{\frac{3}{4}}\sqrt{1-\frac{16}{9}x^2}\,\mathrm{d}x.\text{(想一想,为什么?)}\end{aligned}$$

令$\frac{4}{3}x=\sin t$,则 $\mathrm{d}x=\frac{3}{4}\cos t\mathrm{d}t$,且当 $x=0$ 时,$t=0$;当 $x=\frac{3}{4}$时,$t=\frac{\pi}{2}$. 于是,当 $0\leqslant x\leqslant\frac{3}{4}$,即 $0\leqslant t\leqslant\frac{\pi}{2}$时,

$$\sqrt{1-\frac{16}{9}x^2}=\sqrt{1-\sin^2 t}=\cos t,$$

所以

$$P=3\gamma\int_0^{\frac{3}{4}}\sqrt{1-\frac{16}{9}x^2}\,\mathrm{d}x=\frac{9}{4}\gamma\int_0^{\frac{\pi}{2}}\cos^2 t\mathrm{d}t=\frac{9}{4}\gamma\times\frac{1}{2}\times\frac{\pi}{2}=\frac{9}{16}\gamma\pi.$$

以 $\gamma=9.8\times10^3\ \mathrm{N/m^3}$ 代入,即得

$$P=\frac{9}{16}\times9.8\times10^3\pi=5.5\times10^3\pi(\mathrm{N}).$$

我们指出，计算水压力的方法也适用于计算其他液体的侧压力，只要把 $\gamma=\rho g$ 中水的密度 ρ 换为该液体的密度即可.

习题 5.8

1. 一物体按规律 $x=ct^3$（c 为常数）作直线运动，介质的阻力 R 与速度的平方成正比，试计算物体由 $x=0$ 移至 $x=a$ 时，克服介质阻力所做的功.

2. 弹簧所受拉力 F 与弹簧的伸长 x 成正比. 已知弹簧伸长 1 cm 时，需拉力 10 N. 试求弹簧伸长 6 cm 时，拉力 F 所作的功.

3. 有一横截面为长 5 m、宽 4 m 的矩形，深为 5 m 的水池，装满了水，要把池中的水全部抽出，需作多少功？（取 $\gamma=9.8\times10^3\ \mathrm{N/m^3}$.）

4. 设有底半径为 3 m、高为 2 m 的圆锥形水池，装满了水. 现用抽水机将水全部抽出，需作多少功？（取 $\gamma=9.8\times10^3\ \mathrm{N/m^3}$.）

5. 有一矩形闸门铅直竖立于水中，尺寸和位置如图 5-55 所示，水面超过闸门顶部为 2 m. 求闸门一侧所受的水压力（取 $\gamma=9.8\times10^3\ \mathrm{N/m^3}$.）

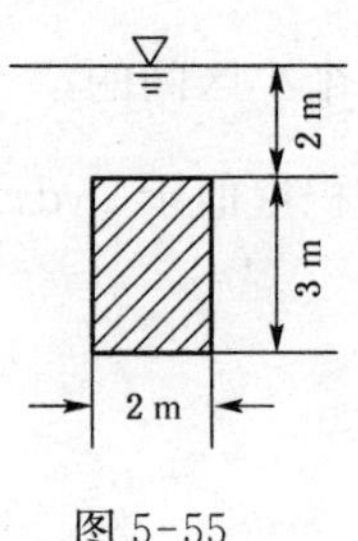

图 5-55

6. 设有一等腰三角形薄板，它的底边长为 a、高为 h. 现将这块薄板铅直地沉没在水中，并使它的底边与水面相齐，试计算薄板一侧所受的水压力（单位体积水的重力为 γ）.

答　案

1. $\dfrac{27}{7}kc^{\frac{2}{3}}a^{\frac{7}{3}}$（$k$ 为比例常数）.　2. 1.8(J).　3. 2.45×10^6(J).　4. $2.94\times10^4\pi$(J).

5. 2.058×10^5(N).　6. $\dfrac{1}{6}\gamma ah^2$.

复习题 5

(A)

1. 估计定积分 $I=\int_{\frac{1}{\sqrt{3}}}^{\sqrt{3}}x\arctan x\mathrm{d}x$ 的值，指出它介于哪两个数之间.

2. 计算.

(1) $\dfrac{\mathrm{d}}{\mathrm{d}x}\int_{\frac{\pi}{2}}^{2x}\dfrac{\sin t}{t}\mathrm{d}t$；　(2) $\dfrac{\mathrm{d}}{\mathrm{d}x}\int_{x^2}^{0}\dfrac{t\sin t}{1+\cos^2 t}\mathrm{d}t$；

(3) $\dfrac{\mathrm{d}}{\mathrm{d}x}\int_{x}^{x^3}\sin^8 u\mathrm{d}u$；　(4) $\lim\limits_{x\to0}\dfrac{\int_0^x\sin^2 t\mathrm{d}t}{x^3}$.

3. 利用换元积分法计算定积分.

(1) $\int_0^{\pi}\sin^3\theta\mathrm{d}\theta$；　(2) $\int_{-1}^{1}\dfrac{x}{\sqrt{5-4x}}\mathrm{d}x$；

(3) $\int_0^{\ln 2}\sqrt{\mathrm{e}^x-1}\mathrm{d}x$；　(4) $\int_{-\frac{\pi}{2}}^{\frac{\pi}{2}}\sqrt{\cos x-\cos^3 x}\mathrm{d}x$.

4. 利用函数的奇偶性计算定积分.

(1) $\int_{-5}^{5} \frac{x^3 \sin^6 x}{x^4 + 2x^2 + 7} dx$；　　(2) $\int_{-\sqrt{2}}^{\sqrt{2}} \sqrt{8 - 2y^2} dy$.

5. 若 $f(x)$在$[0, 1]$上连续,证明

$$\int_0^{\pi} x f(\sin x) dx = \frac{\pi}{2} \int_0^{\pi} f(\sin x) dx,$$

由此计算$\int_0^{\pi} \frac{x \sin x}{1 + \cos^2 x} dx$.

6. 证明

(1) 若 $f(t)$ 是连续函数且为奇函数,则 $\Phi(x) = \int_0^x f(t) dt$ 是偶函数；

(2) 若 $f(t)$ 是连续函数且为偶函数,则 $\Phi(x) = \int_0^x f(t) dt$ 是奇函数.

7. 计算定积分.

(1) $\int_0^3 |2 - x| dx$；　　(2) $\int_{\frac{1}{2}}^{2} f(x-1) dx$,其中,$f(x) = \begin{cases} e^{-x}, & x \geqslant 0, \\ 1 + x^2, & x < 0. \end{cases}$

8. 利用定积分的分部积分法计算下列各题.

(1) $\int_0^{2\pi} x^2 \arctan x dx$；　　(2) $\int_0^1 \arccos x dx$；

(3) $\int_1^e x \ln x dx$；　　(4) $\int_0^{\pi} x^2 \cos 2x dx$.

9. 利用$\int_0^{\frac{\pi}{2}} \sin^n x dx \left(= \int_0^{\frac{\pi}{2}} \cos^n x dx\right)$的递推公式,计算定积分.

(1) $\int_0^{\pi} \sin^6 \frac{x}{2} dx$；　　(2) $\int_0^1 (1 - x^2)^{\frac{3}{2}} dx$.

10. 判别广义积分的敛散性,如果收敛,并求其值.

(1) $\int_0^e \ln x dx$；　　(2) $\int_1^{+\infty} \frac{dx}{x^2}$.

11. 求由抛物线 $y = 3 - x^2$ 与直线 $y = 2x$ 所围成图形的面积.

12. 求由抛物线 $y^2 = 4x$ 及其在点(1, 2) 处的法线所围成图形的面积.

13. 求由双纽线 $r^2 = \cos 2\theta$ 及圆 $r = \sqrt{2} \sin \theta$ 所围成图形(图 5-56) 公共部分的面积.

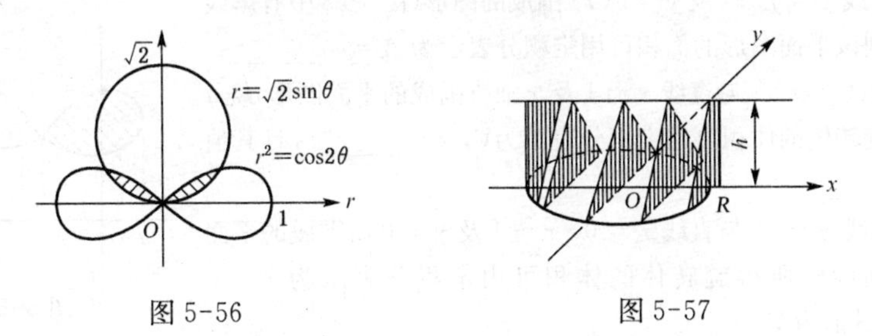

图 5-56　　图 5-57

14. 计算以半径为 R 的圆为底,以平行于底且长度等于该圆直径的线段为顶、高为 h 的正劈锥体(图 5-57) 的体积.

15. 把曲线 $y = x^3$ 及直线 $x = 2$, $y = 0$ 所围成的图形,分别绕 x 轴及 y 轴旋转,计算所得两个

旋转体的体积.

16. 求摆线$\begin{cases} x = a(t - \sin t), \\ y = a(1 - \cos t) \end{cases}$的一拱与 x 轴所围成的图形(图 5-42),绕 x 轴旋转而成的旋转体的体积.

17. 求抛物线 $y = x^2$ 上介于点 $O(0, 0)$ 到点 $M(\sqrt{2}, 2)$ 的一段弧的弧长.

18. 在一个半径为 1 m 的半球形贮水器内盛满了水,要把这贮水器内的水全部吸出,问需作多少功?(取单位体积水的重力为 $\gamma = 9.8 \times 10^3\ \mathrm{N/m^3}$.)

19. 设直立于水坝中的矩形闸门,宽 10 m、高 6 m. 已知单位体积水的重力 $\gamma = 9.8 \times 10^3\ \mathrm{N/m^3}$,试求:(1) 当水库水面在闸门顶上 8 m 时,闸门一侧所受的水压力;(2) 如欲使压力减半,则水面应下降多少?

20. 设有一根质量分布不均匀的直杆,长为 3 m,离杆的左端点 x m 处的线密度为 $\rho = \dfrac{1}{\sqrt{1+x}}$(kg/m),则当 x 等于何值时,$[0, x]$ 一段的质量为全杆质量的一半?

(B)

1. 填空题

(1) 设 $f(x)$ 在 $[a, b]$ 上连续,则 $\int_a^b f(x)\mathrm{d}x + \int_b^a f(t)\mathrm{d}t =$ ________,$\int_1^{+\infty} \dfrac{\mathrm{d}x}{1+x^2} =$ ________.

(2) 设 $k \neq 0$,且 $\int_0^k (2x - x^2)\mathrm{d}x = 0$,则 $k =$ ________.

(3) 设 $\int_a^b \dfrac{f(x)}{f(x)+g(x)}\mathrm{d}x = 1$,则 $\int_a^b \dfrac{g(x)}{f(x)+g(x)}\mathrm{d}x =$ ________.

(4) $\dfrac{\mathrm{d}}{\mathrm{d}x}\int_a^b f(t)\mathrm{d}t =$ ________,$\dfrac{\mathrm{d}}{\mathrm{d}x}\int_0^{x^2} \cos t^2 \mathrm{d}t =$ ________.

(5) 对于函数 $f(x) = \dfrac{1}{1+x^2}$ 在闭区间 $[0, 1]$ 上的定积分,应用定积分中值定理,则定理结论中的 $\xi =$ ________.

(6) 计算由曲线 $y = \sin x$ 与直线 $x = \dfrac{\pi}{2}$ 及 $y = 0$ 所围成的平面图形的面积可用定积分表示为 $A =$ ________,且其值为 $A =$ ________.

(7) 由曲线 $y = f(x)$ 及 $y = g(x)$ 围成的图形(图 5-58 中有影线部分所示),则该平面图形的面积可用定积分表示为 $A =$ ________.

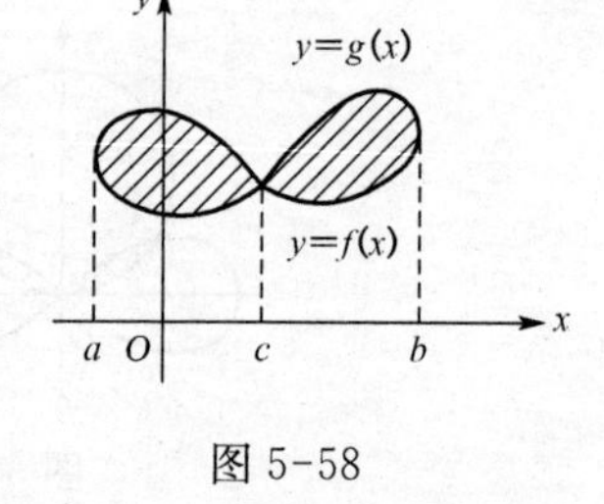

图 5-58

(8) 由曲线 $y = x^2$ 与直线 $x = 1$ 及 x 轴所围成的平面图形,绕 x 轴旋转所得旋转体的体积可用定积分表示为 $V_x =$ ________,且其值为 $V_x =$ ________.

(9) 由曲线 $y = \mathrm{e}^x$ 与直线 $x = 0$, $x = 1$ 及 $y = 0$ 所围成的平面图形,绕 x 轴旋转所得旋转体的体积可用定积分表示为 $V_x =$ ________,且其值为 $V_x =$ ________.

(10) 由曲线 $y = \mathrm{e}^x$ 与直线 $x = 0$ 及 $y = \mathrm{e}$ 所围成的平面图形,绕 y 轴旋转所得旋转体的体积可用定积分表示为 $V_y =$ ________,且其值为 $V_y =$ ________.

2. 选择题

(1) $\int_{-\frac{\pi}{3}}^{\frac{\pi}{2}} \sqrt{1-\cos 2x}\mathrm{d}x =$ ( ).

(A) $\frac{\sqrt{2}}{2}$ (B) $-\frac{\sqrt{2}}{2}$ (C) $\frac{3}{2}\sqrt{2}$ (D) $\sqrt{2}-\frac{\sqrt{3}}{2}$

(2) $\int_{-1}^{1} \frac{1}{x^2}\mathrm{d}x =$ ( ).

(A) -2 (B) 2 (C) 0 (D) 发散

(3) $\lim\limits_{x\to 0}\frac{\int_0^x \arctan t\mathrm{d}t}{1-\cos 2x} =$ ( ).

(A) 1 (B) 0 (C) $\frac{1}{2}$ (D) $\frac{1}{4}$

(4) 若 $F'(x) = f(x)$,则$\int_a^x f(t+a)\mathrm{d}t =$ ( ).

(A) $F(x)-F(a)$ (B) $F(t)-F(a)$

(C) $F(x+a)-F(2a)$ (D) $F(t+a)-F(2a)$

(5) 设 $f(x)$在$[-5, 5]$上连续,则下列积分正确的是 ( ).

(A) $\int_{-5}^{5}[f(x)+f(-x)]\mathrm{d}x = 0$ (B) $\int_{-5}^{5}[f(x)-f(-x)]\mathrm{d}x = 0$

(C) $\int_{0}^{5}[f(x)+f(-x)]\mathrm{d}x = 0$ (D) $\int_{0}^{5}[f(x)-f(-x)]\mathrm{d}x = 0$

(6) 由曲线 $y = f(x)$ 及 $y = g(x)$ 所围成的平面的图形(图 5-59 中影线部分所示),则该平面图形绕 x 轴旋转所得的旋转体的体积可表示为 $V_x =$ ( ).

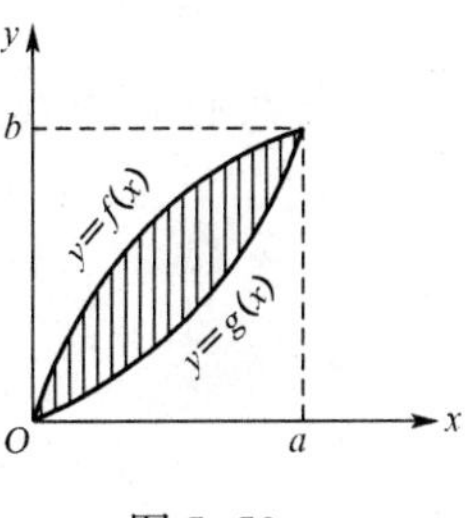

图 5-59

(A) $\pi\int_0^a [f(x)-g(x)][f(x)+g(x)]\mathrm{d}x$

(B) $\pi\int_0^a [f(x)-g(x)]^2\mathrm{d}x$

(C) $\pi\int_0^a [f^2(x)+g^2(x)]\mathrm{d}x$

(D) $\pi\int_0^b [f^2(x)-g^2(x)]\mathrm{d}x$

(7) 将曲线 $y = x^2$ 与 x 轴和直线 $x = 2$ 所围成的平面图形绕 y 轴旋转所得的旋转体的体积可表示为 $V_y =$ ( ).

(A) $\pi\int_0^2 x^4\mathrm{d}x$ (B) $\pi\int_0^4 y\mathrm{d}y$

(C) $\pi\int_0^4 (4-y)\mathrm{d}y$ (D) $\pi\int_0^4 (4+y)\mathrm{d}y$

(8) 若利用极坐标计算由曲线 $x = \sqrt{4y-y^2}$ 和直线 $y = \sqrt{3}x$ 所围成的平面图形在第一象限部分的面积,可用定积分表示为 $A =$ ( ).

(A) $8\int_0^{\frac{\pi}{3}} \sin^2\theta\mathrm{d}\theta$ (B) $8\int_0^{\frac{\pi}{3}} \cos^2\theta\mathrm{d}\theta$ (C) $8\int_{\frac{\pi}{3}}^{\frac{\pi}{2}} \sin^2\theta\mathrm{d}\theta$ (D) $8\int_{\frac{\pi}{3}}^{\frac{\pi}{2}} \cos^2\theta\mathrm{d}\theta$

(9) 曲线 $y = \ln(1-x^2)$ 上从点$(0, 0)$ 到点$\left(\frac{1}{2}, \ln\frac{3}{4}\right)$的一段弧长为 $s =$ ( ).

(A) $\frac{1}{2}-\ln 3$ (B) $\ln 3-\frac{1}{2}$

(C) $\ln 3+\frac{1}{2}$ (D) $2\arctan\frac{1}{2}-\frac{1}{2}$

(10) 有一个底长 5 m、宽 4 m、深 3 m 的长方体贮水槽内盛满了水，假设单位体积水的重力 $\gamma=\rho g=9.8\times10^3(\mathrm{N/m^3})$，则把水槽内的水全部吸出需作的功 $W=$ ( ).

(A) 8.82×10^5(J) (B) 9×10^4(J) (C) 6×10^4(J) (D) 16×10^4(J)

答 案

(A)

1. $\frac{\pi}{9}\leqslant I\leqslant\frac{2}{3}\pi$. 2. (1) $\frac{\sin 2x}{x}$; (2) $-\frac{2x^3\sin x^2}{1+\cos^2 x^2}$; (3) $3x^2\sin^8 x^3-\sin^8 x$; (4) $\frac{1}{3}$.

3. (1) $\frac{4}{3}$; (2) $\frac{1}{6}$; (3) $2\left(1-\frac{\pi}{4}\right)$; (4) $\frac{4}{3}$. 4. (1) 0; (2) $\sqrt{2}(\pi+2)$.

5. $\frac{\pi^2}{4}$.（提示：令 $x=\pi-t$.） 6. 证略. 7. (1) $\frac{5}{2}$; (2) $\frac{37}{24}-\frac{1}{\mathrm{e}}$.（提示：令 $x-1=t$.）

8. (1) $\frac{\pi}{2}-\frac{1}{6}(1-\ln 2)$; (2) 1; (3) $\frac{1}{4}(\mathrm{e}^2+1)$; (4) $\frac{\pi}{2}$. 9. (1) $\frac{5}{16}\pi$; (2) $\frac{16}{35}$.

10. (1) 收敛，0; (2) 发散. 11. $\frac{32}{3}$. 12. $\frac{64}{3}$. 13. $\frac{\pi}{6}+\frac{1-\sqrt{3}}{2}$. 14. $\frac{\pi}{2}R^2h$.

15. $\frac{128}{7}\pi$, $\frac{64}{5}\pi$. 16. $5\pi^2a^3$. 17. $\frac{1}{4}[6\sqrt{2}+\ln(2\sqrt{2}+3)]$.

18. $2.45\times10^3\pi$(J). 19. (1) 6.468×10^6(N); (2) 水面应下降 5.5 m. 20. $x=1.25$ m.

(B)

1. (1) 0, $\frac{\pi}{4}$; (2) 3; (3) $b-a-1$; (4) 0, $2x\cos x^4$; (5) $\sqrt{\frac{4}{\pi}-1}$; (6) $\int_0^{\frac{\pi}{2}}\sin x\mathrm{d}x$, 1;

(7) $\int_a^c[f(x)-g(x)]\mathrm{d}x+\int_c^b[g(x)-f(x)]\mathrm{d}x$; (8) $\pi\int_0^1 x^4\mathrm{d}x$, $\frac{\pi}{5}$; (9) $\pi\int_0^1\mathrm{e}^{2x}\mathrm{d}x$, $\frac{\pi}{2}(\mathrm{e}^2-1)$;

(10) $\pi\int_1^{\mathrm{e}}\ln^2 y\mathrm{d}y$, $\pi(\mathrm{e}-2)$.

2. (1) C; (2) D; (3) D; (4) C; (5) B; (6) A; (7) C; (8) A; (9) B; (10) A.

第6章　常微分方程

当利用数学知识研究自然界各种现象及其规律时，往往不能直接得到反映这种规律的函数关系，但可以根据实际问题的意义及已知的定律或公式，建立起含有自变量、未知函数及其导数(或微分)的关系式，这就是微分方程. 通过求解微分方程，便可得到所要求的函数关系. 本章将介绍微分方程的一些基本概念，着重讨论几种常见的微分方程的解法，并通过举例介绍微分方程在几何、物理等实际问题中的一些简单应用.

6.1　微分方程的基本概念

6.1.1　引　例

例1　已知曲线过点(1, 2)，且曲线上任一点$M(x, y)$处切线的斜率是该点横坐标的平方，求曲线方程.

解　设曲线方程为$y=y(x)$. 由导数的几何意义知曲线在点$M(x, y)$处切线的斜率为$\frac{\mathrm{d}y}{\mathrm{d}x}$. 根据题设，有

$$\frac{\mathrm{d}y}{\mathrm{d}x}=x^2. \tag{6.1}$$

此外，曲线过点(1, 2)，故有

$$y\Big|_{x=1}=y(1)=2. \tag{6.2}$$

对于式(6.1)两边积分，得

$$y=\int x^2\mathrm{d}x+C=\frac{1}{3}x^3+C. \tag{6.3}$$

将式(6.2)代入式(6.3)，得

$$2=\frac{1}{3}+C,\quad 即\quad C=\frac{5}{3}.$$

代回式(6.3)，即得所求的曲线方程为

$$y=\frac{1}{3}x^3+\frac{5}{3}. \tag{6.4}$$

例 2 设有一质量为 m 的物体，从空中某处由静止状态自由降落，不计空气阻力而只受重力作用. 试求物体的运动规律(即物体在自由降落过程中，所经过的路程 s 与时间 t 的函数关系).

解 建立坐标系如图 6-1 所示. 取物体下落的起点为原点 O，过点 O 作铅垂线 Os，并指定向下为正，构成 Os 轴.

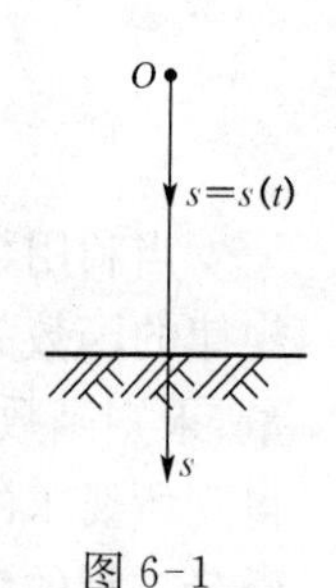

图 6-1

设物体开始运动时 $t=0$，在时刻 t 所经过的路程为 $s=s(t)$，则物体运动的加速度为 $\frac{\mathrm{d}^2 s}{\mathrm{d}t^2}$. 根据牛顿第二定律可知，作用在物体上的外力(重力)mg 应等于物体的质量 m 与加速度 $\frac{\mathrm{d}^2 s}{\mathrm{d}t^2}$ 的乘积，于是得

$$m\frac{\mathrm{d}^2 s}{\mathrm{d}t^2}=mg, \quad 即 \quad \frac{\mathrm{d}^2 s}{\mathrm{d}t^2}=g, \tag{6.5}$$

其中，g 是重力加速度，为常数.

将上式改写为

$$\frac{\mathrm{d}}{\mathrm{d}t}\left(\frac{\mathrm{d}s}{\mathrm{d}t}\right)=g, \quad 即 \quad \mathrm{d}\left(\frac{\mathrm{d}s}{\mathrm{d}t}\right)=g\mathrm{d}t. \tag{6.6}$$

由于物体由静止状态自由降落，所以 $s=s(t)$ 还应满足条件：

$$s\Big|_{t=0}=0, \quad \frac{\mathrm{d}s}{\mathrm{d}t}\Big|_{t=0}=0. \tag{6.7}$$

对式(6.6)两端积分一次，得

$$\frac{\mathrm{d}s}{\mathrm{d}t}=gt+C_1, \tag{6.8}$$

将上式变形为 $\mathrm{d}s=(gt+C_1)\mathrm{d}t$，再两端积分，得

$$s=\frac{1}{2}gt^2+C_1 t+C_2, \tag{6.9}$$

其中 C_1，C_2 是两个任意常数.

把式(6.7)中的条件分别代入式(6.9)和式(6.8)，可得 $C_1=0$，$C_2=0$. 于是，所求的自由落体的运动规律为

$$s=\frac{1}{2}gt^2. \tag{6.10}$$

在上面的两个例子中，都无法直接找出每个问题中两个变量之间的函数关系，而是通过题设条件、利用导数的几何或物理意义等，首先建立了含有未知函数的导数的方程(6.1)和方程(6.5)，然后通过积分等手段求出满足该方程和附加条件的未知函

数.这类问题及解决问题的过程具有普遍意义.下面从数学上加以抽象,引进有关微分方程的一般概念.

6.1.2 微分方程的一般概念

1. 微分方程及微分方程的阶

含未知函数的导数(或微分)的方程称为**微分方程**.若未知函数是一元函数,则称为**常微分方程**;若未知函数是多元函数,则称为**偏微分方程**.本书中只介绍常微分方程的一些初步知识,今后为方便起见,也简称为微分方程(或方程).如例1中的式(6.1)和例2中的式(6.5)都是微分方程.

微分方程中未知函数的导数的最高阶数,称为微分方程的**阶**.如例1中微分方程(6.1)是一阶的,例2中微分方程(6.5)是二阶的.

2. 微分方程的解与通解

如果把某个定义在区间I上的连续可导的函数代入微分方程中,能使该方程成为恒等式,则称此函数为该微分方程在区间I上的一个**解**.例如,函数方程(6.3)和方程(6.4)都是微分方程(6.1)的解;函数方程(6.9)和方程(6.10)都是微分方程(6.5)的解.

如果微分方程的解中包含任意常数,且独立的(即不可合并而使个数减少的)任意常数的个数与微分方程的阶数相同,这样的解称为微分方程的**通解**.例如,函数方程(6.3)和方程(6.9)分别是微分方程(6.1)和微分方程(6.5)的通解.

3. 微分方程的初始条件与特解

通解中含有任意常数,它反映的是微分方程所描述的某一类运动过程的一般规律.有时需要确定某一特定变化过程的规律,这就还要给出确定这一特定变化过程的附加条件,利用这些条件,可以确定通解中的任意常数.对于常微分方程来说,这种附加条件通常是以运动开始时的状态或曲线在一点处的状态给出的.这种由运动的初始状态或函数在特定点的状态所给出的、用以确定通解中任意常数的附加条件,称为微分方程的**初始条件**(或**初值条件**).例如,例1中的式(6.2)及例2中的式(6.6)都是初始条件.

由于一阶微分方程的通解中只含一个任意常数,所以对于一阶微分方程的初始条件的提法是:当$x=x_0$时,$y=y_0$,记作

$$y\Big|_{x=x_0}=y_0 \quad 或 \quad y(x_0)=y_0,$$

其中x_0,y_0都是已知值.

同理可知,二阶微分方程需给出的初始条件是:当$x=x_0$时,$y=y_0$,$y'=y'_0$,记作

$$y\Big|_{x=x_0}=y_0,\ y'\Big|_{x=x_0}=y'_0 \quad 或 \quad y(x_0)=y_0,\ y'(x_0)=y'_0,$$

其中，x_0，y_0 和 y_0' 都是已知值.

一般地，n 阶微分方程的初始条件是

$$y(x_0)=y_0,\ y'(x_0)=y_0',\ \cdots,\ y^{(n-1)}(x_0)=y_0^{(n-1)}.$$

其中，x_0，y_0，y_0'，…，$y_0^{(n-1)}$ 都是已知值.

不包含任意常数的解，称为微分方程的**特解**. 由初始条件确定了通解中的任意常数后所得的解，称为微分方程**满足所给初始条件的特解**. 例如，式(6.4)是微分方程(6.1)满足初始条件(6.2)的特解；式(6.10)是微分方程(6.5)满足初始条件(6.7)的特解.

4. 微分方程解的几何意义

微分方程的解的图形称为微分方程的**积分曲线**. 由于微分方程的通解中含有任意常数，当任意常数取不同的值时，就得到不同的积分曲线，所以通解的图形是一族积分曲线，称为微分方程的**积分曲线族**. 微分方程的某个特解的图形就是积分曲线族中满足给定的初始条件的某一条特定的积分曲线. 例如，在例 1 中，微分方程(6.1) 的积分曲线族是立方抛物线族 $y=\frac{1}{3}x^3+C$，而满足初始条件(6.2) 的特解 $y=\frac{1}{3}x^3+\frac{5}{3}$ 就是过点(1, 2) 的立方抛物线(图 6-2). 这族曲线的共性是，在横坐标为 x_0 所对应的点处，每条曲线的切线是平行的，它们的斜率都是 $y'(x_0)=x_0^2$(图 6-2).

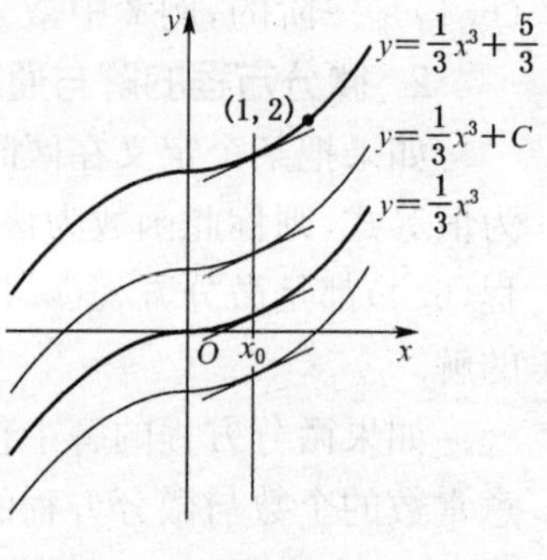

图 6-2

例 3 验证函数 $y=C_1e^{3x}+C_2e^{-3x}$(C_1，C_2 为任意常数) 是二阶微分方程

$$y''-9y=0 \tag{6.11}$$

的通解，并求此微分方程满足初始条件：

$$y\big|_{x=0}=0,\quad y'\big|_{x=0}=1 \tag{6.12}$$

的特解.

解 要验证一个函数是否是一个微分方程的通解，只需将该函数及其导数代入微分方程中，看是否使方程成为恒等式，再看通解中所含独立的任意常数的个数是否与方程的阶数相同.

将函数 $y=C_1e^{3x}+C_2e^{-3x}$ 分别求一阶及二阶导数，得

$$y'=3C_1e^{3x}-3C_2e^{-3x},\quad y''=9C_1e^{3x}+9C_2e^{-3x}.$$

把它们代入微分方程(6.11)的左端，得

$$y'' - 9y = 9C_1 e^{3x} + 9C_2 e^{-3x} - 9C_1 e^{3x} - 9C_2 e^{-3x} = 0,$$

所以函数 $y = C_1 e^{3x} + C_2 e^{-3x}$ 是所给二阶微分方程(6.11)的解.又因这个解中含有两个独立的任意常数,任意常数的个数与微分方程(6.11)的阶数相同,所以它是该方程的通解.

要求微分方程满足所给初始条件的特解,只要把初始条件代入通解中,定出通解中的任意常数后,便可得到所求的特解.

把式(6.12)中的条件“$y\Big|_{x=0} = 0$”及“$y'\Big|_{x=0} = 1$”分别代入

$$y = C_1 e^{3x} + C_2 e^{-3x} \quad 及 \quad y' = 3C_1 e^{3x} - 3C_2 e^{-3x}$$

中,得 $C_1 + C_2 = 0$, $3C_1 - 3C_2 = 1$,解得 $C_1 = \frac{1}{6}$, $C_2 = -\frac{1}{6}$.于是所求微分方程满足所给初始条件的特解为

$$y = \frac{1}{6}(e^{3x} - e^{-3x}).$$

习题 6.1

1. 指出下列方程中哪些是微分方程,并说明它们的阶数.

(1) $\frac{d^2y}{dx^2} - y = 2x$;　(2) $y^2 - 3y + x = 0$;

(3) $x(y')^2 + y = 1$;　(4) $(x^2 + y^2)dx - xydy = 0$.

2. 验证下列各微分方程后面所列出的函数(其中,C_1, C_2, C 均为任意常数)是否为所给微分方程的解.如果是解,是通解还是特解?

(1) $\frac{d^2x}{dt^2} + 4x = 0$, $x = C_1\cos 2t + C_2\sin 2t$;(2) $y'' + 9y = x + \frac{1}{2}$, $y = 5\cos 3x + \frac{x}{9} + \frac{1}{18}$;

(3) $y'' - 2y' + y = 0$, $y = C_1 e^x + C_2 e^{-x}$;　(4) $xdx + ydy = 0$, $x^2 + y^2 = C$.

3. 验证函数 $y = C_1\cos\omega x + C_2\sin\omega x$ (C_1, C_2 及 ω 均为常数,且 $\omega > 0$)是二阶微分方程 $y'' + \omega^2 y = 0$ 的通解,并求此微分方程满足初始条件 $y(0) = 1$, $y'(0) = 0$ 的特解.

4. 已知一曲线通过点(1, 2),且曲线上任一点 $P(x, y)$ 处的切线斜率为 $3x^2 + 1$,求该曲线的方程.

5. 从地面上以初速度 v_0 将一质量为 m 的物体垂直向上发射,如不计空气阻力,试求该物体所经过的路程 s 与时间 t 的函数关系.(提示:取坐标轴铅直向上为正,原点在地面上;列出微分方程及初始条件,再求特解.)

答　案

1. (1) 是,二阶;(2) 不是;(3) 是,一阶;(4) 是,一阶.

2. (1) 是通解;(2) 是特解;(3) 不是解;(4) 是通解.

3. $y=\cos\omega x$.　4. $y=x^3+x$.　5. $s=v_0t-\frac{1}{2}gt^2$.

6.2　变量可分离的微分方程及齐次方程

一阶微分方程的一般形式是

$$F(x,y,y')=0 \quad 或 \quad F\left(x,y,\frac{dy}{dx}\right)=0. \tag{6.13}$$

如果能从这个方程解出未知函数的导数 $y'=\frac{dy}{dx}$,那么就可得到如下的形式:

$$y'=f(x,y) \quad 或 \quad \frac{dy}{dx}=f(x,y). \tag{6.14}$$

有时,也可将方程(6.14)写成微分对称形式:

$$P(x,y)dx+Q(x,y)dy=0. \tag{6.15}$$

在方程(6.15)中,变量 x 与 y 对称,既可将 y 看做自变量 x 的函数,也可将 x 看作自变量 y 的函数.

我们指出,并不是所有的一阶微分方程都能求得它的解.下面只介绍导数可解出的一阶微分方程的几种类型及其解法.本节先讨论变量可分离的微分方程.

6.2.1　变量可分离的微分方程

如果一阶微分方程可以写成

$$g(y)dy=f(x)dx, \tag{6.16}$$

则称原方程为**变量可分离的方程**.方程(6.16)的特点是,方程一端只含变量 y 的函数与 dy,另一端只含变量 x 的函数与 dx.把原一阶微分方程变形为形如方程(6.16)的过程,称为**分离变量**.

设方程(6.16)中的函数 $f(x)$ 和 $g(y)$ 都是连续函数,则将方程(6.16)两端同时积分,便得微分方程(6.16)的通解为

$$\int g(y)dy=\int f(x)dx+C, \tag{6.17}$$

其中,C 为任意常数.一般地说,由于方程(6.16)是由原一阶微分方程变形而得,所以式(6.17)也就是原方程的通解.

应当注意,在求解微分方程时,凡写上不定积分记号,在其后应立即加上任意常数 C,而$\int f(x)dx$ 仅表示 $f(x)$ 的某一确定的原函数,这与第4章中不定积分$\int f(x)dx$ 的含义略有不同.

例 1 求微分方程 $\frac{dy}{dx}=2xy$ 的通解.

解 将所给方程两端同除以 $y\ (y\neq 0)$,且同乘以 dx,即可分离变量得

$$\frac{dy}{y}=2x dx.$$

两端同时积分,有

$$\int\frac{dy}{y}=\int 2x dx+C_1.$$

积分后得

$$\ln|y|=x^2+C_1,\quad 即\quad |y|=e^{x^2+C_1}=e^{C_1}e^{x^2},$$

或记作

$$y=\pm e^{C_1}e^{x^2}.$$

若记 $C=\pm e^{C_1}$,它仍是任意常数且可正可负,便得所给微分方程的通解为

$$y=Ce^{x^2}.$$

注 今后为了使运算方便,可把 $\ln|y|$ 写成 $\ln y$,只要记住最后得到的任意常数 C 可正可负就是了.但当 $y<0$ 时,仍应写成 $\ln|y|$ 才有意义.

例 2 求微分方程 $x(1+y^2)dx-(1+x^2)ydy=0$ 的通解.

解 移项得$(1+x^2)ydy=x(1+y^2)dx$,这是变量可分离的方程,两端同除以$(1+x^2)(1+y^2)$,即可分离变量得

$$\frac{y}{1+y^2}dy=\frac{x}{1+x^2}dx.$$

两端同时积分,有

$$\int\frac{y}{1+y^2}dy=\int\frac{x}{1+x^2}dy+C_1,$$

积分后得

$$\frac{1}{2}\ln(1+y^2)=\frac{1}{2}\ln(1+x^2)+C_1.$$

由于积分后出现对数函数,为了便于利用对数运算性质①来化简结果,可把任意常数 C_1 表示为$\frac{1}{2}\ln C$ ②,即

---

① 主要是指:$\log_a M+\log_a N=\log_a(MN)$ 及 $\log_a M-\log_a N=\log_a\frac{M}{N}$.

② 为便于利用对数运算规则将结果化简,这里把任意常数 C_1 取为$\frac{1}{2}\ln C$.通常,也可取为 $\ln C$ 的常数倍.

$$\frac{1}{2}\ln(1+y^2)=\frac{1}{2}\ln(1+x^2)+\frac{1}{2}\ln C\quad(C>0),$$

化简得

$$1+y^2=C(1+x^2).$$

这就是所要求的微分方程的通解.

例 3 求微分方程 $2x\sin y\mathrm{d}x+(x^2+1)\cos y\mathrm{d}y=0$ 满足初始条件 $y\big|_{x=1}=\frac{\pi}{6}$ 的特解.

解 先求所给方程的通解. 移项并两端同除以 $(x^2+1)\sin y\ (\sin y\neq 0)$,即可分离变量得

$$\frac{\cos y}{\sin y}\mathrm{d}y=-\frac{2x}{x^2+1}\mathrm{d}x.$$

两端同时积分,有

$$\int\frac{\cos y}{\sin y}\mathrm{d}y=-\int\frac{2x}{x^2+1}\mathrm{d}x+C_1.$$

积分后得

$$\ln(\sin y)=-\ln(x^2+1)+\ln C\quad(C>0,\ \ln C=C_1),$$

化简后便得所给方程的通解为

$$(x^2+1)\sin y=C\quad(C\text{ 为任意常数}).$$

这是由隐函数形式给出的通解.

再求满足初始条件的特解. 把初始条件 $y\big|_{x=1}=\frac{\pi}{6}$ 代入通解中,得

$$(1^2+1)\sin\frac{\pi}{6}=C,\quad\text{即}\quad C=1.$$

于是,所求方程满足初始条件的特解为

$$(x^2+1)\sin y=1.$$

在以上各例中,遇到的微分方程都是变量可分离方程. 我们指出,有时给出的一阶微分方程,虽然不是变量可分离方程,但是可以根据方程的特点,对未知函数作适当的变量代换,将所给方程化为变量可分离的方程. 下面来简单介绍齐次方程的解法.

6.2.2 齐次方程

如果一阶微分方程(6.14)的右端 $f(x,y)$ 可以化成 $\frac{y}{x}$ 的函数,即可变成

$$\frac{\mathrm{d}y}{\mathrm{d}x}=\varphi\left(\frac{y}{x}\right) \tag{6.18}$$

的形式,则称此一阶微分方程为**齐次微分方程**,简称**齐次方程**. 例如,方程

$$(x^2+y^2)\mathrm{d}y+(2xy-x^2)\mathrm{d}x=0$$

是齐次方程. 因为,此方程可以改写为

$$\frac{\mathrm{d}y}{\mathrm{d}x}=\frac{x^2-2xy}{x^2+y^2}=\frac{1-2\left(\frac{y}{x}\right)}{1+\left(\frac{y}{x}\right)^2}=\varphi\left(\frac{y}{x}\right).$$

求解齐次方程(6.18)的一般步骤如下:

(1) 在齐次方程(6.18)中引进新的未知函数代换:令 $u=\frac{y}{x}$,则得

$$y=xu,\quad \frac{\mathrm{d}y}{\mathrm{d}x}=u+x\frac{\mathrm{d}u}{\mathrm{d}x}.$$

(2) 将上面的式子代入方程(6.18),得

$$u+x\frac{\mathrm{d}u}{\mathrm{d}x}=\varphi(u),\quad 即\quad x\frac{\mathrm{d}u}{\mathrm{d}x}=\varphi(u)-u,$$

这是变量可分离的方程. 分离变量后,得

$$\frac{\mathrm{d}u}{\varphi(u)-u}=\frac{\mathrm{d}x}{x}.$$

(3) 两端积分,得

$$\int\frac{\mathrm{d}u}{\varphi(u)-u}=\int\frac{\mathrm{d}x}{x}+C.$$

求出积分后,再以 $u=\frac{y}{x}$ 代回,便得原齐次方程(6.18)的通解.

例 4 求微分方程 $\frac{\mathrm{d}y}{\mathrm{d}x}=2\sqrt{\frac{y}{x}}+\frac{y}{x}(x\neq 0)$ 的通解.

解 所给方程不是变量可分离的方程. 但是,由于方程右端是 $\frac{y}{x}$ 的函数,故可作未知函数代换:令 $\frac{y}{x}=u$,则 $y=xu$, $\frac{\mathrm{d}y}{\mathrm{d}x}=u+x\frac{\mathrm{d}u}{\mathrm{d}x}$. 代入原方程,得

$$u+x\frac{\mathrm{d}u}{\mathrm{d}x}=2\sqrt{u}+u,\quad 即\quad x\frac{\mathrm{d}u}{\mathrm{d}x}=2\sqrt{u}.$$

这是变量可分离的方程,分离变量得

$$\frac{\mathrm{d}u}{2\sqrt{u}}=\frac{\mathrm{d}x}{x}\quad(u\neq 0,\ x\neq 0).$$

两端同时积分，有

$$\int\frac{\mathrm{d}u}{2\sqrt{u}}=\int\frac{\mathrm{d}x}{x}+C_1.$$

积分后得

$$\sqrt{u}=\ln x+\ln C\quad(\ln C=C_1),\quad 即\quad u=[\ln(Cx)]^2.$$

最后，以 $u=\frac{y}{x}$ 代回原变量，即得原方程的通解为

$$y=x[\ln(Cx)]^2.$$

例 5 求微分方程

$$x\mathrm{d}y=\left(2x\tan\frac{y}{x}+y\right)\mathrm{d}x$$

满足初始条件 $y\big|_{x=2}=\pi$ 的特解.

解 将所给方程改写成

$$\frac{\mathrm{d}y}{\mathrm{d}x}=2\tan\frac{y}{x}+\frac{y}{x},$$

这是齐次方程. 令 $u=\frac{y}{x}$，则

$$y=xu,\quad \frac{\mathrm{d}y}{\mathrm{d}x}=u+x\frac{\mathrm{d}u}{\mathrm{d}x}.$$

将它们代入上式，得

$$u+x\frac{\mathrm{d}u}{\mathrm{d}x}=2\tan u+u,\quad 即\quad x\frac{\mathrm{d}u}{\mathrm{d}x}=2\tan u.$$

分离变量，得

$$\cot u\mathrm{d}u=\frac{2}{x}\mathrm{d}x.$$

两边积分后，得

$$\ln\sin u=2\ln x+\ln C,\quad 即\quad \sin u=Cx^2.$$

以 $u=\frac{y}{x}$ 代回，即得原方程的通解为

$$\sin\frac{y}{x}=Cx^2.$$

再以初始条件 $y\Big|_{x=2}=\pi$ 代入上式，得 $\sin\dfrac{\pi}{2}=4C,\ C=\dfrac{1}{4}$. 故得所求的特解为

$$\sin\frac{y}{x}=\frac{1}{4}x^2,\quad 即\quad y=x\arcsin\frac{x^2}{4}.$$

例 6　一曲线通过点(1, 2)，它在两坐标轴间的任意切线段均被切点所平分，求这曲线的方程.

解　(i) 建立微分方程并确定初始条件. 设所求曲线的方程为 $y=y(x)$. 由导数的几何意义可知，曲线上任一点 $P(x,\ y)$ 处的切线斜率为 y'，切线方程为

$$Y-y=y'(X-x),$$

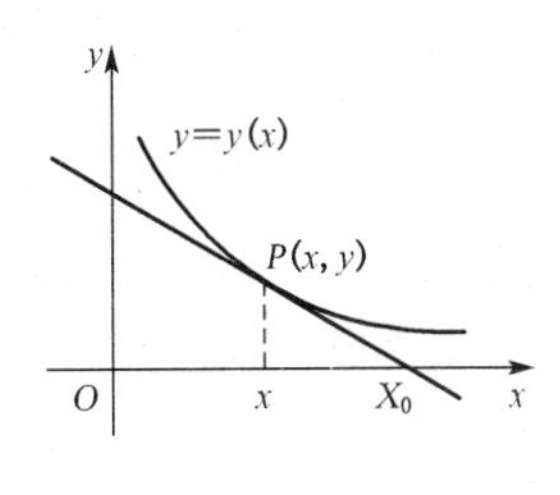

图 6-3

如图 6-3 所示. 令 $Y=0$，得切线在 x 轴上的截距为 $X_0=x-\dfrac{y}{y'}$.

按题意，$X_0=2x$，故得

$$x-\frac{y}{y'}=2x.$$

即得曲线 $y=y(x)$ 应满足的微分方程为

$$y'=-\frac{y}{x}\quad 或\quad \frac{\mathrm{d}y}{\mathrm{d}x}=-\frac{y}{x}. \tag{6.19}$$

由于曲线过点(1, 2)，故得初始条件为

$$y\Big|_{x=1}=2. \tag{6.20}$$

(ii) 求通解. 方程(6.19)是变量可分离方程，分离变量得

$$\frac{\mathrm{d}y}{y}=-\frac{\mathrm{d}x}{x}.$$

两端积分后，得

$$\ln y=-\ln x+\ln C.$$

即得方程(6.19)的通解为

$$xy=C\quad (C\ 为任意常数).$$

(iii) 求特解. 把初始条件(6.20) 代入通解中，得 $C=2$. 故得所求特解为

$$xy=2.$$

这就是所要求的曲线方程.

一般地，运用微分方程解决科学技术中的实际问题的步骤如下：

(1) 根据问题的几何或物理等方面的意义，利用已知的公式或定律，建立描述该问题的微分方程并确定初始条件；

(2) 判别所建立的微分方程的类型，求出该微分方程的通解；

(3) 利用初始条件，定出通解中的任意常数，求得微分方程满足初始条件的特解；

(4) 根据某些问题的需要，利用所求得的特解来解释其实际意义或求得其他所需的结果.

实际解题时，也可以不再明确地写出各个步骤.

例 7 放射性元素铀由于不断地有原子放射出微粒子而变成其他元素，铀的含量就不断减少，这种现象叫做**衰变**. 由原子物理知道，铀的衰变速度与当时未衰变的原子的含量 M 成正比. 已知 $t=0$ 时铀的含量为 M_0，求在衰变过程中铀含量 $M(t)$ 随时间 t 变化的规律.

解 铀的衰变速度就是铀的含量 $M(t)$ 对于时间 t 的变化率，即 $\frac{\mathrm{d}M}{\mathrm{d}t}$. 由于铀的衰变速度与其含量成正比，设比例常数为 $\lambda\ (\lambda>0)$，故有

$$\frac{\mathrm{d}M}{\mathrm{d}t}=-\lambda M. \tag{6.21}$$

其中，右边的负号是由于在衰变过程中，$M(t)$ 是单调减少而 $\frac{\mathrm{d}M}{\mathrm{d}t}<0$ 的缘故.

根据题意，初始条件为

$$M\Big|_{t=0}=M_0. \tag{6.22}$$

方程(6.21)是变量可分离的，分离变量后，得

$$\frac{\mathrm{d}M}{M}=-\lambda\mathrm{d}t.$$

两边积分，得方程(6.21)的通解为

$$\ln M=-\lambda t+\ln C, \quad 即 \quad M=C\mathrm{e}^{-\lambda t}.$$

代入初始条件(6.22)，得 $C=M_0$. 故所求的铀的衰变规律为

$$M=M_0\mathrm{e}^{-\lambda t}.$$

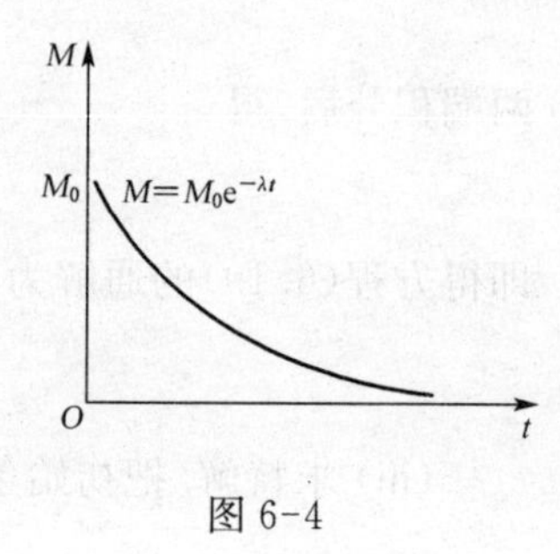

图 6-4

由此可见，铀的含量随时间的增加而按指数规律衰减(图 6-4).

* **例 8** 把温度为 100℃的沸水注入杯中，放在室温为 20℃的环境中自然冷却，经 5 min 时测

得的水温为 60℃，试求：

(1) 水温 T(℃)与时间 t(min)之间的函数关系；

(2) 问水温自 100℃降至 30℃所需经过的时间.

解 (1) 这是一个热力学中的冷却问题. 取 $t=0$ 为沸水冷却开始的时刻，设经 t min 时水温为 T℃，即 $T=T(t)$. 此时水温下降的速度为 $\frac{\mathrm{d}T}{\mathrm{d}t}$.

根据牛顿冷却定律，物体冷却的速度与当时物体和周围介质的温差成正比. 从而得水温函数 $T(t)$应满足的微分方程为

$$\frac{\mathrm{d}T}{\mathrm{d}t}=-k(T-20). \tag{6.23}$$

其中比例常数 $k>0$，等号右端添上负号是因为当时间 t 增大时，水温 $T(t)$ 下降，$\frac{\mathrm{d}T}{\mathrm{d}t}<0$.

按题意，当开始冷却($t=0$) 时，水温为 100℃，即有初始条件：

$$T\Big|_{t=0}=100. \tag{6.24}$$

将方程(6.23)分离变量并两端同时积分，得

$$\int\frac{\mathrm{d}T}{T-20}=-\int k\mathrm{d}t+C_1,$$

积分后，得

$$\ln(T-20)=-kt+\ln C \quad (\ln C=C_1),$$

即

$$\ln(T-20)=\ln\mathrm{e}^{-kt}+\ln C=\ln(C\mathrm{e}^{-kt}),$$

化简后并移项，即得所求通解为

$$T=20+C\mathrm{e}^{-kt} \quad (C\text{ 为任意常数}). \tag{6.25}$$

把初始条件(6.24) 代入通解(6.25) 中，得 $C=80$. 于是，所求特解为

$$T=20+80\mathrm{e}^{-kt}. \tag{6.26}$$

下面来确定比例常数 k. 由已知条件“经 5 min 时测得水温为 60℃”，即“当 $t=5$ 时，$T=60$”. 把它代入式(6.26)，得

$$60=20+80\mathrm{e}^{-5k}.$$

由此解得

$$k=-\frac{1}{5}\ln\frac{1}{2}\approx 0.138\,6,$$

所以水温 T 与时间 t 之间的函数关系为

$$T(t)=20+80\mathrm{e}^{-0.138\,6t}. \tag{6.27}$$

水温T随时间t的变化曲线如图6-5所示. 由(6.27)式可知，当$t\to+\infty$时，$T\to 20$. 这表示随着时间t无限增大，水温将接近(略高于)室温. 从图6-5可以看出，大约经50 min后水温已接近室温，实用上，可以认为这种沸水的冷却过程至此已基本结束.

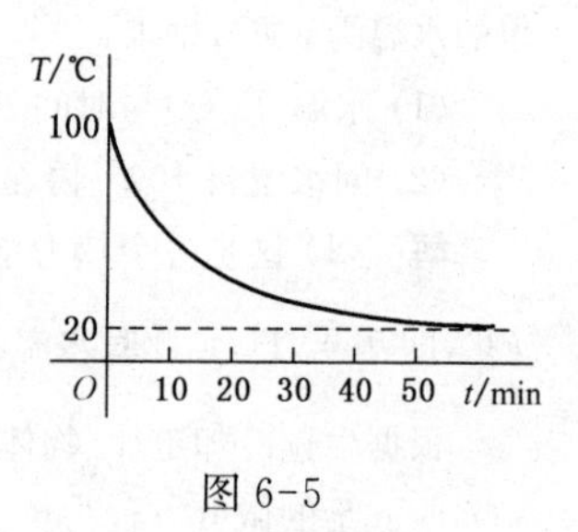

图 6-5

(2) 求水温自100℃降至30℃所需经过的时间.

在式(6.27)中，令$T=30$，代入得

$$30=20+80\mathrm{e}^{-0.1386t},\quad 即\quad \mathrm{e}^{-0.1386t}=\frac{1}{8},$$

从而解得所需经过的时间为

$$t=\frac{3\ln 2}{0.1386}\approx 15(\mathrm{min}).$$

习题 6.2

1. 求微分方程的通解.

(1) $\frac{\mathrm{d}y}{\mathrm{d}x}=2xy^2$； (2) $\frac{\mathrm{d}y}{\mathrm{d}x}=\mathrm{e}^{2x-y}$；

(3) $y(1-x^2)\mathrm{d}y+x(1+y^2)\mathrm{d}x=0$； (4) $\sec^2 x\cdot\cot y\mathrm{d}x-\csc^2 y\cdot\tan x\mathrm{d}y=0$；

(5) $\frac{\mathrm{d}y}{\mathrm{d}x}=\frac{x+y}{x-y}$； (6) $(x^2+y^2)\mathrm{d}x-xy\mathrm{d}y=0$.

2. 求微分方程满足所给初始条件的特解.

(1) $y'=\sqrt{\frac{1-y^2}{1-x^2}}$, $y\Big|_{x=0}=1$； (2) $\sin y\cos x\mathrm{d}y-\cos y\cdot\sin x\mathrm{d}x=0$, $y\Big|_{x=0}=\frac{\pi}{4}$；

(3) $x\frac{\mathrm{d}y}{\mathrm{d}x}=y\ln\frac{y}{x}$, $y\Big|_{x=1}=\mathrm{e}^2$.

3. 已知曲线通过点(3, 4)，且在曲线上任一点$P(x, y)$处的切线与该点到原点O的连线OP垂直，求此曲线的方程.

4. 已知某公司的纯利润L对广告费x的变化率$\frac{\mathrm{d}L}{\mathrm{d}x}$与常数$A$和纯利润$L$之差成正比(比例系数为$k>0$). 当$x=0$时，$L=L_0$. 试求纯利润$L$与广告费$x$之间的函数关系.

5. 镭的衰变有如下的规律：镭的衰变速度与它的现存量R成正比. 由经验材料得知，镭经过1 600年后，只剩原始量R_0的一半. 试求镭的剩余量R与时间t的函数关系.

答 案

1. (1) $y=-\frac{1}{x^2+C}$； (2) $y=\ln\left(\frac{1}{2}\mathrm{e}^{2x}+C\right)$； (3) $1+y^2=C(1-x^2)$；

(4) $\tan x\cdot\cot y=C$； (5) $\arctan\frac{y}{x}=\ln(C\sqrt{x^2+y^2})$； (6) $y^2=x^2\ln(Cx^2)$.

2. (1) $\arcsin y-\arcsin x=\frac{\pi}{2}$； (2) $y=\arccos\left(\frac{\sqrt{2}}{2}\cos x\right)$； (3) $y=x\mathrm{e}^{x+1}$.

3. $x^2+y^2=25$. 4. $L=A-(A-L_0)\mathrm{e}^{-kx}$. 5. $R=R_0\mathrm{e}^{-0.433\times10^{-3}t}$. (时间$t$以年为单位)

6.3　一阶线性微分方程

如果一阶微分方程可化为形如

$$\frac{dy}{dx}+P(x)y=Q(x) \tag{6.28}$$

的方程，则称此方程为一阶**线性微分方程**，方程(6.28)是它的标准形式. 其中，$P(x)$ 和 $Q(x)$为已知的连续函数，$P(x)$是未知函数 y 的**系数**，$Q(x)$称为**自由项**.

线性微分方程的特点是，方程中未知函数及未知函数的导数都是一次的. 如果 $Q(x)\not\equiv 0$，则称方程(6.28) 为**一阶线性非齐次方程**；如果 $Q(x)\equiv 0$，即

$$\frac{dy}{dx}+P(x)y=0, \tag{6.29}$$

则称方程(6.29)为**一阶线性齐次方程**，也称方程(6.29)为方程(6.28)所对应的**齐次方程**.

例如，方程

$$\frac{dy}{dx}+\frac{1}{x}y=\sin x$$

中未知函数 y 及其导数 $\frac{dy}{dx}$ 是一次的，所以它是一阶线性微分方程；而右端 $Q(x)=\sin x\not\equiv 0$，因此它是一阶线性非齐次方程. 它所对应的齐次方程就是

$$\frac{dy}{dx}+\frac{1}{x}y=0.$$

而方程

$$\frac{dy}{dx}=x^2+y^2,\quad (y')^2+xy=e^x,\quad 2yy'=x\ln x$$

等虽都是一阶微分方程，但都不是线性方程.

下面来讨论一阶线性非齐次方程(6.28)的解法.

(1) 先求线性非齐次方程(6.28)所对应的齐次方程(6.29)的通解.

方程(6.29)是变量可分离的微分方程，分离变量后得

$$\frac{dy}{y}=-P(x)dx,$$

两端同时积分，并把任意常数写成 $\ln C$ 的形式，得

$$\ln y=-\int P(x)dx+\ln C,$$

化简后，即得线性齐次方程(6.29)的通解为

$$y = Ce^{-\int P(x)dx} \quad (C\text{ 为任意常数}). \tag{6.30}$$

(2) 利用"常数变易法"求线性非齐次方程(6.28)的通解.

由于方程(6.28)与方程(6.29)的左边相同，只是右边不相同，因此，如果我们猜想方程(6.28)的通解也具有方程(6.30)的形式，那么其中的 C 不可能是常数，而必定是一个关于 x 的函数，记作 $C(x)$. 于是，可设

$$y = C(x)e^{-\int P(x)dx} \tag{6.31}$$

是线性非齐次方程(6.28)的解，其中，$C(x)$是待定函数.

下面来设法求出待定函数 $C(x)$. 为此，把式(6.31)对 x 求导，得

$$\frac{dy}{dx} = C'(x)e^{-\int P(x)dx} - P(x)C(x)e^{-\int P(x)dx},$$

代入方程(6.28)中，得

$$C'(x)e^{-\int P(x)dx} - P(x)C(x)e^{-\int P(x)dx} + P(x)C(x)e^{-\int P(x)dx} = Q(x),$$

化简后，得

$$C'(x) = Q(x)e^{\int P(x)dx}.$$

将上式积分，得

$$C(x) = \int Q(x)e^{\int P(x)dx}dx + C \quad (C\text{ 为任意常数}). \tag{6.32}$$

把式(6.32)代入式(6.31)中，即得线性非齐次方程(6.28)的通解为

$$\boxed{y = e^{-\int P(x)dx}\left[\int Q(x)e^{\int P(x)dx}dx + C\right].} \tag{6.33}$$

这就是一阶线性非齐次方程(6.28)的通解公式.

上面第(2)步中，通过把对应的线性齐次方程通解中的任意常数变为待定函数，然后求出线性非齐次方程的通解，这种方法称为**常数变易法**.

下面来分析线性非齐次方程(6.28)的通解结构. 由于方程(6.28)的通解公式(6.33)也可改写为

$$y = Ce^{-\int P(x)dx} + e^{-\int P(x)dx}\int Q(x)e^{\int P(x)dx}dx.$$

容易看出，通解中的第一项就是方程(6.28)所对应的线性齐次方程(6.29)的通解；第二项就是原线性非齐次方程(6.28)的一个特解(它可在通解公式(6.33)中取

$C=0$ 得到). 由此可知，一阶线性非齐次方程的通解是由对应的齐次方程的通解与非齐次方程的一个特解相加而构成的. 这个结论对于高阶线性非齐次微分方程也成立.

例 1 求微分方程 $\frac{dy}{dx}+2xy=2xe^{-x^2}$ 的通解.

解 这是一阶线性非齐次微分方程，下面用两种方法求解.

解法 1 按常数变易法的思路求解.

(i) 先求对应齐次方程 $\frac{dy}{dx}+2xy=0$ 的通解. 分离变量，得

$$\frac{dy}{y}=-2xdx.$$

两端同时积分，得对应齐次方程的通解为

$$\ln y=-x^2+\ln C,\quad 即\quad y=Ce^{-x^2}.$$

(ii) 设 $y=C(x)e^{-x^2}$ 为原线性非齐次方程的解，其中，$C(x)$ 为待定函数，则

$$\frac{dy}{dx}=C'(x)e^{-x^2}-2xC(x)e^{-x^2},$$

将 y 及 $\frac{dy}{dx}$ 代入原线性非齐次方程，得

$$C'(x)e^{-x^2}-2xC(x)e^{-x^2}+2xC(x)e^{-x^2}=2xe^{-x^2}.$$

化简后得

$$C'(x)=2x.$$

积分得

$$C(x)=\int 2xdx+C=x^2+C\quad (C\ 为任意常数).$$

故得原线性非齐次方程的通解为

$$y=(x^2+C)e^{-x^2}\quad (C\ 为任意常数).$$

解法 2 直接利用通解公式(6.33).

这里，$P(x)=2x$，$Q(x)=2xe^{-x^2}$，代入公式(6.33)，得

$$y=e^{-\int 2xdx}\left(\int 2xe^{-x^2}e^{\int 2xdx}dx+C\right)=e^{-x^2}\left(\int 2xe^{-x^2}e^{x^2}dx+C\right)$$

$$=e^{-x^2}\left(\int 2xdx+C\right)=e^{-x^2}(x^2+C).$$

于是,原方程的通解为

$$y=(x^2+C)\mathrm{e}^{-x^2}\quad(C\text{ 为任意常数}).$$

注意,使用一阶线性非齐次方程的通解公式(6.33)时,必须首先把方程化为形如式(6.28)的标准形式,再确定未知函数 y 的系数 $P(x)$ 及自由项 $Q(x)$.

例 2 求微分方程 $x\dfrac{\mathrm{d}y}{\mathrm{d}x}+y=x\mathrm{e}^x$ 的通解.

解 把所给方程变形,当 $x\neq 0$ 时,化为

$$\frac{\mathrm{d}y}{\mathrm{d}x}+\frac{1}{x}y=\mathrm{e}^x.$$

这是一阶线性非齐次方程.未知函数 y 的系数 $P(x)=\dfrac{1}{x}$,自由项 $Q(x)=\mathrm{e}^x$.代入一阶线性非齐次方程的通解公式(6.33),得

$$\begin{aligned}y&=\mathrm{e}^{-\int\frac{1}{x}\mathrm{d}x}\left(\int\mathrm{e}^x\mathrm{e}^{\int\frac{1}{x}\mathrm{d}x}\mathrm{d}x+C\right)=\mathrm{e}^{\ln\frac{1}{x}}\left(\int\mathrm{e}^x\mathrm{e}^{\ln x}\mathrm{d}x+C\right)\\&=\frac{1}{x}\left(\int x\mathrm{e}^x\mathrm{d}x+C\right)=\frac{1}{x}(x\mathrm{e}^x-\mathrm{e}^x+C)\quad(x\neq 0),\end{aligned}$$

或写成

$$y=\mathrm{e}^x-\frac{\mathrm{e}^x}{x}+\frac{C}{x}\quad(x\neq 0).$$

于是,所求原方程的通解为

$$y=\mathrm{e}^x-\frac{\mathrm{e}^x}{x}+\frac{C}{x}\quad(x\neq 0,\ C\text{ 为任意常数}).$$

例 3 求微分方程 $y'\cos x-y\sin x=1$ 满足初始条件 $y(0)=0$ 的特解.

解 把所给方程化为形如方程(6.28)的标准形式为

$$y'-y\tan x=\sec x.$$

这里,$P(x)=-\tan x$, $Q(x)=\sec x$.直接代入通解公式(6.33),得

$$\begin{aligned}y&=\mathrm{e}^{-\int(-\tan x)\mathrm{d}x}\left[\int\sec x\mathrm{e}^{\int(-\tan x)\mathrm{d}x}\mathrm{d}x+C\right]=\mathrm{e}^{-\ln(\cos x)}\left[\int\sec x\mathrm{e}^{\ln(\cos x)}\mathrm{d}x+C\right]\\&=\frac{1}{\cos x}\left(\int\sec x\cos x\mathrm{d}x+C\right)=\frac{1}{\cos x}\left(\int\mathrm{d}x+C\right)=\frac{1}{\cos x}(x+C).\end{aligned}$$

于是,所给方程的通解为

$$y=\frac{1}{\cos x}(x+C)\quad(C\text{ 为任意常数}).$$

把初始条件 $y(0)=0$ 代入通解中，得 $C=0$. 故得所求特解为

$$y=\frac{x}{\cos x}=x\sec x.$$

例 4 求微分方程 $\frac{\mathrm{d}y}{\mathrm{d}x}=\frac{y}{x+y^3}$ 的通解.

解 所给方程对于未知函数 y 不是线性方程. 但是，如果把方程改写为

$$\frac{\mathrm{d}x}{\mathrm{d}y}=\frac{x+y^3}{y}=\frac{1}{y}x+y^2,\quad 即\quad \frac{\mathrm{d}x}{\mathrm{d}y}-\frac{1}{y}x=y^2,\tag{6.34}$$

则对于未知函数 x(y 为自变量)来说，所给方程就是一阶线性非齐次方程.

在一阶线性非齐次方程(6.28)的通解公式(6.33)中，把未知函数 y 换成 x，而把自变量 x 换成 y，即得相应的一阶线性非齐次方程

$$\frac{\mathrm{d}x}{\mathrm{d}y}+P(y)x=Q(y)\tag{6.35}$$

的通解公式为

$$x=\mathrm{e}^{-\int P(y)\mathrm{d}y}\left[\int Q(y)\mathrm{e}^{\int P(y)\mathrm{d}y}\mathrm{d}y+C\right].\tag{6.36}$$

在方程(6.34)中，$P(y)=-\frac{1}{y}$，$Q(y)=y^2$. 代入式(6.36)，得

$$\begin{aligned}x&=\mathrm{e}^{-\int\left(-\frac{1}{y}\right)\mathrm{d}y}\left[\int y^2\mathrm{e}^{\int\left(-\frac{1}{y}\right)\mathrm{d}y}\mathrm{d}y+C\right]=\mathrm{e}^{\ln y}\left(\int y^2\mathrm{e}^{-\ln y}\mathrm{d}y+C\right)\\&=y\left(\int y^2y^{-1}\mathrm{d}y+C\right)=y\left(\int y\mathrm{d}y+C\right)=y\left(\frac{y^2}{2}+C\right).\end{aligned}$$

于是，原方程的通解为

$$x=y\left(\frac{y^2}{2}+C\right)\quad (C 为任意常数).$$

本例说明，有时需要把 x 看作未知函数，而把 y 当做自变量，这样对于未知函数 x 来说，就可识别它是属于一阶线性微分方程.

例 5 设质量为 m 的降落伞从飞机上下落后，所受空气阻力与速度成正比，并设降落伞离开飞机时($t=0$)速度为零. 求降落伞下落的速度与时间的函数关系.

解 (i) 建立微分方程并确定初始条件.

设降落伞下落速度为 $v(t)$. 降落伞在空中下落时，同时受到重力 P 与阻力R的作用(图 6-6). 其重力大小为mg，方向与v一致；阻力大小为 kv ($k>0$ 为比例系数)，方向与 v 相反. 于是降落伞所受外力为

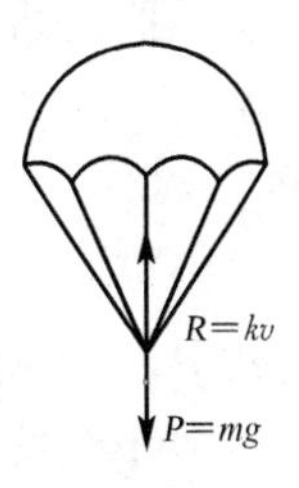

图 6-6

$$F = mg - kv.$$

根据牛顿第二运动定律：$F = ma\left(\text{其中}, a \text{ 为运动加速度 } \frac{\mathrm{d}v}{\mathrm{d}t}\right)$，可得函数 $v(t)$ 应满足的微分方程为

$$m\frac{\mathrm{d}v}{\mathrm{d}t} = mg - kv. \tag{6.37}$$

按题意，初始条件为

$$v\Big|_{t=0} = 0. \tag{6.38}$$

(ii) 求通解.

将方程(6.37)变形为

$$\frac{\mathrm{d}v}{\mathrm{d}t} + \frac{k}{m}v = g,$$

这是一阶线性非齐次方程. 这里，$P(t)=\frac{k}{m}$，$Q(t)=g$. 利用通解公式(6.33)，可得

$$\begin{aligned} v &= \mathrm{e}^{-\int P(t)\mathrm{d}t}\left[\int Q(t)\mathrm{e}^{\int P(t)\mathrm{d}t}\mathrm{d}t + C\right] = \mathrm{e}^{-\int \frac{k}{m}\mathrm{d}t}\left(\int g\mathrm{e}^{\int \frac{k}{m}\mathrm{d}t}\mathrm{d}t + C\right) \\ &= \mathrm{e}^{-\frac{k}{m}t}\left(g\int \mathrm{e}^{-\frac{k}{m}t}\mathrm{d}t + C\right) = \mathrm{e}^{-\frac{k}{m}t}\left(\frac{mg}{k}\mathrm{e}^{\frac{k}{m}t} + C\right) = \frac{mg}{k} + C\mathrm{e}^{-\frac{k}{m}t}. \end{aligned}$$

故得通解为

$$v = \frac{mg}{k} + C\mathrm{e}^{-\frac{k}{m}t}.$$

注意，方程(6.37)也可分离变量为

$$\frac{\mathrm{d}v}{mg - kv} = \frac{\mathrm{d}t}{m},$$

再两边积分求得其通解. 请读者自行完成.

(iii) 求特解.

把初始条件(6.38)代入上面的通解中，得 $C=-\frac{mg}{k}$. 故得所求特解为

$$v = \frac{mg}{k}(1 - \mathrm{e}^{-\frac{k}{m}t}) \quad (0 \leqslant t \leqslant T), \tag{6.39}$$

其中，T 为降落伞着地时间.

(iv) 特解的物理意义解释.

由式(6.39)可以看到，当 $t \to +\infty$ 时，$\mathrm{e}^{-\frac{k}{m}t} \to 0$，$v \to \frac{mg}{k}$，速度 v 随时间 t 的变化曲

线如图 6-7 所示. 可见,降落伞在降落过程中,开始阶段是加速运动,随着时间的增大,后来逐渐接近于匀速运动. 因此,跳伞者从高空驾伞跳下或从飞机上空降物品到地面上,只要 k 较大,从理论上讲都是有安全保障的.

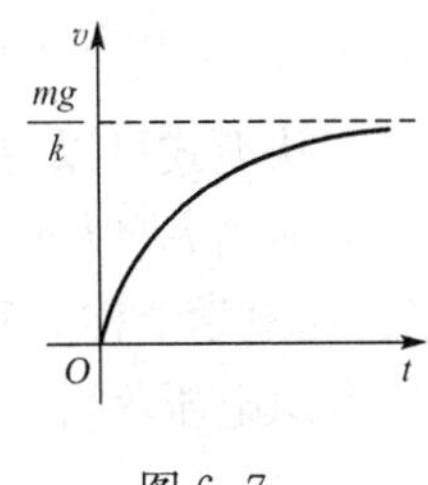

图 6-7

例 6 有一个串联电路如图 6-8 所示,其中,电源电动势为 $E=2\sin 5t\,\mathrm{V}$,电阻 $R=6\,\Omega$,电感 $L=2\,\mathrm{H}$. 设 $t=0$ 时合上开关,求任何时刻 t 的电流 $i(t)$.

解 由电学知识知道,电流 $i(t)$ 通过电感 L 所产生的感应电动势为 $-L\dfrac{\mathrm{d}i}{\mathrm{d}t}$,通过电阻 R 所产生的电压降为 Ri. 由回路电压定律可得

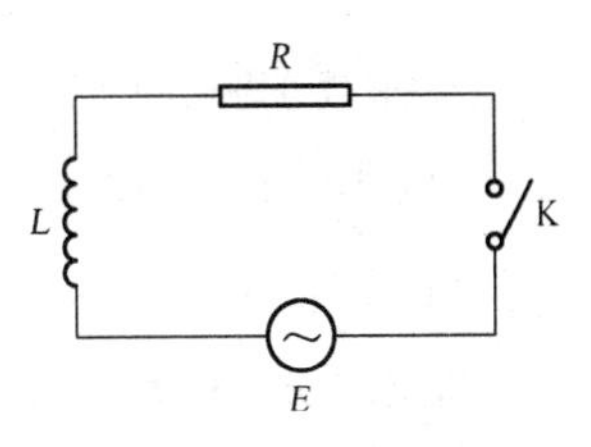

图 6-8

$$E-L\frac{\mathrm{d}i}{\mathrm{d}t}-Ri=0, \quad \text{即} \quad \frac{\mathrm{d}i}{\mathrm{d}t}+\frac{R}{L}i=\frac{E}{L}.$$

将 $E=2\sin 5t$, $R=6$, $L=2$ 代入上式,便得电流 $i(t)$ 应满足的微分方程为

$$\frac{\mathrm{d}i}{\mathrm{d}t}+3i=\sin 5t. \tag{6.40}$$

由题意,可得初始条件为 $i\big|_{t=0}=0$.

方程(6.40)是一阶线性非齐次方程,由通解公式(6.33)可得

$$\begin{aligned} i(t) &= \mathrm{e}^{-\int 3\mathrm{d}t}\left(\int \sin 5t\,\mathrm{e}^{\int 3\mathrm{d}t}\mathrm{d}t+C\right)=\mathrm{e}^{-3t}\left(\int \mathrm{e}^{3t}\sin 5t\mathrm{d}t+C\right) \\ &= \mathrm{e}^{-3t}\left[\frac{\mathrm{e}^{3t}}{34}(3\sin 5t-5\cos 5t)+C\right]=\frac{1}{34}(3\sin 5t-5\cos 5t)+C\mathrm{e}^{-3t}. \end{aligned}$$

代入初始条件 $i\big|_{t=0}=0$,得 $C=\dfrac{5}{34}$. 因此,所求电流为

$$i(t)=\frac{1}{34}(3\sin 5t-5\cos 5t)+\frac{5}{34}\mathrm{e}^{-3t}. \tag{6.41}$$

在实际应用中,为了便于分析式(6.41)所描述的电流随时间变化的情况,可以令

$$\sin\varphi=\frac{5}{\sqrt{34}}, \quad \cos\varphi=\frac{3}{\sqrt{34}}.$$

利用三角公式: $\sin\alpha\cos\beta-\cos\alpha\sin\beta=\sin(\alpha-\beta)$,将式(6.41) 改写成

$$i(t)=\frac{1}{\sqrt{34}}\left(\frac{3}{\sqrt{34}}\sin 5t-\frac{5}{\sqrt{34}}\cos 5t\right)+\frac{5}{34}\mathrm{e}^{-3t}=\frac{1}{\sqrt{34}}\sin(5t-\varphi)+\frac{5}{34}\mathrm{e}^{-3t},$$

其中，$\varphi = \arctan\frac{5}{3}\left(或 \tan\varphi = \frac{5}{3}\right)$.

从上式可以看出，电流 i 是时间 t 的正弦函数与指数函数两项的和. 其中，指数函数项当 t 增大时，其值逐渐减小而趋于零，即该项的作用随着时间的增大而逐渐消失，在电学上称为**暂态电流**；而正弦项的周期与电动势的周期相同，只是它的初相角比电源电压落后一个角度 φ，称它为**稳态电流**.

习题 6.3

1. 求微分方程的通解.

(1) $\frac{dy}{dx} + 3y = e^{-2x}$；　(2) $xy' - y = x^3 + x^2$；　(3) $(x^2 - 1)y' + 2xy = \cos x$；

(4) $y' + y\cos x = e^{-\sin x}$；　(5) $(x\ln x)y' - y = 3x^3\ln^2 x$；　(6) $(y^2 - xy)y' + 2y = 0$.

2. 求微分方程满足所给初始条件的特解.

(1) $\frac{dy}{dx} - \frac{y}{x} = 3x^3$, $y\big|_{x=1} = 3$；　(2) $\frac{dy}{dx} = e^{2x} - 3y$, $y\big|_{x=0} = 1$；

(3) $\sin x\frac{dy}{dx} + 2y\cos x = \sin 2x$, $y\big|_{x=\frac{\pi}{2}} = 2$；　(4) $y' + \frac{y}{x} = \frac{\sin x}{x}$, $y\big|_{x=\pi} = 1$.

3. 设 $y = y_1(x)$ 与 $y = y_2(x)$ 是一阶线性非齐次微分方程 $y' + P(x)y = Q(x)$ 的两个特解，证明：$y = y_1(x) - y_2(x)$ 是线性齐次微分方程 $y' + P(x)y = 0$ 的解.

4. 某工厂根据经验得知，用于设备的运行和维修成本 Q 对设备的大修间隔时间 t 的变化率为 $Q'(t) = \frac{2}{t}Q - \frac{3}{t^2}$，求满足初始条件：$Q(1) = 10$ 的成本函数 $Q(t)$.

5. 设一质量为 m 的质点作直线运动，从速度等于零的时刻起，有一个与运动方向一致、大小与时间成正比（比例系数为 $k_1 > 0$）的力作用于它. 此外，它还受到一个与速度成正比（比例系数为 $k_2 > 0$）的阻力的作用. 求此质点的运动速度 v 与时间 t 的函数关系.

6. 设有一个由电阻 $R = 10\,\Omega$，电感 $L = 2\,\text{H}$ 和电源电压 $E = 20\sin 5t\,\text{V}$ 串联组成的电路. 合上开关后，电路中有电流通过. 求电流 i 与时间 t 的函数关系.

答 案

1. (1) $y = e^{-3x}(e^x + C)$；(2) $y = Cx + x^2\left(\frac{x}{2} + 1\right)$ $(x \neq 0)$；(3) $y = \frac{\sin x + C}{x^2 - 1}$ $(x \neq \pm 1)$；

(4) $y = (x + C)e^{-\sin x}$；(5) $y = (x^3 + C)\ln x$；(6) $x = Ce^{\frac{y}{2}} + y + 2$.

2. (1) $y = x(x^3 + 2)$；(2) $y = \frac{1}{5}e^{-3x}(e^{5x} + 4)$；(3) $y = \frac{2}{3}\csc^2 x(\sin^3 x + 2)$；

(4) $y = \frac{1}{x}(\pi - 1 - \cos x)$.

3. 证略.　4. $Q(t) = 9t^2 + \frac{1}{t}$.　5. $v(t) = \frac{k_1}{k_2}t + \frac{mk_1}{k_2^2}(1 - e^{-\frac{k_2}{m}t})$.

6. $i(t) = \sin 5t - \cos 5t + e^{-5t}$.

6.4　可降阶的高阶微分方程

二阶及二阶以上的微分方程统称为高阶微分方程.本节将介绍几种特殊类型的高阶微分方程,它们可以通过积分或变量代换,降为较低阶的微分方程来求解.这种求解方法也称为**降阶法**.

6.4.1　$y^{(n)}=f(x)$型

微分方程

$$y^{(n)}=f(x)\tag{6.42}$$

的右端只含有自变量 x,由于 $y^{(n)}=\frac{\mathrm{d}}{\mathrm{d}x}(y^{(n-1)})$,所以方程(6.42)可改写为

$$\frac{\mathrm{d}}{\mathrm{d}x}(y^{(n-1)})=f(x)\quad 或\quad \mathrm{d}(y^{(n-1)})=f(x)\mathrm{d}x,$$

将上式两端分别积分一次,便得一个 $n-1$ 阶微分方程

$$y^{(n-1)}=\int f(x)\mathrm{d}x+C_1.$$

再积分一次,便得到一个 $n-2$ 阶微分方程

$$y^{(n-2)}=\int\left[\int f(x)\mathrm{d}x+C_1\right]\mathrm{d}x+C_2.$$

依次积分 n 次,即可得到方程(6.42)的含有 n 个任意常数的通解.

例 1　求微分方程 $y'''=2x+\sin x$ 的通解.

解　对所给方程依次积分三次,得

$$y''=\int(2x+\sin x)\mathrm{d}x+\overline{C}_1=x^2-\cos x+\overline{C}_1,$$

$$y'=\int(x^2-\cos x+\overline{C}_1)\mathrm{d}x+C_2=\frac{1}{3}x^3-\sin x+\overline{C}_1x+C_2,$$

$$\begin{aligned}y&=\int\left(\frac{1}{3}x^3-\sin x+\overline{C}_1x+C_2\right)\mathrm{d}x+C_3\\&=\frac{1}{12}x^4+\cos x+\frac{\overline{C}_1}{2}x^2+C_2x+C_3.\end{aligned}$$

记$\frac{\overline{C}_1}{2}=C_1$,即得所给微分方程的通解为

$$y=\frac{1}{12}x^4+\cos x+C_1x^2+C_2x+C_3,$$

其中，C_1，C_2，C_3 都是任意常数.

6.4.2 $y''=f(x, y')$型

微分方程

$$y''=f(x, y') \tag{6.43}$$

的右端不显含未知函数 y. 在这种情形中，可通过变量代换，把方程(6.43)降为一阶微分方程求解.

令 $y'=p$，则 $y''=\frac{dp}{dx}$. 代入方程(6.43)，得

$$\frac{dp}{dx}=f(x, p).$$

这是关于变量 x 和 p 的一阶微分方程. 若能求出其通解，设为 $p=\varphi(x, C_1)$，即有

$$\frac{dy}{dx}=\varphi(x, C_1) \quad 或 \quad dy=\varphi(x, C_1)dx.$$

两端积分，便得所给微分方程(6.43)的通解为

$$y=\int\varphi(x, C_1)dx+C_2,$$

其中，C_1，C_2 为任意常数.

例 2 求微分方程 $y''-\frac{1}{x}y'=xe^{-x}$ 的通解.

解 所给方程中不显含未知函数 y，可设 $y'=p$，则 $y''=\frac{dp}{dx}$. 代入原方程后，得

$$\frac{dp}{dx}-\frac{1}{x}p=xe^{-x}.$$

这是一阶线性非齐次方程. 利用通解公式(6.33)，可得

$$\begin{aligned}p&=e^{-\int\left(-\frac{1}{x}\right)dx}\left[\int xe^{-x}e^{\int\left(-\frac{1}{x}\right)dx}dx+\overline{C}_1\right]=e^{\ln x}\left[\int xe^{-x}e^{-\ln x}dx+\overline{C}_1\right]\\&=x\left(\int e^{-x}dx+\overline{C}_1\right)=x(-e^{-x}+\overline{C}_1).\end{aligned}$$

于是有

$$\frac{dy}{dx}=x(-e^{-x}+\overline{C}_1).$$

再积分一次，得

$$y=\int x(-\mathrm{e}^{-x}+\overline{C}_1)\mathrm{d}x+C_2=\int(-x\mathrm{e}^{-x}+\overline{C}_1x)\mathrm{d}x+C_2$$

$$=(x+1)\mathrm{e}^{-x}+\frac{\overline{C}_1}{2}x^2+C_2=(x+1)\mathrm{e}^{-x}+C_1x^2+C_2\quad\left(C_1=\frac{\overline{C}_1}{2}\right),$$

故得原方程的通解为

$$y=(x+1)\mathrm{e}^{-x}+C_1x^2+C_2,$$

其中,C_1, C_2 是任意常数.

例 3 求微分方程 $y''=\frac{2x}{1+x^2}y'$ 满足初始条件:$y\Big|_{x=0}=1$, $y'\Big|_{x=0}=3$ 的特解.

解 所给方程中不显含未知函数 y,可设 $y'=p$,则 $y''=\frac{\mathrm{d}p}{\mathrm{d}x}$. 代入原方程得

$$\frac{\mathrm{d}p}{\mathrm{d}x}=\frac{2x}{1+x^2}p.$$

这是变量可分离的一阶微分方程,分离变量得

$$\frac{\mathrm{d}p}{p}=\frac{2x}{1+x^2}\mathrm{d}x.$$

两端积分后,得

$$\ln p=\ln(1+x^2)+\ln C_1,$$

化简得

$$p=C_1(1+x^2),\quad 即\quad y'=C_1(1+x^2).$$

以初始条件:$y'\Big|_{x=0}=p\Big|_{x=0}=3$ 代入上式,得 $C_1=3$. 故得

$$y'=3(1+x^2).$$

这是一阶微分方程. 积分得

$$y=3\int(1+x^2)\mathrm{d}x+C_2=3x+x^3+C_2.$$

再以初始条件:$y\Big|_{x=0}=1$ 代入,得 $C_2=1$. 于是,所求特解为

$$y=x^3+3x+1.$$

注意 利用降阶法求满足所给初始条件的特解时,应像本例中的解法那样,对积分过程中出现的任意常数应及时用初始条件定出,这样可使降阶后的积分计算简便些.

6.4.3 $y'' = f(y, y')$型

微分方程

$$y'' = f(y, y') \tag{6.44}$$

的特点是:它是一个二阶方程,且方程中不显含自变量 x. 若令 $y' = p(y)$,而 $y = y(x)$,则

$$y'' = \frac{dp}{dx} = \frac{dp}{dy} \cdot \frac{dy}{dx} = p\frac{dp}{dy}.$$

将它代入式(6.44),得到关于 y, p 的一阶微分方程:

$$p\frac{dp}{dy} = f(y, p).$$

若能求出这个方程的通解,并设此方程的通解为

$$y' = p = \varphi(y, C_1), \quad 即 \quad \frac{dy}{dx} = \varphi(y, C_1),$$

则分离变量并两边积分,便得方程(6.44)的通解为

$$\int \frac{dy}{\varphi(y, C_1)} = x + C_2 \quad (C_1, C_2 \text{ 为任意常数}).$$

例 4 求微分方程 $yy'' - (y')^2 = 0$ 的通解.

解 所给方程是二阶微分方程,且不显含 x,故可设 $y' = p(y)$,则 $y'' = p\frac{dp}{dy}$. 代入原方程,得

$$yp\frac{dp}{dy} - p^2 = 0.$$

当 $p \neq 0$ 时,约去 p,得

$$y\frac{dp}{dy} = p.$$

分离变量并两边积分,得

$$\ln p = \ln y + \ln C_1, \quad 即 \quad p = C_1 y.$$

于是,得

$$p = y' = \frac{dy}{dx} = C_1 y.$$

分离变量后两边积分,得通解为

$$\ln y = C_1 x + \ln C_2 \quad 或 \quad y = C_2 e^{C_1 x}.$$

当 $p=0$ 即 $\frac{dy}{dx}=0$ 时，得 $y=C$（C 为任意常数）. 这个解已包含在上述通解中（令 $C_1=0$ 即得）.

例 5 设高铁列车以 60 m/s（相当于 216 km/h）的速度在平直的轨道上行驶（假设不计空气阻力和摩擦力）. 当制动（刹车）时获得加速度 $-1.2\ \mathrm{m/s^2}$，问开始制动后经过多长时间列车才能停住？在这段时间内列车行驶了多少路程？

解 设列车开始制动时为 $t=0$，制动后经 t s 行驶了 s m. 根据题意，反映制动后列车运动规律的函数 $s=s(t)$ 应满足微分方程

$$\frac{d^2 s}{dt^2} = -1.2 \tag{6.45}$$

及初始条件

$$s\Big|_{t=0} = 0, \quad v\Big|_{t=0} = \frac{ds}{dt}\Big|_{t=0} = 60. \tag{6.46}$$

下面来求方程(6.45)的通解及满足初始条件(6.46)的特解.

方程(6.45)是属于 $y^{(n)}=f(x)$ 型的可降阶的二阶微分方程. 对方程(6.45)两边积分一次，得

$$v = \frac{ds}{dt} = -1.2t + C_1, \tag{6.47}$$

再积分一次，得方程(6.45)的通解为

$$s = -0.6t^2 + C_1 t + C_2. \tag{6.48}$$

把初始条件(6.46)中的"$v\Big|_{t=0} = \frac{ds}{dt}\Big|_{t=0} = 60$"代入式(6.47)，得 $C_1=60$；把"$s\Big|_{t=0}=0$"代入式(6.48)，得 $C_2=0$. 将 C_1，C_2 的值代入式(6.47)和式(6.48)，得

$$v = -1.2t + 60, \quad 和 \quad s = -0.6t^2 + 60t.$$

由于列车停住时速度为零，所以，可令 $v=-1.2t+60=0$，从而得到列车从开始制动到完全停住所需的时间为

$$t = \frac{60}{1.2} = 50(\mathrm{s}).$$

将 $t=50$ 代入上面 s 的表达式中，即得列车在制动后行驶的路程为

$$s = (-0.6t^2 + 60t)\Big|_{t=50} = 1\,500(\mathrm{m}).$$

例 6 求微分方程 $x^2y''-(y')^2=0$ 通过点 $(1, 0)$，且在该点处与直线 $y=x-1$ 相切的积分曲线.

解 所给方程 $x^2y''-(y')^2=0$ 中不显含 y，属于 $y''=f(x, y')$ 型. 根据题意，可得初始条件为

$$y(1)=0, \quad y'(1)=1.$$

令 $y'=p$，则 $y''=p'$. 代入原方程得

$$x^2p'-p^2=0.$$

分离变量后并两边积分，有

$$\int \frac{\mathrm{d}p}{p^2}=\int \frac{\mathrm{d}x}{x^2}+\bar{C}_1, \quad 即 \quad \frac{1}{p}=\frac{1}{x}+C_1 \quad (C_1=-\bar{C}_1).$$

把初始条件 $y'(1)=p(1)=1$ 代入上式，得 $C_1=0$，故得 $p=x$. 从而 $y'=x$，再积分一次，得

$$y=\int x\mathrm{d}x+C_2=\frac{x^2}{2}+C_2.$$

再以初始条件 $y(1)=0$ 代入上式，得 $C_2=-\frac{1}{2}$. 于是，所求的积分曲线方程为

$$y=\frac{1}{2}(x^2-1).$$

***例 7** 在地面上以初速 v_0 铅直向上发射一质量为 m 的物体. 设地球引力与物体到地心的距离的平方成反比. 求物体可能达到的最大高度及要使发射体脱离地球引力的影响所需的最小发射速度(空气阻力不计，地球半径 $R=6\,370$ km).

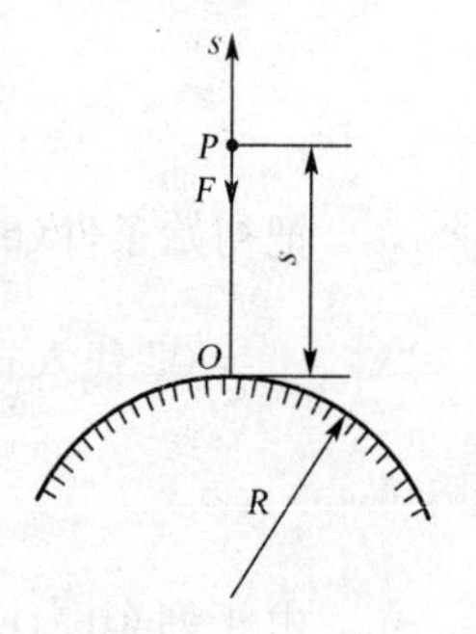

图 6-9

解 取地面上的发射点为坐标原点 O，建立坐标系如图 6-9 所示.

因为物体发射后，在运动过程中仅受地球引力的作用，而其大小为

$$F=k\frac{1}{(R+s)^2}, \tag{6.49}$$

其中，s 是物体与地面的距离，k 是比例常数.

现在先来确定比例常数 k. 当物体在地面上时，$s=0$，$F=mg$，由式(6.49)得

$$k=mgR^2.$$

于是

$$F=\frac{mgR^2}{(R+s)^2}.$$

根据牛顿第二定律，物体运动的微分方程为

$$m\frac{d^2 s}{dt^2}=-F=-\frac{mgR^2}{(R+s)^2},$$

即

$$\frac{d^2 s}{dt^2}=-\frac{gR^2}{(R+s)^2}, \tag{6.50}$$

这里置以负号是由于地球对物体的引力指向地球中心,它的方向与 s 轴的正向相反的缘故.

因方程(6.50)中不显含自变量 t. 故设 $\frac{ds}{dt}=v$,则 $\frac{d^2 s}{dt^2}=v\frac{dv}{ds}$,代入方程(6.50),得

$$v\frac{dv}{ds}=-\frac{gR^2}{(R+s)^2}.$$

分离变量并积分,得

$$\frac{v^2}{2}=\frac{gR^2}{R+s}+C.$$

将初始条件 $s\Big|_{t=0}=0$, $v\Big|_{t=0}=\frac{ds}{dt}\Big|_{t=0}=v_0$ 代入上式,得 $C=\frac{v_0^2}{2}-gR$ 再代入上式,得

$$\frac{v^2}{2}=\frac{gR^2}{R+s}+\left(\frac{v_0^2}{2}-gR\right). \tag{6.51}$$

当物体达到最高处时,速度 $v=0$. 于是有

$$\frac{v_0^2}{2}=gR-\frac{gR^2}{R+s}=\frac{gRs}{R+s}, \quad 即 \quad v_0^2=\frac{2gRs}{R+s}.$$

从上式解出 s,即得最大高度为

$$s_{\max}=\frac{v_0^2 R}{2gR-v_0^2}.$$

因为 $\frac{v^2}{2}\geqslant 0$,而随着 s 的不断增大,式(6.51)右端第一项 $\frac{gR^2}{R+s}$ 可以变得任意小. 因此,由式(6.51)可知,条件 $\frac{v^2}{2}\geqslant 0$ 要对所有的 s 都成立,只有不等式

$$\frac{v_0^2}{2}-gR\geqslant 0$$

成立,即

$$v_0\geqslant\sqrt{2gR}.$$

因而,要使发射体脱离地球引力的影响(即 s 不断增大),最小的发射速度由等式

$$v_0=\sqrt{2gR}$$

确定. 将 $g=9.8\ \mathrm{m/s^2}=9.8\times 10^{-3}\ \mathrm{km/s^2}$, $R=6\,370\ \mathrm{km}$ 代入上式,可以算出

$$v_0=\sqrt{2gR}=\sqrt{2\times 9.8\times 10^{-3}\times 6\,370}\approx 11.2(\mathrm{km/s}).$$

我们通常所说的**第二宇宙速度**指的就是 $v_0=11.2\ \mathrm{km/s}$ 这个速度.

习题 6.4

1. 求微分方程的通解.

(1) $y''=\dfrac{1}{1+x^2}$；

(2) $y'''=2x-\cos x$；

(3) $y''=1+y'^2$；

(4) $y''-\dfrac{1}{x}y'=xe^x$；

(5) $2yy''-y'^2=0$.

2. 求微分方程满足所给初始条件的特解.

(1) $y''=\ln x$，$y(1)=-\dfrac{3}{4}$，$y'(1)=-1$；

(2) $(1-x^2)y''=xy'$，$y(0)=1$，$y'(0)=2$；

(3) $y''=2yy'$，$y(0)=0$，$y'(0)=-1$；

(4) $y''-ay'^2=0$ (a 为常数，$a>0$)，$y(0)=0$，$y'(0)=-1$.

3. 试求微分方程 $y''=x$ 经过点 $P(0,1)$,且在此点处与直线 $y=\dfrac{x}{2}+1$ 相切的积分曲线.

4. 设火车在平直的轨道上以 16 m/s 的速度行驶. 当司机发现前方约 200 m 处有行人(假设行人不能走开)时,立即以加速度 $-0.8\ \mathrm{m/s^2}$ 制动(刹车). 试问:

(1) 自刹车后需经多长时间火车才能停车?

(2) 自开始刹车到停车,火车行驶了多少路程?

(3) 前方的行人有无危险?

答案

1. (1) $y=x\arctan x-\ln\sqrt{1+x^2}+C_1x+C_2$；(2) $y=\dfrac{1}{12}x^4+\sin x+C_1x^2+C_2x+C_3$；
(3) $y=-\ln|\cos(x+C_1)|+C_2$；(4) $y=(x-1)e^x+C_1x^2+C_2$；(5) $y=(C_1x+C_2)^2$.

2. (1) $y=\dfrac{x^2}{4}(2\ln x-3)$；(2) $y=2\arcsin x+1$；(3) $x=\ln\sqrt{\dfrac{y-1}{y+1}}$；
(4) $y=-\dfrac{1}{a}\ln|ax+1|$.

3. $y=\dfrac{x^3}{6}+\dfrac{x}{2}+1$. 4. (1) 20(s)；(2) 160(m)；(3) 无危险.

6.5 二阶常系数线性齐次微分方程

形如

$$y''+P(x)y'+Q(x)y=f(x) \tag{6.52}$$

的方程称为**二阶线性微分方程**. 方程右端的 $f(x)$ 称为**自由项**. 当 $f(x)\equiv 0$ 时,方程(6.52)成为

$$y''+P(x)y'+Q(x)y=0, \tag{6.53}$$

称为**二阶线性齐次微分方程**；当 $f(x) \neq 0$ 时，方程(6.52) 称为**二阶线性非齐次微分方程**.

当系数 $P(x)$, $Q(x)$分别为常数 p, q 时，则称方程

$$y'' + py' + qy = 0 \tag{6.54}$$

为**二阶常系数线性齐次微分方程**；称方程

$$y'' + py' + qy = f(x) \quad (f(x) \neq 0) \tag{6.55}$$

为**二阶常系数线性非齐次微分方程**.

本节将讨论二阶常系数线性齐次微分方程(6.54)的求解问题.

6.5.1 二阶常系数线性齐次微分方程解的性质与通解结构

定理 1 设 $y_1(x)$, $y_2(x)$ 是二阶常系数线性齐次微分方程(6.54) 的两个解，则 $y = C_1 y_1(x) + C_2 y_2(x)$ 也是方程(6.54) 的解，其中，C_1, C_2 为任意常数.

证明 因为 $y_1(x)$, $y_2(x)$都是方程(6.54)的解，所以

$$y_1''(x) + py_1'(x) + qy_1(x) = 0, \quad y_2''(x) + py_2'(x) + qy_2(x) = 0.$$

将 $y = C_1 y_1(x) + C_2 y_2(x)$ 代入方程(6.54) 的左端，得

$$\begin{aligned}&[C_1 y_1(x) + C_2 y_2(x)]'' + p[C_1 y_1(x) + C_2 y_2(x)]' + q[C_1 y_1(x) + C_2 y_2(x)]\\&= C_1[y_1''(x) + py_1'(x) + qy_1(x)] + C_2[y_2''(x) + py_2'(x) + qy_2(x)] = 0.\end{aligned}$$

即 $y = C_1 y_1(x) + C_2 y_2(x)$ 满足方程(6.54)，所以它是方程(6.54) 的解.

这个定理表明，二阶线性齐次微分方程任何两个解 $y_1(x)$, $y_2(x)$ 的线性组合：$C_1 y_1(x) + C_2 y_2(x)$ 仍是方程的解.

从表面上看，$y = C_1 y_1(x) + C_2 y_2(x)$ 含有两个任意常数，那么，要问 $y = C_1 y_1(x) + C_2 y_2(x)$ 是不是方程(6.54) 的通解呢?下面先来看一个例子.

例 1 对于二阶常系数线性齐次微分方程

$$y'' - 2y' + y = 0,$$

容易验证：$y_1(x) = \mathrm{e}^x$, $y_2(x) = 2\mathrm{e}^x$ 都是它的解. 由定理 1 知

$$y = C_1 y_1(x) + C_2 y_2(x) = C_1 \mathrm{e}^x + 2C_2 \mathrm{e}^x = (C_1 + 2C_2)\mathrm{e}^x = C\mathrm{e}^x$$

也是它的解. 但这个解中实质上只含有一个任意常数 C，显然它不是所给方程的通解.

由此可见，对于二阶常系数线性齐次微分方程(6.54)，它的任何两个特解 $y_1(x)$ 与 $y_2(x)$ 线性组合后并非都能构成方程(6.54) 的通解. 于是，我们进一步要问：方程(6.54) 的两个特解 $y_1(x)$ 与 $y_2(x)$ 满足什么条件时，由它们线性组合后得到的解

$y=C_1y_1(x)+C_2y_2(x)$ (C_1, C_2 为两个任意常数) 才是方程(6.54)的通解呢?

容易看出,在例1中,由于所给方程的两个特解 $y_1(x)=e^x$ 与 $y_2(x)=2e^x$ 的比值 $\dfrac{y_2(x)}{y_1(x)}=\dfrac{2e^x}{e^x}=2$,即 $y_2(x)$ 是 $y_1(x)$ 的常数倍,所以 $y=C_1y_1(x)+C_2y_2(x)$ 中的两个任意常数可以合并,从而实质上只含有一个任意常数,因此,不能构成所给方程的通解.由此可以猜想,如果方程(6.54)中的两个特解 $y_1(x)$ 与 $y_2(x)$,二者之间不是常数倍的关系,那么,由它们线性组合后得到的解 $y=C_1y_1(x)+C_2y_2(x)$ (C_1, C_2 是任意常数) 就会是方程(6.54)的通解.

例如,在例1中,除 $y_1(x)=e^x$, $y_2(x)=2e^x$ 外,还可以验证 $y_3(x)=xe^x$ 也是所给方程的一个解,由于

$$\frac{y_3(x)}{y_1(x)}=\frac{xe^x}{e^x}=x\neq \text{常数},$$

所以 $y_1(x)$与 $y_3(x)$的线性组合

$$y=C_1e^x+C_2xe^x=(C_1+C_2x)e^x.$$

就是所给方程 $y''-2y'+y=0$ 的通解,其中,C_1, C_2 是两个任意常数.

为了使上面的表述简便而又严密,下面引进函数的线性相关和线性无关的概念.

定义1 设 $y_1(x)$与 $y_2(x)$是定义在某区间内的两个函数,如果存在不为零的常数 k(或存在不全为零的常数 k_1, k_2),使得对于该区间内的一切 x,有

$$\frac{y_2(x)}{y_1(x)}=k \quad (\text{或}\ k_1y_1(x)+k_2y_2(x)=0)$$

成立,则称函数 $y_1(x)$ 与 $y_2(x)$ 在该区间内**线性相关**;否则,称 $y_1(x)$ 与 $y_2(x)$ **线性无关**.

在例1中,$y_1(x)=e^x$ 与 $y_2(x)=2e^x$ 是线性相关的;而 $y_3(x)=xe^x$ 与 $y_1(x)=e^x$ 是线性无关的.

综上所述,可得二阶常系数线性齐次微分方程(6.54)的通解结构定理如下:

定理2 如果函数 $y_1(x)$与 $y_2(x)$是二阶常系数线性齐次微分方程(6.54)的两个线性无关的特解,则 $y=C_1y_1(x)+C_2y_2(x)$就是方程(6.54)的通解,其中,C_1, C_2 是两个任意常数.

证明从略.

例2 验证 $y_1(x)=e^{-x}$ 与 $y_2(x)=e^{2x}$ 都是微分方程

$$y''-y'-2y=0$$

的解,并写出该微分方程的通解.

解 所给方程为二阶常系数线性齐次微分方程.对 $y_1(x)=e^{-x}$ 及 $y_2(x)=e^{2x}$

分别求导,得

$$y_1'(x) = -e^{-x}, \quad y_1''(x) = e^{-x};$$

$$y_2'(x) = 2e^{2x}, \quad y_2''(x) = 4e^{2x}.$$

把它们分别代入所给方程左端,得

$$e^{-x} + e^{-x} - 2e^{-x} = 0, \quad 4e^{2x} - 2e^{2x} - 2e^{2x} = 0.$$

故 $y_1(x) = e^{-x}$ 与 $y_2(x) = e^{2x}$ 都是所给微分方程的解. 由于

$$\frac{y_2(x)}{y_1(x)} = \frac{e^{2x}}{e^{-x}} = e^{3x} \neq \text{常数},$$

所以 $y_1(x) = e^{-x}$ 与 $y_2(x) = e^{2x}$ 是两个线性无关的特解,由定理 2 即可写出所给方程的通解为

$$y = C_1 e^{-x} + C_2 e^{2x},$$

其中,C_1, C_2 为任意常数.

我们指出,以上两个定理可以推广到系数 $P(x)$, $Q(x)$ 不为常数的二阶线性齐次微分方程(6.53),定理的结论也都成立.

6.5.2 二阶常系数线性齐次微分方程的解法

对于二阶常系数线性齐次微分方程(6.54),由上面的定理 2 可知,只需找出方程(6.54)的两个线性无关的特解,即可得到它的通解. 如何求得方程(6.54)的两个线性无关的特解呢?我们知道,指数函数 $y = e^{rx}$(r 为常数)的各阶导数仍是指数函数 e^{rx} 乘以一个常数因子,考虑到方程(6.54)的系数是常数的特点,因此猜想,如果适当选取常数 r,有可能使函数 $y = e^{rx}$ 满足方程(6.54).

现设 $y = e^{rx}$ 是方程(6.54)的解,则 $y' = re^{rx}$, $y'' = r^2 e^{rx}$,把 y, y' 及 y'' 代入方程(6.54),整理后得

$$(r^2 + pr + q)e^{rx} = 0.$$

由于 $e^{rx} \neq 0$,故得

$$r^2 + pr + q = 0. \tag{6.56}$$

这表明,只要常数 r 满足方程(6.56),函数 $y = e^{rx}$ 就是二阶常系数线性齐次微分方程(6.54)的解. 我们称一元二次方程(6.56)为二阶常系数线性齐次微分方程(6.54)的**特征方程**. 特征方程(6.56)中,r^2, r 的系数及常数项,依次是微分方程(6.54)中 y'', y' 及 y 的系数.

由一元二次方程的求根公式,可得特征方程(6.56)的根(简称特征根)为

$$r_{1,2} = \frac{-p \pm \sqrt{p^2 - 4q}}{2}.$$

下面按照特征根的三种不同情况,分别讨论二阶常系数线性齐次微分方程(6.54)的通解求法.

(1) 当 $p^2-4q>0$ 时,特征方程(6.56)有两个不相等的实根 r_1 及 $r_2(r_1\neq r_2)$,即

$$r_1=\frac{-p+\sqrt{p^2-4q}}{2},\quad r_2=\frac{-p-\sqrt{p^2-4q}}{2},$$

于是 $y_1=\mathrm{e}^{r_1x}$ 与 $y_2=\mathrm{e}^{r_2x}$ 都是方程(6.54)的解,且

$$\frac{y_2}{y_1}=\frac{\mathrm{e}^{r_2x}}{\mathrm{e}^{r_1x}}=\mathrm{e}^{(r_2-r_1)x}\neq \text{常数},$$

即 $y_1=\mathrm{e}^{r_1x}$ 与 $y_2=\mathrm{e}^{r_2x}$ 线性无关.因此,由定理2可得微分方程(6.54)的通解为

$$\boxed{y=C_1\mathrm{e}^{r_1x}+C_2\mathrm{e}^{r_2x}.}\tag{6.57}$$

其中,C_1, C_2 是任意常数.

(2) 当 $p^2-4q=0$ 时,特征方程(6.56)有两个相等的实根 $r_1=r_2=-\frac{p}{2}$.于是,只得到方程(6.54)的一个特解 $y_1=\mathrm{e}^{r_1x}$,还要设法找出方程(6.54)的另一个特解 y_2,且使得 y_2 与 y_1 线性无关,即 $\frac{y_2}{y_1}\neq$ 常数.

设 $\frac{y_2}{y_1}=u(x)$,即 $y_2=\mathrm{e}^{r_1x}u(x)$ 是方程(6.54)的另一个解,其中,$u(x)$ 是某个待定函数(不为常数),则对 $y_2=\mathrm{e}^{r_1x}u(x)$ 求导两次,得

$$y_2'=\mathrm{e}^{r_1x}(u'+r_1u),\quad y_2''=\mathrm{e}^{r_1x}(u''+2r_1u'+r_1^2u).$$

将 y_2, y_2' 及 y_2'' 代入方程(6.54),整理后得

$$\mathrm{e}^{r_1x}[u''+(2r_1+p)u'+(r_1^2+pr_1+q)u]=0.$$

由于 $\mathrm{e}^{r_1x}\neq 0$,故得

$$u''+(2r_1+p)u'+(r_1^2+pr_1+q)u=0.$$

因为 $r_1=-\frac{p}{2}$ 是特征方程(6.56)的重根,所以

$$r_1^2+pr_1+q=0,\quad 2r_1+p=0.$$

于是前式成为

$$u''(x)=0.$$

由此可知，只要取一个满足上式且不为常数的函数 $u(x)$，即可得到所要求的 y_2. 将上式积分两次，得

$$u(x) = C_1 x + C_2.$$

可取 $C_1 = 1$, $C_2 = 0$，得 $u(x) = x$. 于是得到微分方程(6.54)的另一个特解 $y_2 = x\mathrm{e}^{r_1 x}$. 显然，$y_1 = \mathrm{e}^{r_1 x}$ 与 $y_2 = x\mathrm{e}^{r_1 x}$ 线性无关，故得微分方程(6.54)的通解为

$$y = C_1 \mathrm{e}^{r_1 x} + C_2 x \mathrm{e}^{r_1 x},$$

或写成

$$\boxed{y = (C_1 + C_2 x)\mathrm{e}^{r_1 x},} \tag{6.58}$$

其中，C_1, C_2 为任意常数.

(3) 当 $p^2 - 4q < 0$ 时，特征方程(6.49)有一对共轭复根 $r_{1,2} = \alpha \pm \mathrm{i}\beta\ (\beta > 0)$，其中，实部和虚部分别为

$$\alpha = -\frac{p}{2}, \quad \beta = \frac{\sqrt{4q - p^2}}{2} > 0.$$

这时，$y_1 = \mathrm{e}^{(\alpha + \mathrm{i}\beta)x}$ 与 $y_2 = \mathrm{e}^{(\alpha - \mathrm{i}\beta)x}$ 是微分方程(6.54)的两个复函数形式的特解. 但是，对于实系数线性微分方程，我们自然要求找到实函数形式的解，根据欧拉(Euler)[①]公式

$$\mathrm{e}^{\mathrm{i}\theta} = \cos\theta + \mathrm{i}\sin\theta,$$

将 y_1 与 y_2 改写为

$$y_1 = \mathrm{e}^{(\alpha + \mathrm{i}\beta)x} = \mathrm{e}^{\alpha x}\mathrm{e}^{\mathrm{i}\beta x} = \mathrm{e}^{\alpha x}(\cos\beta x + \mathrm{i}\sin\beta x),$$

$$y_2 = \mathrm{e}^{(\alpha - \mathrm{i}\beta)x} = \mathrm{e}^{\alpha x}\mathrm{e}^{-\mathrm{i}\beta x} = \mathrm{e}^{\alpha x}(\cos\beta x - \mathrm{i}\sin\beta x).$$

再由 6.5.1 节的定理 1 可知，函数

$$\bar{y}_1 = \frac{1}{2}(y_1 + y_2) = \mathrm{e}^{\alpha x}\cos\beta x \quad 与 \quad \bar{y}_2 = \frac{1}{2\mathrm{i}}(y_1 - y_2) = \mathrm{e}^{\alpha x}\sin\beta x$$

也都是微分方程(6.54)的解，且

$$\frac{\bar{y}_2}{\bar{y}_1} = \frac{\mathrm{e}^{\alpha x}\sin\beta x}{\mathrm{e}^{\alpha x}\cos\beta x} = \tan\beta x \neq 常数,$$

即 $\bar{y}_1$ 与 $\bar{y}_2$ 线性无关. 故得微分方程(6.54)的通解为

① 关于欧拉(Euler)公式，将在本教材下册第 11 章中介绍.

$$y = e^{\alpha x}(C_1\cos\beta x + C_2\sin\beta x), \tag{6.59}$$

其中,C_1, C_2 为任意常数.

综上所述,求二阶常系数线性齐次微分方程(6.54)的通解步骤如下:

第一步:写出特征方程,并求出特征方程的两个根;

第二步:根据两个特征根的不同情况,按照公式(6.57)、公式(6.58)或公式(6.59)写出微分方程的通解.为使用方便起见,现可列表如下(表 6-1).

表 6-1

特征方程 $r^2+pr+q=0$ 的两个根 r_1, r_2	微分方程 $y''+py'+qy=0$ 的通解
两个不相等的实根 $r_1 \neq r_2$	$y = C_1 e^{r_1 x} + C_2 e^{r_2 x}$
两个相等的实根 $r_1 = r_2$	$y = (C_1 + C_2 x)e^{r_1 x}$
一对共轭复根 $r_{1,2} = \alpha \pm i\beta\ (\beta > 0)$	$y = e^{\alpha x}(C_1\cos\beta x + C_2\sin\beta x)$

例 3 求微分方程 $y''+y'-6y=0$ 的通解.

解 这是二阶常系数线性齐次微分方程,它的特征方程为

$$r^2+r-6=0, \quad 即 \quad (r+3)(r-2)=0.$$

特征方程的两个根是 $r_1=-3$, $r_2=2$.因 r_1 与 r_2 是两个不相等的实根,故所求微分方程的通解为

$$y = C_1 e^{-3x} + C_2 e^{2x} \quad (C_1, C_2 \text{ 为任意常数}).$$

例 4 求微分方程 $y''-6y'+9y=0$ 满足初始条件:$y(0)=1$, $y'(0)=0$ 的特解.

解 所给方程是二阶常系数线性齐次微分方程,其特征方程为

$$r^2-6r+9=0, \quad 即 \quad (r-3)^2=0.$$

因特征方程有两个相等的实根:$r_1=r_2=3$,故得所给方程的通解为

$$y=(C_1+C_2x)e^{3x} \quad (C_1, C_2 \text{ 为任意常数}).$$

为了求特解,将上式对 x 求导,得

$$\frac{dy}{dx} = C_2 e^{3x} + 3(C_1+C_2x)e^{3x}.$$

将初始条件:$y(0)=1$, $y'(0)=0$ 分别代入上面两式,得 $C_1=1$, $C_2=-3$.于是,所求特解为

$$y=(1-3x)e^{3x}.$$

例 5 求微分方程 $y''+2y'+3y=0$ 的通解.

解 所给方程是二阶常系数线性齐次微分方程,它的特征方程为

$$r^2+2r+3=0,$$

解出特征方程的根是

$$r_{1,2}=\frac{-2\pm\sqrt{2^2-4\times 3}}{2}=-1\pm\sqrt{2}\mathrm{i},$$

它们是一对共轭复根($\alpha=-1$, $\beta=\sqrt{2}$). 于是,所给方程的通解为

$$y=\mathrm{e}^{-x}(C_1\cos\sqrt{2}x+C_2\sin\sqrt{2}x)\quad (C_1,\ C_2 \text{ 为任意常数}).$$

从上面的讨论可以看到,求解二阶常系数线性齐次微分方程,不必通过积分,只要用代数方法求出特征方程的根,就可以写出微分方程的通解. 我们指出,这种求解方法,也可推广用于求解高于二阶的常系数线性齐次微分方程. 本书中就不作介绍了.

例 6 设有一质量为 m 的子弹以初速度 v_0 打入土墙,子弹穿入土墙后所受的阻力与速度成正比(比例系数 $k>0$). 试求子弹打入土墙后的运动规律.

解 设子弹打入土墙后经时刻 t 行进的路程为 $s(t)$,则行进的速度为$\frac{\mathrm{d}s}{\mathrm{d}t}$,加速度为$\frac{\mathrm{d}^2s}{\mathrm{d}t^2}$. 子弹所受的外力就是阻力$-k\frac{\mathrm{d}s}{\mathrm{d}t}$(负号是因为阻力与运动方向相反的缘故). 由牛顿第二定律,可得 $s(t)$应满足的微分方程为

$$m\frac{\mathrm{d}^2s}{\mathrm{d}t^2}=-k\frac{\mathrm{d}s}{\mathrm{d}t},\quad \text{即}\quad \frac{\mathrm{d}^2s}{\mathrm{d}t^2}+\frac{k}{m}\frac{\mathrm{d}s}{\mathrm{d}t}=0.$$

按题意,有初始条件:$s(0)=0$, $s'(0)=v_0$.

上述方程是二阶常系数线性齐次方程,它的特征方程为

$$r^2+\frac{k}{m}r=0,\quad \text{即}\quad r\left(r+\frac{k}{m}\right)=0.$$

其特征根为 $r_1=0$, $r_2=-\frac{k}{m}$. 故得通解为

$$s=C_1+C_2\mathrm{e}^{-\frac{k}{m}t}.$$

对 t 求导,得

$$s'(t)=-\frac{k}{m}C_2\mathrm{e}^{-\frac{k}{m}t}.$$

以初始条件:$s(0)=0$, $s'(0)=v_0$ 分别代入上面的二式,可得

$$\begin{cases} C_1 + C_2 = 0, \\ -\frac{k}{m}C_2 = v_0, \end{cases} \quad 解得 \quad \begin{cases} C_1 = \frac{mv_0}{k}, \\ C_2 = -\frac{mv_0}{k}. \end{cases}$$

于是,所求特解即子弹打入土墙后的运动规律为

$$s = \frac{mv_0}{k}(1 - e^{-\frac{k}{m}t}).$$

习题 6.5

1. 在下列函数组中,哪些是线性无关的,哪些是线性相关的?

(1) e^x, e^{-x}; (2) e^x, e^{x-1};

(3) $e^x \sin 2x$, $e^x \cos 2x$; (4) $\sin 2x$, $\sin x \cdot \cos x$;

(5) e^{2x}, xe^{2x}; (6) $\cos^2 x$, $1 + \cos 2x$.

2. 求微分方程的通解.

(1) $y'' + y' - 2y = 0$; (2) $y'' + 3y' = 0$;

(3) $y'' - 10y' + 25y = 0$; (4) $y'' + 6y' + 13y = 0$;

(5) $\frac{d^2 s}{dt^2} + \omega^2 s = 0$ (ω 为常数,$\omega > 0$); (6) $4\frac{d^2 x}{dt^2} - 20\frac{dx}{dt} + 25x = 0$.

3. 求微分方程满足所给初始条件的特解.

(1) $y'' - 4y' + 3y = 0$, $y\Big|_{x=0} = 6$, $y'\Big|_{x=0} = 10$;

(2) $4y'' + 4y' + y = 0$, $y\Big|_{x=0} = 2$, $y'\Big|_{x=0} = 0$;

(3) $y'' - 4y' + 13y = 0$, $y\Big|_{x=0} = 0$, $y'\Big|_{x=0} = 3$.

4. 一个单位质量的质点在 Ox 轴上从原点 O 处以初速度 v_0 开始运动. 在运动过程中,受到一个大小与质点到原点的距离成正比(比例系数为 3)而方向与初速度 v_0 一致的力的作用,又介质的阻力与速度成正比(比例系数为 2). 求该质点的运动规律(即质点的位移 x 与时间 t 的函数关系).

答 案

1. (1),(3),(5)线性无关;(2),(4),(6)线性相关.

2. (1) $y = C_1 e^x + C_2 e^{-2x}$; (2) $y = C_1 + C_2 e^{-3x}$; (3) $y = (C_1 + C_2 x)e^{5x}$;

(4) $y = e^{-3x}(C_1 \cos 2x + C_2 \sin 2x)$; (5) $s = C_1 \cos \omega t + C_2 \sin \omega t$; (6) $x = (C_1 + C_2 t)e^{\frac{5}{2}t}$.

3. (1) $y = 4e^x + 2e^{3x}$; (2) $y = (2 + x)e^{-\frac{x}{2}}$; (3) $y = e^{2x} \sin 3x$.

4. $x = \frac{1}{4}v_0(e^t - e^{-3t})$.

6.6 二阶常系数线性非齐次微分方程

在 6.5 节中已指出,二阶常系数线性非齐次微分方程的一般形式为

$$y'' + py' + qy = f(x), \tag{6.55}$$

其中,p, q 为常数. 它所对应的齐次方程为

$$y'' + py' + qy = 0. \tag{6.54}$$

本节中将讨论上述方程(6.55)的求解问题.

6.6.1 二阶常系数线性非齐次微分方程的通解结构及特解的可叠加性

在 6.3 中我们已经看到,一阶线性非齐次微分方程的通解等于它所对应的线性齐次微分方程的通解与它的一个特解之和. 这个结论对于二阶线性非齐次微分方程也是正确的.

定理 1 设 $y^*(x)$ 是二阶常系数线性非齐次微分方程(6.55) 的一个特解,$Y = C_1 y_1(x) + C_2 y_2(x)$ 是方程(6.55) 所对应的齐次方程(6.54) 的通解, 则

$$y = Y + y^{*'} = C_1 y_1(x) + C_2 y_2(x) + y^*(x)$$

是方程(6.55)的通解.

证明 由于 y^* 是方程(6.55)的解,而 Y 是方程(6.55)所对应的齐次方程(6.54)的通解,所以有

$$y^{*''} + py^{*'} + qy^* = f(x) \quad 及 \quad Y'' + pY' + qY = 0.$$

把 $y = Y + y^*$ 代入方程(6.55) 的左端,得

$$\begin{aligned}(Y + y^*)'' + p(Y + y^*)' + q(Y + y^*) &= (Y'' + pY' + qY) + (y^{*''} + py^{*'} + qy^*) \\ &= 0 + f(x) = f(x),\end{aligned}$$

即 $y = Y + y^*$ 满足方程(6.55),从而是方程(6.55) 的解. 又因为 $Y = C_1 y_1(x) + C_2 y_2(x)$ 是方程(6.55) 所对应的齐次方程(6.54) 的通解,其中已含有两个独立的任意常数,所以 $y = Y + y^*$ 中也含有两个独立的任意常数,从而它是方程(6.55) 的通解.

例 1 对于二阶常系数线性非齐次微分方程

$$y'' - y = x^2,$$

容易验证,$y^* = -x^2 - 2$ 是它的一个特解. 又可以用 6.5 节中的方法求得所给方程对应的齐次微分方程

$$y'' - y = 0$$

的通解为

$$Y = C_1 e^x + C_2 e^{-x}.$$

因此,由定理 1 可知,

$$y=Y+y^{*}=C_1e^{x}+C_2e^{-x}-x^2-2$$

是所给方程 $y''-y=x^2$ 的通解.

定理 2 设 $y_1^{*}(x)$ 和 $y_2^{*}(x)$ 分别是二阶常系数线性非齐次方程

$$y''+py'+qy=f_1(x) \quad 和 \quad y''+py'+qy=f_2(x)$$

的特解,则 $y^{*}=y_1^{*}(x)+y_2^{*}(x)$ 是微分方程

$$y''+py'+qy=f_1(x)+f_2(x) \tag{6.60}$$

的特解,其中,p, q 为常数.

仿定理 1 可证(证明从略).

6.6.2 二阶常系数线性非齐次微分方程的解法

由定理 1 知道,二阶常系数线性非齐次方程(6.55)的通解结构为

$$y=Y+y^{*},$$

其中,Y 是方程(6.55)所对应的齐次方程(6.54)的通解,y^{*} 是方程(6.55)的一个特解.关于 Y 的求法在上一节中已经讨论过,因此,剩下的问题只需讨论如何求非齐次方程(6.55)的一个特解 y^{*}.

本节仅就方程(6.55)的右端函数 $f(x)$ 为两种常见形式时介绍求特解 y^{*} 的方法.这种方法的特点是不用积分就可求出 y^{*} 来,通常称它为待定系数法.$f(x)$ 的两种常见形式:

(1) $f(x)=e^{\lambda x}P_m(x)$,其中,λ 是常数,$P_m(x)$ 是 x 的一个 m 次多项式

$$P_m(x)=a_0x^m+a_1x^{m-1}+\cdots+a_{m-1}x+a_m;$$

(2) $f(x)=e^{\lambda x}(A\cos\omega x+B\sin\omega x)$,其中,$A$, B, λ 及 ω $(\omega>0)$ 均是实常数.

下面分别介绍 $f(x)$为上述两种形式时 y^{*} 的求法.

1. $f(x)=e^{\lambda x}P_m(x)$型

此时,二阶常系数线性非齐次微分方程(6.55)成为

$$y''+py'+qy=e^{\lambda x}P_m(x). \tag{6.61}$$

我们知道,方程(6.61)的特解 y^{*} 是使式(6.61)成为恒等式的函数.什么样的函数能使式(6.61)成为恒等式呢?因为式(6.61)右端是多项式 $P_m(x)$ 与指数函数 $e^{\lambda x}$ 的乘积,而多项式与指数函数乘积的导数仍是同一类型的函数,根据方程(6.61)左端各项的系数均为常数的特点,我们猜想 $y^{*}=Q(x)e^{\lambda x}$(其中 $Q(x)$ 是某个多项式)有可能是方程(6.61)的特解.把 y^{*}, $y^{*\prime}$ 及 $y^{*\prime\prime}$ 代入方程(6.61),然后考虑能否选取适当的多项式 $Q(x)$,使 $y^{*}=Q(x)e^{\lambda x}$ 满足方程(6.61).为此,可设方程(6.61)的特解为

$$y^* = Q(x)e^{\lambda x},$$

则

$$y^{*\prime} = Q'(x)e^{\lambda x} + \lambda Q(x)e^{\lambda x}, \quad y^{*\prime\prime} = Q''(x)e^{\lambda x} + 2\lambda Q'(x)e^{\lambda x} + \lambda^2 Q(x)e^{\lambda x}.$$

将 y^*, $y^{*\prime}$ 及 $y^{*\prime\prime}$ 代入方程(6.61),得

$$[Q''(x) + 2\lambda Q'(x) + \lambda^2 Q(x)]e^{\lambda x} + p[Q'(x) + \lambda Q(x)]e^{\lambda x} + qQ(x)e^{\lambda x} = P_m(x)e^{\lambda x},$$

约去 $e^{\lambda x} \neq 0$,并整理得

$$Q''(x) + (2\lambda + p)Q'(x) + (\lambda^2 + p\lambda + q)Q(x) = P_m(x). \tag{6.62}$$

下面分三种情形来讨论:

(1) 若 λ 不是方程(6.61)所对应的齐次方程(6.54)的特征方程的根,即 $\lambda^2 + p\lambda + q \neq 0$. 这时,方程(6.62)的左端的最高次幂项在 $Q(x)$ 中,要使式(6.62)两端恒等,$Q(x)$ 必须是 m 次多项式. 因此,可设方程(6.61)的一个特解为

$$y^* = Q_m(x)e^{\lambda x},$$

其中

$$Q_m(x) = b_0 x^m + b_1 x^{m-1} + \cdots + b_{m-1}x + b_m,$$

b_0, b_1, $\cdots$, b_{m-1}, b_m 是 $m+1$ 个待定系数.

将 y^*, $y^{*\prime}$, $y^{*\prime\prime}$ 代入方程(6.61),比较等式两端 x 的同次幂的系数,得到含有待定系数 b_0, b_1, $\cdots$, b_m 的 $m+1$ 个方程,由此可以定出 $m+1$ 个待定系数 b_0, b_1, $\cdots$, b_m,从而得到方程(6.61)的特解 y^*.

(2) 若 λ 是方程(6.61)所对应的齐次方程(6.54)的特征方程的单根,即 $\lambda^2 + p\lambda + q = 0$, $2\lambda + p \neq 0$. 这时方程(6.62)的左端只含 $Q'(x)$ 与 $Q''(x)$ 的项,而多项式求导一次后它的次数要降低一次. 因此,要使式(6.62)两端恒等,$Q(x)$ 必须是 $m+1$ 次多项式. 于是,可设方程(6.61)的一个特解为

$$y^* = xQ_m(x)e^{\lambda x}.$$

求出 $y^{*\prime}$ 及 $y^{*\prime\prime}$ 后,把它们代入方程(6.61),经化简整理后,使用与情形(1)中类似的方法求出 $Q_m(x)$ 中的待定系数 b_0, b_1, $\cdots$, b_{m-1}, b_m,即可求得方程(6.61)的特解 y^*.

(3) 若 λ 是方程(6.61)所对应的齐次方程(6.54)的特征方程的重根,即 $\lambda^2 + p\lambda + q = 0$, $2\lambda + p = 0$. 这时,方程(6.62)的左端只含 $Q''(x)$ 的项,要使式(6.62)成为恒等式,$Q(x)$ 必须是 $m+2$ 次多项式. 因此,可设方程(6.61)的一个特解为

$$y^* = x^2 Q_m(x)e^{\lambda x}.$$

求出 $y^{*\prime}$ 及 $y^{*\prime\prime}$ 后,把它们代入方程(6.61),用与前面类似的方法可求出 $Q_m(x)$ 中的

待定系数 $b_0, b_1, \cdots, b_{m-1}, b_m$，即可求得方程(6.61) 的特解 y^*.

综上所述，对于二阶常系数线性非齐次微分方程(6.61)，可假设它的特解形式为

$$y^* = x^k Q_m(x) e^{\lambda x}, \tag{6.63}$$

其中，$Q_m(x)$ 是与 $P_m(x)$ 同次的多项式，即

$$Q_m(x) = b_0 x^m + b_1 x^{m-1} + b_2 x^{m-2} + \cdots + b_{m-1} x + b_m,$$

这里，$b_0, b_1, b_2, \cdots, b_{m-1}, b_m$ 是 $m+1$ 个待定系数. k 的取法如下：

(1) 当 λ 不是对应齐次方程的特征根时，取 $k=0$；

(2) 当 λ 是对应齐次方程的特征方程的单根时，取 $k=1$；

(3) 当 λ 是对应齐次方程的特征方程的重根时，取 $k=2$.

例 2 求微分方程 $y'' - 2y' - 3y = (x+2)e^{2x}$ 的一个特解.

解 所给方程是二阶常系数线性非齐次微分方程. 它所对应的齐次方程 $y'' - 2y' - 3y = 0$ 的特征方程为

$$r^2 - 2r - 3 = 0, \quad 即 \quad (r+1)(r-3) = 0.$$

它有两个不相等的实根：$r_1 = -1$，$r_2 = 3$.

由于所给方程的右端 $f(x) = (x+2)e^{2x} = P_1(x)e^{\lambda x}$，$P_1(x) = x+2$ 是一次多项式，而 $\lambda = 2$ 不是特征方程的根，在式(6.63) 中取 $k=0$. 因此，可设所给方程的特解为

$$y^* = (b_0 x + b_1)e^{2x},$$

则

$$y^{*\prime} = b_0 e^{2x} + 2(b_0 x + b_1)e^{2x}, \quad y^{*\prime\prime} = 4b_0 e^{2x} + 4(b_0 x + b_1)e^{2x}.$$

将 y^*，$y^{*\prime}$ 及 $y^{*\prime\prime}$ 代入所给方程，整理后并约去 e^{2x}，得

$$-3b_0 x + (2b_0 - 3b_1) = x + 2.$$

比较上式两端 x 的同次幂系数，得

$$\begin{cases} -3b_0 = 1, \\ 2b_0 - 3b_1 = 2, \end{cases} \quad 解得 \quad \begin{cases} b_0 = -\dfrac{1}{3}, \\ b_1 = -\dfrac{8}{9}. \end{cases}$$

于是，所求特解为

$$y^* = \left(-\frac{1}{3}x - \frac{8}{9}\right)e^{2x}.$$

例 3 求微分方程 $y'' - 2y' + y = \dfrac{1}{2}e^x$ 的通解.

解 所给方程是二阶常系数线性非齐次微分方程. 先求所给方程对应的齐次方

程的通解 Y.

对应齐次方程 $y''-2y'+y=0$ 的特征方程为

$$r^2-2r+1=0,\quad 即\quad (r-1)^2=0.$$

它有二重实根：$r_1=r_2=1$,故得对应齐次方程的通解为

$$Y=(C_1+C_2x)e^x.$$

再求所给方程的一个特解 y^*. 这里 $f(x)=\frac{1}{2}e^x=P_0(x)e^{\lambda x}$, $P_0(x)=\frac{1}{2}$ 是常数(零次多项式),而 $\lambda=1$ 是特征方程的重根,在式(6.63)中取 $k=2$. 因此,可设所给方程的特解为

$$y^*=bx^2e^x.$$

则

$$y^{*\prime}=(2bx+bx^2)e^x,\quad y^{*\prime\prime}=(2b+4bx+bx^2)e^x.$$

将它们代入所给微分方程,整理并约去 e^x,得 $2b=\frac{1}{2}$,即 $b=\frac{1}{4}$. 故得所给方程的一个特解为

$$y^*=\frac{1}{4}x^2e^x.$$

因此,所给方程的通解为

$$y=Y+y^*=(C_1+C_2x)e^x+\frac{1}{4}x^2e^x.$$

例 4 求微分方程 $y''+y'=2x^2-3$ 满足初始条件:$y(0)=0$, $y'(0)=-1$ 的特解.

解 所给方程是二阶常系数线性非齐次微分方程. 先求它所对应的齐次方程的通解 Y.

对应的齐次方程 $y''+y'=0$ 的特征方程为

$$r^2+r=0,\quad 即\quad r(r+1)=0.$$

它有两个不相等的实根:$r_1=0$, $r_2=-1$. 故得

$$Y=C_1+C_2e^{-x}.$$

再求所给方程的一个特解 y^*,这里 $f(x)=2x^2-3=P_2(x)e^{\lambda x}$, $P_2(x)=2x^2-3$ 是二次多项式,而 $\lambda=0$ 是特征方程的单根,在式(6.63)中取 $k=1$. 因此,可设所给方程的特解为

$$y^* = x(b_0x^2 + b_1x + b_2)e^{0x} = b_0x^3 + b_1x^2 + b_2x,$$

则

$$y^{*\prime} = 3b_0x^2 + 2b_1x + b_2, \quad y^{*\prime\prime} = 6b_0x + 2b_1.$$

把它们代入所给方程,得

$$(6b_0x + 2b_1) + (3b_0x^2 + 2b_1x + b_2) = 2x^2 - 3,$$

即
$$3b_0x^2 + (6b_0 + 2b_1)x + (2b_1 + b_2) = 2x^2 - 3.$$

比较上式两端 x 的同次幂的系数,得

$$3b_0 = 2, \quad 6b_0 + 2b_1 = 0, \quad 2b_1 + b_2 = -3.$$

解得

$$b_0 = \frac{2}{3}, \quad b_1 = -2, \quad b_2 = 1.$$

故所给方程的特解为

$$y^* = \frac{2}{3}x^3 - 2x^2 + x.$$

因此得到所给方程的通解为

$$y = Y + y^* = C_1 + C_2e^{-x} + \frac{2}{3}x^3 - 2x^2 + x.$$

最后,我们来求方程满足所给初始条件的特解.这里附带说一下,微分方程的特解(不含任意常数的解)一般都是满足一定初始条件的解.而上面所求的特解 y^*,不会满足题设中的初始条件,因此需要从通解中找出一个满足该初始条件的特解.

将上面的通解对 x 求导,得

$$y' = -C_2e^{-x} + 2x^2 - 4x + 1.$$

把初始条件:$y(0)=0$, $y'(0)=-1$ 分别代入通解及上式,得

$$\begin{cases} C_1 + C_2 = 0, \\ -C_2 + 1 = -1, \end{cases} \quad \text{解得} \quad \begin{cases} C_1 = -2, \\ C_2 = 2. \end{cases}$$

于是得满足初始条件的特解为

$$y = -2 + 2e^{-x} + \frac{2}{3}x^3 - 2x^2 + x, \quad \text{即} \quad y = 2e^{-x} + \frac{2}{3}x^3 - 2x^2 + x - 2.$$

2. $f(x) = e^{\lambda x}(A\cos\omega x + B\sin\omega x)$型

此时,二阶常系数线性非齐次微分方程(6.55)成为

$$y'' + py' + qy = e^{\lambda x}(A\cos\omega x + B\sin\omega x), \tag{6.64}$$

其中，A, B, λ, ω 是实常数，且 $\omega > 0$.

可以证明(从略)，方程(6.64)具有如下形式的特解

$$y^* = x^k e^{\lambda x}(a\cos \omega x + b\sin \omega x), \tag{6.65}$$

其中，a, b 为待定系数，k 的取法如下：

(1) 当 $\lambda \pm i\omega$ 不是方程(6.64)所对应的齐次方程的特征根时，取 $k = 0$；

(2) 当 $\lambda \pm i\omega$ 是方程(6.64)所对应的齐次方程的特征根时，取 $k = 1$.

应当注意，无论方程(6.64)中 A 与 B 是否有一个为零，假设特解 y^* 的形式都应具有待定系数 a 和 b 的两项. 可见下例.

例 5 求微分方程 $y'' + 3y' + 2y = \cos x$ 的一个特解.

解 所给方程是二阶常系数线性非齐次微分方程，属于方程(6.64)的类型. 这里 $A = 1$, $B = 0$, $\lambda = 0$, $\omega = 1$，所给方程对应的齐次方程 $y'' + 3y' + 2y = 0$ 的特征方程为

$$r^2 + 3r + 2 = 0, \quad 即 \quad (r + 2)(r + 1) = 0.$$

它有两个不相等的实根：$r_1 = -2$, $r_2 = -1$. 因为 $\lambda \pm i\omega = \pm i$ 不是特征方程的根；在式(6.65)中取 $k = 0$. 故可设所给方程的一个特解形式为

$$y^* = a\cos x + b\sin x,$$

其中，a, b 为待定系数. 将它对 x 分别求导两次，得

$$y^{*\prime} = -a\sin x + b\cos x, \quad y^{*\prime\prime} = -a\cos x - b\sin x,$$

把它们代入所给方程，经整理后得

$$(a + 3b)\cos x + (-3a + b)\sin x = \cos x.$$

比较上式两端同类项的系数，得

$$\begin{cases} a + 3b = 1, \\ -3a + b = 0, \end{cases} \quad 解得 \quad \begin{cases} a = \dfrac{1}{10}, \\ b = \dfrac{3}{10}. \end{cases}$$

故得所给方程的一个特解为

$$y^* = \frac{1}{10}\cos x + \frac{3}{10}\sin x.$$

例 6 求微分方程 $y'' - 2y' + 5y = e^x \sin 2x$ 的通解.

解 所给方程对应的齐次方程为 $y'' - 2y' + 5y = 0$，其特征方程为

$$r^2 - 2r + 5 = 0.$$

它有一对共轭复根：$r_{1,2} = 1 \pm 2i$，故得对应齐次方程的通解为

$$Y = e^x(C_1\cos 2x + C_2\sin 2x).$$

再求原非齐次方程的一个特解 y^*. 由于所给方程右端 $f(x)=e^x\sin 2x$ 属于 $e^{\lambda x}(A\cos\omega x+B\sin\omega x)$型. 这里, $\lambda=1$, $\omega=2$, $A=0$, $B=1$, 而 $\lambda\pm i\omega=1\pm 2i$ 是特征方程的根,在式(6.65)中,应取 $k=1$. 故可设所给方程的特解为

$$y^*=xe^x(a\cos 2x+b\sin 2x),$$

其中, a, b 是待定常数.

对 y^* 求一阶导数及二阶导数,得

$$\begin{aligned}y^{*\prime}&=e^x(a\cos 2x+b\sin 2x)+xe^x(a\cos 2x+b\sin 2x)+xe^x(-2a\sin 2x+2b\cos 2x)\\&=e^x\left\{[a+(a+2b)x]\cos 2x+[b+(b-2a)x]\sin 2x\right\},\\y^{*\prime\prime}&=e^x\left\{[a+(a+2b)x]\cos 2x+[b+(b-2a)x]\sin 2x\right\}+e^x\left\{(a+2b)\cos 2x\right.\\&\quad\left.-2[a+(a+2b)x]\sin 2x+(b-2a)\sin 2x+2[b+(b-2a)x]\cos 2x\right\}\\&=e^x\left\{[2a+4b+(4b-3a)x]\cos 2x+[2b-4a-(4a+3b)x]\sin 2x\right\}.\end{aligned}$$

将 y^*, $y^{*\prime}$ 及 $y^{*\prime\prime}$ 代入所给方程,整理后并约去非零因式 e^x,得

$$4b\cos 2x-4a\sin 2x=\sin 2x.$$

比较上式两端同类项的系数,得

$$4b=0,\ -4a=1.$$

即得 $a=-\dfrac{1}{4}$, $b=0$,故得所给方程的一个特解为

$$y^*=-\frac{1}{4}xe^x\cos 2x.$$

因此,所求方程的通解为

$$y=Y+y^*=e^x(C_1\cos 2x+C_2\sin 2x)-\frac{1}{4}xe^x\cos 2x.$$

*__例 7__ 设有一个弹簧,它的上端固定,下端挂一个质量为 m 的物体. 当物体处于静止状态时,作用在物体上的重力与弹簧的弹性恢复力大小相等、方向相反,这时物体的位置称为**平衡位置**(图 6-10). 如果有一外力作用,使物体离开平衡位置,并使物体获得初速度 $v_0\neq 0$. 同时即撤去外力,则物体便在平衡位置附近作上下运动. 现假设物体在运动过程中,受弹簧的弹性恢复力和与运动方向一致的铅直干扰力 $F=H\sin pt$ $(p>0)$ 的作用,且在开始时刻 $t=0$ 时,物体离开平衡位置的位移为 x_0,初速度为 v_0 $(x_0>0,\ v_0>0)$,试求物体的运动规律.

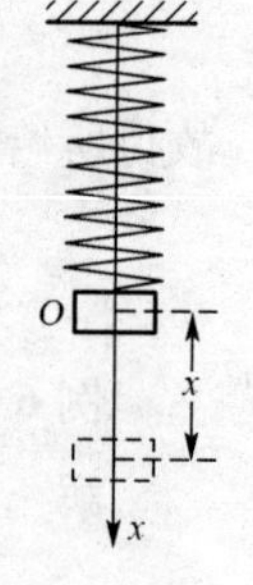

图 6-10

解 如图 6-10 所示,取沿弹簧铅直向下为正向 x 轴,物体的平衡位置为原点 O. 设在时刻 t 物体的位置为 $x=x(t)$. 要求物体的运动规律,就是要求出函数 $x=x(t)$.

首先来建立微分方程并确定初始条件.

由虎克(Hooke)定律知,在弹簧的弹性限度内,弹性恢复力 f 与物体离开平衡位置的位移成正比,即有

$$f = -cx,$$

其中,$c > 0$ 为弹簧的弹性系数,负号表示弹性恢复力的方向与物体位移的方向相反.另外,物体还受到干扰力 $F = H\sin pt$ 的作用,故由牛顿第二定律,可得

$$m\frac{\mathrm{d}^2 x}{\mathrm{d}t^2} = -cx + H\sin pt.$$

移项,并记 $k^2 = \frac{c}{m}$, $h = \frac{H}{m}$,则上式成为

$$\frac{\mathrm{d}^2 x}{\mathrm{d}t^2} + k^2 x = h\sin pt, \tag{6.66}$$

这就是物体的位移 $x = x(t)$ 所应满足的微分方程,通常称为物体的**无阻尼的强迫振动微分方程**.

按题设,初始条件为

$$x\Big|_{t=0} = x_0, \quad \frac{\mathrm{d}x}{\mathrm{d}t}\Big|_{t=0} = v_0. \tag{6.67}$$

下面来求方程(6.66)的通解.

方程(6.66)是二阶常系数线性非齐次方程.容易求得它所对应的齐次方程的通解为

$$X = C_1\cos kt + C_2\sin kt.$$

令 $C_1 = A\sin\varphi$, $C_2 = A\cos\varphi$,则上式又可写成

$$X = A(\sin\varphi\cos kt + \cos\varphi\sin kt) = A\sin(kt + \varphi),$$

其中,A 和 φ 都是任意常数.

再求方程(6.66)的一个特解 x^*.方程右端的函数 $f(t) = h\sin pt$ $(p > 0)$ 属于式(6.64)中右端的类型.这里,$\lambda = 0$, $\omega = p$, $A = 0$, $B = h$.下面分别按 $p \neq k$ 和 $p = k$ 两种情形来讨论.

(i) 若 $p \neq k$,则 $\lambda \pm \mathrm{i}\omega = \pm \mathrm{i}p$ 不是特征方程 $r^2 + k^2 = 0$ 的根 $r_{1,2} = \pm \mathrm{i}k$,故可设方程(6.66)的一个特解为

$$x^* = a\cos pt + b\sin pt.$$

用待定系数法可求得

$$a = 0, \quad b = \frac{h}{k^2 - p^2}.$$

于是所求通解为

$$x = X + x^* = A\sin(kt + \varphi) + \frac{h}{k^2 - p^2}\sin pt. \tag{6.68}$$

其中,任意常数 A 和 φ 可由初始条件(6.67)来确定(从略).

式(6.68)表示物体的运动由两部分组成,这两部分都是简谐运动.其中,右端第一项表示**自由振动**.这种运动的振幅(物体离开平衡位置的最大距离)为 A,初相角为 φ,它们都是由初始条件所确定.振动的周期(表示振动一次所需的时间)$T = \frac{2\pi}{k}$,角频率(表示每秒变化的弧度)为 $k = \sqrt{\frac{c}{m}}$,它与初始条件无关,而是由运动系统(即弹簧和物体)本身所确定.因此,k 又称为系统的**固有频率**.式(6.67)右端第二项所表示的振动称为**强迫振动**.强迫振动是由干扰力所引起的,它的角频率就是干扰力的角频率 p.当干扰力的角频率 p 与振动系统的固有频率 k 很接近时,它的振幅 $\left|\frac{h}{k^2 - p^2}\right|$ 可以很大.

(ii) 若 $p=k$，则 $\lambda \pm \mathrm{i}\omega = \pm \mathrm{i}p = \pm \mathrm{i}k$ 正好是特征方程的根. 因此，可设方程(6.66)的特解形式为

$$x^* = t(a\cos kt + b\sin kt).$$

用待定系数法可求得 $a = -\frac{h}{2k}$, $b=0$. 故得所求特解为

$$x^* = -\frac{h}{2k}t\cos kt.$$

因此，当 $p=k$ 时，方程(6.66)的通解为

$$x = X + x^* = A\sin(kt+\varphi) - \frac{h}{2k}t\cos kt. \tag{6.69}$$

由式(6.69)右端第二项可以看出，强迫振动的振幅 $\frac{h}{2k}t$ 随时间 t 的增大而无限增大，这就产生所谓**共振现象**. 为了避免共振现象，应使干扰力的角频率 p 不要靠近振动系统的固有频率 k. 反之，如果要利用共振现象，则应使 $p=k$ 或使 p 与 k 尽量靠近.

习题 6.6

1. 求微分方程的通解.

(1) $y'' - 2y' - 3y = 3x + 1$；

(2) $y'' + 3y' + 2y = 3xe^{-x}$；

(3) $y'' - 6y' + 9y = \mathrm{e}^{3x}(x+1)$；

(4) $y'' + 3y' = \cos x - \sin x$；

(5) $y'' - 2y' + 5y = \mathrm{e}^{x}\sin 2x$；

(6) $y'' + 4y = 2\cos 2x + 4\sin 2x$.

2. 求微分方程满足所给初值条件的特解.

(1) $y'' - 3y' + 2y = 5$, $y(0) = 1$, $y'(0) = 2$；

(2) $y'' - y = 4x\mathrm{e}^{x}$, $y(0) = 0$, $y'(0) = 1$；

(3) $y'' + y = \sin x$, $y\left(\frac{\pi}{2}\right) = 1$, $y'\left(\frac{\pi}{2}\right) = 0$.

3. 微分方程 $y'' + 9y = 9x$ 的一条积分曲线与直线 $y + 1 = x - \pi$ 在点 $(\pi, -1)$ 处相切，求此积分曲线的方程.

4. 设质点沿直线运动，其加速度 $a = 5\mathrm{e}^{-t} - 9s$，且该质点由原点出发，初速度为零，求该质点的运动规律.

答　案

1. (1) $y = C_1\mathrm{e}^{-x} + C_2\mathrm{e}^{3x} - x + \frac{1}{3}$；

(2) $y = C_1\mathrm{e}^{-x} + C_2\mathrm{e}^{-2x} + \frac{3}{2}x(x-2)\mathrm{e}^{-x}$；

(3) $y = (C_1 + C_2 x)\mathrm{e}^{3x} + \frac{x^2}{6}(x+3)\mathrm{e}^{3x}$；

(4) $y = C_1 + C_2\mathrm{e}^{-3x} + \frac{1}{5}(\cos x + 2\sin x)$；

(5) $y = \mathrm{e}^{x}(C_1\cos 2x + C_2\sin 2x) - \frac{1}{4}x\mathrm{e}^{x}\cos 2x$；

(6) $y = C_1\cos 2x + C_2\sin 2x + x\left(-\cos 2x + \frac{1}{2}\sin 2x\right)$.

2. (1) $y=-5e^x+\frac{7}{2}e^{2x}+\frac{5}{2}$；　(2) $y=(x^2-x+1)e^x-e^{-x}$；

(3) $y=\frac{\pi}{4}\cos x+\sin x-\frac{1}{2}x\cos x$.

3. $y=(\pi+1)\cos 3x+x$.　4. $s=\frac{1}{6}\sin 3t-\frac{1}{2}\cos 3t+\frac{1}{2}e^{-t}$.

复习题 6

(A)

1. 求微分方程的通解.

(1) $(y+1)^2\frac{dy}{dx}+x^3=0$；　(2) $2(xy+x)y'=y$；

(3) $(x^2-y^2)dx=2xydy$；　(4) $xdy+(x^2\sin x-y)dx=0$；

(5) $y^2dx+(3xy-4y^3)dy=0$；　(6) $xy'+\sin(x+y)=0$ (提示:令 $u=x+y$)；

(7) $xdy=2(x^4+y)dx$；　(8) $xy'+y=y(\ln x+\ln y)$ (提示:令 $u=xy$)；

(9) $y''+\frac{1}{1-y}y'^2=0$；　(10) $2y''+y'+(2\sin^2 15°\cos^2 15°)y=0$；

(11) $y''=1+y'$；　(12) $y''-y=\sin^2 x$.

2. 求微分方程满足所给初始条件的特解.

(1) $(1+e^x)y\frac{dy}{dx}=e^x$, $y(0)=1$；　(2) $y'-y\tan x=\sec x$, $y(0)=0$；

(3) $ydx+(x-\cos y)dy=0$, $y(1)=\frac{\pi}{2}$；

(4) $2xy'y''=1+y'^2$, $y(1)=0$, $y'(1)=1$；

(5) $y''+y'-2y=0$, $y(0)=4$, $y'(0)=1$；

(6) $y''-2y'-3y=e^{-x}$, $y(0)=1$, $y'(0)=0$；

(7) $y''+y+\sin 2x=0$, $y(\pi)=1$, $y'(\pi)=1$；

(8) $y''-4y'=5$, $y(0)=1$, $y'(0)=0$.

3. 证明各命题.

(1) 设 $y=y_1(x)$ 与 $y=y_2(x)$ 是二阶线性非齐次微分方程 $y''+P(x)y'+Q(x)y=f(x)$ 的两个特解,则 $y=y_1(x)-y_2(x)$ 是二阶线性齐次微分方程 $y''+P(x)y'+Q(x)y=0$ 的解；

(2) 设 $y=y_1(x)$ 与 $y=y_2(x)$ 分别是二阶线性非齐次微分方程 $y''+P(x)y'+Q(x)y=f_1(x)$ 及 $y''+P(x)y'+Q(x)y=f_2(x)$ 的两个特解,则 $y=y_1(x)+y_2(x)$ 是二阶线性非齐次微分方程 $y''+P(x)y'+Q(x)y=f_1(x)+f_2(x)$ 的解.

4. 已知由微分方程 $y''-y=0$ 所确定的一条积分曲线通过点(0, 1),且在该点处与直线 $y=3x+1$ 相切. 试求该积分曲线的方程.

5. 设质量为 m 的物体在一冲击力作用下获得初速度 v_0,使物体在一水平面上滑动. 已知物体所受的摩擦力大小为 km ($k>0$ 为常数). 求该物体的运动规律,并问物体能滑多远?

6. 设炼钢炉内温度为 1 150℃，炉外环境温度为 30℃，钢坯出炉 10 s 后温度降为 1 000℃. 已知钢坯的冷却速度与当时钢坯和周围环境的温差成正比(比例系数为 $k>0$)，试求：

(1) 钢坯出炉后的温度 T(℃) 与时间 t(s) 之间的函数关系；

(2) 需经多长时间才能使钢坯降至 750℃？

7. 一汽艇连其载荷的质量为 2 000 kg，在水面上以 30 km/h 的速度沿直线行驶，将发动机关闭 5 min 后，汽艇的速度降至 6 km/h. 设水面对汽艇的阻力与汽艇的速度成正比(比例系数 $k>0$). 求发动机关闭 15 min 后汽艇的速度.

8. 一质量为 m 的潜水艇从水面由静止状态开始下沉，所受阻力(含水的浮力)与下沉速度成正比(比例系数 $k>0$). 求潜水艇下沉的深度 x 与时间 t 的函数关系.

9. 设有一弹性系数为 c $(c>0)$ 的弹簧水平地放置在一光滑的桌面上，它的左端固定，右端连接一质量为 m 的物体. 开始时，将物体向右拉至距离弹簧的右端点为 l(cm) 处，然后突然无初速地放开，使物体产生振动. 如果不计空气阻力和桌面的摩擦力，试求物体的运动规律.

10. 火车沿水平直线轨道运动. 设火车质量为 p，机车牵引力为 F，阻力为 $a+bv$. 其中，a，b 为常数，$v=\dfrac{ds}{dt}$ 为火车的速度. 火车是由静止状态开始运动，求火车的运动规律 $s=s(t)$.

(B)

1. 选择题

(1) 微分方程 $xyy''+x(y')^3-y^4y'=0$ 的阶数是 (　　).

(A) 3　　(B) 4　　(C) 5　　(D) 2

(2) 在下列函数中，能够是微分方程 $y''+y=0$ 的解的函数是 (　　).

(A) $y=1$　　(B) $y=x$　　(C) $y=\sin x$　　(D) $y=e^x$

(3) 下列方程中是一阶线性方程的是 (　　).

(A) $(y-3)\ln x\,dx-x\,dy=0$　　(B) $x\dfrac{dy}{dx}=y(\ln y-\ln x)$

(C) $xy'=y^2+x^2\sin x$　　(D) $y''+y'-2y=0$

(4) 方程 $xy'+y=3$ 的通解是 (　　).

(A) $y=\dfrac{C}{x}+3$　　(B) $y=\dfrac{3}{x}+C$

(C) $y=-\dfrac{C}{x}-3$　　(D) $y=\dfrac{C}{x}-3$

(5) 微分方程 $\dfrac{dx}{y}+\dfrac{dy}{x}=0$ 满足初始条件 $y\Big|_{x=3}=4$ 的特解是 (　　).

(A) $x^2+y^2=25$　　(B) $3x+4y=C$

(C) $x^2+y^2=C$　　(D) $y^2-x^2=7$

(6) 微分方程 $(1-x^2)y-xy'=0$ 的通解是 (　　).

(A) $y=C\sqrt{1-x^2}$　　(B) $y=\dfrac{C}{\sqrt{1-x^2}}$

(C) $y=Cxe^{-\frac{x^2}{2}}$　　(D) $y=-\dfrac{1}{2}x^3+Cx$

(7) 微分方程 $y'+\frac{y}{x}=\frac{1}{x(x^2+1)}$ 的通解为 ( ).

(A) $\arctan x+C$ (B) $\frac{1}{x}(\arctan x+C)$

(C) $\frac{1}{x}\arctan x+C$ (D) $\arctan x+\frac{C}{x}$

(8) 微分方程 $y\ln x\mathrm{d}x=x\ln y\mathrm{d}y$ 满足初始条件 $y\Big|_{x=1}=1$ 的特解是 ( ).

(A) $\ln^2 x+\ln^2 y=0$ (B) $\ln^2 x+\ln^2 y=1$

(C) $\ln^2 x=\ln^2 y$ (D) $\ln^2 x=\ln^2 y+1$

2. **填空题**

(1) 方程 $y''-3y'+2y=0$ 的通解是________.

(2) 方程 $y''+4y'+4y=0$ 的通解是________.

(3) 方程 $y''+6y'+13y=0$ 的通解是________.

(4) 方程 $\frac{\mathrm{d}^2 x}{\mathrm{d}t^2}-k^2 x=1\ (k>0)$ 的通解是________.

(5) 用待定系数法求方程 $y''+2y'=2x^2-1$ 是一个特解时,应设特解的形式为 $y^*=$________.

(6) 用待定系数法求方程 $y''+4y'+4y=x\mathrm{e}^{-2x}$ 的一个特解时,应设特解的形式为 $y^*=$________.

(7) 方程 $y''+py'+qy=\mathrm{e}^{bx}$($b$, p, q 均为常数),当 b 是特征方程的单根时,则用待定系数法求该方程的一个特解时,应设特解的形式为 $y^*=$________;当 b 不是特征方程的根时,则应设 $y^*=$________.

(8) 求微分方程 $y''+4y'+4y=\mathrm{e}^{-2x}\cos x$ 的一个特解 y^* 时,应设特解的形式为 $y^*=$________.

3. **是非题**(判断下列命题是否正确,你认为是正确的,在括号内打"√";否则打"×".)

(1) $x\frac{\mathrm{d}y}{\mathrm{d}x}=y^2+x^2$ 是一阶线性微分方程. ( )

(2) $y=\mathrm{e}^{-\int p(x)\mathrm{d}x}$ 是方程 $\frac{\mathrm{d}y}{\mathrm{d}x}+p(x)y=0$ 的解. ( )

(3) 已知 $y_1=\mathrm{e}^{x^2}$ 及 $y_2=x\mathrm{e}^{x^2}$ 都是方程 $y''-4xy'+(4x^2-2)y=0$ 的解,则此方程的通解为 $y=(C_1+C_2 x)\mathrm{e}^{x^2}$. ( )

(4) 设 y_1^* 和 y_2^* 都是方程 $y''+P(x)y'+Q(x)y=f(x)$ 的解,则 $y_2^*-y_1^*$ 是方程 $y''+P(x)y'+Q(x)y=0$ 的解. ( )

(5) 已知 $y_1^*=\cos 2x$ 是方程 $y''+5y=\cos 2x$ 的特解,$y_2^*=\frac{x}{5}$ 是方程 $y''+5y=x$ 的特解,则 $y^*=\cos 2x+\frac{x}{5}$ 必是方程 $y''+5y=\cos x+x$ 的特解. ( )

(6) 方程 $y''+6y'+9y=0$ 的通解是 $y=(C_1+C_2 x)\mathrm{e}^{-3x}$. ( )

(7) 方程 $y''+2y'=0$ 的通解是 $y=C_1\cos\sqrt{2}x+C_2\sin\sqrt{2}x$. ( )

(8) 方程 $y''-2y'+y=x\mathrm{e}^x$ 有形如 $y^*=(Ax+B)\mathrm{e}^x$ 的特解. ( )

答案

(A)

1. (1) $3x^4+4(y+1)^3=C$; (2) $y^2e^{2y}=Cx$;

   (3) $x^3-3xy^2=C$; (4) $y=x(\cos x+C)$;

   (5) $xy^3-\frac{4}{5}y^5=C$; (6) $y=2\arctan\frac{C}{x}-x$;

   (7) $y=x^2(x^2+C)$; (8) $y=\frac{1}{x}e^{Cx}$;

   (9) $y=C_2e^{C_1x}+1$; (10) $y=(C_1+C_2x)e^{-\frac{x}{4}}$;

   (11) $y=C_1+C_2e^x-x$;

   (12) $y=C_1e^x+C_2e^{-x}+\frac{1}{10}\cos 2x-\frac{1}{2}$.

2. (1) $y^2=2\ln(1+e^x)+(1-2\ln 2)$; (2) $y=x\sec x$;

   (3) $x=\frac{1}{y}\left(\sin y+\frac{\pi}{2}-1\right)$; (4) $y=\frac{1}{3}(2x-1)^{\frac{3}{2}}-\frac{1}{3}$;

   (5) $y=e^{-2x}+3e^x$; (6) $y=\frac{1}{16}(5e^{3x}+11e^{-x})-\frac{1}{4}xe^{-x}$;

   (7) $y=-\cos x-\frac{1}{3}\sin x+\frac{1}{3}\sin 2x$; (8) $y=\frac{11}{16}+\frac{5}{16}e^{4x}-\frac{5}{4}x$.

3. 证略. 4. $y=2e^x-e^{-x}$.

5. $s=v_0t-\frac{1}{2}kt^2$,物体能滑的距离为 $\frac{v_0^2}{2k}$.

6. (1) $T=30+1\,120e^{\frac{1}{10}\ln\frac{112}{97}t}\approx 30+1\,120e^{-0.014t}$; (2) 大约需经 31.56(s).

7. $v\Big|_{t=15}=4(\text{m/min})$.

8. $x=\frac{mg}{k}t-\frac{m^2g}{k^2}(1-e^{-\frac{k}{m}t})$.

9. 取弹簧的右端点为原点 O,Ox 轴向右为正,则 $x=l\cos\sqrt{\frac{C}{m}}t$.

10. $s=\frac{F-a}{b}t+\frac{p(F-a)}{b^2}(e^{-\frac{p}{b}t}-1)$.

(B)

1. (1) D; (2) C; (3) A; (4) A; (5) A; (6) C; (7) B; (8) C.

2. (1) $y=C_1e^x+C_2e^{2x}$; (2) $y=(C_1+C_2x)e^{-2x}$;

   (3) $y=e^{-3x}(C_1\cos 2x+C_2\sin 2x)$; (4) $x=C_1e^{kt}+C_2e^{-kt}-\frac{1}{k^2}$;

   (5) $x(ax^2+bx+c)$; (6) $x^2(ax+b)e^{-2x}$;

   (7) Axe^{bx}, Ae^{bx}; (8) $e^{-2x}(a\cos x+b\sin x)$.

3. (1) ×; (2) √; (3) √; (4) √; (5) √; (6) √; (7) ×; (8) ×.

附　　录

附录 A　简 单 积 分 表

A1　有理函数的积分

1. $\int (ax+b)^n \mathrm{d}x = \frac{(ax+b)^{n+1}}{a(n+1)} + C \quad (n \neq -1)$.

2. $\int \frac{\mathrm{d}x}{ax+b} = \frac{1}{a}\ln|ax+b| + C$.

3. $\int x(ax+b)^n \mathrm{d}x = \frac{(ax+b)^{n+2}}{a^2(n+2)} - \frac{b(ax+b)^{n+1}}{a^2(n+1)} + C \quad (n \neq -1, -2)$.

4. $\int \frac{x}{ax+b}\mathrm{d}x = \frac{x}{a} - \frac{b}{a^2}\ln|ax+b| + C$.

5. $\int \frac{x}{(ax+b)^2}\mathrm{d}x = \frac{b}{a^2(ax+b)} + \frac{1}{a^2}\ln|ax+b| + C$.

6. $\int \frac{x^2}{ax+b}\mathrm{d}x = \frac{1}{a^3}\left[\frac{1}{2}(ax+b)^2 - 2b(ax+b) + b^2\ln|ax+b|\right] + C$.

7. $\int \frac{\mathrm{d}x}{x(ax+b)} = -\frac{1}{b}\ln\left|\frac{ax+b}{x}\right| + C$.

8. $\int \frac{\mathrm{d}x}{x^2(ax+b)} = -\frac{1}{bx} + \frac{a}{b^2}\ln\left|\frac{ax+b}{x}\right| + C$.

9. $\int \frac{\mathrm{d}x}{x^2+a^2} = \frac{1}{a}\arctan\frac{x}{a} + C$.

10. $\int \frac{\mathrm{d}x}{(x^2+a^2)^n} = \frac{x}{2(n-1)a^2(x^2+a^2)^{n-1}} + \frac{2n-3}{2(n-1)a^2}\int \frac{\mathrm{d}x}{(x^2+a^2)^{n-1}}$.

11. $\int \frac{\mathrm{d}x}{x^2-a^2} = \frac{1}{2a}\ln\left|\frac{x-a}{x+a}\right| + C$.

12. $$\int \frac{\mathrm{d}x}{ax^2+bx+c} = \begin{cases} \frac{2}{\sqrt{4ac-b^2}}\arctan\frac{2ax+b}{\sqrt{4ac-b^2}} + C & (b^2 < 4ac), \\ \frac{1}{\sqrt{b^2-4ac}}\ln\left|\frac{2ax+b-\sqrt{b^2-4ac}}{2ax+b+\sqrt{b^2-4ac}}\right| + C & (b^2 > 4ac). \end{cases}$$

13. $\int \frac{x}{ax^2+bx+c}\mathrm{d}x = \frac{1}{2a}\ln|ax^2+bx+c| - \frac{b}{2a}\int \frac{\mathrm{d}x}{ax^2+bx+c}$.

A2　无理函数的积分

14. $\int \sqrt{a^2-x^2}\,\mathrm{d}x = \frac{x}{2}\sqrt{a^2-x^2} + \frac{a^2}{2}\arcsin\frac{x}{a} + C \quad (|x| \leqslant a)$.

15. $\int x^2\sqrt{a^2-x^2}\,dx=\frac{x}{8}(2x^2-a^2)\sqrt{a^2-x^2}+\frac{a^4}{8}\arcsin\frac{x}{a}+C\quad(|x|\leqslant a).$

16. $\int\frac{dx}{\sqrt{a^2-x^2}}=\arcsin\frac{x}{a}+C\quad(|x|<a).$

17. $\int\frac{x^2}{\sqrt{a^2-x^2}}dx=-\frac{x}{2}\sqrt{a^2-x^2}+\frac{a^2}{2}\arcsin\frac{x}{a}+C\quad(|x|<a).$

18. $\int\frac{x^2}{\sqrt{(a^2-x^2)^3}}dx=\frac{x}{\sqrt{a^2-x^2}}-\arcsin\frac{x}{a}+C\quad(|x|<a).$

19. $\int\frac{dx}{x\sqrt{a^2-x^2}}=\frac{1}{a}\ln\frac{a-\sqrt{a^2-x^2}}{|x|}+C\quad(|x|<a).$

20. $\int\frac{dx}{x^2\sqrt{a^2-x^2}}=-\frac{\sqrt{a^2-x^2}}{a^2x}+C\quad(|x|<a).$

21. $\int\sqrt{a^2+x^2}\,dx=\frac{x}{2}\sqrt{a^2+x^2}+\frac{a^2}{2}\ln(x+\sqrt{a^2+x^2})+C.$

22. $\int\sqrt{(x^2+a^2)^3}\,dx=\frac{x}{8}(2x^2+5a^2)\sqrt{x^2+a^2}+\frac{3}{8}a^4\ln(x+\sqrt{x^2+a^2})+C.$

23. $\int x^2\sqrt{x^2+a^2}\,dx=\frac{x}{8}(2x^2+a^2)\sqrt{x^2+a^2}-\frac{a^4}{8}\ln(x+\sqrt{x^2+a^2})+C.$

24. $\int\frac{\sqrt{x^2+a^2}}{x}dx=\sqrt{x^2+a^2}+a\ln\frac{\sqrt{x^2+a^2}-a}{|x|}+C.$

25. $\int\frac{\sqrt{x^2+a^2}}{x^2}dx=-\frac{\sqrt{x^2+a^2}}{x}+\ln(x+\sqrt{x^2+a^2})+C.$

26. $\int\frac{dx}{\sqrt{x^2+a^2}}=\ln(x+\sqrt{x^2+a^2})+C.$

27. $\int\frac{dx}{\sqrt{(x^2+a^2)^3}}=\frac{x}{a^2\sqrt{x^2+a^2}}+C.$

28. $\int\frac{x^2}{\sqrt{x^2+a^2}}dx=\frac{x}{2}\sqrt{x^2+a^2}-\frac{a^2}{2}\ln(x+\sqrt{x^2+a^2})+C.$

29. $\int\frac{dx}{x\sqrt{x^2+a^2}}=\frac{1}{a}\ln\frac{\sqrt{x^2+a^2}-a}{|x|}+C.$

30. $\int\frac{dx}{x^2\sqrt{x^2+a^2}}=-\frac{\sqrt{x^2+a^2}}{a^2x}+C.$

31. $\int\sqrt{x^2-a^2}\,dx=\frac{x}{2}\sqrt{x^2-a^2}-\frac{a^2}{2}\ln|x+\sqrt{x^2-a^2}|+C\quad(|x|\geqslant a).$

32. $\int\sqrt{(x^2-a^2)^3}\,dx=\frac{x}{8}(2x^2-5a^2)\sqrt{x^2-a^2}+\frac{3}{8}a^4\ln|x+\sqrt{x^2-a^2}|+C\quad(|x|\geqslant a).$

33. $\int x^2\sqrt{x^2-a^2}\,dx=\frac{x}{8}(2x^2-a^2)\sqrt{x^2-a^2}-\frac{a^4}{8}\ln|x+\sqrt{x^2-a^2}|+C\quad(|x|\geqslant a).$

34. $\int\frac{\sqrt{x^2-a^2}}{x}dx=\sqrt{x^2-a^2}-a\arccos\frac{a}{|x|}+C\quad(|x|\geqslant a).$

35. $\int\frac{\sqrt{x^2-a^2}}{x^2}dx=-\frac{\sqrt{x^2-a^2}}{x}+\ln|x+\sqrt{x^2-a^2}|+C\quad(|x|\geqslant a).$

36. $\int \frac{\mathrm{d}x}{\sqrt{ax^2+bx+c}} = \frac{1}{\sqrt{a}}\ln\mid 2ax+b+2\sqrt{a}\ \sqrt{ax^2+bx+c}\mid + C.$

37. $\int \sqrt{ax^2+bx+c}\,\mathrm{d}x = \frac{2ax+b}{4a}\ \sqrt{ax^2+bx+c}$

$$+\frac{4ac-b^2}{8\sqrt{a^3}}\ln\mid 2ax+b+2\sqrt{a}\ \sqrt{ax^2+bx+c}\mid + C.$$

38. $\int \frac{x}{\sqrt{ax^2+bx+c}}\mathrm{d}x = \frac{1}{a}\ \sqrt{ax^2+bx+c} - \frac{b}{2\sqrt{a^3}}\ln\mid 2ax+b+2\sqrt{a}\ \sqrt{ax^2+bx+c}\mid + C.$

39. $\int \frac{\mathrm{d}x}{\sqrt{c+bx-ax^2}} = -\frac{1}{\sqrt{a}}\arcsin\frac{2ax-b}{\sqrt{b^2+4ac}} + C.$

40. $\int \sqrt{c+bx-ax^2}\,\mathrm{d}x = \frac{2ax-b}{4a}\ \sqrt{c+bx-ax^2} + \frac{b^2+4ac}{8\sqrt{a^3}}\arcsin\frac{2ax-b}{\sqrt{b^2+4ac}} + C.$

41. $\int \frac{x}{\sqrt{c+bx-ax^2}}\mathrm{d}x = -\frac{1}{a}\ \sqrt{c+bx-ax^2} + \frac{b}{2\sqrt{a^3}}\arcsin\frac{2ax-b}{\sqrt{b^2+4ac}} + C.$

42. $\int\sqrt{\frac{x+a}{x+b}}\mathrm{d}x = \sqrt{(x+a)(x+b)} + (a-b)\ln(\sqrt{x+a}+\sqrt{x+b}) + C.$

43. $\int\sqrt{\frac{x-a}{x-b}}\mathrm{d}x = (x-b)\sqrt{\frac{x-a}{x-b}} + (b-a)\ln(\sqrt{\mid x-a\mid}+\sqrt{\mid x-b\mid}) + C.$

44. $\int\sqrt{\frac{b-x}{x-a}}\mathrm{d}x = \sqrt{(x-a)(b-x)} + (b-a)\arcsin\sqrt{\frac{x-a}{b-a}} + C\quad (a<b).$

45. $\int\sqrt{\frac{x-a}{b-x}}\mathrm{d}x = -\sqrt{(x-a)(b-x)} + (b-a)\arcsin\sqrt{\frac{x-a}{b-a}} + C\quad (a<b).$

46. $\int\frac{\mathrm{d}x}{\sqrt{(x-a)(b-x)}} = 2\arcsin\sqrt{\frac{x-a}{b-a}} + C\quad (a<b).$

A3　含有三角函数的积分

47. $\int \sin x\mathrm{d}x = -\cos x + C.$

48. $\int \cos x\mathrm{d}x = \sin x + C.$

49. $\int \tan x\mathrm{d}x = -\ln\mid\cos x\mid + C.$

50. $\int \cot x\mathrm{d}x = \ln\mid\sin x\mid + C.$

51. $\int \sec x\mathrm{d}x = \ln\mid\sec x+\tan x\mid + C = \ln\left|\tan\left(\frac{\pi}{4}+\frac{x}{2}\right)\right| + C.$

52. $\int \csc x\mathrm{d}x = \ln\mid\csc x-\cot x\mid + C = \ln\left|\tan\frac{x}{2}\right| + C.$

53. $\int \sec^2 x\mathrm{d}x = \tan x + C.$

54. $\int \csc^2 x\mathrm{d}x = -\cot x + C.$

55. $\int \sec x\tan x\mathrm{d}x = \sec x + C.$

56. $\int \csc x\cot x\mathrm{d}x = -\csc x + C.$

57. $\int \sin^2 x\mathrm{d}x = \frac{x}{2} - \frac{1}{4}\sin 2x + C.$

58. $\int \cos^2 x\mathrm{d}x = \frac{x}{2} + \frac{1}{4}\sin 2x + C.$

59. $\int \sin^n x\mathrm{d}x = -\frac{1}{n}\sin^{n-1}x\cos x + \frac{n-1}{n}\int\sin^{n-2}x\mathrm{d}x.$

60. $\int \cos^n x\mathrm{d}x = \frac{1}{n}\cos^{n-1}x\sin x + \frac{n-1}{n}\int\cos^{n-2}x\mathrm{d}x.$

61. $\int \frac{dx}{\sin^n x} = -\frac{1}{n-1}\frac{\cos x}{\sin^{n-1} x} + \frac{n-2}{n-1}\int \frac{dx}{\sin^{n-2} x}.$

62. $\int \frac{dx}{\cos^n x} = \frac{1}{n-1}\frac{\sin x}{\cos^{n-1} x} + \frac{n-2}{n-1}\int \frac{dx}{\cos^{n-2} x}.$

63. $$\int \cos^m x \sin^n x\, dx = \frac{1}{m+n}\cos^{m-1} x \sin^{n+1} x + \frac{m-1}{m+n}\int \cos^{m-2} x \sin^n x\, dx$$
$$= -\frac{1}{m+n}\cos^{m+1} x \sin^{n-1} x + \frac{n-1}{m+n}\int \cos^m x \sin^{n-2} x\, dx.$$

64. $\int \sin ax \cos bx\, dx = -\frac{1}{2(a+b)}\cos(a+b)x - \frac{1}{2(a-b)}\cos(a-b)x + C \quad (a^2 \neq b^2).$

65. $\int \sin ax \sin bx\, dx = -\frac{1}{2(a+b)}\sin(a+b)x + \frac{1}{2(a-b)}\sin(a-b)x + C \quad (a^2 \neq b^2).$

66. $\int \cos ax \cos bx\, dx = \frac{1}{2(a+b)}\sin(a+b)x + \frac{1}{2(a-b)}\sin(a-b)x + C \quad (a^2 \neq b^2).$

67. $$\int \frac{dx}{a + b\sin x} = \begin{cases} \frac{2}{\sqrt{a^2-b^2}}\arctan\frac{a\tan\frac{x}{2}+b}{\sqrt{a^2-b^2}} + C & (a^2 > b^2), \\ \frac{1}{\sqrt{b^2-a^2}}\ln\left|\frac{a\tan\frac{x}{2}+b-\sqrt{b^2-a^2}}{a\tan\frac{x}{2}+b+\sqrt{b^2-a^2}}\right| + C & (a^2 < b^2). \end{cases}$$

68. $$\int \frac{dx}{a + b\cos x} = \begin{cases} \frac{2}{a+b}\sqrt{\frac{a+b}{a-b}}\arctan\left(\sqrt{\frac{a-b}{a+b}}\tan\frac{x}{2}\right) + C & (a^2 > b^2), \\ \frac{1}{a+b}\sqrt{\frac{a+b}{b-a}}\ln\left|\frac{\tan\frac{x}{2}+\sqrt{\frac{a+b}{b-a}}}{\tan\frac{x}{2}-\sqrt{\frac{a+b}{b-a}}}\right| + C & (a^2 < b^2). \end{cases}$$

69. $\int x\sin ax\, dx = \frac{1}{a^2}\sin ax - \frac{1}{a}x\cos ax + C.$

70. $\int x^2 \sin ax\, dx = -\frac{1}{a}x^2\cos ax + \frac{2}{a^2}x\sin ax + \frac{2}{a^3}\cos ax + C.$

71. $\int x\cos ax\, dx = \frac{1}{a^2}\cos ax + \frac{1}{a}x\sin ax + C.$

72. $\int x^2\cos ax\, dx = \frac{1}{a}x^2\sin ax + \frac{2}{a^2}x\cos ax - \frac{2}{a^3}\sin ax + C.$

A4 含有反三角函数的积分(其中 $a > 0$)

73. $\int \arcsin\frac{x}{a}\, dx = x\arcsin\frac{x}{a} + \sqrt{a^2 - x^2} + C.$

74. $\int x\arcsin\frac{x}{a}\, dx = \left(\frac{x^2}{2} - \frac{a^2}{4}\right)\arcsin\frac{x}{a} + \frac{x}{4}\sqrt{a^2 - x^2} + C.$

75. $\int x^2\arcsin\frac{x}{a}\, dx = \frac{x^3}{3}\arcsin\frac{x}{a} + \frac{1}{9}(x^2 + 2a^2)\sqrt{a^2 - x^2} + C.$

76. $\int \arccos\frac{x}{a}\, dx = x\arccos\frac{x}{a} - \sqrt{a^2 - x^2} + C.$

77. $\int x\arccos\frac{x}{a}\mathrm{d}x=\left(\frac{x^2}{2}-\frac{a^2}{4}\right)\arccos\frac{x}{a}-\frac{x}{4}\sqrt{a^2-x^2}+C.$

78. $\int x^2\arccos\frac{x}{a}\mathrm{d}x=\frac{x^3}{3}\arccos\frac{x}{a}-\frac{1}{9}(x^2+2a^2)\sqrt{a^2-x^2}+C.$

79. $\int \arctan\frac{x}{a}\mathrm{d}x=x\arctan\frac{x}{a}-\frac{a}{2}\ln(a^2+x^2)+C.$

80. $\int x\arctan\frac{x}{a}\mathrm{d}x=\frac{1}{2}(a^2+x^2)\arctan\frac{x}{a}-\frac{a}{2}x+C.$

81. $\int x^2\arctan\frac{x}{a}\mathrm{d}x=\frac{x^3}{3}\arctan\frac{x}{a}-\frac{a}{6}x^2+\frac{a^3}{6}\ln(a^2+x^2)+C.$

A5 含有指数函数的积分

82. $\int a^x\mathrm{d}x=\frac{1}{\ln a}a^x+C.$

83. $\int \mathrm{e}^{ax}\mathrm{d}x=\frac{1}{a}\mathrm{e}^{ax}+C.$

84. $\int x\mathrm{e}^{ax}\mathrm{d}x=\frac{1}{a^2}(ax-1)\mathrm{e}^{ax}+C.$

85. $\int x^n\mathrm{e}^{ax}\mathrm{d}x=\frac{1}{a}x^n\mathrm{e}^{ax}-\frac{n}{a}\int x^{n-1}\mathrm{e}^{ax}\mathrm{d}x.$

86. $\int xa^x\mathrm{d}x=\frac{x}{\ln a}a^x-\frac{1}{(\ln a)^2}a^x+C.$

87. $\int x^na^x\mathrm{d}x=\frac{1}{\ln a}x^na^x-\frac{n}{\ln a}\int x^{n-1}a^x\mathrm{d}x.$

88. $\int \mathrm{e}^{ax}\sin bx\mathrm{d}x=\frac{1}{a^2+b^2}\mathrm{e}^{ax}(a\sin bx-b\cos bx)+C.$

89. $\int \mathrm{e}^{ax}\cos bx\mathrm{d}x=\frac{1}{a^2+b^2}\mathrm{e}^{ax}(b\sin bx+a\cos bx)+C.$

A6 含有对数函数的积分

90. $\int \ln x\mathrm{d}x=x\ln x-x+C.$

91. $\int \frac{\mathrm{d}x}{x\ln x}=\ln|\ln x|+C.$

92. $\int x^n\ln x\mathrm{d}x=\frac{x^{n+1}}{n+1}\left(\ln x-\frac{1}{n+1}\right)+C.$

93. $\int (\ln x)^n\mathrm{d}x=x(\ln x)^n-n\int(\ln x)^{n-1}\mathrm{d}x.$

94. $\int x^m(\ln x)^n\mathrm{d}x=\frac{x^{m+1}}{m+1}(\ln x)^n-\frac{n}{m+1}\int x^m(\ln x)^{n-1}\mathrm{d}x.$

A7 定积分

95. $\int_{-\pi}^{\pi}\cos nx\mathrm{d}x=\int_{-\pi}^{\pi}\sin nx\mathrm{d}x=0.$

96. $\int_{-\pi}^{\pi}\cos mx\sin nx\mathrm{d}x=0.$

97. $\int_{-\pi}^{\pi}\cos mx\cos nx\mathrm{d}x=\begin{cases}0, & m\neq n,\\ \pi, & m=n.\end{cases}$

98. $\int_{-\pi}^{\pi}\sin mx\sin nx\mathrm{d}x=\begin{cases}0, & m\neq n,\\ \pi, & m=n.\end{cases}$

99. $\int_{0}^{\pi}\sin mx\sin nx\mathrm{d}x=\int_{0}^{\pi}\cos mx\cos nx\mathrm{d}x=\begin{cases}0, & m\neq n,\\ \frac{\pi}{2}, & m=n.\end{cases}$

100. $I_n=\int_0^{\frac{\pi}{2}}\sin^nx\mathrm{d}x=\int_0^{\frac{\pi}{2}}\cos^nx\mathrm{d}x.$

$I_n=\frac{n-1}{n}I_{n-2},\ I_1=1,\ I_0=\frac{\pi}{2}.$

$$I_n=\begin{cases}\dfrac{n-1}{n}\cdot\dfrac{n-3}{n-2}\cdot\cdots\cdot\dfrac{4}{5}\cdot\dfrac{2}{3}\cdot 1 & (n\text{为奇数且}n>1),\\ \dfrac{n-1}{n}\cdot\dfrac{n-3}{n-2}\cdot\cdots\cdot\dfrac{3}{4}\cdot\dfrac{1}{2}\cdot\dfrac{\pi}{2} & (n\text{为正偶数}).\end{cases}$$

注 由于篇幅所限，本书中“简单积分表”仅仅选编了 100 个常用的积分公式. 需要时，可找一般的数学手册或专门的积分表查阅.

附录 B 初等数学常用公式

B1 代 数

1. 乘法及因式分解公式

(1) $(a\pm b)^2=a^2\pm 2ab+b^2$.

(2) $(a\pm b)^3=a^3\pm 3a^2b+3ab^2\pm b^3$.

(3) $a^2-b^2=(a+b)(a-b)$.

(4) $a^3\pm b^3=(a\pm b)(a^2\mp ab+b^2)$.

(5) $(a+b+c)^2=a^2+b^2+c^2+2ab+2bc+2ca$.

2. 阶乘和有限项级数求和公式

(1) $n!=1\cdot 2\cdot 3\cdot\cdots\cdot(n-1)\cdot n$ （n 为正整数规定 $0!=1$），

半阶乘 $\left.\begin{aligned}(2n-1)!!&=1\cdot 3\cdot 5\cdot\cdots\cdot(2n-3)(2n-1)\\ (2n)!!&=2\cdot 4\cdot 6\cdot\cdots\cdot(2n-2)(2n)\end{aligned}\right\}$ （n 为正整数）.

(2) $1+2+3+\cdots+(n-1)+n=\dfrac{n(n+1)}{2}$.

(3) $1^2+2^2+3^3+\cdots+(n-1)^2+n^2=\dfrac{n(n+1)(2n+1)}{6}$.

(4) $a+(a+d)+(a+2d)+\cdots+(a+nd)=(n+1)\left(a+\dfrac{n}{2}d\right)$.

(5) $a+aq+aq^2+\cdots+aq^{n-1}=\dfrac{a(1-q^n)}{1-q}$ （$q\neq 1$）.

3. 指数运算（设 a, b 是正实数，m, n 是任意实数）

(1) $a^m a^n=a^{m+n}$；

(2) $\dfrac{a^m}{a^n}=a^{m-n}$；

(3) $(a^m)^n=a^{mn}$；

(4) $\left(\dfrac{a}{b}\right)^m=\dfrac{a^m}{b^m}$ （$b\neq 0$）；

(5) $(ab)^m=a^m b^m$；

(6) 恒等式 $a^{\log_a N}=N$ （$a>0$, $a\neq 1$, $N>0$）.

4. 对 数（设 $M>0$, $N>0$）

(1) 运算法则（$a>0$ 且 $a\neq 1$, p 为实数）

① $\lg_a(M\cdot N)=\log_a M+\log_a N$；

② $\log_a\dfrac{M}{N}=\log_a M-\log_a N$；

③ $\log_a M^p=p\log_a M$.

(2) 换底公式 .

$$\log_a M=\frac{\log_b M}{\log_b a}\quad (a>0,\ a\neq 1;\ b>0,\ b\neq 1).$$

特别地，在上式中取 $a=10,\ b=M=\mathrm{e}$ 时，得

$$\lg \mathrm{e}=\frac{1}{\ln 10}\approx 0.434\,3,\quad \ln 10=\frac{1}{\lg \mathrm{e}}\approx 2.302\,6,$$

其中 $\mathrm{e}=2.718\,281\,828\,459\,045\cdots\approx 2.718\,3$.

(3) 常用对数与自然对数的关系

① $\lg M=\dfrac{\ln M}{\ln 10}\approx 0.434\,3\ln M$;　　② $\ln M=\dfrac{\lg M}{\lg \mathrm{e}}\approx 2.302\,6\lg M$.

5. 二项式定理

$$(a+b)^n=a^n+na^{n-1}b+\frac{n(n-1)}{2!}a^{n-2}b^2+\frac{n(n-1)(n-2)}{3!}a^{n-3}b^3+\cdots+$$
$$\frac{n(n-1)\cdots(n-m+1)}{m!}a^{n-m}b^m+\cdots+nab^{n-1}+b^n\quad (n\ \text{为正整数}).$$

B2　初等几何

在下列公式中，字母 $R,\ r$ 表示半径，h 表示高，l 表示斜高，S 表示底面积.

1. 圆：周长 $=2\pi r$，面积 $=\pi r^2$.

2. 圆扇形：面积 $=\dfrac{1}{2}r^2\theta$，弧长 $=r\theta$（式中 θ 为扇形的圆心角，以弧度计）.

3. 棱锥：体积 $=\dfrac{1}{3}Sh$.

4. 正圆锥：体积 $=\dfrac{1}{3}\pi r^2h$，侧面积 $=\pi rl$，全面积 $=\pi r(r+l)$.

5. 截圆锥：体积 $=\dfrac{\pi h}{3}(R^2+r^2+Rr)$，侧面积 $=\pi l(R+r)$.

6. 球：体积 $=\dfrac{4}{3}\pi r^3$，表面积 $=4\pi r^2$.

B3　三　角

1. 角的度量

1 度 $=\dfrac{\pi}{180}$ 弧度 $=0.017\,453\,3\cdots$ 弧度，　1 弧度 $=\dfrac{180}{\pi}$ 度 $=57.295\,78\cdots$ 度，　$\pi=3.141\,59\cdots$.

2. 基本公式

$\sin^2\alpha+\cos^2\alpha=1$，　$1+\tan^2\alpha=\sec^2\alpha$，　$1+\cot^2\alpha=\csc^2\alpha$；

$\dfrac{\sin\alpha}{\cos\alpha}=\tan\alpha$，　$\dfrac{\cos\alpha}{\sin\alpha}=\cot\alpha$；　$\csc\alpha=\dfrac{1}{\sin\alpha}$，$\sec\alpha=\dfrac{1}{\cos\alpha}$；$\cot\alpha=\dfrac{1}{\tan\alpha}$.

3. 诱导公式

函　数	$\beta=\frac{\pi}{2}\pm\alpha$	$\beta=\pi\pm\alpha$	$\beta=\frac{3}{2}\pi\pm\alpha$	$\beta=2\pi-\alpha$
$\sin\beta$	$\cos\alpha$	$\mp\sin\alpha$	$-\cos\alpha$	$-\sin\alpha$
$\cos\beta$	$\mp\sin\alpha$	$-\cos\alpha$	$\pm\sin\alpha$	$\cos\alpha$
$\tan\beta$	$\mp\cot\alpha$	$\pm\tan\alpha$	$\pm\cot\alpha$	$-\tan\alpha$
$\cot\beta$	$\mp\tan\alpha$	$\pm\cot\alpha$	$\mp\tan\alpha$	$-\cot\alpha$

4. 和(差)角公式

$\sin(\alpha\pm\beta)=\sin\alpha\cos\beta\pm\cos\alpha\sin\beta$;　　$\cos(\alpha\pm\beta)=\cos\alpha\cos\beta\mp\sin\alpha\sin\beta$;

$\tan(\alpha\pm\beta)=\dfrac{\tan\alpha\pm\tan\beta}{1\mp\tan\alpha\tan\beta}$;　　$\cot(\alpha\pm\beta)=\dfrac{\cot\alpha\cot\beta\mp 1}{\cot\beta\pm\cot\alpha}$.

5. 倍角公式

$\sin 2\alpha=2\sin\alpha\cos\alpha$;　　$\cos 2\alpha=\cos^2\alpha-\sin^2\alpha=1-2\sin^2\alpha=2\cos^2\alpha-1$;

$\tan 2\alpha=\dfrac{2\tan\alpha}{1-\tan^2\alpha}$;　　$\cot 2\alpha=\dfrac{\cot^2\alpha-1}{2\cot\alpha}$.

6. 半角公式

$\sin\dfrac{\alpha}{2}=\pm\sqrt{\dfrac{1-\cos\alpha}{2}}$;　　$\cos\dfrac{\alpha}{2}=\pm\sqrt{\dfrac{1+\cos\alpha}{2}}$;

$\tan\dfrac{\alpha}{2}=\pm\sqrt{\dfrac{1-\cos\alpha}{1+\cos\alpha}}$;　　$\cot\dfrac{\alpha}{2}=\pm\sqrt{\dfrac{1+\cos\alpha}{1-\cos\alpha}}$.

7. 和差化积公式

$\sin\alpha+\sin\beta=2\sin\dfrac{\alpha+\beta}{2}\cos\dfrac{\alpha-\beta}{2}$;　　$\sin\alpha-\sin\beta=2\sin\dfrac{\alpha-\beta}{2}\cos\dfrac{\alpha+\beta}{2}$;

$\cos\alpha+\cos\beta=2\cos\dfrac{\alpha+\beta}{2}\cos\dfrac{\alpha-\beta}{2}$;　　$\cos\alpha-\cos\beta=-2\sin\dfrac{\alpha+\beta}{2}\sin\dfrac{\alpha-\beta}{2}$.

8. 积化和差公式

$\sin A\sin B=\dfrac{1}{2}[\cos(A-B)-\cos(A+B)]$;　　$\cos A\cos B=\dfrac{1}{2}[\cos(A+B)+\cos(A-B)]$;

$\sin A\cos B=\dfrac{1}{2}[\sin(A+B)+\sin(A-B)]$.

B4　二、三阶行列式

1. 定义

(1) 二阶行列式 $\begin{vmatrix} a_{11} & a_{12} \\ a_{21} & a_{22} \end{vmatrix}=a_{11}a_{22}-a_{12}a_{21}$.

(2) 三阶行列式 $\begin{vmatrix} a_{11} & a_{12} & a_{13} \\ a_{21} & a_{22} & a_{23} \\ a_{31} & a_{32} & a_{33} \end{vmatrix}=a_{11}a_{22}a_{33}+a_{12}a_{23}a_{31}+a_{13}a_{21}a_{32}-a_{11}a_{23}a_{32}-a_{12}a_{21}a_{33}-a_{13}a_{22}a_{31}$.

2. 按某一行(或列)展开法

三阶行列式按行(或列)的展开式有六种. 例如,按第一行展开得

$$\begin{vmatrix} a_{11} & a_{12} & a_{13} \\ a_{21} & a_{22} & a_{23} \\ a_{31} & a_{32} & a_{33} \end{vmatrix}=a_{11}\begin{vmatrix} a_{22} & a_{23} \\ a_{32} & a_{33} \end{vmatrix}-a_{12}\begin{vmatrix} a_{21} & a_{23} \\ a_{31} & a_{33} \end{vmatrix}+a_{13}\begin{vmatrix} a_{21} & a_{22} \\ a_{31} & a_{32} \end{vmatrix}.$$

等式右端各项前取正号还是取负号,要根据这个元素在行列式中所处的位置决定. 设这个元素在行列式中的行数为 i,列数为 j,则此元素所在的项前面的正负号就是 $(-1)^{i+j}$. 各项中的二阶行列式可在原三阶行列式中划去该元素所在的行和列而得到,也称为该元素的**余子式**. 而在余子

式前冠以正负号$(-1)^{i+j}$，便称为该元素的**代数余子式**. 因此，行列式的值等于它的任一行(或列)的各元素与其对应的代数余子式乘积之和.

附录C　极 坐 标 简 介

C1　极坐标的概念

在平面内取一个定点O，由点O出发引一条射线Ox并取定一个长度单位；再选定度量角度的单位(通常取为弧度)及其正、负方向(通常取逆时针方向为正向，顺时针方向为负向)，这样就建立了**极坐标系**. 定点O称为**极点**，射线Ox称为**极轴**.

设点M是平面内异于极点O的任意一点，则称点M到极点O的距离$|MO|$为点M的**极径**，常记作ρ；称以极轴Ox为始边、射线OM为终边的角$\angle MOx$为点M的**极角**，常记作θ. 有序实数组(ρ, θ)称为点M的**极坐标**. 这时，点M可简记为$M(\rho, \theta)$①(附图 1).

在极点O处，$\rho=0$，θ可以是任意实数.

在极坐标系中，若给定一组实数ρ $(\rho \neq 0)$和θ的值，则可唯一确定一点M；反之，给定平面内任意一个异于极点的点M，它的极坐标可以有无数多个. 但是，如果限定$\rho \geqslant 0$，$0 \leqslant \theta \leqslant 2\pi$(或$-\pi \leqslant \theta \leqslant \pi$)，那么，点$M$(除极点外)的极坐标是唯一确定的.

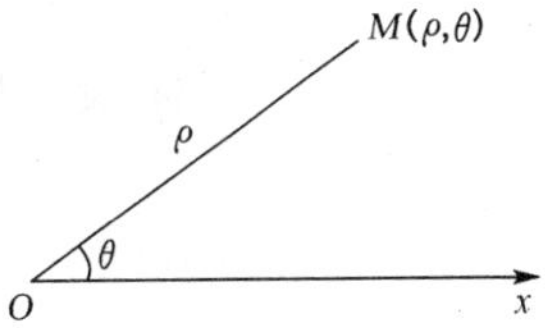

附图 1

C2　直角坐标与极坐标的关系

在平面直角坐标系中，取极点与坐标原点重合，极轴与x轴的正半轴重合，并取相同的长度单位，从而也就建立了极坐标系.

设平面上任意一点M的直角坐标为(x, y)，极坐标为(ρ, θ)，则由附图 2 易知，点M的直角坐标与极坐标之间有如下的关系：

$$x=\rho\cos\theta, \quad y=\rho\sin\theta;$$

$$\rho^2=x^2+y^2, \quad \tan\theta=\frac{y}{x}.$$

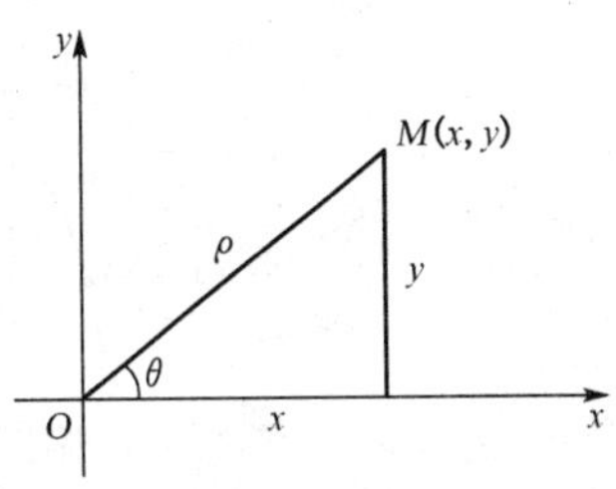

附图 2

利用上述关系式，可以把平面上曲线的直角坐标方程与极坐标方程互化. 经常用到的是把曲线的直角坐标方程化为极坐标方程. 例如

(1) 圆心在原点、半径为a的圆的直角坐标方程为$x^2+y^2=a^2$，将$x^2+y^2=\rho^2$代入并化简，即得该圆的极坐标方程为$\rho=a$(附图 3(a)).

(2) 圆心在点$\left(\frac{a}{2}, 0\right)$、半径为$\frac{a}{2}$的圆的直角坐标方程为$x^2+y^2=ax$，以$x^2+y^2=\rho^2$，$x=\rho\cos\theta$代入可得$\rho^2=a\rho\cos\theta$，化简后即得该圆的极坐标方程为$\rho=a\cos\theta$(附图 3(b)).

(3) 圆心在点$\left(0, \frac{a}{2}\right)$、半径为$\frac{a}{2}$的圆的直角坐标方程为$x^2+y^2=ay$，以$x^2+y^2=\rho^2$，$y=\rho\sin\theta$代入可得$\rho^2=a\rho\sin\theta$，化简后即得该圆的极坐标方程为$\rho=a\sin\theta$(附图 3(c)).

---

① 点M的极坐标也可记作$M(r, \theta)$或$M(\rho, \varphi)$等，本书中习惯用$M(r, \theta)$，其中，r为点M的极径，θ为极角.

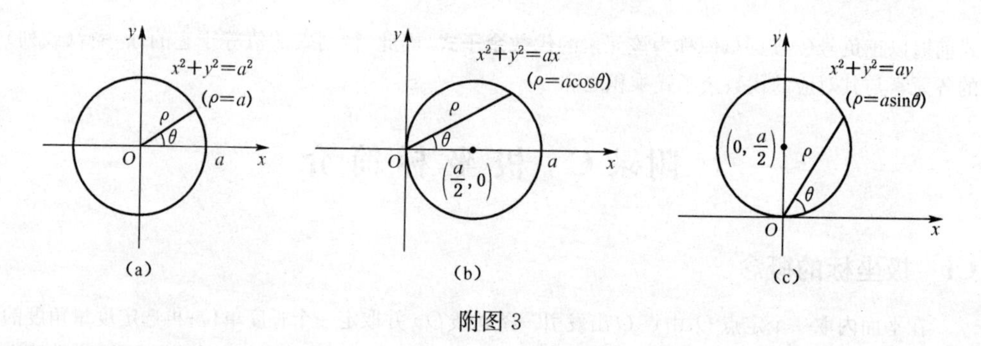

附图 3

(4) 双纽线的直角坐标方程为 $(x^2+y^2)^2=a^2(x^2-y^2)$，以 $x^2+y^2=\rho^2$，$x=\rho\cos\theta$，$y=\rho\sin\theta$ 代入可得 $\rho^4=a^2\rho^2(\cos^2\theta-\sin^2\theta)$，化简后即得双纽线的极坐标方程为 $\rho^2=a^2\cos 2\theta$（附录 D 中附图 7）.

(5) 心形线（心脏线）的直角坐标方程为 $x^2+y^2-ax=a\sqrt{x^2+y^2}$，以 $x^2+y^2=\rho^2$，$x=\rho\cos\theta$ 代入可得 $\rho^2-a\rho\cos\theta=a\rho$，化简后即得心形线的极坐标方程为 $\rho=a(1+\cos\theta)$（附录 D 中附图 9）.

附录 D　某些常用的曲线方程及其图形

1. 立方抛物线（附图 4）

$y=ax^3$.

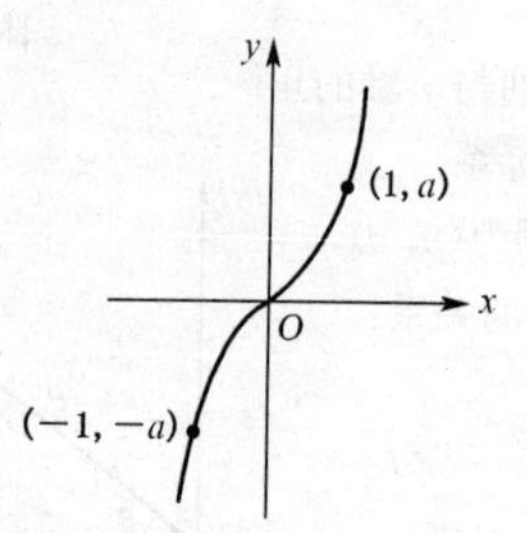

附图 4

2. 半立方抛物线（附图 5）

$y^2=ax^3$.

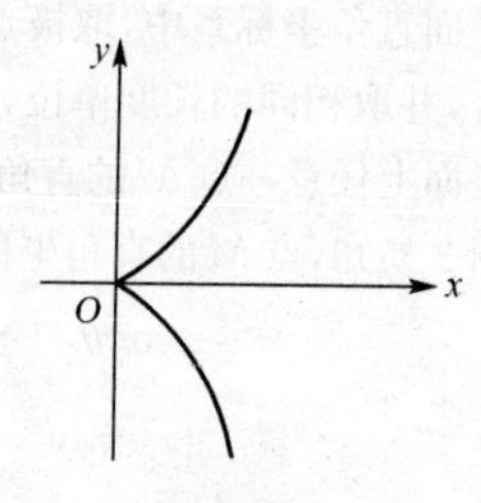

附图 5

3. 星形线（附图 6）

$x^{\frac{2}{3}}+y^{\frac{2}{3}}=a^{\frac{2}{3}}$

或 $\begin{cases} x=a\cos^3 t, \\ y=a\sin^3 t. \end{cases}$

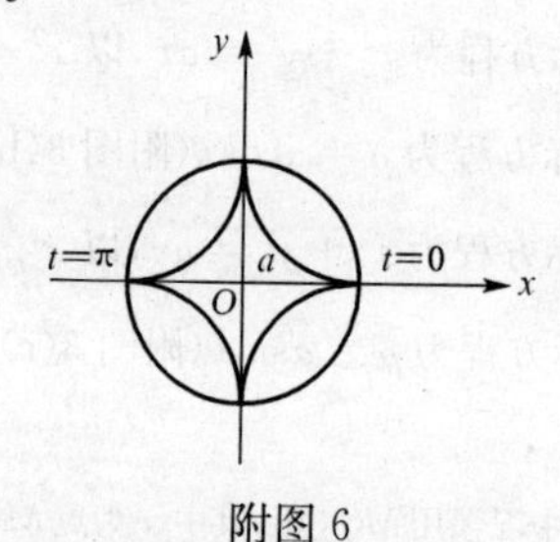

附图 6

4. 双纽线（附图 7）

$(x^2+y^2)^2=a^2(x^2-y^2)$

或 $\rho^2=a^2\cos 2\theta$.

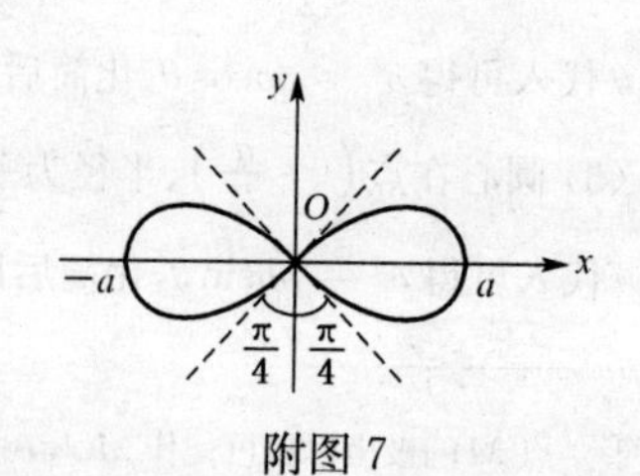

附图 7

5. 摆线(附图 8)

$$\begin{cases} x = a(t - \sin t), \\ y = a(1 - \cos t) \end{cases}$$

或 $x = \arccos\left(1 - \dfrac{y}{a}\right) - \sqrt{2ay - y^2}$.

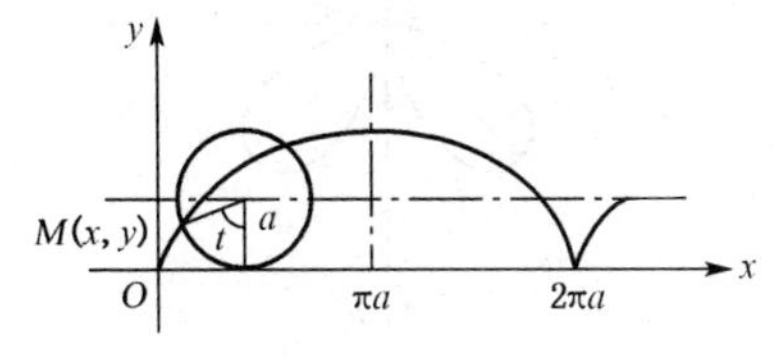

附图 8

6. 心形线(附图 9)

$\rho = a(1 + \cos\theta)$

或　$x^2 + y^2 - ax = a\sqrt{x^2 + y^2}$.

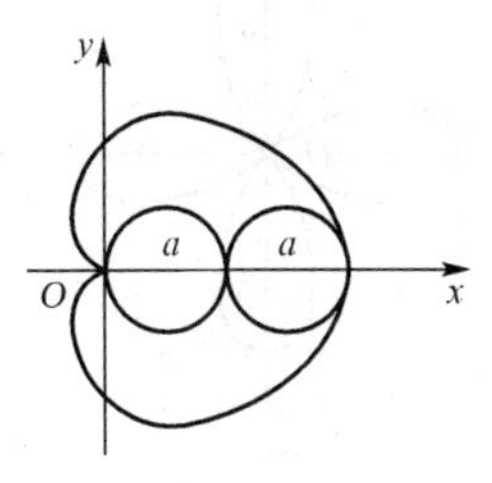

附图 9

7. 概率曲线(附图 10)

$y = \mathrm{e}^{-x^2}$.

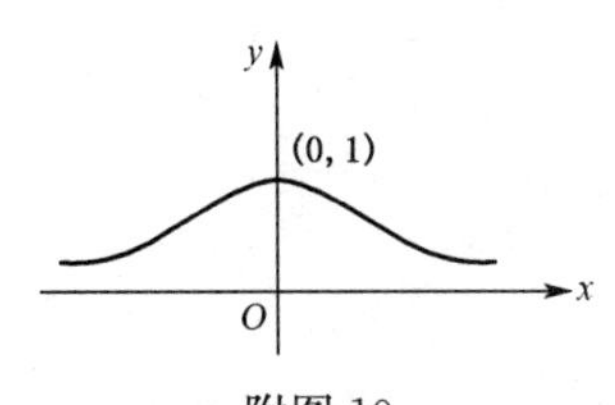

附图 10

8. 圆的渐开线(附图 11)

$$\begin{cases} x = a(\cos t + t\sin t), \\ y = a(\sin t - t\cos t) \end{cases}$$

或 $\theta - \dfrac{\sqrt{\rho^2 - a^2}}{a} + \arccos\dfrac{a}{\rho} = 2k\pi$ (k 为整数).

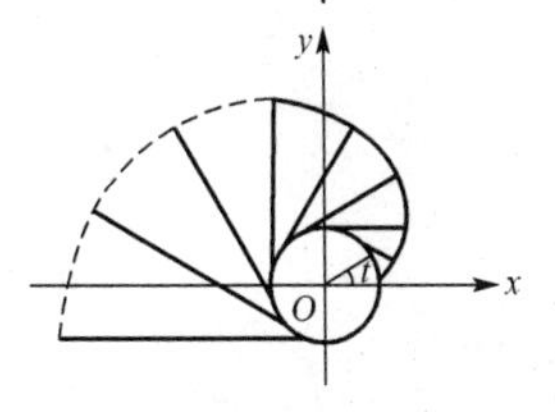

附图 11

9. 阿基米德螺线(附图 12)

$\rho = a\theta$.

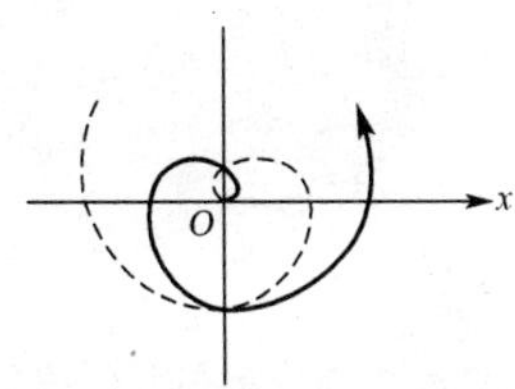

附图 12

10. 等角螺线(对数螺线)(附图 13)

$\rho = \mathrm{e}^{a\theta}$.

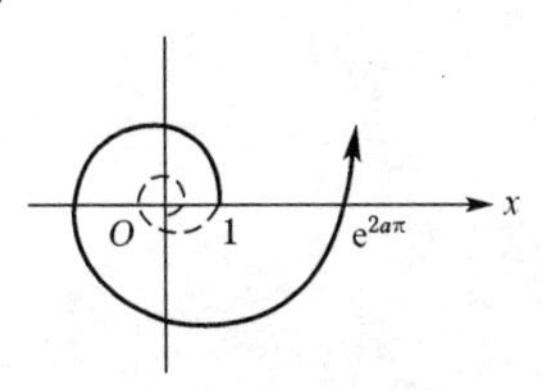

附图 13

11. 三叶玫瑰线

(1) $\rho = a\sin 3\theta$(附图 14(a)).

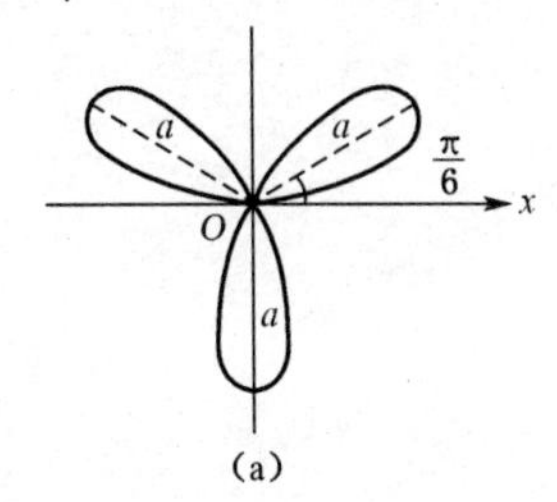

(a)

(2) $\rho = a\cos 3\theta$(附图 14(b)).

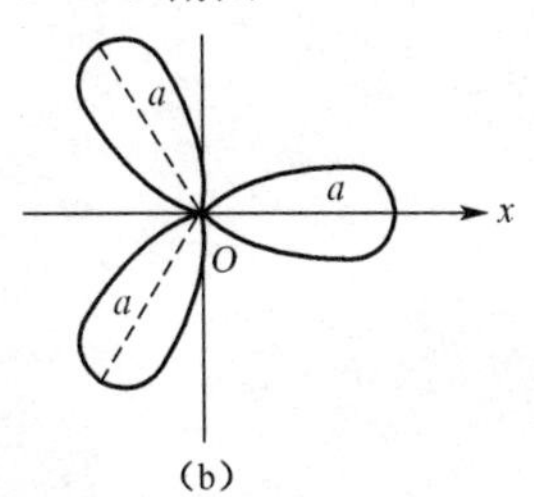

(b)

附图 14

12. 四叶玫瑰线

(1) $\rho = a\cos 2\theta$(附图 15(a)).

(2) $\rho = a\sin 2\theta$(附图 15(b)).

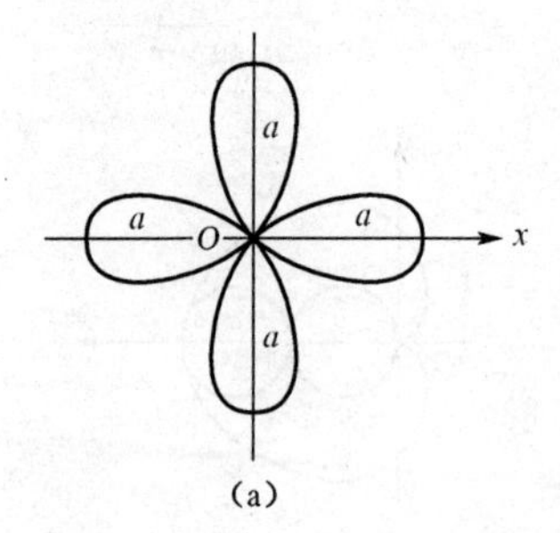

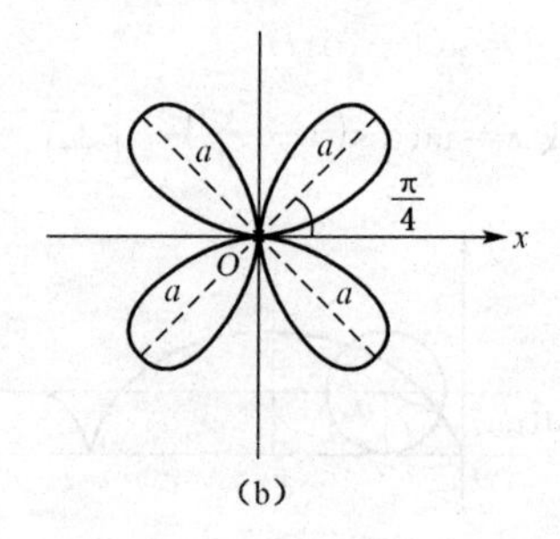

附图 15